教育部高职高专规划教材

机电控制基础

第　二　版

周四六　主编

化学工业出版社

·北京·

本书主要介绍了电工基础知识、常用低压电器及交直流电机、模拟电子、数字电子、可编程控制器、液压传动等方面的内容，并简要介绍了典型机电控制系统应用实例。

本书是高职高专高分子材料加工技术专业的教材，也可作为其他非电类专业的教学用书，还可供相关工程技术人员参考。

图书在版编目（CIP）数据

机电控制基础/周四六主编. —2版. —北京：化学工业出版社，2009.5（2018.7重印）
教育部高职高专规划教材
ISBN 978-7-122-05021-2

Ⅰ. 机… Ⅱ. 周… Ⅲ. 机电一体化-控制系统-高等学校：技术学院-教材 Ⅳ. TH-39

中国版本图书馆CIP数据核字（2009）第032633号

责任编辑：于　卉　　文字编辑：张绪瑞
责任校对：陶燕华　　装帧设计：于　兵

出版发行：化学工业出版社（北京市东城区青年湖南街13号　邮政编码100011）
印　　装：大厂聚鑫印刷有限责任公司
787mm×1092mm　1/16　印张17　字数437千字　2018年7月北京第2版第5次印刷

购书咨询：010-64518888（传真：010-64519686）　售后服务：010-64518899
网　　址：http://www.cip.com.cn
凡购买本书，如有缺损质量问题，本社销售中心负责调换。

定　　价：30.00元

前言

《机电控制基础》自出版发行以来，受到广大读者的普遍欢迎，在不到五年的时间内已多次重印，这与使用本教材的兄弟院校师生对该书的编写工作给予的支持和关注是密不可分的。在历次重印过程中，各位同行不吝赐教，提出了很多宝贵的修改意见，从而使本书逐步完善至今。

通过几年来的教学实践，我们总结了本教材的成功之处，更发现了存在的诸多问题。应广大师生的要求，我们组织实施了本次再版编写工作，其主要内容有如下几个特点。

1. 调整完善

原教材第二章正弦交流电路中，充实了正弦交流电路功率因素及 *RLC* 串联电路等内容，从而完善了正弦交流电的理论知识体系，使得教材前后章节更为连贯。

2. 删繁就简

（1）对机电控制技术中所涉及的各种元器件，重点讲述它们的外部特性，淡化其内部机理。如教材第七章中有关二极管的内容，只强调“单向导电性”及其实际应用，而对“载流子”等理论知识未提及。

（2）原教材第十一章中，半导体存储器和单片机原理及应用两节，由于涵盖的内容过于庞大，教学可操作性差，本次再版将其完全删除。

（3）随着便携式电脑的日益普及，手持式编程器（HPP）已较少使用。对于教材十二章有关 HPP 等实用性不强的内容也一并删除。

3. 知识更新

机电控制技术的发展异常迅猛，本书在内容的编排及机电产品的选型上，紧密跟踪工程实际。以第十二章可编程控制器（PLC）为例，我们选择了目前工控领域最为流行的新型 FX_{2N}系列 PLC 作为参考机型，取代了原教材中早期 FX2 系列 PLC 产品相关内容。

4. 图文规范

原有教材中第十三、十四、十五章有关液压传动的部分内容，各种液压元件及其职能符号，都沿用了较早的标准，本次再版对此作了大量修改工作，并尽可能统一使用最新的相关国家标准。

本书由周四六任主编。郑雄、赵继永、袁立云、朱卫华、严义章、邓宏明、吴建华、陈昌松老师参加了本书的编写工作。刘少波副教授担任主审。

有关高职院校的师生提出了很多建设性意见，从而为提高本书的编写质量起到了至关重要的作用。编者在此表示诚挚的谢意。

编者

2009 年 3 月

第一版前言

本书是教育部高职高专规划教材，是根据教育部对高职高专人才培养工作的指导思想，在广泛吸收近年来高职高专教改工作成功经验的基础上组织编写的。全书力求体现以综合素质为基础，以能力为本位的思想，在内容的编排上主要注意了如下几个方面。

1.《机电控制基础》是一门涉及面广、整合力度大、教学时段较长的课程，教材内容极易形成“压缩拼盘”式格局，教材编写为突出其整体性，尽量注意电工技术、电子技术、液压技术、可编程控制器及计算机工业控制技术等内容的相互衔接，通过典型运用实例，将以上内容紧密地联系在一起。如本书第十一章中的 CMOS 电路数字钟、第十六章的数显时间继电器、微电脑时间控制器及 PLC 时间控制系统，就是围绕同一时间控制主题，将电子技术、单片机及可编程控制器等技术有机地融为一体。

2. 教材编写突出了先进性和典型性。随着计算机工业控制等机电控制技术的飞速发展，各种新型高分子材料加工设备不断出现，教材用适当的篇幅讲述了变频调速、可编程控制器、计算机控制及电液比例控制等新技术在上述设备中的具体运用。而对市场拥有量较大，具有典型代表意义的传统设备，其控制原理也作了详细的介绍。

3. 教材突出职业针对性和实用性。注意实际岗位需要，不强调体系的完整性。围绕典型机电控制系统实例，有序展开电工、电子、液压、可编程控制器等基本内容。详略则根据机电设备中应用以上技术的实际情况适当安排。“宽”教材内容尽可能涵盖设备中所涉及的控制原理，“浅”但力求满足生产实际中设备的使用及一般维护的需要。本教材不仅可作为高职高专类高分子材料加工专业教学用书，也可作为其他非电类专业的教学用书。

教材内容共分为电工技术、电子技术、可编程控制器、液压传动、典型设备控制系统五大块，教学时数建议不少于 120 学时。

本书第一章～第四章由常州轻工职业技术学院黄美琴编写，第五章、第六章、第十二章及第十六章第一节、第五节、第六节、第七节由常州轻工职业技术学院赵继永编写，第十三章～第十五章由湖南工业科技职工大学朱卫华编写，第七章～第十一章、第十六章第二节、第三节、第四节由江汉石油学院高职部周四六编写，思考题与习题部分由江汉石油学院高职部陈昌松、吴建华、龚敬杰、严义章编写。全书由周四六任主编，湖北大学刘少波副教授任主审。

本书在编写过程中经过多次修改和审核，由于编者水平有限，书中不妥之处在所难免，恳请使用本书的师生和读者提出批评和修改意见。

编者

2004 年 4 月

目　录

绪　论

机电控制技术对于现代加工设备的发展有着非常重要的作用。目前，种类繁多的工业设备中采用了各种不同的动力装置，如液压装置、气压装置及电力拖动装置等，但从所采用的控制技术来说，其控制原理、基本线路及分析方法是类似的。从广义上说，现代设备控制技术的重要标志是：在各类机电产品及设备中广泛应用了自动调节技术、电子技术、检测技术、计算机技术及各种综合控制技术。本课程结合工业生产设备实例，尤其是高分子材料加工典型成型设备控制系统实例，讲述了以上各种机电控制技术的有关内容，以培养读者对机电控制系统的选择、使用和分析的基本能力。

一、电工及电子技术概述

电工和电子技术是电气控制的基础，电气控制在机械控制中起着重要的作用。

电工学是研究电能在技术领域中应用的技术基础课程。电能的应用是极其广泛的，现代一切新的科学技术的发展无不与电有着密切的关系。在现代工业、农业及国民经济其他各个领域，电能是最主要的动力来源。工业上的各种生产机械设备都是用电动机来驱动的。机械制造工艺，如电镀、电焊、高频淬火、电炉冶炼金属等都是电能的应用；高分子材料加工工艺，如加热、塑化、挤出成型、压延、混炼等也都离不开电能的应用。电能的应用对劳动生产率的提高和社会生产力的发展起着巨大的作用。

随着生产和科学技术发展的需要，电子技术也得到了空前的发展。电子技术特别是电子计算机的高度发展及其在生产领域中的广泛应用，已经使人们的生活发生了深刻的变化。

电子技术包含模拟电路和数字电路两大组成部分。处理和传输模拟信号的电路称为模拟电路，如扩音机中的前级集成运算放大电路、末级功率放大电路等。处理和传输数字信号的电路称为数字电路，如计算器电路、表决器电路等。模拟电路和数字电路统称电子电路，或电子线路。早期的工业测量和控制仪表一般都由模拟电路构成，而后越来越多地采用数字电路。随着电子技术的发展，单片机以其强大的功能、简捷的硬件结构等优势，正逐步成为各种电子线路中的主体部分。

由于单片微机控制的结构和指令系统都是针对工业控制的要求而设计的，其成本低、集成度高，可灵活地组成各种智能控制装置，解决从简单到复杂的各种任务，实现较好的性能价格比。而且从单片微机芯片的设计制造开始，就考虑了工业控制环境的适应性，因而它的抗干扰能力较强，特别适合于在机电一体化产品中应用。

二、机电控制系统概述

原始的机械设备由工作机构、传动机构和原动机组成，其控制方式由工作机构和传动机构的机械配合实现。随着以电气元件为主的自动控制系统的应用，设备的性能不断提高，工作机构、传动机构的结构大大简化。主要由继电器、接触器、按钮、开关等元件组成的机械设备的电气控制系统称为继电器-接触器控制系统，其主要控制对象是三相交流异步电动机，对电动机的启动、制动、反转、有级调速和降压等进行控制。这种控制所用的电器一般不是“接通”就是“断开”，控制是断续的，所以从控制性质上看，这种继电器-接触器控制属断续控制或开关量控制。因其简单、易掌握、价格低、易维修，许多通用机械设备至今仍采用这种控制系统。但是，它也存在功耗大、体积大、控制方式完全固定、不灵活的缺点。

开关量控制不能满足对调速性能要求较高的生产机械。因此，出现了直流发电机-电动机调速系统。直流电动机具有启动转矩大、容易进行无级调速的特点。但它需要直流电源，直流电源是由一台交流电动机拖动一台直流发电机提供的。这种直流发电机-电动机调速系统中的电压和电流可以连续变化，属于连续控制，可实现无级调速。但是，由于这种方式存在所用的电机数量多、占地面积大、噪声大和调速效率低等缺点，20 世纪 60 年代后出现了晶闸管（即可控硅）电动机自动调速系统。这种系统中的直流电源由晶闸管组成的可控整流电路提供，具有体积小、重量轻、效率高和控制灵敏等许多优点，得到了普遍应用。此外，以晶闸管为控制核心的交流电动机电磁调速系统，也被广泛运用于各种中小功率场合。

20 世纪 80 年代以后，由于半导体技术的应用与发展，使得交流电动机调速系统有了突破性进展。交流调速有许多优点，单机容量和转速可大大高于直流电动机，交流电动机无电刷与换向器，易于维护，可靠性高，能用于带有腐蚀性、易爆性、含尘气体等特殊环境中。与直流电动机相比，交流电动机还具有体积小、重量轻、制造简单、坚固耐用等优点。交流调速已突破关键性技术，从实用阶段进入扩大应用、系列化的新阶段。以笼型交流伺服电动机为对象的矢量控制技术，是近年来新兴的控制技术，它能使交流调速具有直流调速的优越调速性能，交流变频调速器、矢量控制伺服单元及交流伺服电动机已日益广泛应用于工业生产中。

近年来，可编程序控制器（PLC）被广泛运用于各种工业过程自动化系统。可编程序控制器从它一问世就是以最基层、最第一线的工业自动化环境及任务为前提的，它具有硬件结构简单、安装维修方便、抗强电磁干扰、梯形图编程、工作可靠等优点，工程技术人员能很快地熟悉它、使用它。可编程序控制器是一种数字运算操作的电子系统，是专门为在工业环境下应用而设计的。它采用一类可编程序的存储器，用来在其内部存储执行逻辑运算、顺序控制、定时和算术运算等面向用户的指令，并通过数字式或模拟式的输入和输出，控制各种类型的机械或生产过程。可编程序控制器及其有关外部设备都按既易于工业控制系统连成整体，也易于扩充其功能的原则设计。近年来，PLC 趋于向微型、简易、价廉方面发展，逐渐占领以继电器系统为主流的一般机械控制领域；另一发展方向是向大型高功能方面延伸，以满足各种控制对象及场合的需要。

上述的各种控制系统均为电气控制系统。近些年来，许多工业部门和技术领域对高响应、高精度、高功率-重量比、大功率和低成本控制系统提出了要求，促使了液压、气动控制系统的迅速发展。液压、气动控制系统和电气控制系统一样，由于各自的特点，在不同的行业得到了相应的应用。

由于现代控制技术、电子技术、计算机技术与液压、气动技术的结合，使液压、气动控制系统不断创新，其综合性能指标大大提高。各种机电液一体化控制系统应运而生，它充分发挥了电气控制技术和液压、气动控制技术两者的优势，从而得到了广泛的运用。

三、本课程的性质、任务和学习方法

本课程是高分子材料加工专业的一门主干课程，它把“电工学与工业电子学”、“电气控制”和“液压与气动”等几门课程的内容有机地融合起来，形成一个完整的课程体系。其任务是要求学生掌握电气控制系统（继电器-接触器控制、可编程序控制器控制）所必备的电工学与工业电子学的基础理论和基本知识，掌握设备电气控制、液压与气动控制系统的结构、组成、工作原理和应用的基础理论和基本知识，以及机、电、液联合控制技术的基本概念。学完本课程后，应具备对一般机电设备、典型高分子材料成型加工设备控制系统进行分析、调试及排除简单故障的能力。

由于本课程与生产实际关系密切，为突出教材的实用性，对典型设备控制系统原理做了较为详尽的分析讨论。限于篇幅，基础理论部分较为简要，因此，在教学过程中，应多与实际结合，并注意参考其他书目的有关内容。

第一章　直流电路

学习目标　通过本章的学习，掌握电路的组成和作用，电路的基本物理量，电路的三种状态等，掌握欧姆定律、基尔霍夫定律等常用的电路分析方法。

第一节　电路及其基本物理量

一、电路的组成及作用

实际电路是由电工设备和器件按某种方式相互连接而成的。这里所谓的电工设备和器件包括人们日常生活中所看到的电阻（如灯泡、电炉等）、电容、变压器、镇流器等。

图 1-1 所示为一最简单的常见电路，由以下 3 部分组成：

① 提供电能的能源，简称电源，它的作用是将其他形式的能转化为电能（图中的电源是电池组）；

② 用电装置，统称为负载，它将电能转化为其他形式的能（图中负载是电灯）；

③ 连接电源与负载传输电能的金属导线，简称导线。为了节约电能，有时在电路中装上控制开关，如图中的 S。这类电路的主要作用是传输和转换能量，电力电路都属于这种类型，例如，发电、输电、配电、电力拖动、电热、电气照明电路等。

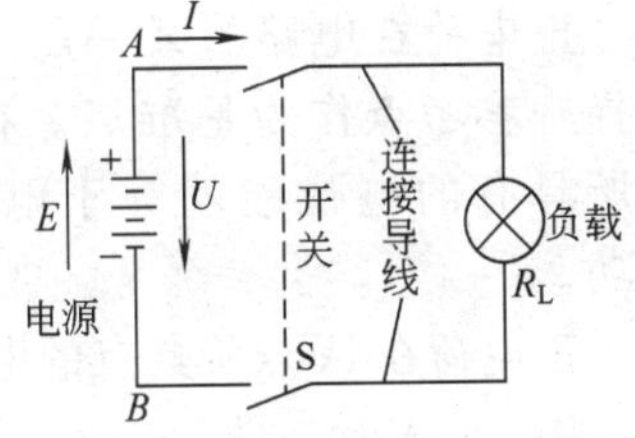

图 1-1　最简单的电路

另有一类电路，其主要作用不在于传输和转换能量，而是传递和处理信号。例如，收音机、电视机电路等。通常把这类电路的输入信号称为“激励”，把输出信号称为“响应”。电信系统进行的也是类似的处理，它也是一个较为复杂的实际电路。

综上所述，电路的作用有两个方面：一是电能的输送和变换；二是信号的传递和处理。

二、电路的基本物理量

1. 电流

在电场作用下，电荷有规则的移动形成电流。金属导体中的电流和电解液中的电流属于传导电流。通常，人们所说的电流大多是传导电流。电流是一种客观的物理现象，通过它的各种效应，如热效应、磁效应、机械效应等可以感觉到它的存在。为了表示电流的强弱，引入了电流强度这个物理量。

电流强度简称为电流，用符号 I 表示，在数值上定义为单位时间内通过导体横截面的电量，即

$$I=Q/t \tag{1-1}$$

电流的单位用安培表示，简称安（A）。如果 1s 内通过导体横截面的电量是 1 库仑（C），则此导体中的电流为 1A。计量微小电流时，电流的单位用毫安（mA）或微安（μA）表示，它们的换算关系为

$$1\text{mA}=10^{-3}\text{A}，1\mu\text{A}=10^{-6}\text{A}$$

在简单电路中，电流的实际方向可由电源的极性确定，即从电源正极流出，负极流入。例如，在图 1-1 所示的电路中，电流的实际方向是由正极 A 经过负载指向负极 B；在内电路中，则由 B 经过电源内部指向 A。但是在一些复杂电路中，电流的实际方向有时难以事先确定。

为了分析电路的需要，引入了电流参考方向的概念。电流的参考方向又称为正值方向，简称“正方向”。在进行电路计算时，先任意选定某一方向作为待求电流的正方向，并根据此正方向进行计算。若算得的结果为正值，说明电流的实际方向与正方向相同。电流的正负值与正方向及实际方向之间的关系，如图 1-2 所示。

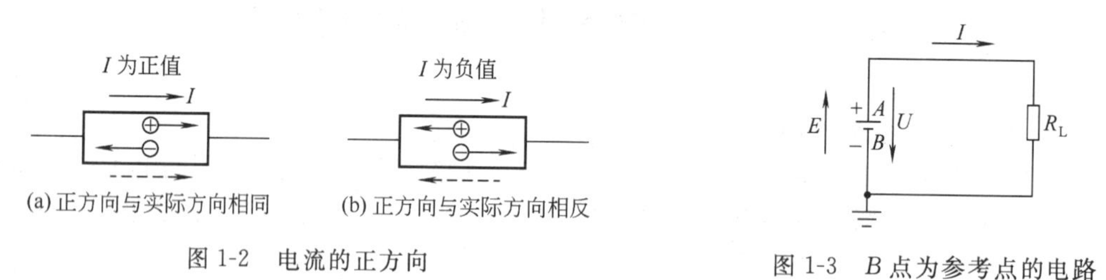

(a) 正方向与实际方向相同　(b) 正方向与实际方向相反

图 1-2　电流的正方向

图 1-3　B 点为参考点的电路

2. 电位与电压

正电荷在电路的某一点上具有一定的电位能，要确定电位能的大小，必须在电路上选择一参考点作为基准点。在图 1-3 所示的电路中，把 B 点作为参考点，则正电荷在 A 点所具有的电位能就等于电场力把正电荷从 A 点经负载 R_L 移到 B 点（基准点）所做的功。

正电荷在 A 点所具有的电位能 W_A 与正电荷所带电量 Q 的比值，称为电路中 A 点的电位，用 V_A 表示，即

$$V_A = W_A / Q \tag{1-2}$$

由式（1-2）可知，电路中某点相对于参考点电位的大小，在数值上就等于单位正电荷在该点所具有的电位能。

电位的单位是焦耳（J）/库仑（C），称为伏特，简称伏（V）。电路中某点电位的高低是相对于参考点而言的，参考点不同，则各点电位的大小也不同。但参考点一经选定，则电路中各点的电位就是一定值。参考点的电位设为零，所以参考点又称为零电位点。在电路中电位比参考点高出的一些点，它们的电位为正值，用“+”表示；电位比参考点低的一些点，它们的电位为负值，用“−”表示。

电路中任意两点间的电位差，称为这两点间的电压，用字母 U 表示。例如，A、B 两点间的电压为

$$U_{AB} = V_A - V_B \tag{1-3}$$

电压是衡量电场力做功能力的物理量，它在数值上等于单位正电荷受电场力作用从电路的某一点移到另一点所做的功。

电压的单位也用伏特（V）表示。计量较大的电压用千伏特（kV）；计量较小的电压用毫伏（mV）。

$$1\text{kV} = 10^3\text{V}；1\text{mV} = 10^{-3}\text{V}$$

电压的实际方向规定为从高电位点指向低电位点，即由“+”极性指向“−”极性。因此，在电压的方向上电位是逐点降低的。

在分析复杂电路时，也需先选择参考方向，方法类似于电流实际方向的判定。当电压的参考方向与实际一致时，电压为正，反之为负。

3. 电动势

在闭合电路中，要维持连续不断的电流，必须要有电源。电源内有一种外力（非静电力），它能把由“+”极经负载流回到“−”极的正电荷搬运到电源的“+”极，从而使正电荷沿电路不断地循环。

在发电机中，这种外力由导体切割磁力线时导体中的正、负电荷受电磁力的作用而产生；在电池中，则由电极与电解液接触处的化学反应而产生。

外力克服电场力把正电荷从“−”极移到“+”极所做的功 W_{BA}，与被搬运的电量 Q 的比值，称为 B 与 A 两点间的电动势，用 E_{BA} 表示，即

$$E_{BA}=W_{BA}/Q \tag{1-4}$$

电动势是衡量外力做功的物理量，它在数值上等于单位正电荷受外力作用从电路的某一点移动到另一点所做的功。

电动势的单位也用伏特（V）表示。

电动势的实际方向规定为从低电位点指向高电位点，即由“−”极性指向“+”极性。因此，在电动势的方向上电位是逐点升高的。

4. 理想电压源

理想电压源是从实际电源中抽象出来的一种理想电路元件。以电池为例，在理想情况下，如电池本身没有能量损耗，则每库的正电荷由电池的负极转移到正极时，就获得该转移能量的全部。这时，电池的端电压（用 U_S 表示）将是一个确定的数值。由此，定义一个理想电路元件，使其两端电压保持定值，而不管通过它的电流是多少，把这种元件称作“理想电压源”，用图 1-4 表示。

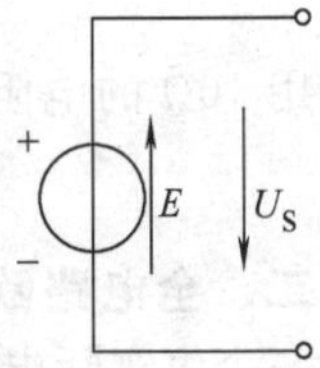

+ − E U_S

图 1-4　理想电压源

对应图中所表示的方向，可以写出 $U_S=E$。这里的 E 就是上面所讲的电动势。通常情况下，理想电压源用 U_S 表示。因为电压源不仅仅是电池、发电机之类，电压源也可由电子线路来实现，如半导体稳压电源等。

5. 电能

电流能使电灯发光、发动机转动、电炉发热……这些都是电流做功的表现。在电场力作用下，电荷定向运动的电流所做的功称为电能。电流做功的过程就是将电能转化为其他形式的能的过程。

如果加在导体两端的电压为 U，在 t 时间内通过导体横截面的电荷量为 q，导体中的电流 $I=q/t$，根据电压的定义式

$$U=W/q$$

可知电流所做的功，即电能为

$$W=Uq=UIt \tag{1-5}$$

式中　U——加在导体两端的电压，V；

I——导体中的电流，A；

t——通电时间，s；

W——电能，J。

6. 电功率

电功率是描述电流做功快慢程度的物理量。电流在单位时间内所做的功叫做电功率。如果在时间 t 内，电流通过导体所做的功为 W，那么电功率为

$$P=W/t \tag{1-6}$$

式中　P——电功率，W。

第二节 欧姆定律

欧姆定律是电路分析中的一个重要定律，在物理学中对它已有了初步认识，在此基础上需要深化对它的理解。另外，通过对欧姆定律的进一步论述，使之对正方向的重要性有更深刻的体会。

一、部分电路欧姆定律

在图 1-3 所示的电阻电路中，电路中的电流 I 与电阻两端的电压 U 成正比，与电阻 R_L 成反比。这个从实验中得到的结论叫做部分电路欧姆定律。图中电阻 R_L 上的电压参考方向与电流参考方向是一致的，即电流从电压的正极性端流入元件，而从它的负极性端流出，称为关联参考方向。部分电路欧姆定律可以用公式表示为

$$I=U/R \tag{1-7}$$

【例 1-1】 某段电路的电压是一定的，当接上 5Ω 的电阻时，电路中产生的电流是 1A；若用 10Ω 的电阻，电路中的电流是多少？

解 电路中电阻为 5Ω 时，由部分电路欧姆定律得

$$U=IR=1\times5=5\text{V}$$

用 10Ω 的电阻代替 5Ω 的电阻，电路中电流 I' 为

$$I'=U/R'=5/10=0.5\text{A}$$

二、全电路欧姆定律

一个由实际电源和负载组成的闭合电路叫做全电路，如图 1-5 所示。R 为负载的电阻，E 为电源电动势，r 为电源的内阻。电路闭合时，电路中有电流 I。根据电压平衡方程得

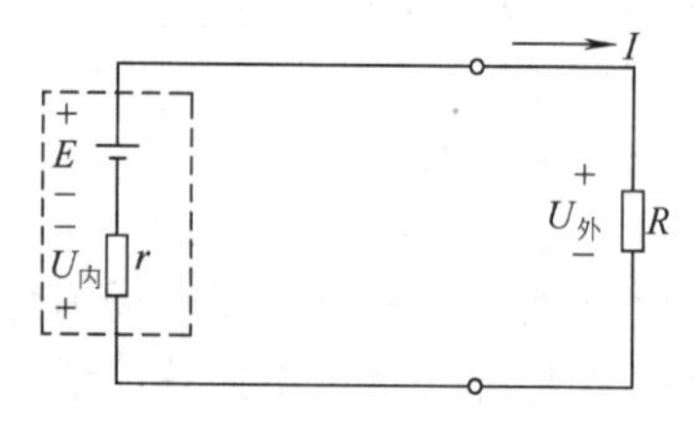

图 1-5 全电路欧姆定律

$$E=U_{外}+U_{内}$$

若略去导线电阻不计，则加在负载电阻两端的电压就等于电源的端电压，其值为

$$U_{外}=RI$$

电源内电阻上的电压降为

$$U_{内}=rI$$

故

$$E=RI+rI$$

或

$$I=E/(R+r) \tag{1-8}$$

式 (1-8) 就是全电路欧姆定律，其意义是：电路中流过的电流，其大小与电动势成正比，而与电路的全部电阻值成反比。

【例 1-2】 有一闭合电路，电源电动势 $E=12\text{V}$，其内阻 $r=2\Omega$，负载电阻 $R=10\Omega$，试求：电路中的电流、负载两端的电压、电源内阻上的电压降。

解 根据全电路欧姆定律

$$I=E/(R+r)=12/(10+2)=1\text{A}$$

由部分电路欧姆定律，可求负载两端电压

$$U_R=IR=1\times10=10\text{V}$$

电源内阻上的电压降为

$$U_r=Ir=1\times2=2\text{V}$$

第三节　电路的有载状态、空载与短路

一、有载工作状态

图 1-6 所示为直流电源对负载（用电器）供电的电路。把开关 S 接通，电路便处于有载工作状态。此时电源输出的电流 I 取决于外电路中并联的用电器的数量。电路中所接的用电器常常是变动的，当并联的用电器数量增多时，它的等效电阻减小，而电源的电动势 E 通常为一恒定值，且电源的内阻 R_0 很小，电源的端电压 U 变化很小，这时电源输出的电流和功率将随之增大，这种情况称为电路的负载增大。反之，当并联的用电器数量减少时，它的等效电阻增大，电源输出的电流和功率将随之减小，这种情况称为电路的负载减小。电路在负载状态下具有如下特征。

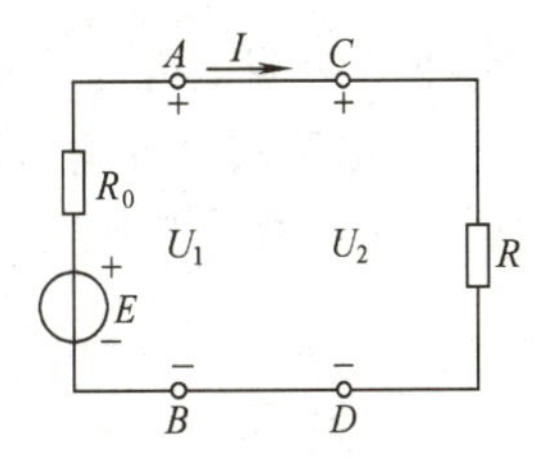

图 1-6　负载状态

1. 电路中的电流

$$I=E/(R+R_0) \tag{1-9}$$

当 E、R_0 一定时，电流由负载电阻 R 的大小决定。

2. 电源的端电压

$$U_1=E-R_0I \tag{1-10}$$

电源的端电压总是小于电源的电动势，这是因为电源的电动势 E 减去内阻压降 R_0I 后，才是电源的输出电压 U_1。

若忽略线路上的压降，则负载的端电压 U_2 等于电源的端电压 U_1。

3. 电源的输出功率

$$P_1=U_1I=(E-R_0I)I=EI-R_0I^2$$

上式表明，电源电动势发出的功率 EI 减去内阻上消耗的 R_0I^2 才是供给外电路的功率，即电源发出的功率等于电路各部分所消耗的功率。由此可见，整个电路中功率是平衡的。

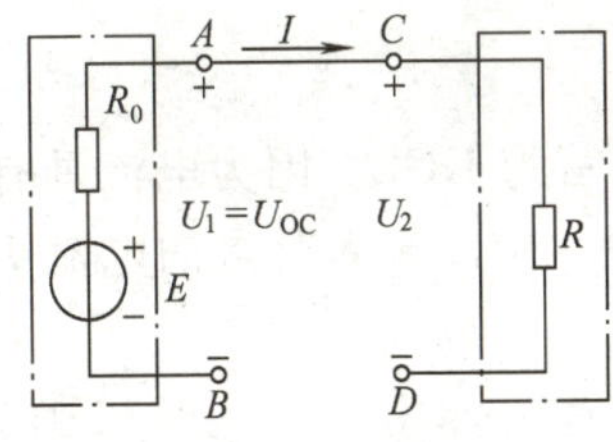

图 1-7　空载状态

二、空载状态

空载状态又称断路或开路状态，如图 1-7 所示，当开关断开或连接导线折断，就会发生这种状态。电路空载时，外电路所呈现的电阻可视为无穷大，故电路具有下列特征。

① 电路中的电流为零，即 $I=0$。

② 电源的端电压等于电源的电动势。即

$$U_1=E-R_0I=E$$

此电压称空载电压或开路电压，用 U_{OC} 表示。由此可以得出测量电源电动势的方法。

③ 电源的输出功率 P_1 和负载所吸收的功率 P_2 均为零。

三、短路状态

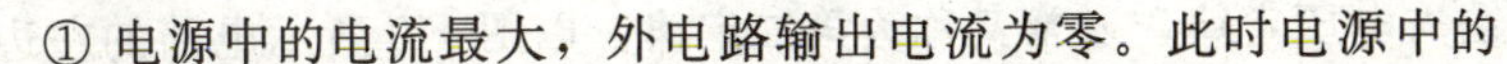
当电源的两输出端钮由于某种原因（如电源线绝缘损坏，操作不慎等）相接触时，会造成电源被直接短路的情况，如图 1-8 所示。当电源直接短路时，外电路所呈现的电阻可视为零，故电路具有下列特征。

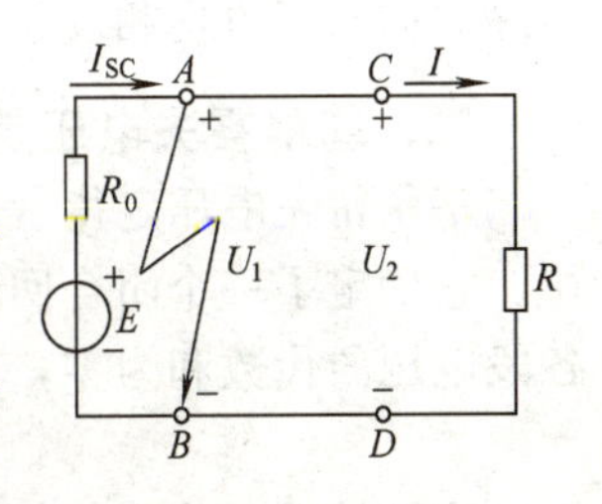

图 1-8　短路状态

① 电源中的电流最大，外电路输出电流为零。此时电源中的

电流为

$$I_{SC}=E/R_0 \tag{1-11}$$

② 电源和负载的端电压均为零，即

$$U_1=E-R_0I_{SC}=0$$
$$U_2=0$$
$$E=R_0I_{SC}$$

上式表明电源的电动势全部降落在电源的内阻上，因而无输出电压。

③ 电源的对外输出功率 P_1 和负载所吸收的功率 P_2 均为零，这时电源电动势所发出的功率全部消耗在内阻上。

第四节　基尔霍夫定律

基尔霍夫定律和欧姆定律都是电路的基本定律。如果说欧姆定律反映了线性电路中某元件或某段电路上电压和电流的约束关系，那么基尔霍夫定律则是从电路连接上反映了电路中电流之间或电压之间的约束关系。为后面叙述问题的方便，在讲述基尔霍夫定律之前，先结合图 1-9 所示的电路介绍如下几个名词。

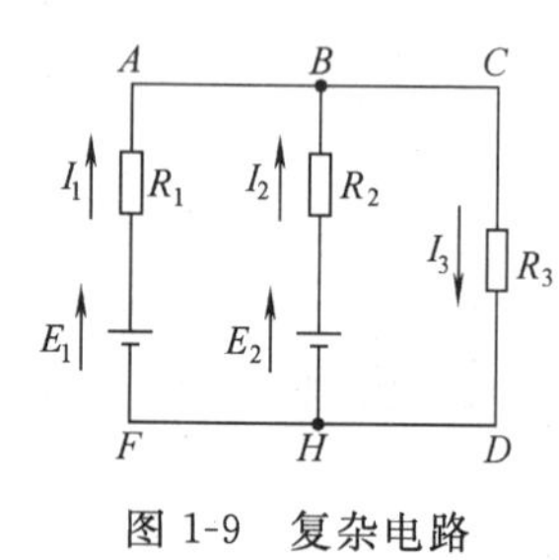

图 1-9　复杂电路

① 支路：电路中通过同一电流的每个分支称为支路。例如，图 1-9 中 FE_1R_1A、HE_2R_2B、DR_3C 均为支路。

② 节点：三条和三条以上支路的连接点，称为节点。图 1-9 中共有两个节点，即 B 和 H 点。

③ 回路：电路中任一闭合的路径均称为回路，图 1-9 中的 $ABHFA$、$BCDHB$、$ABCDHFA$ 均是回路。

④ 网孔：对平面网络而言，不包围其他支路在里面的最简单回路称“网孔”。图 1-9 中有 $ABHFA$、$BCDHB$ 两个网孔。

一、基尔霍夫电流定律

基尔霍夫定电流定律（Kirchhoff's Current Law），该定律简写为 KCL。因为电流具有连续性，在电路的任一节点上均不可能发生电荷持续集聚的现象。所以流入节点的电流 I_i 之和必等于从该节点流出的电流 I_o 之和，其数学表达式为

$$\sum I_i=\sum I_o \tag{1-12}$$

这一关系称为基尔霍夫电流定律，通常又称为第一定律。根据图 1-9 所设定的电流正方向，由节点 B 可得

$$I_1+I_2=I_3$$

必须注意，上式是根据电路中的电流正方向列出的，若算得的结果为负值，说明电流的实际方向与正方向相反。

二、基尔霍夫电压定律

基尔霍夫电压定律（Kirchhoff's Voltage Law），该定律简写为 KVL，也叫回路电压定律。它确定了一个闭合回路中各部分电压件的关系，即对任一闭合回路，沿回路绕行方向上各段电压的代数和为零，其数学表达式为

$$\sum U=0 \tag{1-13}$$

这一关系，称为基尔霍夫电压定律，通常又称为第二定律。以图 1-9 所示电路的左边一

个回路 $ABHFA$ 为例，设其绕行方向为顺时针，则其回路电压方程为

$$-I_2R_2+E_2-E_1+I_1R_1=0$$

列回路电压方程式应注意如下问题。

① 任意选定未知电流的参考方向。

② 任意选定回路的绕行方向。

③ 确定电阻压降的符号。当选定的绕行方向与电阻上流过的电流参考方向一致时，则取正值，反之取负值。

④ 确定电动势符号。当选定的绕行方向从电源电动势的“＋”绕到“－”，则取正值，反之取负值。

三、支路电流法

支路电流法即以支路电流为未知量，应用基尔霍夫定律列出节点电流方程和回路电压方程，组成方程组，解出各支路电流的方法，它是应用基尔霍夫定律解题的基本方法。

应用支路电流法求各支路电流的步骤如下。

① 随意标出各支路电流的参考方向和各回路的绕行方向。

② 根据基尔霍夫第一定律列独立的节点电流方程，值得注意的是，如果电路有 n 个节点，那么只有（$n-1$）个独立的节点电流方程。

③ 根据基尔霍夫第二定律列独立的回路电压方程，若有 m 个独立的回路（即不包含其他回路），则可列 m 个回路电压方程。

④ 代入已知数，联立方程组求出各支路电流。

【例 1-3】 在图 1-10 所示两个并联电源对负载供电的电路中，已知 $E_1=12V$，$E_2=6V$，$R_1=R_2=R_3=2\Omega$。求各支路电流 I_1、I_2、I_3。

解 （1）选定的各支路电流参考方向及回路绕行方向如图 1-9 所示。

（2）电路中只有两个节点 a 和 b，只能列一个独立的节点电流方程，对于节点 a 可列出节点电流方程为

$$I_1+I_2-I_3=0$$

（3）根据基尔霍夫第二定律，列出两个网孔的回路电压方程。

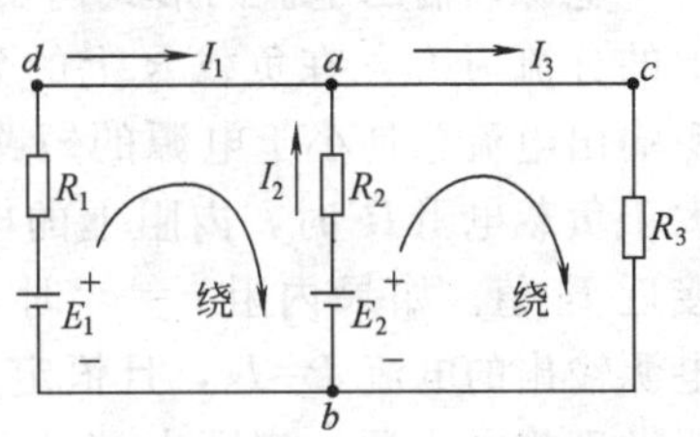

图 1-10　两个并联电源对负载供电的电路

$abda$ 回路的电压方程为　$I_1R_1-I_2R_2-E_1+E_2=0$

$acba$ 回路的电压方程为　$I_2R_2+I_3R_3-E_2=0$

（4）代入已知数，解联立方程组

$$\begin{cases}I_1+I_2-I_3=0\\2I_1-2I_2-12+6=0\\2I_2+2I_3-6=0\end{cases}$$

解得　$I_1=3A$，$I_2=0A$，$I_3=3A$。

I_1、I_2、I_3 均为正值，说明电流实际方向与预先选定的参考方向一致。

第五节　电压源与电流源

一、电压源

在第一节中曾定义过一个电路元件为“理想电压源”，它没有内部损耗（或说内电阻为

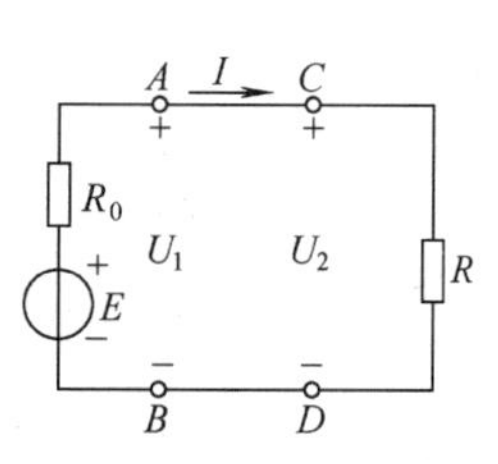

图 1-11　实际电压源

零），其特性如下。

① 提供恒定不变的电压。

② 通过的电流是任意的，取决于所连接的外电路。

而实际电压源是有内部损耗的，因此，“实际电压源”是用一个“理想电压源”和一个内电阻的串联组合来表征的。如图 1-11 中 R_0 和 E 构成一个“实际电压源”，它以输出电压的形式向负载供电，输出电压（端电压）的大小为

$$U=E-IR_0$$

如果电源的内阻 R_0 越大，则在输出相同电流的条件下，端电压越小。若电源内阻 $R_0=0$，则端电压 $U=E$，与输出电流的大小无关。此时电压源达到了“理想状态”，成为“恒压源”。

为了方便，今后把“实际电压源”简称“电压源”，而把“理想电压源”简称“恒压源”。

二、电流源

与电压源相比，这种电源提供负载的是一个近似不变的电流，如图 1-12 所示。

$$I=(E-U)/r=E/r-U/r=I_S-I_0$$

式中　I_S——电源的短路电流；

I_0——内阻上的电流；

I——电源的输出电流。

电源以输出电流的形式向负载供电，恒定电流 I_S 在内阻上的分流为 I_0，在负载 R 上的分流为 I，如图 1-12 所示。电源输出电流总是小于电源的短路电流 I_S，当电源的内阻 r 远大于负载电阻 R 时，内阻上的电流 I_0 减小，输出电流加大，接近 I_S 值。如果内阻 $r=\infty$ 时，则不管负载电阻如何变化，电源输出的电流 $I=I_S$，且恒定不变。把内阻 $r=\infty$ 的电流源叫做理想电流源。实际电流源可用一个理想电流源与内阻 r 并联表示，叫做实际电流源，简称电流源。

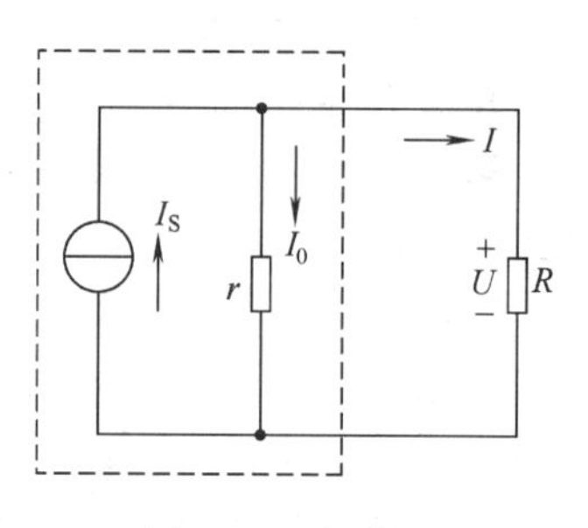

图 1-12　电流源

第六节　叠加原理

叠加原理是反映线性电路基本性质的一个重要原理，即将复杂电路分解成各个电源电动势单独作用的几个简单电路来研究（对暂不考虑的电动势用短路代替），然后将计算结果进行代数叠加，求得原来电路的电流、电压，这个原理就是叠加原理。下面以图 1-13 为例，对叠加原理进行分析。

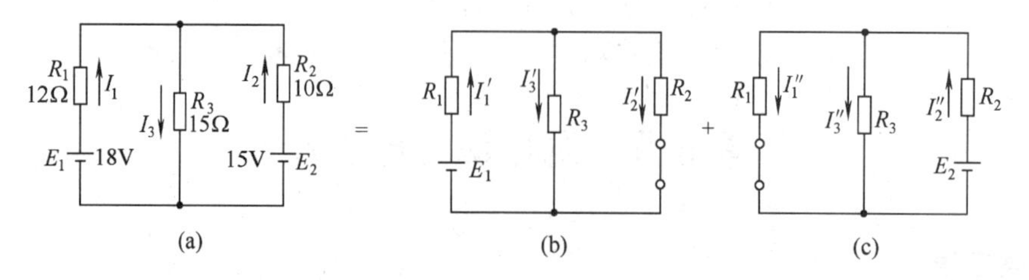

图 1-13　叠加原理

【例 1-4】 求图 1-13（a）所示电路中各支路电流 I_1、I_2、I_3。

解 将图1-13（a）看成 E_1、E_2 单独作用的电路图 1-13（b）与图 1-13（c）的叠加。由图 1-13（b），利用欧姆定律可求得

$$I_1'=E_1/(R_1+R_2/\!/R_3)$$

式中符号“//”表示并联，于是

$$I_1'=\frac{18}{12+\frac{10\times15}{10+15}}=1\text{A}$$

应用分流公式求得

$$I_2'=R_3/(R_2+R_3)\times I_1'=0.6\text{A}$$

$$I_3'=I_1'-I_2'=0.4\text{A}$$

由图 1-13（c），利用欧姆定律可求得

$$I_2''=E_2/(R_1/\!/R_3+R_2)=\frac{15}{\frac{12\times15}{12+15}+10}=0.9\text{A}$$

应用分流公式求得

$$I_1''=R_3/(R_1+R_3)\times I_2''=0.5\text{A}$$

$$I_3''=I_2''-I_1''=0.4\text{A}$$

根据以上计算结果再对各支路电流进行代数叠加

$$I_1=I_1'-I_1''=0.5\text{A}$$

$$I_2=I_2''-I_2'=0.3\text{A}$$

$$I_3=I_3'+I_3''=0.8\text{A}$$

从以上解题可将叠加原理的解题步骤归纳如下。

① 将含有多个电源电动势的电路，分解成若干个仅含有单个电源电动势的分电路。并给出每个分电路的电流或电压的参考方向。在考虑某一电动势作用时，其余的电动势短路。

② 对每一个分电路进行计算，求出各相应支路的分电流、分电压。

③ 将求出的分电路中的电压、电流进行叠加，求出原电路中的支路电流、支路电压。

叠加是代数量相加，当分量与总量的参考方向一致，取“+”号；反之，取“−”号。

说明：叠加原理只适用于线性电路，只能用来计算电流和电压，不能用来计算功率。

第七节　戴维南定理

任何具有两个引出端的电路（也叫网络）都叫二端网络。若网络中有电源叫做有源二端网络，否则叫做无源二端网络，如图 1-14 所示。

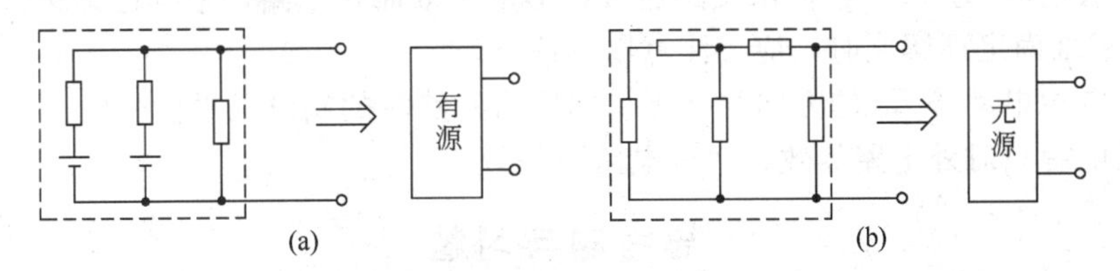

图 1-14　二端网络

一个无源二端网络可以用一个等效电阻 R 来代替；一个有源二端网络可以用一个等效电源电动势和内阻代替，任何一个有源复杂电路，都可简化为一个电源电动势 E_0 和电阻 R_0，避免了繁琐的电路计算。

戴维南定理：任何线性有源二端网络，对外电路而言，可以用一个等效电源代替，等效

电源电动势 E_0 等于有源二端网络两端点间的开路电压 U；等效电源的内阻 R_0 等于该有源二端网络中各个电源置零后，即将电动势用短路代替，所得的无源二端网络两端点间的等效电阻。下面以图 1-15 为例讲解戴维南定理的解题步骤。

【例 1-5】 已知如图 1-15 所示电路，$E_1=5\text{V}$，$R_1=8\Omega$，$E_2=25\text{V}$，$R_2=12\Omega$，$R_3=2.2\Omega$。试用戴维南定理求通过 R_3 的电流及 R_3 两端电压 U_R。

解 （1）断开待求支路，分出有源二端网络，如图 1-16（a）所示。计算开路端电压 U_{ab}，即为所求等效电源的电动势 E_0（电流、电压参考方向如图 1-16 所示）。

$$I=(E_1+E_2)/(R_1+R_2)=(5+25)/(8+12)=1.5\text{A}$$

$$E_0=U_{ab}=E_2-IR_2=25-1.5\times12=7\text{V}$$

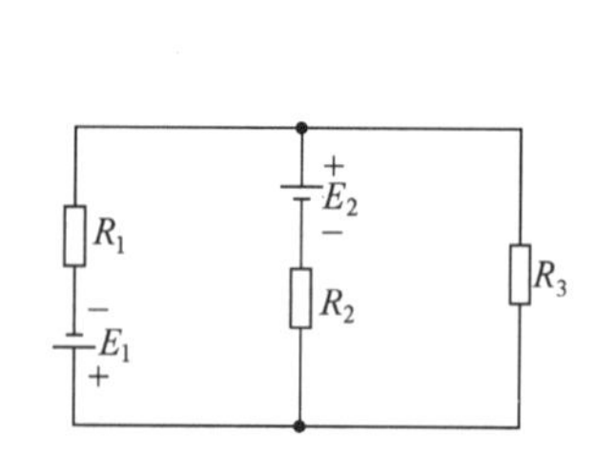

图 1-15 电路图

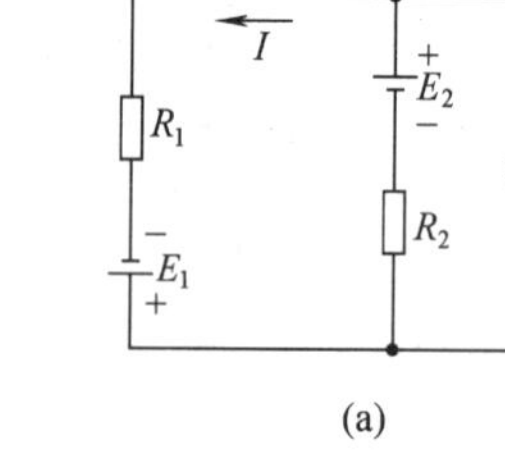

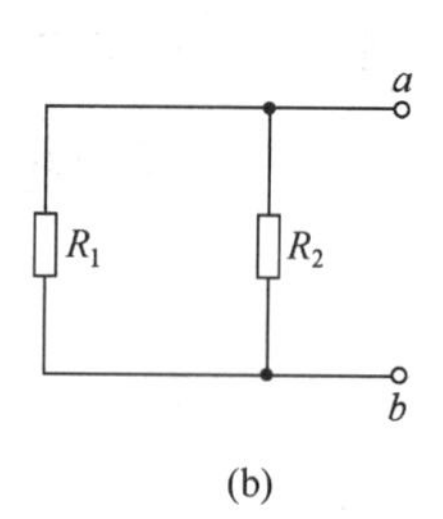

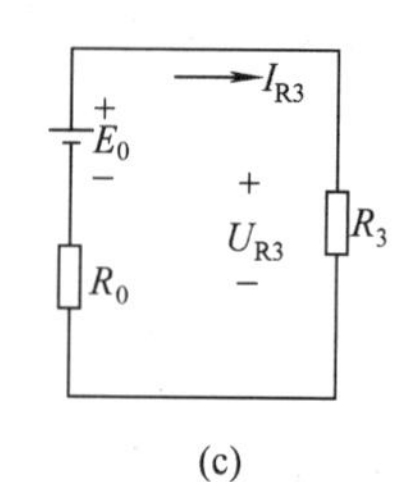

图 1-16 有源二端网络

（2）将有源二端网络中各电源置零后，即将电动势用短路代替，成为无源二端网络，如图 1-16（b）所示。计算出等效电阻 R_{ab}，即为所求电源的内阻 R_0。

$$R_0=R_{ab}=(R_1\times R_2)/(R_1+R_2)=4.8\Omega$$

（3）将所求得的等效电源 E_0、R_0 与待求支路的电阻 R_3 连接，形成等效简化电路，如图 1-16（c）所示。计算支路电流 I_{R3} 和电压 U_{R3}。

$$I_{R3}=E_0/(R_0+R_3)=1\Omega$$

$$U_{R3}=I_{R3}\times R_3=2.2\Omega$$

通过以上分析，可以总结出应用戴维南定理求某一支路的电流或电压的方法和步骤。

① 断开待求支路，将电路分为待求支路和有源二端网络两部分。

② 求出有源二端网络两端点间的开路电压 U_{ab}，即为等效电源的电动势 E_0。

③ 将有源二端网络中各电源置零后，将电动势用短路代替，计算无源二端网络的等效电阻，即为等效电源的内阻 R_0。

④ 将等效电源 E_0、R_0 与待求支路连接，形成等效简化电路，根据已知条件求解。

在应用戴维南定理解题时，应当注意以下两点。

① 等效电源电动势 E_0 的方向与有源二端网络开路时的端电压极性一致。

② 等效电源只对外电路等效，对内电路不等效。

思考题与习题

1. 电路通常由哪几部分组成？各部分有什么作用？

2. 在习题 1-2 图所示，已知 5A 的电流实际方向由 $a\rightarrow b$，在图示参考方向下写出 $I=$？这时电子流动的方向又是怎样的？

3. 在习题 1-3 图所示电压的参考方向，$U=50\text{V}$，试问电压的实际方向如何？并写出 U_{ab} 和 U_{ba} 各等于多少？

4. 什么叫电压？什么叫电位？电压和电位有何区别？

习题 1-2 图　　　　习题 1-3 图

5. 在习题 1-5 图所示，已知 $E=24\text{V}$，$R_1=1\Omega$，$R_2=5\Omega$，$R_3=8\Omega$，$R_4=10\Omega$，求：(1) 电路中的电流 I；(2) 若以 d 点为参考点，求其他各点的电位。

6. 将习题 1-6 (a) 图所示电路等效变换为电流源，将习题 1-6 (b) 图所示电路等效变换为电压源。

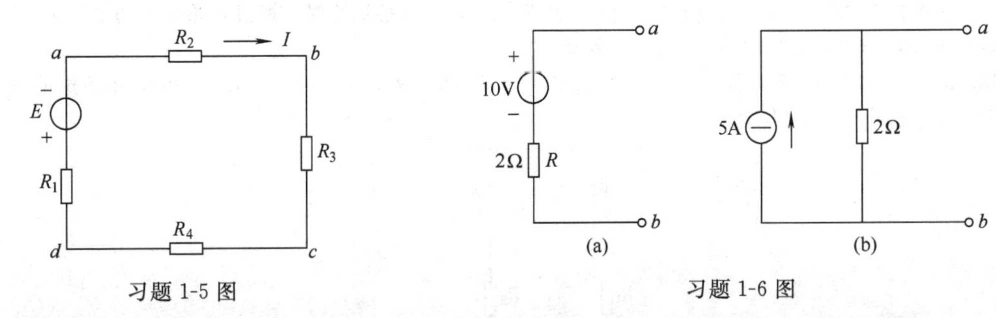

习题 1-5 图　　　　习题 1-6 图

7. 习题 1-7 图所示为最简单供电电路，已知电源端电压 $U_S=230\text{V}$，两根输电线的电阻 R 均为 2Ω，负载电阻 $R_L=88\Omega$，求：(1) 电流 I，负载端电压 U_L 和线路压降 ΔU；(2) 电源供给的电功率 P_S 和负载消耗的功率 P_L，并解释上述两个功率之差哪里去了？

8. 如习题 1-8 图所示，$R_1=1\Omega$，$R_2=2\Omega$，$R_3=3\Omega$，$I_1=2\text{A}$，$I_2=-5\text{A}$，求：I_3、U_{ab} 和 U_{ac}。

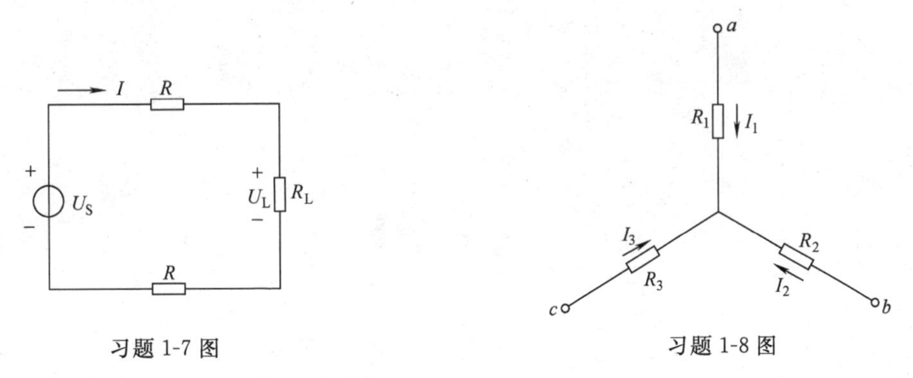

习题 1-7 图　　　　习题 1-8 图

9. 如习题 1-9 图所示，$E_1=10\text{V}$，$E_2=35\text{V}$，$E_3=30\text{V}$，$R_1=10\Omega$，$R_2=15\Omega$，$R_3=5\Omega$，用支路电流法求各支路电流 I_1、I_2 和 I_3。

10. 在习题 1-10 图所示电路中，$R_1=2\Omega$，$R_2=3\Omega$，$E=6\text{V}$，内阻不计，$I=0.5\text{A}$，求下列情况下 U_{AC}、U_{BC}、U_{DC} 的值：(1) 当电流从 D 流向 A 时；(2) 当电流从 A 流向 D 时。

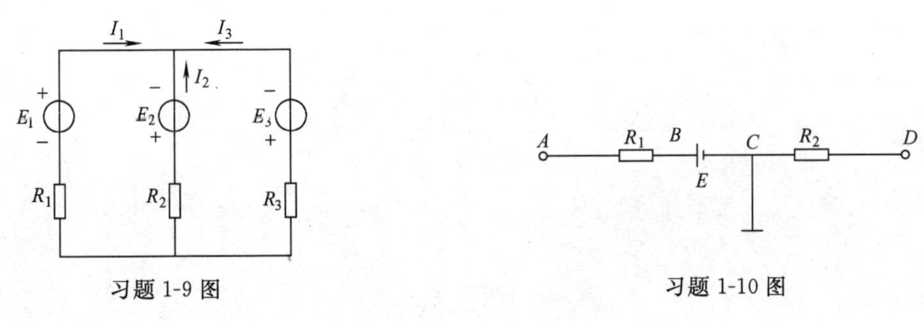

习题 1-9 图　　　　习题 1-10 图

11. 如习题 1-11 图所示，$E_1=6\text{V}$，$E_2=10\text{V}$，内阻不计，$R_1=4\Omega$，$R_2=2\Omega$，求：A、B、F 点电位。

12. 在习题 1-12 图所示电路中，已知 $E_1=9\text{V}$，$E_2=6\text{V}$，$R_1=R_2=R_3=2\Omega$，用叠加定理求：(1) 电流 I_3；(2) 电压 U_{AB}。

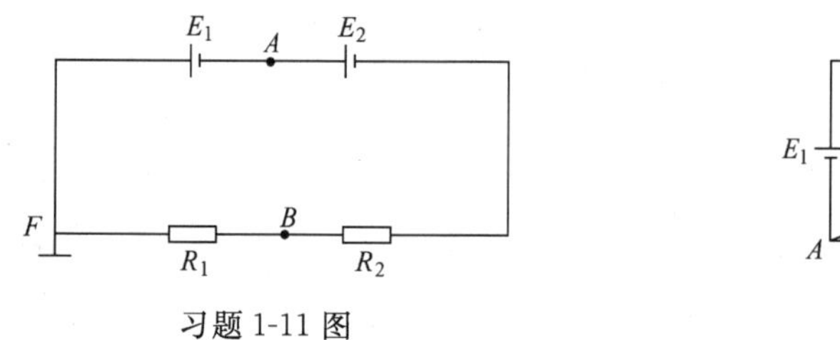

习题 1-11 图

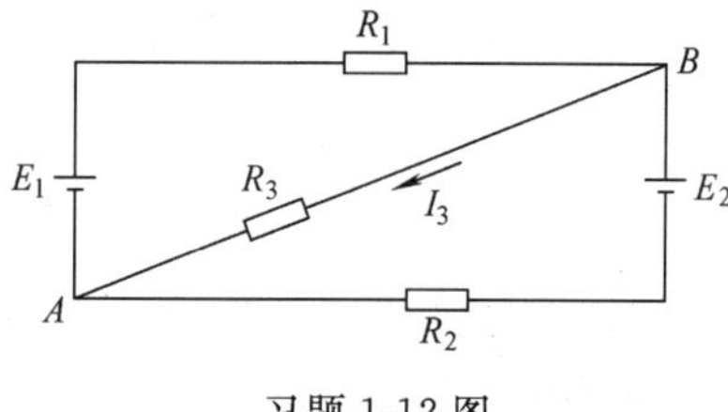

习题 1-12 图

13. 电路中某两端开路时，测得这两端的电压为 10V，这两端短路时，通过短路线上的电流为 2A，求此两端接上 5Ω 电阻时通过电阻中电流应为多大？

14. 如习题 1-14 图所示电路，已知 $E_1=12\text{V}$，$E_2=24\text{V}$，$R_1=R_2=20\Omega$，$R_3=50\Omega$，用戴维南定理求通过 R_3 的电流及 R_3 两端电压。

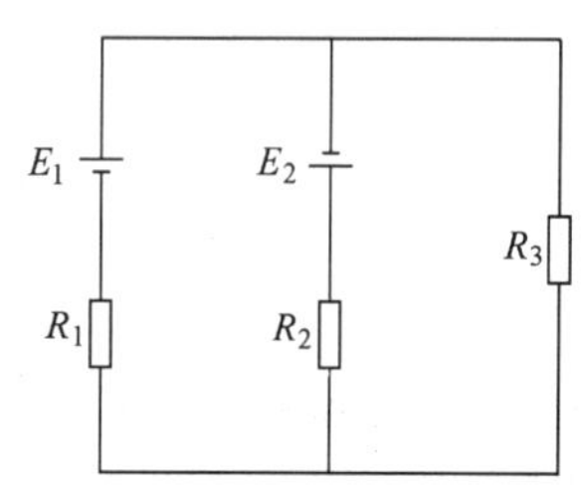

习题 1-14 图

第二章　正弦交流电路

学习目标　通过本章的学习，掌握一些基本概念、基本理论和基本分析方法，并能熟练运用，从而为后续交流电机、低压电器及电子技术等内容的学习打下坚实的理论基础。

第一节　正弦电压与电流

第一章中分析的是直流电路，其中的电流和电压的大小与方向（或电压的极性）是不随时间而变化的，如图 2-1 所示。

正弦电压和电流是按照正弦规律周期性变化的，其波形如图 2-2 所示。

由于正弦电压和电流的方向是周期性变化的，在电路图上所标的方向是指它们的正方向，即代表正半周时的方向。在负半周时，由于所标的正方向与实际方向相反，则其值为负。图 2-2 中的虚线箭标代表电流的实际方向；“＋”“－”代表电压的实际方向（极性）。

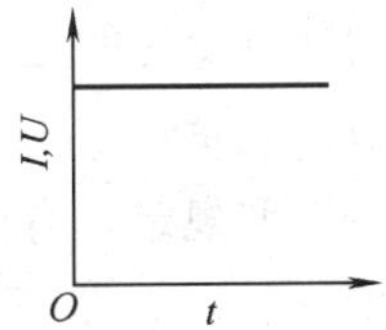

图 2-1　电压、电流与时间的关系

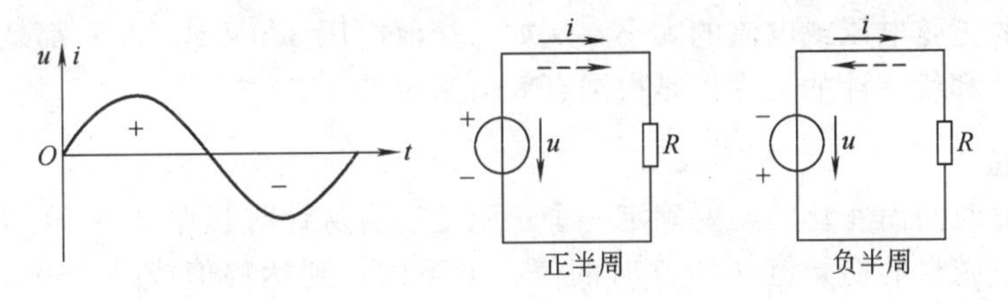

图 2-2　正弦电压和电流与时间的关系

正弦电压和电流等物理量，常统称为正弦量。正弦量的特征表现在变化的快慢、大小及初始值三个方面，而它们分别由频率（或周期）、幅值（或有效值）和初相位来确定。所以频率、幅值和初相位就称为确定正弦量的三要素，分别叙述如下。

一、频率与周期

正弦量变化一次所需的时间（秒）称为周期 T。每秒内变化的次数称为频率 f，它的单位是赫兹（Hz）。频率是周期的倒数，即

$$f=1/T \tag{2-1}$$

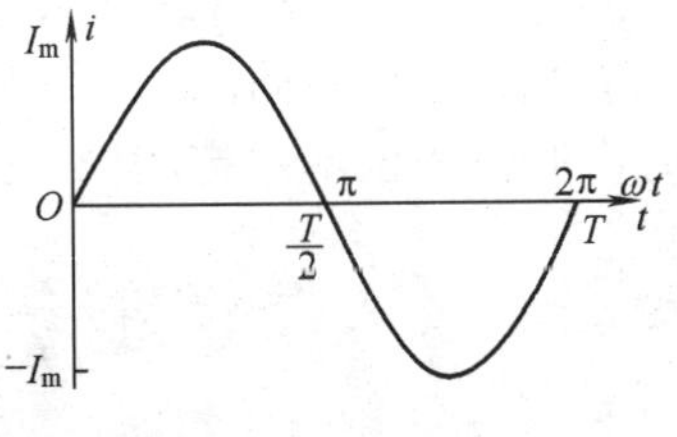

在中国和大多数国家都采用 50Hz 作为电力标准频率，有些国家（如美国、日本等）采用 60Hz，这种频率在工业上应用广泛，习惯上也称为工频。通常的交流电动机和照明负载都用这种频率。

图 2-3　初相位为零的正弦电流的波形

正弦量变化的快慢除用周期和频率表示外，还可用角频率 ω 来表示。因为一周期内经历了 2π 弧度（见图 2-3），所以角频率为

$$\omega=2\pi/T=2\pi f(\mathrm{rad/s}) \tag{2-2}$$

二、幅值与有效值

正弦量在任一瞬间的值称为瞬时值，用小写字母来表示，如 i、u 及 e 分别表示电流、电压及电动势的瞬时值。瞬时值中最大的值称为幅值或最大值，用带下标 m 的大写字母来表示，如 I_m、U_m 及 E_m 分别表示电流、电压及电动势的幅值。

图 2-3 所示为正弦电流的波形，它的数学表达式为

$$i=I_m\sin\omega t \tag{2-3}$$

正弦电流、电压和电动势的大小通常不是用幅值，而是用它们的有效值（均方根值）来计量的。

有效值是根据电流的热效应来规定的，因为在电工技术中，电流常表现出其热效应。不论是周期性变化的电流还是直流，只要它们在相等的时间内通过同一电阻而两者产生的热效应相等，就把它们的安培值看作是相等的。就是说，某一周期电流 i 通过电阻 R 在一个周期内产生的热量和另一个直流 I 通过同样大小的电阻在相等的时间内产生的热量相等，那么这个周期性变化的电流 i 的有效值在数值等于这个直流 I。它们在数值上的关系是最大值为有效值的$\sqrt{2}$倍。

按照规定，有效值都用大写字母表示，和表示直流的字母一样，如 I、U、E。那么

$$I_m=\sqrt{2}\,I$$

$$U_m=\sqrt{2}\,U$$

$$E_m=\sqrt{2}\,E$$

一般所讲的正弦电压或电流的大小，例如，交流电压 380V 或 220V 都是指它的有效值。一般交流安培计和伏特计的刻度也是根据有效值来定的。

三、初相位

正弦量是随时间而变化的，要确定一个正弦量还需从计时起点（$t=0$）上看。所取的计时起点不同，正弦量的初始值（$t=0$ 时的值）就不同，到达幅值或某一特定值所需的时间也就不同。

正弦量可用下式表示

$$i=I_m\sin\omega t \tag{2-4}$$

其波形如图 2-3 所示。它的初始值为零。

正弦量也可用下式表示

$$i=I_m\sin(\omega t+\psi) \tag{2-5}$$

其波形如图 2-4 所示。在这种情况下，初始值 $i_0=I_m\sin\psi$，不等于零。

上两式中的角度 ωt 和（$\omega t+\psi$）称为正弦量的相位角或相位，它反映出正弦量变化的进程。当相位角随时间连续变化时，正弦量的瞬时值随之作连续变化。

$t=0$ 时的相位角称为初相位角或初相位。在式（2-4）中初相位为零，在式（2-5）中初相位为 ψ。因此，所取计时起点不同，正弦量的初相位不同，其初始值也就不同。

在一个正弦交流电路中，电压 u 和电流 i 的频率是相同的，但初相位不一定相同，例如，图 2-5 中 u 和 i 的波形可用下式表示

$$\left.\begin{aligned}u&=U_m\sin(\omega t+\psi_1)\\ i&=I_m\sin(\omega t+\psi_2)\end{aligned}\right\} \tag{2-6}$$

它们的初相位分别为 ψ_1 和 ψ_2。

两个同频率正弦量的相位角之差或初相位角之差，称为相位差，用 φ 表示。

$$\varphi=(\omega t+\psi_1)-(\omega t+\psi_2)=\psi_1-\psi_2 \tag{2-7}$$

说明：

① $\varphi=0$，u 和 i 同相；

② $\varphi>0$，u 超前 i；

③ $\varphi<0$，u 滞后 i；

④ $\varphi=180°$，u 和 i 反相。

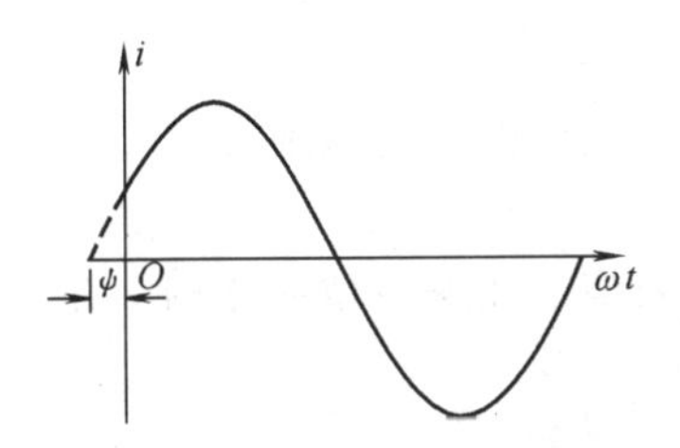

图 2-4　初相位不为零的正弦电流的波形

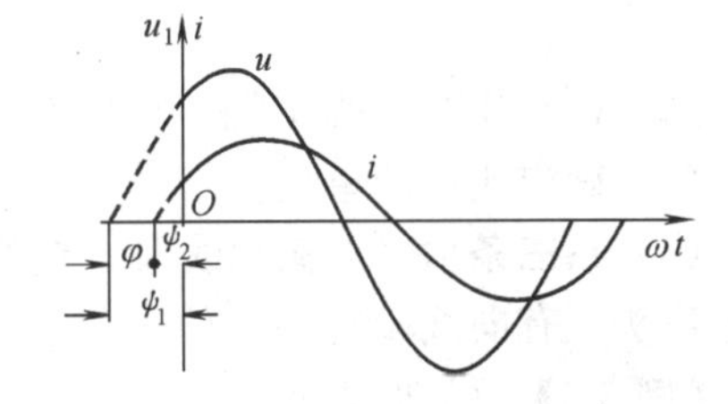

图 2-5　初相位不同的 u 和 i 的波形

第二节　旋转相量与相量

用三角函数式表示正弦交流电随时间变化的关系，这种方法叫解析法。正弦交流电的电动势、电压和电流的解析式分别为

$$e=E_{\mathrm{m}}\sin(\omega t+\varphi_{\mathrm{e}})$$
$$u=U_{\mathrm{m}}\sin(\omega t+\varphi_{\mathrm{u}})$$
$$i=I_{\mathrm{m}}\sin(\omega t+\varphi_{\mathrm{i}})$$

只要给出时间 t 的数值，就可以求出该时刻 e、u、i 相应的值，但是要对正弦量进行加、减运算，这种方法非常麻烦。为此，引入正弦量的旋转相量表示法。

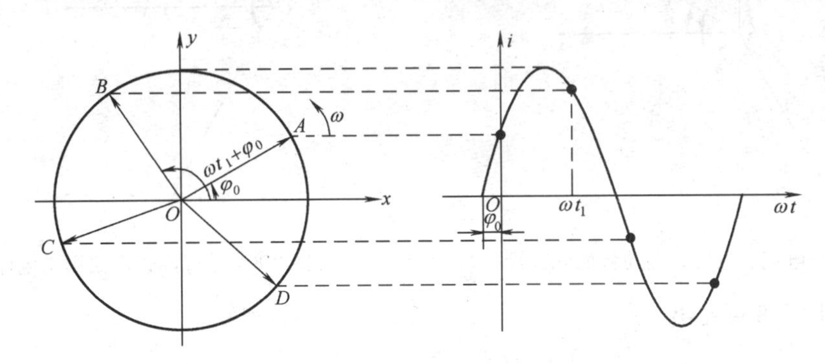

图 2-6　正弦量的旋转相量表示法

如图 2-6 所示，以坐标原点 O 为端点作一条有向线段，线段的长度为正弦量的最大值 E_{m}，旋转相量的起始位置与 x 轴正方向的夹角为正弦量的初相 φ_0，它以正弦量的角频率 ω 为角速度，绕原点 O 逆时针匀速转动，则在任何一瞬间，旋转相量在纵轴上的投影就等于该时刻工弦量的瞬时值。旋转相量既可以反映正弦量的三要素，又可以通过它在纵轴上的投影求出正弦量的瞬时值，旋转相量可以完整地表示正弦量。如果有向线段的长为正弦量的有效值，就称为有效值相量，用 $\dot{E}$、$\dot{U}$、$\dot{I}$ 来表示。

在同一坐标系中，可以画出几个同频率的正弦量的旋转相量。

要进行同频率正弦量加、减运算，先作出与正弦量相对应的相量，再按平行四边形法则求和，和的长度表示正弦量的和的最大值（有效值相量表示有效值），和与 x 轴正方向的夹角为正弦量和的初相，角频率不变。

【例 2-1】 作出下列电流、电压、电动势的相量图。

$$e=220\sqrt{2}\sin(100\pi t+\pi/6)\mathrm{V}$$

$$u=220\sqrt{2}\sin(100\pi t+\pi/2)\mathrm{V}$$

$$i=10\sqrt{2}\sin(100\pi t-2\pi/3)\mathrm{A}$$

解 （1）作基准线 x 轴，如图 2-7 所示（基准线通常也可以省略不画）。

（2）确定比例的单位。

（3）在三条射线上截取线段，使线段的长度符合有效值与比例单位的比例，并在线段末加上箭头（有向线段）。

【例 2-2】 已知

$$i_1=4\sqrt{2}\sin(100\pi t+\pi/3)\mathrm{A}$$

$$i_2=4\sqrt{2}\sin(100\pi t-\pi/3)\mathrm{A}$$

用相量图求：$i=i_1+i_2$。

解 作出与 i_1、i_2 相对应的相量 $\dot{I}_1$、$\dot{I}_2$，如图 2-8 所示。应用平行四边形法则求和，即

$$\dot{I}=\dot{I}_1+\dot{I}_2$$

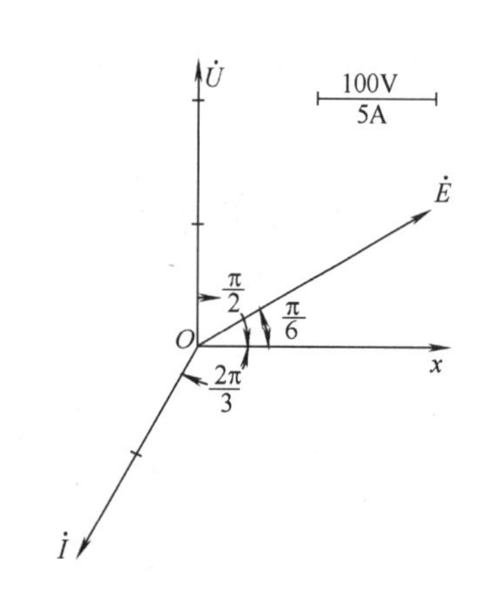

图 2-7 电流、电压、电动势的相量图

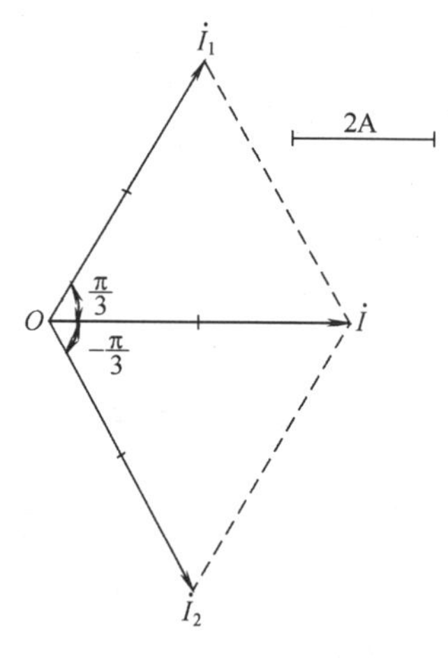

图 2-8 平行四边形法则求电流和

从相量图 2-8 可看出

$$I=I_1=I_2=4\mathrm{A}$$

$$I_\mathrm{m}=\sqrt{2}I=4\sqrt{2}\mathrm{A}$$

又由于 $\dot{I}$ 与 x 轴正方向一致，即初相角为 0，从而得到

$$i=i_1+i_2=4\sqrt{2}\sin\omega t\ \mathrm{A}$$

第三节 单一参数电路元件的正弦交流电路

最简单的交流电路是由电阻、电感、电容单个电路元件组成的，这些电路元件仅由 R、L、C 三个参数中的一个来表征其特性，故称这种电路为单一参数电路元件的交流电路。工程实际中的某些电路就可以作为单一参数电路元件的交流电路来处理，另外，复杂的交流电

路也可以认为是由单一参数电路元件组合而成的，因此，掌握单一参数电路元件的交流电路的分析是很重要的。

一、纯电阻电路

白炽灯、电阻炉或变阻器等负载，它们的电感与电阻值相比是极小的，可略去不计。因此，由这种负载所组成的交流电路，在实用上就认为是纯电阻电路，如图 2-9 所示。

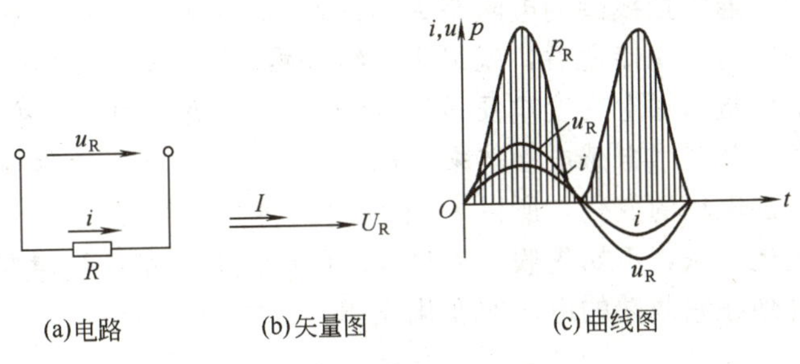

(a)电路　(b)矢量图　(c)曲线图

图 2-9　纯电阻电路及其电流、电压的矢量图和曲线图

现在来研究纯电阻电路中的电流与电压之间的瞬时值关系、有效值关系、相位关系以及交流电功率的计算方法。

为了分析方便起见，设加在电阻两端的正弦电压为

$$u_R = U_{Rm}\sin\omega t \tag{2-8}$$

根据欧姆定律，通过电阻的电流瞬时值应为

$$i = u_R/R = (U_{Rm}/R)\sin\omega t \tag{2-9}$$

从式（2-8）和式（2-9）不难看出，在正弦电压的作用下，电阻中通过的电流也是一正弦交变电流，且与加在电阻两端的电压同相位。在图 2-9（b）和图 2-9（c）上分别画出了它们的矢量图和曲线图。在作矢量图时，是以电压矢量作为参考矢量，但由于电流与电压同相，故两者的指向一致。

根据式（2-9）可知，通过电阻中的电流最大值为

$$I_m = U_{Rm}/R$$

若把两边同除以$\sqrt{2}$，则得

$$I = U_R/R \tag{2-10}$$

或

$$U_R = IR$$

由此可知，通过电阻的电流有效值就等于加在电阻两端的电压有效值除以该电阻。

在任一瞬间，电阻中的电流瞬时值与同一瞬间加在电阻两端的电压瞬时值的乘积，称为电阻取用的瞬时功率，用 p_R 来表示

$$p_R = u_R i = U_{Rm} I_m \sin^2\omega t$$

瞬时功率的变化曲线如图 2-9（c）所示。由于电流与电压同相，所以，p_R 在任一瞬时的数值都是正值，这就说明，在任一时刻电阻都在向电源取用功率，起着负载的作用。由于瞬时功率时刻在变动，不便计算，通常都是计算一个周期内取用功率的平均值，即平均电功率，又称**有功功率**，用 P 来表示。

有功功率在数值上与电压电流的关系为

$$P = U_{Rm} I_m/2$$

即

$$P = U_R I = I^2 R \tag{2-11}$$

由此可知，电阻取用的有功功率等于加在电阻两端的电压有效值与通过电阻的电流有效

值的乘积。有功功率的单位是瓦特，简称瓦（W）。

【例 2-3】 已知加在电阻两端的电压有效值 $U_R=12V$，$R=6\Omega$，求 I 和 P。

解

$$I=U_R/R=12/6=2A$$

$$P=U_RI=12\times2=24W$$

二、纯电感电路

为了研究的方便，通常把线圈的电阻略去不计，则线圈就仅含有电感，这种线圈被认为是纯电感线圈。当把它与电源接通后，就组成一纯电感电路，如图 2-10（a）所示。

在纯电感线圈的两端，加上交变电压 u_L，线圈中必定要通过一交变电流。由于电流时刻在变化，因而线圈中就产生自感电动势来反抗电流的变化。因此，线圈中的电流变化就要滞后于线圈两端的外加电压的变化，所以 u_L 和 i 之间将会出现相位差。

为了便于论证上述关系，不妨先假定通过线圈的电流是按正弦规律变化的，并令其初相等于零，反过来计算加在它两端的电压的变化规律。已知

$$i=I_m\sin\omega t \tag{2-12}$$

当此交变电流通过线圈时，它将产生自感电动势 $e_L=-L\dfrac{di}{dt}$。根据图 2-10（a）所设定的电压、电流的正方向，运用基尔霍夫电压定律，沿回路顺时针（或逆时针）方向绕行一周，得回路的电位降（或电位升）为 u_L 和 e_L。于是得

$$u_L+e_L=0$$

即

$$u_L=-e_L=L\frac{di}{dt}$$

上式说明，由于线圈的电阻等于零，所以没有电阻电压降，因此，外加电压 u_L 就完全用来平衡线圈中所产生的自感电动势 e_L，即 u_L 与 e_L 在任何瞬间都是大小相等，方向相反。把电流 $i=I_m\sin\omega t$ 代入上式，得

$$\begin{aligned}u_L&=L\frac{d}{dt}(I_m\sin\omega t)\\&=\omega LI_m\cos\omega t\\&=\omega LI_m\sin\left(\omega t+\frac{\pi}{2}\right)\end{aligned} \tag{2-13}$$

比较式（2-12）和式（2-13）可知，纯电感线圈中通过的正弦电流要比加在它两端的正弦电压滞后$\frac{\pi}{2}$。在图 2-10（b）和（c）中分别画出了电压、电流的矢量图和曲线图。必须指出，电流、电压的矢量图并非表示空间关系，而是代表时间差。电流与电压间存在 90°的相位差，实质上是表示它们到达正的最大值或零值或负的最大值等的时刻先后不一，在时间上要相差 1/4 周期。

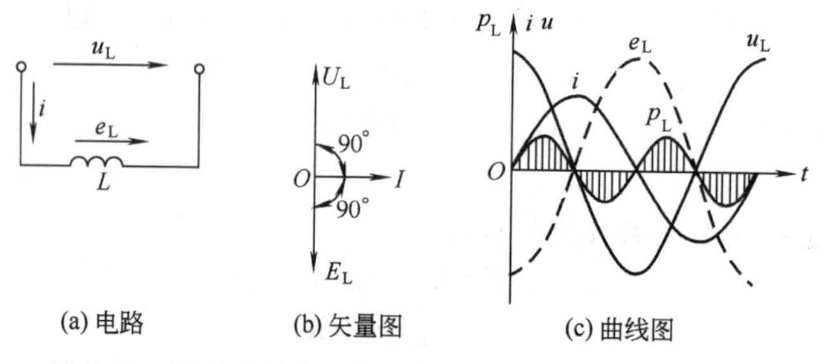

图 2-10 纯电感电路及其电流、电压的矢量图和曲线图

在纯电感电路中，电流滞后于电压 1/4 周期的原因可以解释如下：根据以上的证明，当线圈两端加上正弦电压时，线圈中就通过一正弦电流。但正弦电流的瞬时值 i 与其变化率 $\mathrm{d}i/\mathrm{d}t$ 却不一致。当电流经过零值时，其变化率 $\mathrm{d}i/\mathrm{d}t$ 最大，所以，此时线圈产生的自感电动势为最大，同自感电动势相平衡的外加电压也到达与 e_{L} 反向的最大值。当电流经过最大值时，其变化率为零，所以，此时自感电动势以及同它相平衡的外加电压也都等于零。由此可见，电流要滞后于外加电压 1/4 周期。根据式（2-13），此正弦电压的最大值为

$$U_{\mathrm{Lm}}=\omega LI_{\mathrm{m}}$$

若把两边同除以$\sqrt{2}$，则得

$$U_{\mathrm{L}}=\omega LI=X_{\mathrm{L}}I \tag{2-14}$$

式中，令

$$X_{\mathrm{L}}=\omega L=2\pi fL \tag{2-15}$$

X_{L} 称为电感抗（简称感抗），它的单位是欧姆。所以，纯电感线圈中通过的电流有效值，就等于加在它两端的电压有效值除以纯电感线圈的感抗。从电压关系上来看，用来平衡线圈自感电动势的外加电压有效值就等于线圈中的电流有效值和感抗的乘积。

感抗的数值取决于线圈的电感 L 和电流的频率 f。对具有一定电感的线圈而言，f 愈高，则 X_{L} 愈大，在相同的电压作用下，通过线圈的电流就会随着 f 的增大而减小。在直流电路中，因频率 $f=0$，其感抗也等于零，线圈只具有电阻的作用。

纯电感线圈的瞬时功率为

$$\begin{aligned}p_{\mathrm{L}}&=u_{\mathrm{L}}i\\&=U_{\mathrm{Lm}}I_{\mathrm{m}}\cos\omega t\sin\omega t\\&=\frac{1}{2}U_{\mathrm{Lm}}I_{\mathrm{m}}\sin2\omega t\\&=U_{\mathrm{L}}I\sin2\omega t=X_{\mathrm{L}}I^{2}\sin2\omega t\end{aligned}$$

在图 2-10（c）上也画出了 p_{L} 的变化曲线。从图中可以看到，在第一个和第三个 1/4 周期内，电流分别从零值增加到正的最大值和负的最大值，线圈中的磁场增强，p_{L} 为正值。这就表示线圈要从电源吸取电能，并把它转换为磁场能，储存在线圈周围的磁场中，此时线圈起着一个负载的作用。但在第二个和第四个 1/4 周期内，电流分别从正的最大值和负的最大值向零值变化，线圈中的磁场减弱，p_{L} 为负值。这表示线圈是在向电源输送能量，也就是线圈把磁场能再转换为电能而送回电源，此时线圈起着一个电源的作用。综上所述，纯电感线圈在一个周期内时而储进能量，时而放出能量，它所取用的平均能量等于零，即平均功率$P=0$。由此可见，纯电感线圈在电路中不消耗有功功率，它是一种储存能量的电路元件，而纯电阻则是一种消耗能量的电路元件。

电感量不同的纯电感线圈，它们所消耗的有功功率皆为零，但它们和电源之间互相交换能量的情况则各有不同。因此，采用瞬时功率 p_{L} 的最大值 $U_{\mathrm{L}}I$，即能量互换的最大速率来衡量电源和纯电感线圈之间的能量互换情况。这个能量互换的最大速率，称为纯电感电路的无功功率，用 Q_{L} 表示，即

$$Q_{\mathrm{L}}=U_{\mathrm{L}}I=X_{\mathrm{L}}I^{2}$$

无功功率的单位是乏（var）。

【例 2-4】 在电压为 220V、频率为 50Hz 的电源上，接上电感 $L=127$mH 的线圈，线圈的电阻极小，可略去不计，求 X_{L} 和 I 值。如把此线圈接于 220V、1000Hz 的电源上，问通过线圈的电流等于多少？

解

$$X_{\mathrm{L}}=2\pi fL=2\pi\times50\times\frac{127}{1000}=40\Omega$$

$$I=U/X_L=220/40=5.5\text{A}$$

若接在 1000Hz 的电源上，则

$$X_L=2\pi fL=2\pi\times1000\times\frac{127}{1000}=800\Omega$$

$$I=U/X_L=220/800=0.275\text{A}$$

三、纯电容电路

图 2-11 表示仅含电容的交流电路，称为纯电容电路。

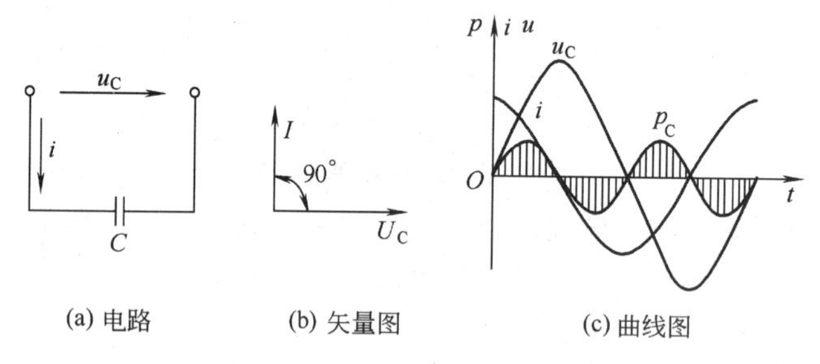

图 2-11　纯电容电路及其电流、电压的矢量图和曲线图

设加在电容器两端的正弦电压为

$$u_C=U_{Cm}\sin\omega t \tag{2-16}$$

则

$$i=\frac{dq}{dt}=C\frac{du_C}{dt}=\omega CU_{Cm}\cos\omega t$$

即

$$i=\omega CU_{Cm}\sin\left(\omega t+\frac{\pi}{2}\right) \tag{2-17}$$

比较式（2-16）和式（2-17）可知，纯电容电路中通过的正弦电流要比加在它两端的正弦电压超前$\frac{\pi}{2}$。在图 2-11（b）和（c）中，分别画出了电流、电压的矢量图和曲线图。

根据式（2-17），此正弦电流的最大值为

$$I_m=\omega CU_{Cm}$$

两边同除以$\sqrt{2}$后，得有效值为

$$I=\omega CU_C$$

或

$$I=U_C/\left(\frac{1}{\omega C}\right)=U_C/X_C \tag{2-18}$$

式中，令

$$X_C=\frac{1}{\omega C}=\frac{1}{2\pi fC} \tag{2-19}$$

X_C 称为电容抗（简称容抗），它的单位是欧姆。由式（2-18）可知，在纯电容电路中，电流的有效值等于加在电容器两端的电压有效值除以它的容抗。

容抗的数值与 f 及 C 成反比。当电容器的电容为定值时，f 愈高则 X_C 愈小，在同样的电压作用下，电路中的电流将随着 f 的升高而增大。在直流电路中，因频率 $f=0$，故电容器的容抗等于无限大，这就表明，把电容器接入直流电路中，电路通常处于断路状态。

纯电容电路的瞬时功率为

$$\begin{aligned}p_C&=u_Ci=U_{Cm}I_m\cos\omega t\sin\omega t\\&=\frac{1}{2}U_{Cm}I_m\sin2\omega t\\&=U_CI\sin2\omega t=X_CI^2\sin2\omega t\end{aligned}$$

在图 2-11 中也画出了 p_C 的变化曲线。从图中可以看出，在第一和第三个 1/4 周期内，电容器上的电压分别从零变化到正的最大值和负的最大值，电容器中的电场增强，此时电容器被充电，从电源处吸取电能，并把它储存在电容器的电场中。在第二和第四个 1/4 周期内，电容器上的电压分别从正的最大值和负的最大值变化到零，电容器中的电场减弱，这时电容器在放电，它就把储存在电场中的能量又送回电源。所以在纯电容电路中，也是时而储进能量，时而放出能量，在一个周期内纯电容消耗的有功功率等于零，即 $P=0$。由此可见，纯电容也是一种储存能量的电路元件。

纯电容电路的无功功率为

$$Q_C=U_C I=X_C I^2$$

【例 2-5】 在电压为 220V、频率为 50Hz 的电路中，接入电容 $C=38.5\mu F$ 的电容器，求 X_C 和 I 值。如把此电容器接入 220V、1000Hz 的电路中，再求电流 I。

解

$$X_C=\frac{1}{2\pi fC}=1/(2\pi\times50\times38.5\times10^{-6})=82.7\Omega$$

$$I=U/X_C=220/82.7=2.66A$$

若接在 1000Hz 的电路中，则

$$X_C=\frac{1}{2\pi fC}=1/(2\pi\times1000\times38.5\times10^{-6})\approx4.13\Omega$$

$$I=U/X_C=220/4.13=53.2A$$

第四节　*RLC* 串联正弦电路

由电阻 R、电感 L 和电容 C 串联而成的交流电路，称为 RLC 串联电路，如图 2-12 所示。RLC 串联电路是一种实际应用中常见的典型电路，如供电系统中的补偿电路，单相异步电动机的启动电路和电子技术中常用的串联谐振电路等都是 RLC 串联电路。

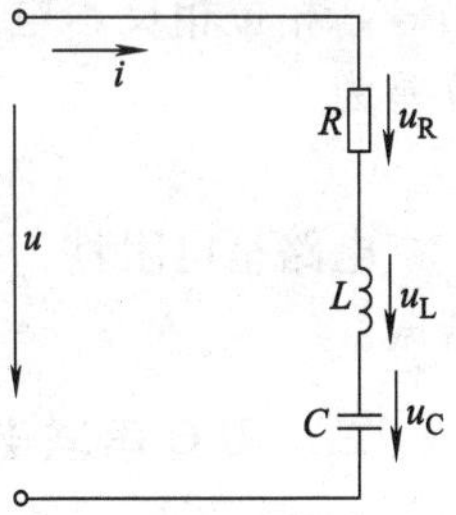

串联电路中电流处处相等，电阻元件端电压与电流同相位，电感元件端电压超前电流 90°，电容元件端电压滞后电流 90°。

图 2-12　RLC 串联电路

设 RLC 串联电路中的电流为

$$i=\sqrt{2}I\sin\omega t$$

则电阻 R 的端电压为

$$u_R=\sqrt{2}IR\sin\omega t$$

电感 L 的端电压为

$$u_L=\sqrt{2}IX_L\sin(\omega t+90^\circ)$$

电容 C 的端电压为

$$u_C=\sqrt{2}IX_C\sin(\omega t-90^\circ)$$

当电流正方向与电压 u、u_R、u_L、u_C 正方向关联一致时，电路总电压瞬时值等于各元件上电压瞬时值之和，即

$$u=u_R+u_L+u_C \tag{2-20}$$

对应的有效值相量关系是

$$\dot{U}=\dot{U}_R+\dot{U}_L+\dot{U}_C \tag{2-21}$$

一、RLC 串联电路中电压与电流的相位关系

作出与 i，u_R，u_L 和 u_C 相对应的相量图，方法如下。

以电流相量 $\dot{I}$ 为参考相量，画在水平位置上；再按比例分别作出与 $\dot{I}$ 同相的 $\dot{U}_R$，超前 $\dot{I}$ 90°的 $\dot{U}_L$ 和滞后 $\dot{I}$ 90°的 $\dot{U}_C$ 的相量图，如图 2-13 所示。

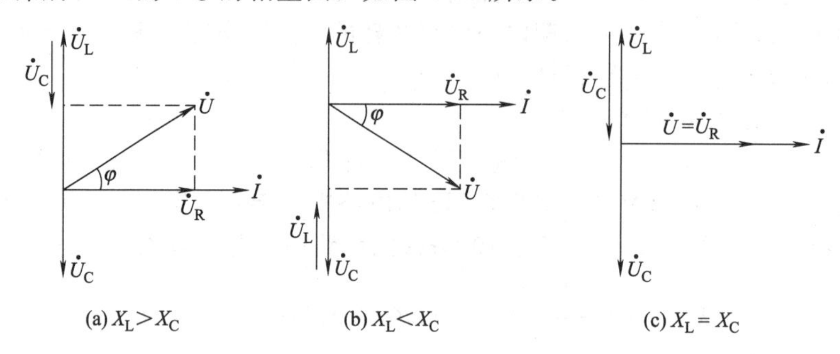

图 2-13 RLC 串联电路的相量图

当 $X_L>X_C$ 时，$U_L>U_C$。由图 2-13（a）可知，此时电路总电压 u 超前电流 i 锐角 φ，电路呈电感性，称为电感性电路。总电压 u 与电流 i 的相位差为

$$\varphi=\varphi_u-\varphi_i=\arctan\frac{U_L-U_C}{U_R}>0 \tag{2-22}$$

当 $X_L<X_C$ 时，$U_L<U_C$。由图 2-13（b）可知，此时电路总电压 u 滞后于电流 i 锐角 φ，电路呈电容性，称为电容性电路。总电压 u 与电流 i 的相位差为

$$\varphi=\varphi_u-\varphi_i=\arctan\frac{U_L-U_C}{U_R}<0 \tag{2-23}$$

当 $X_L=X_C$ 时，$U_L=U_C$。由图 2-13（c）可知，此时电路电感 L 和电容 C 端电压大小相等，相位相反，电路总电压就等于电阻的端电压。总电压 u 与电流 i 同相位，即它们的相位差为

$$\varphi=\varphi_u-\varphi_i=0 \tag{2-24}$$

电路呈电阻性，把 RLC 串联电路中电压与电流同相位，电路呈电阻性的状态叫做串联谐振。

二、RLC 串联电路中电压与电流的大小关系

由图 2-13（a）、（b）可以看到，以电阻电压 $\dot{U}_R$、电感电压与电容电压的相量和 $\dot{U}_L+\dot{U}_C$ 为直角边，总电压 $\dot{U}$ 为斜边构成一个直角三角形，称为电压三角形。

由电压三角形可知，电路总电压的有效值与各元件端电压有效值的关系是相量和而不是代数和。这是因为在交流电路中，各种不同性质元件的端电压除有数量关系外还存在相位关系，所以其运算规律与直流电路有明显差异。

根据电压三角形，有

$$U=\sqrt{U_R^2+(U_L-U_C)^2}$$

将 $U_R=IR$，$U_L=IX_L$，$U_C=IX_C$ 代入上式，得

$$U=\sqrt{U_R^2+(U_L-U_C)^2}=I\sqrt{R^2+(X_L-X_C)^2}=I\sqrt{R^2+X^2}=I|Z| \tag{2-25a}$$

或

$$I=\frac{U}{|Z|} \tag{2-25b}$$

式（2-25）称为 RLC 串联电路中欧姆定律的表达式，式中

$$|Z|=\sqrt{R^2+(X_L-X_C)^2}=\sqrt{R^2+X^2}$$

其中，$|Z|$ 叫做电路的阻抗，单位是 Ω；X_L-X_C 叫做电抗，单位也是 Ω。

由电阻 R、电抗 X_L-X_C 为直角边，阻抗 $|Z|$ 为斜边也构成一个直角三角形，称为阻抗三角形，如图 2-14 所示，可以看出阻抗三角形与电压三角形相似。阻抗三角形中，R 与 $|Z|$ 的夹角 φ 叫做阻抗角，其大小等于电压与电流的相位差 φ，即

$$\varphi=\arctan\frac{X_L-X_C}{R}=\arctan\frac{X}{R} \tag{2-26}$$

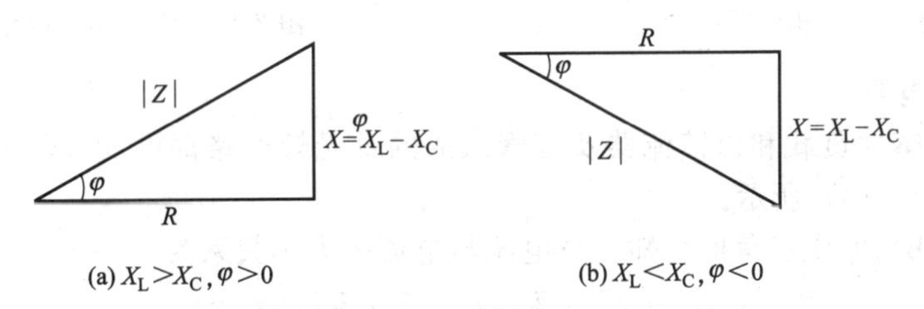

图 2-14　阻抗三角形

由阻抗三角形可写出 $|Z|$、φ 与 R、X 关系为

$$R=|Z|\cos\varphi$$
$$X=|Z|\sin\varphi$$

【例 2-6】 在 RLC 串联电路中，已知 $R=20\Omega$，$L=10\text{mH}$，$C=10\mu\text{F}$，电源电压 $u=50\sqrt{2}\sin(2500t+30°)\text{V}$。试求：

（1）电路感抗 X_L、容抗 X_C 和阻抗 $|Z|$；

（2）电路的电流 I 和各元件的端电压 U_R，U_L，U_C；

（3）电压与电流的相位差 φ，并确定电路的性质；

（4）画出相量图。

解

（1）由 $u=50\sqrt{2}\sin(2500t+30°)\text{V}$ 可知

$$\omega=2500\text{rad/s}$$
$$X_L=\omega L=2500\times10\times10^{-3}=25\Omega$$
$$X_C=\frac{1}{\omega C}=\frac{1}{2500\times10\times10^{-6}}=40\Omega$$
$$|Z|=\sqrt{R^2+(X_L-X_C)^2}=\sqrt{20^2+(25-40)^2}=25\Omega$$

（2）$I=\dfrac{U}{|Z|}=\dfrac{50}{25}=2\text{A}$

$$U_R=IR=20\times2=40\text{V}$$
$$U_L=IX_L=25\times2=50\text{V}$$
$$U_C=IX_C=40\times2=80\text{V}$$

（3）$\varphi=\arctan\dfrac{X_L-X_C}{R}=\arctan\dfrac{25-40}{20}=-36.87°<0$

电路呈电容性。

（4）相量图如图 2-15 所示。

三、*RLC* 串联电路的两个特例

当电路中 $X_C=0$ 时，即 $U_C=0$，则 RLC 串联电路就成了 RL 串联电路，如图 2-16（a）

所示；当电路中 $X_L=0$ 时，即 $U_L=0$，则 RLC 串联电路就成了 RC 串联电路，如图 2-16（b）所示。

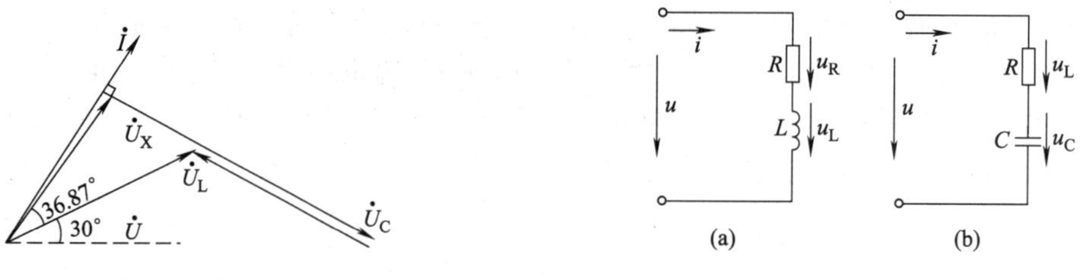

图 2-15　相量图　　　图 2-16　RLC 串联电路的特例

1. RL 串联电路

电动机等电感性负载和由镇流器及灯管组成的日光灯电路都可以看做是 RL 串联电路，其相量图如图 2-17（a）所示。

由图 2-17（b）电压三角形可知，总电压与电流的大小关系为

$$U=\sqrt{U_R^2+U_L^2}=I\sqrt{R^2+X_L^2}=I|Z|$$

$$|Z|=\sqrt{R^2+X_L^2}$$

电阻 R、感抗 X_L 和阻抗 $|Z|$ 也构成一个阻抗三角形，如图 2-17（c）所示。阻抗角 φ 就是总电压与电流的相位差，其大小为

$$\varphi=\arctan\frac{U_L}{U_R}=\arctan\frac{X_L}{R}>0$$

因此在 RL 串联电路中，电压超前电流 φ，电路呈电感性。

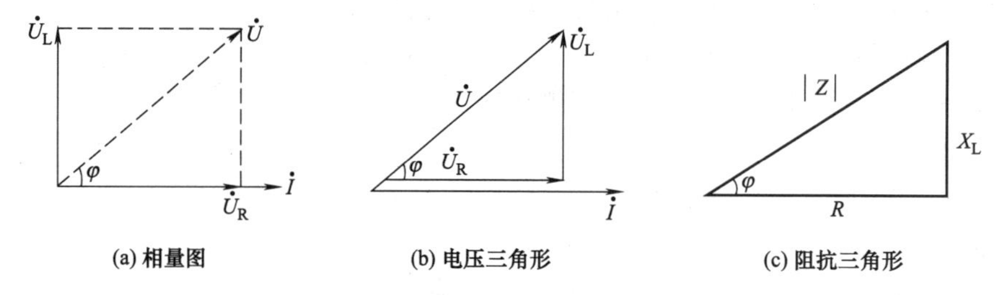

图 2-17　RL 串联电路相量图、电压三角形、阻抗三角形

2. RC 串联电路

电子技术中常见的阻容耦合放大电路、RC 振荡器、RC 移相电路等，都是 RC 串联电路的实例，其相量图如图 2-18（a）所示。

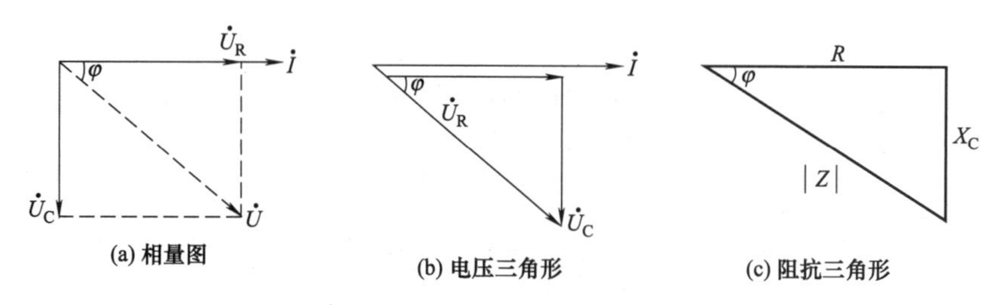

图 2-18　RC 串联电路相量图、电压三角形、阻抗三角形

由图 2-18（b）电压三角形可知，总电压与电流的大小关系为

$$U=\sqrt{U_R^2+U_C^2}=I\sqrt{R^2+X_C^2}=I|Z|$$

$$I=\frac{U}{|Z|}$$

式中
$$|Z|=\sqrt{R^2+X_C^2}$$

电阻R、容抗X_C和阻抗$|Z|$也构成一个阻抗三角形，如图2-18（c）所示，阻抗角φ等于总电压与电流的相位差，其大小为

$$\varphi=\arctan\frac{U_C}{U_R}=\arctan\frac{X_C}{R}<0$$

因此在RC串联电路中，电压滞后电流φ，电路呈电容性。

另外前面介绍的纯电阻电路、纯电感电路和纯电容电路，也可看做是RLC串联电路的特例。

四、RLC串联电路的功率

在RLC串联电路中，既有耗能元件电阻R，又有储能元件电感L和电容C。所以，电路既有有功功率P，又有无功功率Q_L和Q_C。

由于RLC串联电路中只有电阻R是消耗功率的，所以电路的有功功率P就是电阻上所消耗的功率，即

$$P=U_RI$$

由电压三角形可知，电阻端电压U_R与总电压U关系为

$$U_R=U\cos\varphi$$

故
$$P=U_RI=UI\cos\varphi=I^2R \tag{2-27}$$

式（2-27）为RLC串联电路的有功功率公式。

纯电阻电路中，电压与电流同相，$\varphi=0$，$\cos\varphi=1$，所以有功功率公式$P=UI$可看做是一个特例。而对于纯电感电路和纯电容电路$\varphi=\pm90°$，$\cos\varphi=0$。可见有功功率公式$P=UI\cos\varphi$具有普遍意义。

电路中的储能元件电感L和电容C虽然不消耗能量，但与电源之间进行着周期性的能量交换。无功功率Q_L和Q_C分别表征它们这种能量交换的最大速率，即

$$Q_L=U_LI$$
$$Q_C=U_CI$$

由于电感和电容的端电压在任何时刻都是反相的，所以Q_L和Q_C的符号相反。RLC串联电路的无功功率为

$$Q=Q_L-Q_C=(U_L-U_C)I=I^2(X_L-X_C) \tag{2-28}$$

而由电压三角形可知

$$U_L-U_C=U\sin\varphi$$

故
$$Q=UI\sin\varphi$$

把电路的总电压有效值和电流有效值的乘积称为视在功率，用符号S表示，单位是伏安（V·A）或千伏安（kV·A），即

$$S=UI \tag{2-29}$$

视在功率表征电源提供的总功率，也用来表示交流电源的容量。

将电压三角形的各边同时乘以电流有效值I，就可得到功率三角形，如图2-19所示。

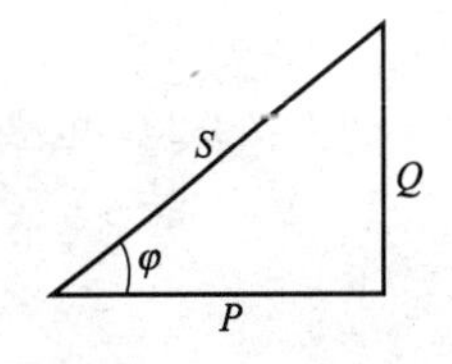

图2-19　功率三角形

P与S的夹角称为功率因数角，其大小等于总电压与电流的相位差，等于阻抗角。

由功率三角形可得

$$S=\sqrt{P^2+Q^2}$$
$$P=S\cos\varphi \tag{2-30}$$
$$Q=S\sin\varphi$$

五、功率因数

由 $P=UI\cos\varphi=S\cos\varphi$ 可知，当 $\cos\varphi=1$ 时，电路消耗的有功功率与电源提供的视在功率相等，这时，电源的利用率最高；在 $\cos\varphi\neq1$ 时，电路消耗的有功功率总小于视在功率；而当 $\cos\varphi=0$ 时，电路有功功率等于零，这时电路只有能量交换，没有能量消耗，就不能转换成热能或机械能等被人们所利用。

为了表征电源功率被利用的程度，把有功功率与视在功率的比值称为功率因数，用 $\cos\varphi$ 表示，即

$$\cos\varphi=\frac{P}{S} \tag{2-31}$$

对于同一电路，电压三角形、阻抗三角形和功率三角形都相似，所以

$$\cos\varphi=\frac{P}{S}=\frac{U_R}{U}=\frac{R}{|Z|} \tag{2-32}$$

提高功率因数具有重要的现实意义。

① 由于任何发电机、变压器等电源设备都会受绝缘和温度等的因素限制，都有一定的额定电压和额定电流，即有一定额定容量（视在功率）。设电路功率因数只有 0.5 时，其输出功率 $P=0.5S$，这时，电源功率只有 50%被利用；若设法把功率因数提高到 1，则可在不增加投资情况下，输出功率可增加 1 倍。显然，提高功率因数可充分发挥电源设备的潜在能力，提高经济效益。

② 根据 $P=UI\cos\varphi$ 可知，提高功率因数后，在输送相同功率、相同电压情况下，由于输电线路中电流减小，可大大地减小输电线路的电压损耗和功率损耗，节省电能。因此，在电力工程中，力求使功率因数接近于 1。

提高功率因数的方法之一是在电感性负载的两端并联一个容量适当的电容器，如图2-20所示。

电感性负载等效为 RL 串联电路，电流 i_1 滞后电压角度 φ_1。并联适当电容 C 后，电流 i_C 超前电压角度 90°，电路总电流 $i=i_1+i_C$，其对应的相量式为 $\dot{I}=\dot{I}_1+\dot{I}_C$，作出相量图，如图 2-21 所示。由相量图可知，并联适当电容后，电路总电流减小，电压与电流的相位差 φ 也小于并联电容前的 φ_1，所以 $\cos\varphi>\cos\varphi_1$，即功率因数提高了。

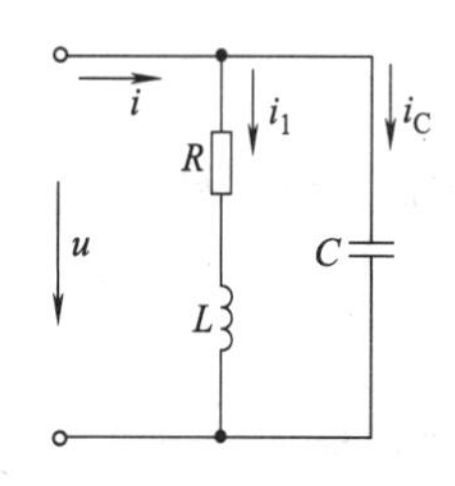

图 2-20　电感性负载并联电容器

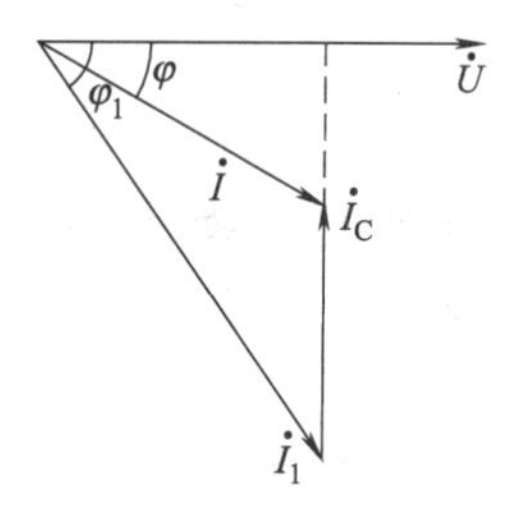

图 2-21　电感性负载并联电容后的相量图

思考题与习题

1. 什么叫正弦交流电？描述正弦交流电的物理量有哪些？

2. 一个正弦交流电的频率是50Hz，有效值是5A，初相位是$-\frac{\pi}{2}$，写出它的瞬时值表达式，并且画出它的波形图。

3. 已知正弦交流电流$i=7.07\sin(500t+30°)$A，求它的最大值、有效值、初相位、角频率和周期，并画出波形图。

4. 求交流电压$u_1=4\sin\omega t$和$u_2=3\sin(\omega t+90°)$之间的相位差，并画出它们的波形图和相量图，哪个超前，哪个滞后。

5. 如习题2-5图所示为一个按正弦规律变化的交流电的波形图，根据波形图求出它的周期、频率、角频率、初相位、有效值，并写出它的解析式。

6. 如习题2-6图所示的相量图中，已知$U=220$V，$I_1=10$A，$I_2=5\sqrt{2}$A，写出它们的解析式。

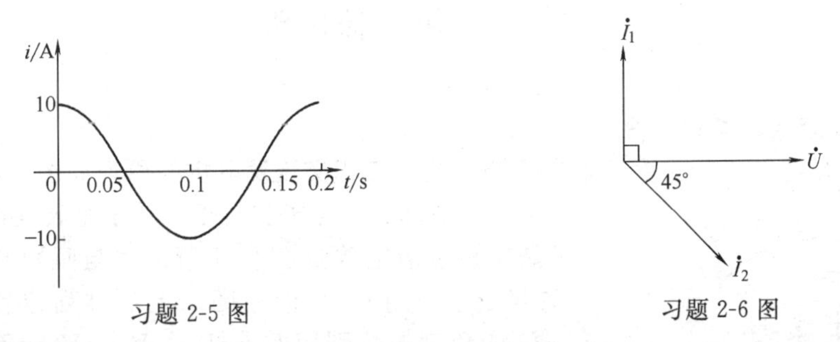

习题2-5图　　习题2-6图

7. 规格为220V、60W的白炽灯，接在220V、50Hz电源上，设电源电压的初相位为30°，试求：(1)流过白炽灯的电流有效值；(2)写出电流的瞬时值表达式；(3)画出电压、电流相量图。

8. 有一电感元件$L=10$mH，当外加电压$U=220$V，$f=50$Hz时，求电感元件的感抗X_L、通过电感的电流有效值I及电感元件的无功功率Q_L，画出电感元件上的电压、电流相量图。

9. 已知电容元件的$C=25\mu$F，通过电容电路的电流为$i=25\sqrt{2}\sin(500t+60°)$mA，试求：(1)容抗$X_C$；(2)电容元件上电压的有效值及瞬时值表达式；(3)电容元件的无功功率Q_C，并画出电压、电流相量图。

10. 有一线图，其电阻可忽略不计，把它接在220V，50Hz交流电源上，测得通过线圈的电流为2A，求线圈电感L。

11. 电容为100pF的电容器，对频率为10^6Hz的高频电流和频率为10^3Hz的音频电流的容抗各是多少？

12. 一个线圈的电阻只有几欧，线圈电感L为0.6H，把线圈接在50Hz的交流电路中，它的感抗是多大？从感抗和电阻大小来说明为什么粗略计算时，实际电感可以略去电阻作用，而认为它是一个纯电感电路。

13. 在RLC串联电路中，什么叫电路的总阻抗？它与电阻、感抗、容抗有什么关系？作出阻抗三角形。

14. 在RLC串联电路中，总电压与各元件端电压之间有什么关系？写出欧姆定律表达式；作出电流、各元件端电压和总电压的相量图。电压三角形与阻抗三角形有什么关系？

15. 什么叫正弦交流电路的瞬时功率？什么叫有功功率、无功功率和视在功率？三者之间有什么关系？功率三角形与电压三角形、阻抗三角形有什么联系？写出RLC串联电路中有功功率、无功功率和视在功率公式及相应单位。

16. 什么叫功率因数？它是用来表征什么的物理量？提高功率因数有什么重要意义？

第三章　三相交流电路

学习目标　通过本章学习，了解三相交流电源、三相负载的星形与三角形连接。掌握三相电路中线电压、线电流、相电压、相电流及三相电路的总功率等参数进行简单的计算的方法。

第一节　三相交流电源

一、三相交流电动势的产生

三相交流电动势是由三相交流发电机产生的。三相交流发电机的原理如图 3-1 所示。它的主要组成部分是定子和转子。转子是转动的磁极，定子是在铁芯槽上放置三个几何尺寸与匝数相同的线圈（称做定子绕组），它们在圆周上的排列位置彼此相差 $2\pi/3$ 的角度，分别用 U_1-U_2，V_1-V_2，W_1-W_2 表示。U_1、V_1、W_1 表示各相绕组的首端，U_2、V_2、W_2 表示各相绕组的末端。各相绕组的电动势的参考方向规定为由线圈的末端指向始端。

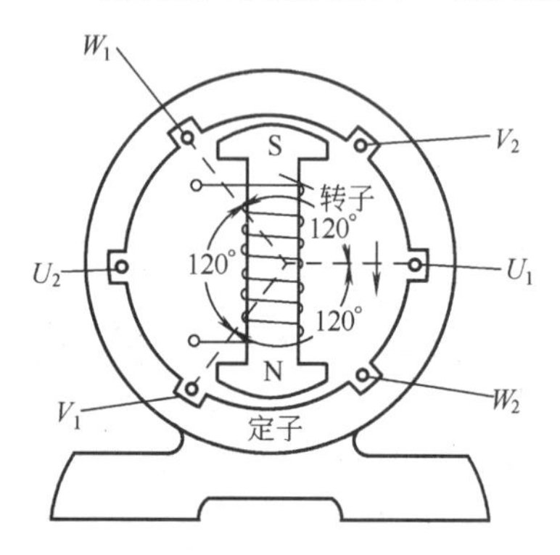

图 3-1　三相交流发电机的原理

当原动机（汽轮机、水轮机等）带动转子顺时针以一角速度匀速转动时，就相当于每相绕组以角速度 ω 逆时针匀速旋转，作切割磁力线运动，因而产生感应电动势 e_U、e_V、e_W。由于三相绕组的结构相同，在空间相差 $2\pi/3$ 的角度，因此，e_U、e_V、e_W 三个电动势的振幅相同，频率相同，彼此的相位差为 $2\pi/3$。以 e_U 为参考正弦量，则三相电动势的瞬时表达式为

$$\begin{cases} e_U=E_m\sin\omega t \\ e_V=E_m\sin(\omega t-2\pi/3) \\ e_W=E_m\sin(\omega t+2\pi/3) \end{cases} \tag{3-1}$$

它们的波形图和相量图如图 3-2 所示。

三相电动势随时间按正弦规律变化，它们到达最大值（或零值）的先后顺序叫做相序。

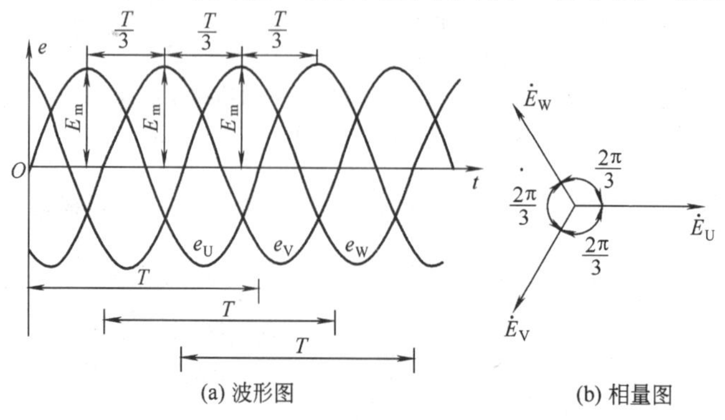

图 3-2　三相对称电动势的波形图和相量图

从图 3-2 中可以看出，e_U 超前 e_V 达最大值，e_V 又超前 e_W 达最大值，这种 U-V-W-U 的顺序叫正序，若相序为 U-W-V-U，则叫负序。

在电工技术和电力工程中，把这种有效值相等、频率相同、相位上彼此相差了 $2\pi/3$ 的三相电动势叫做对称三相电动势，供给三相电动势的电源就叫做三相电源。产生三相电动势的每个绕组叫做一相。

二、三相四线制电源

三相电源本来具有 U_1、V_1、W_1、U_2、V_2、W_2 六个接头，但是在低压供电系统中常采用三相四线制供电，把三相绕组的末端 U_2、V_2、W_2 连接成一个公共端点，叫做中点（零点），用 N 表示，如图 3-3 所示。从中点引出的导线叫做中线（零线），用黑色或白色表示。中线一般是接地的，又叫做地线。从线圈的首端 U_1、V_1、W_1 引出的三根导线叫做相线（俗称火线），分别用黄、绿、红三种颜色表示。这种供电系统称做三相四线制，用符号“Y_0”表示。

三相四线制供电系统可输送两种电压，即相电压与线电压。各相线与中线之间的电压叫做相电压，分别用 U_U、U_V、U_W 表示其有效值。

在发电机内阻可以忽略的情况下，相电压在数值上与各相绕组电动势相等。各相电压间的相位差也是 120°，因此，三个相电压也是相互对称的。

相线与相线之间的电压叫做线电压，其参考方向如图 3-3 中 U_{UV}、U_{VW} 及 U_{WU} 所示。相电压与线电压的关系如图 3-4 所示。

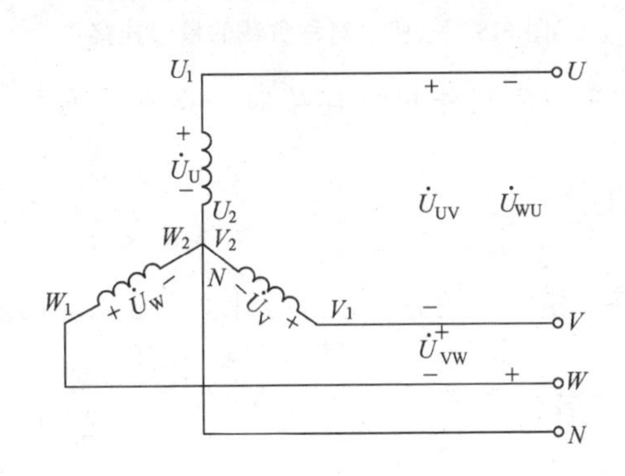

图 3-3　三相四线制电源

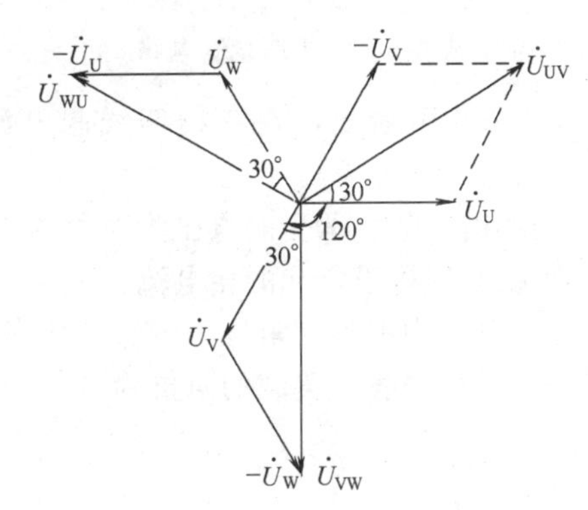

图 3-4　三相四线制电源电压相量图

从图 3-4 中可看出线电压在数量是对应的相电压的$\sqrt{3}$倍，在相位上超前对应的相电压 30°。即

$$U_{UV}=\sqrt{3}U_U$$

$$U_{VW}=\sqrt{3}U_V$$

$$U_{WU}=\sqrt{3}U_W$$

一般线电压用 U_L 表示，相电压用 U_P 表示，线电压与相电压之间的数量关系可以写成

$$U_L=\sqrt{3}U_P \tag{3-2}$$

第二节　三相负载的连接

使用交流电的用电器种类很多。属于单相的有白炽灯、日光灯、小功率的电热器以及单相感应电动机等，此类负载是接在三相电源中的任意一相上工作的。此外，还有一

类负载，它必须接上三相电压方能正常工作，例如，三相异步电动机即为其中最典型的一种。接在三相电路中的三相用电器，或是分别接在各相电路中的三组单相用电器，统称为三相负载。

如果每相负载的电阻相等，电抗也相等，而且性质相同（同为电感性或同为电容性负载），这种负载称为三相对称负载。否则，就称为三相不对称负载。

三相负载有星形和三角形两种连接方式。下面先研究三相不对称和对称负载的星形连接。

一、三相不对称负载的星形连接

图 3-5 所示为三相四线制电路，图中共有三组白炽灯，分别接在端线 A、B、C 与中线之间。由于各组灯的盏数、每盏灯的额定功率不完全相等，而且也不可能保证它们同时在使用，所以三相照明电路是一不对称负载。

图 3-6 所示为三相不对称负载作星形连接时的一般线路图，其中 $|Z_a|$、$|Z_b|$、$|Z_c|$ 为各相负载的阻抗值。

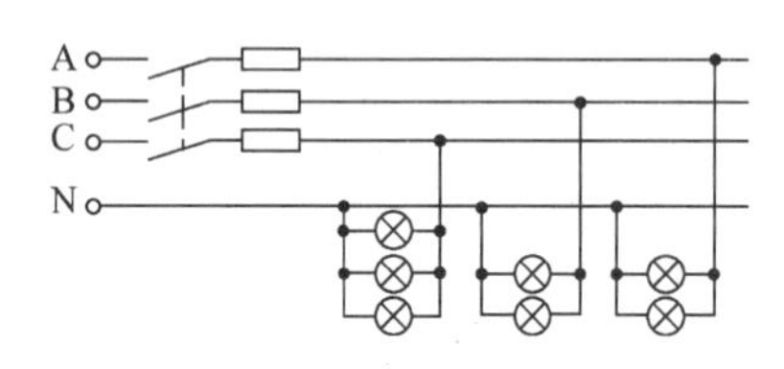

图 3-5　三相四线制电路

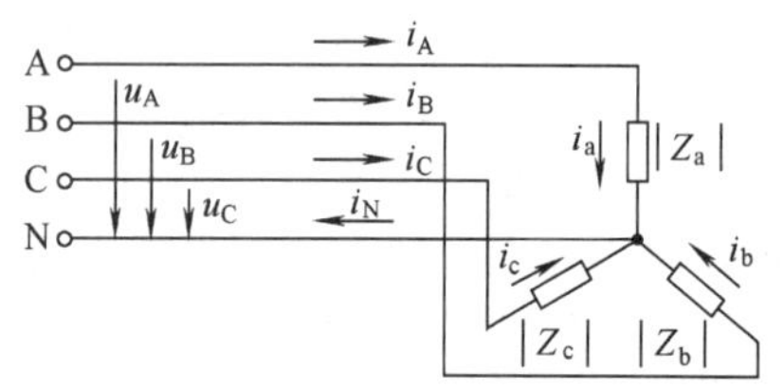

图 3-6　三相不对称负载的星形连接

从图 3-6 可看出，在三相四线制电源中，当三相负载作星形连接时，具有下列两个特点。

① 各相负载所承受的电压为对称的电源相电压。

② 线电流等于负载的相电流。

三相电路中的各相阻抗、电流、功率等可按解单相电路的方法来进行计算。分别应用阻抗三角形可求得各相负载的阻抗为

$$|Z_a|=\sqrt{R_a^2+X_a^2}$$
$$|Z_b|=\sqrt{R_b^2+X_b^2}$$
$$|Z_c|=\sqrt{R_c^2+X_c^2}$$

各相负载电流的大小为

$$I_a=U_A/Z_a=U_P/Z_a=U_L/\sqrt{3}Z_a$$
$$I_b=U_B/Z_b=U_P/Z_b=U_L/\sqrt{3}Z_b$$
$$I_c=U_C/Z_c=U_P/Z_c=U_L/\sqrt{3}Z_c$$

各相负载的电流与电压间的相位差可用下列公式求得，即

$$\varphi_a=\arccos(R_a/Z_a)$$
$$\varphi_b=\arccos(R_b/Z_b)$$
$$\varphi_c=\arccos(R_c/Z_c)$$

各相负载的有功功率为

$$P_a=U_aI_a\cos\varphi_a$$
$$P_b=U_bI_b\cos\varphi_b$$
$$P_c=U_cI_c\cos\varphi_c$$

而三相的总功率则为

$$P=P_{a}+P_{b}+P_{c} \tag{3-3}$$

由于中线为三相电路的公共回线，所以中线电流的瞬时值应为三个相电流瞬时值的代数和，即

$$i_{N}=i_{a}+i_{b}+i_{c}$$

由此得出，中线电流的有效值则为三个相电流有效值的矢量和，即

$$I_{N}=I_{a}+I_{b}+I_{c} \tag{3-4}$$

【例 3-1】 某电阻性三相不对称负载星形连接，其各相电阻分别为 $R_{a}=R_{b}=20\Omega$，$R_{c}=10\Omega$，已知电源线电压 $U_{L}=380V$，求相电流、线电流。

解 每相负载所承受的相电压

$$U_{P}=U_{L}/\sqrt{3}=220V$$

各相电流为

$$I_{a}=I_{b}=U_{P}/R_{a}=220/20=11A$$
$$I_{c}=U_{P}/R_{c}=220/10=22A$$

根据负载星形连接的特点可知，线电流等于相电流，即

$$I_{A}=I_{B}=11A$$
$$I_{C}=22A$$

从上题可知，在三相不对称负载星形连接时，中线的作用在于能保证不对称负载得到对称的三相电源相电压，从而保证负载正常工作。

二、对称负载的星形连接

在三相四线制中，如果各相负载对称，则每相电流的大小及其与电压间的相位差均相同，即三个相电流是对称的。这样，各相电路的计算可简化为对一相电路的计算，即

$$I_{a}=I_{b}=I_{c}=I_{P}=U_{P}/Z_{P}$$
$$\varphi_{a}=\varphi_{b}=\varphi_{c}=\varphi_{P}=\arccos(R_{P}/Z_{P})$$

图 3-7 所示为三相对称电感性负载的相电流、相电压的矢量图。

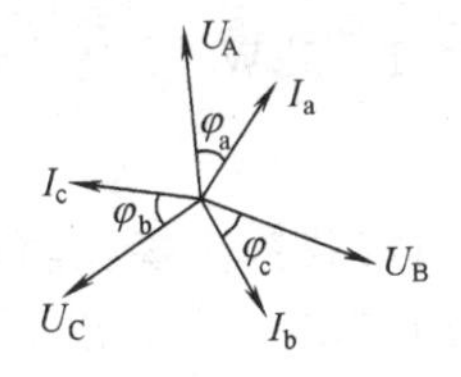

图 3-7　三相对称电感性负载的相电流、相电压的矢量图

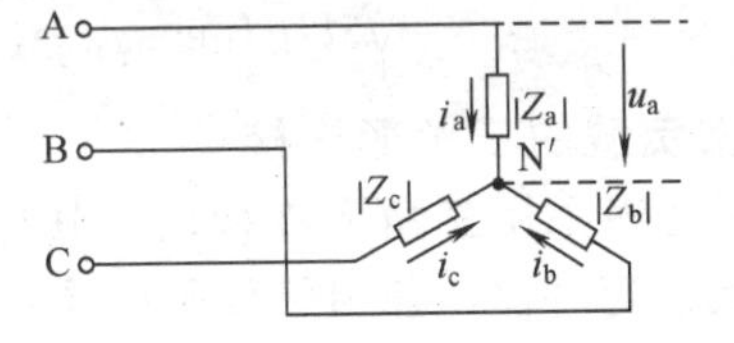

图 3-8　三相对称负载的星形连接

因为三相电流是对称的，其矢量和等于零，即中线内没有电流通过，故可省去中线，成为星形连接的三相三线制，其线路如图 3-8 所示。中线省去后，三个相电流便借助于各端线及各相负载互成回路。在图 3-9 中，标出了在 t_1 和 t_2 瞬间各相电流的流通情况。图中实线箭头为电流的正方向，虚线箭头为电流的实际方向。在 t_1 时刻，i_a、i_b 都为正，即均从端线流向负载，其大小各等于 $I_m/2$，但此时 i_c 为负，即从负载流出，其大小恰等于 I_m，因此 $i_a+i_b=i_c$，这样，便构成两条电流回路。在 t_2 时刻，i_b 为正，即从端线流向负载，而 i_a 为负，即从负载流出，其大小各等于$\sqrt{3}I_m/2$，但 i_c 为零，因此 $i_a=i_b$，正好构成一条电流回路。

由此可见，在任一瞬间三相电流的流通状况，必定是下述两种情形中的一种：其一，当

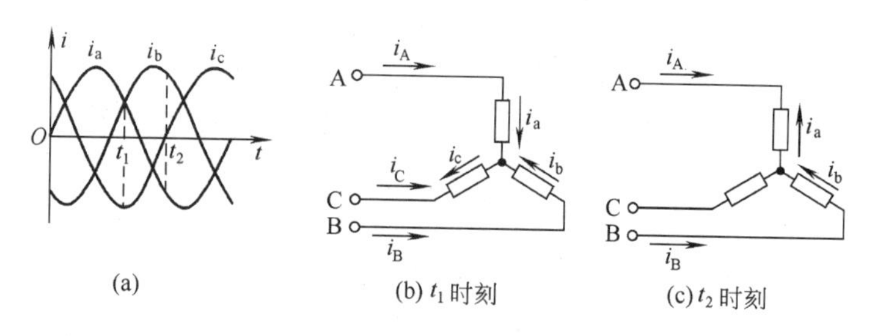

图 3-9　在星形连接的三相三线制中各相瞬时电流的电流情况

三相负载均有电流通过时，则流进（或流出）两相的电流之和必等于流出（或流进）另一相的电流；其二，当有一相电流为零时，则流进（或流出）另一相的电流必等于流出（或流进）第三相的电流。

综上所述，三相三线制虽无中线，但同三相四线制一样，其各相负载所承受的电压仍为对称的相电压，即 $U_P=U_L/\sqrt{3}$。

由于每相负载所取用的功率相等，所以电路的总功率为

$$P=3P_P=3U_PI_P\cos\varphi_P=3(U_L/\sqrt{3})I_L\cos\varphi_P$$

即

$$P=\sqrt{3}U_LI_L\cos\varphi_P \tag{3-5}$$

【例 3-2】 某电阻性三相负载星形连接，其各相电阻均为 10Ω，已知电源线电压 $U_L=380V$，求通过每相负载的电流及其取用的总功率。

解　每相负载所承受的相电压

$$U_P=U_L/\sqrt{3}=220V$$

各相电流为

$$I_a=I_b=I_c=I_P=U_P/10=220/10=22A$$

因为该电路是纯电阻负载

故

$$\cos\varphi_P=1$$

所以，负载取用的总功率为

$$P=\sqrt{3}U_LI_L\cos\varphi_P=\sqrt{3}\times380\times22\times1\approx14.5kW$$

三、三相负载的三角形连接

三相负载也有采用三角形连接的，其连接方法是把各相负载依次接在两端线之间。这时，不论负载是否对称，各相负载所承受的电压均为对称的电源线电压。以下仅讨论对称负载的情况。

在对称负载的情况下，各相阻抗相等，性质相同，因此，各相电流也是对称的，即

$$I_{ab}=I_{bc}=I_{ca}=I_P=U_P/Z_P$$

$$\varphi_a=\varphi_b=\varphi_c=\arccos(R_P/Z_P)$$

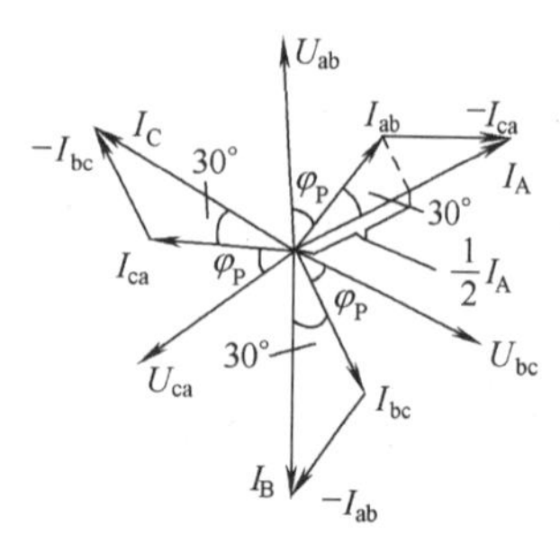

图 3-10　三相对称负载作三角形连接时的矢量图

其矢量图如图 3-10 所示。各相电流的正方向是由加在该相电压的正方向来确定，例如，相电流 I_{ab} 的正方向是从 a 点指向 b 点，同电压 U_{ab} 的指向一致。在三角形连接的各个端点（即连接点）上，均有三条分支电路，因而线电流不等于相电流，这与星形连接的情况不相同。从图 3-10 中可以看出，任一端线上的线电流就等于同它相连的两相负载中的相电流的矢量差，即

$$\left.\begin{aligned} I_A &= I_{ab} - I_{ca} \\ I_B &= I_{bc} - I_{ab} \\ I_C &= I_{ca} - I_{bc} \end{aligned}\right\} \tag{3-6}$$

应用矢量运算，即可求得线电流的大小为

$$I_A = \sqrt{3} I_{ab}$$

$$I_B = \sqrt{3} I_{bc}$$

$$I_C = \sqrt{3} I_{ca}$$

即

$$I_L = \sqrt{3} I_P \tag{3-7}$$

且在相位上线电流滞后于对应的相电流 30°。

由此可见，当三相对称负载作三角形连接时，具有下列两个特点。

① 各相负载所承受的电压为对称的电源线电压。

② 当负载对称时，线电流等于负载相电流的$\sqrt{3}$倍。

如果负载对称，则同星形连接的情况一样，电路取用的总功率

$$P = 3P_P = 3U_P I_P \cos\varphi_P = \sqrt{3} U_L I_L \cos\varphi_P$$

因此，三相对称负载不论作星形或三角形连接，均可用公式

$$P = \sqrt{3} U_L I_L \cos\varphi_P$$

来计算电路的总功率。

【例 3-3】 一个三相电炉作星形连接，每相电阻为 22Ω，接到线电压为 380V 的对称三相电源上，求相电压、相电流和线电流。

解 各相负载的相电压

$$U_P = U_L \sqrt{3} = 380/\sqrt{3} = 220\text{V}$$

各相负载的相电流

$$I_P = U_P / 22 = 220/22 = 10\text{A}$$

根据负载星形连接的特点，得线电流

$$I_L = \sqrt{3} I_P = \sqrt{3} \times 10 = 10\sqrt{3}\text{A}$$

思考题与习题

1. 已知某三相电源的相电压为 6kV，如果绕组接成星形，它的线电压是多大？如果已知 $u_L = U_m \sin\omega t$ kV，写出所有的相电压和线电压的解析式。

2. 什么叫三相对称电动势？什么叫相电压、线电压？什么叫三相对称负载？

3. 三相对称负载作 Y 形连接时有何作用？

4. 三相负载作星形连接和三角形连接时，线电压与相电压、线电流与相电流的关系是怎样的？

5. 三相对称负载作星形连接时，接入三相四线制对称电源，电源线电压为 380V，每相负载电阻为 60Ω，感抗为 80Ω，求负载的相电压、相电流和线电流。

6. 作三角形连接的对称负载，接入三相三线制的对称电源上，已知电源线电压为 380V，每相负载电阻为 60Ω，感抗为 80Ω，求相电流和线电流。

7. 三相对称负载在线电压为 220V 的三相电源作用下，通过的线电流为 20.8A，输入负载的功率为 5.5kW，求负载的功率因数 $\cos\varphi_P$。

8. 三相电动机的三相绕组接成三角形，电源线电压为 380V，负载功率因数 $\cos\varphi = 0.8$，电动机功率为 10kW，求线电流和相电流。

第四章　变　压　器

学习目标　通过本章的学习，了解常用变压器的结构、原理、额定值及变压器的几种运行情况。

一、变压器的用途和结构

变压器是利用电磁感应原理传输电能或信号的器件，具有变压、变流、变阻抗和隔离的作用。它的种类繁多，应用广泛，例如，在电力系统中用电力变压器把发电机发出的电压升高后进行远距离输电，到达目的地以后再用变压器把电压降低，供用户使用；在实验中使用自耦变压器改变电源电压；在电子设备和仪器中用小功率电源变压器提供多种电压，用耦合变压器传递信号，并隔离电路上的联系等。

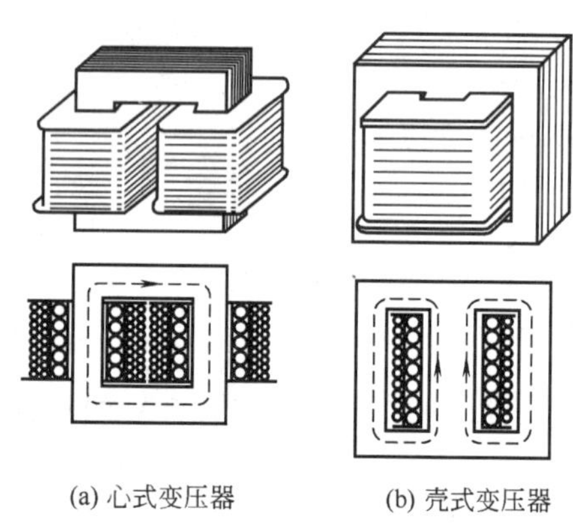

(a) 心式变压器　　(b) 壳式变压器

图 4-1　变压器的结构形式

尽管它们的用途各异，但它们的基本结构是相同的。它们都由铁芯和套在铁芯上的绕组构成，如图4-1所示。

为了减小涡流及磁滞损耗，变压器的铁芯用表面有绝缘层，厚度为 0.35～0.5mm 的硅钢片叠成。按照铁芯的构造，变压器可分为心式和壳式两种。

变压器工作时，因有铁损耗和铜损耗（即绕组的电阻功率损耗）致使铁芯和绕组发热，因此，必须考虑其冷却问题。变压器按冷却方式可分为自冷式和油冷式两种。在自冷式变压器中，热量依靠空气的自然对流和辐射直接散发到周围的空气中。当变压器的容量较大时常采用油冷式。这时把变压器的铁芯和绕组全部浸在矿物油（即变压器油）内，使其产生的热量通过油传给箱壁而散发到空气中。为了增加散热量，在箱壁上装有散热管来扩大其冷却表面，并促进油的对流作用。

二、变压器的工作原理

1. 空载运行

变压器的一次绕组接上交流电压 u_1，二次侧开路，这种运行状态称为空载运行。这时二次绕组中的电流 $i_2=0$，电压为开路电压 u_{20}，一次绕组通过的电流为空载电流 i_{10}，如图 4-2 所示，各量的方向按习惯参考方向选取。图中 N_1 为一次绕组的匝数，N_2 为二次绕组的匝数。

由于二次侧开路，这时变压器的一次侧电路相当于一个交流铁芯线圈电路，通过的空载电流 i_{10} 就是励磁电流。磁通势 $N_1 i_{10}$ 在铁芯中产生的主磁通中通过闭合铁芯，既穿过一次绕组，也穿过二次绕组，于是在一、二次绕组中分别感应出电动势 e_1、e_2。当 e_1、e_2 与 Φ 的参考方向之间符合右手螺旋定则（见图 4-2）时，由法拉第电磁感应定律可得

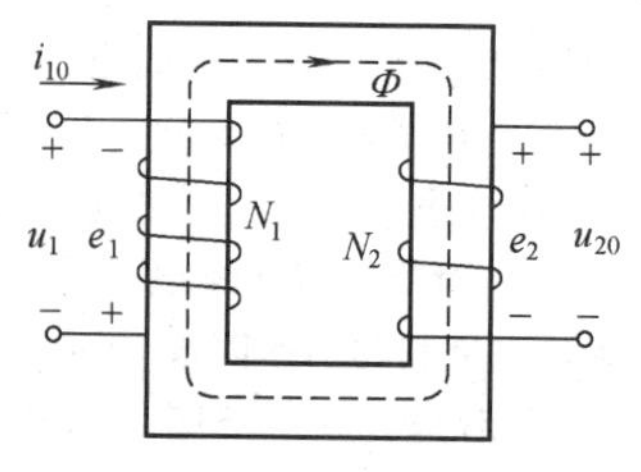

图 4-2　变压器的空载运行

$$\left.\begin{aligned} e_1 &= -N_1 \frac{d\Phi}{dt} \\ e_2 &= -N_2 \frac{d\Phi}{dt} \end{aligned}\right\} \tag{4-1}$$

由式（4-1）可知，e_1、e_2 的有效值分别为

$$\left.\begin{aligned} E_1 &= 4.44 f_1 N_1 \Phi_m \\ E_2 &= 4.44 f_2 N_2 \Phi_m \end{aligned}\right\} \tag{4-2}$$

式中，f 为交流电源的频率；Φ_m 为主磁通的最大值。

若略去漏磁通的影响，不考虑绕组上电阻的压降，则可认为一、二次绕组上电动势的有效值近似等于一、二次绕组上电压的有效值，即

$$U_1 \approx E_1$$
$$U_{20} = E_2$$

将式（4-2）代入，得

$$U_1/U_{20} = E_1/E_2 = N_1/N_2 = K \tag{4-3}$$

由式（4-3）可见，变压器空载运行时，一、二次绕组上电压的比值等于两者的匝数比，这个比值 K 称为变压器的变压比或变比。当一、二次绕组匝数不同时，变压器就可以把某一数值的交流电压变换为同频率的另一数值的电压，这就是变压器的电压变换作用。当一次绕组匝数 N_1 比二次绕组匝数 N_2 多时，$K>1$，这种变压器称为降压变压器；反之，若 $N_1<N_2$，$K<1$，则为升压变压器。

2. 负载运行

如果变压器的二次绕组接上负载，则在二次绕组感应电动势 e_2 的作用下，将产生二次绕组电流 i_2。这时，一次绕组的电流由 i_{10} 增大为 i_1，如图 4-3 所示。二次侧的电流 i_2 越大，一次侧的电流也越大。因为二次绕组有了电流 i_2 时，二次侧的磁通势 $N_2 i_2$ 也要在铁芯中产生磁通，即这时变压器铁芯中的主磁通由一、二次绕组的磁通势共同产生。

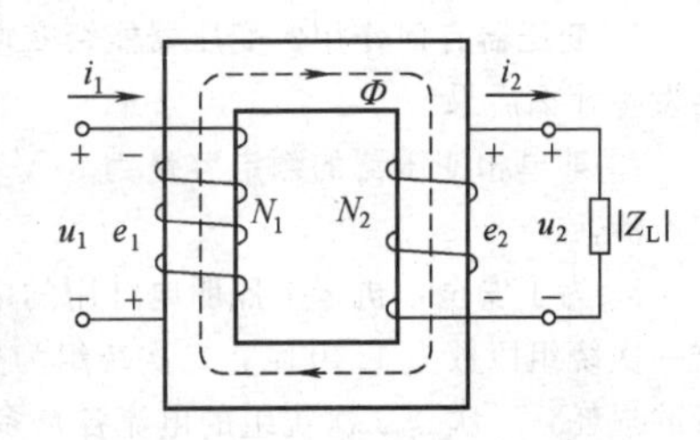

图 4-3 变压器的负载运行

显然，N_2、i_2 的出现，将有改变铁芯中原有主磁通的趋势。但是，在一次绕组的外加电压（电源电压）不变的情况下，由式（4-3）可知，主磁通基本保持不变，因而一次绕组的电流将增大为 i_1，使得一次绕组的磁通势由 $N_1 i_{10}$ 变成 $N_1 i_1$，以抵消二次绕组磁通势 $N_2 i_2$ 的作用。也就是说，变压器负载时的总磁通势应与空载时的磁通势基本相等，用公式表示，即

$$N_1 I_1 + N_2 I_2 = N_1 I_{10} \tag{4-4}$$

这一关系称为变压器的磁通势平衡方程式。

可见变压器负载运行时，一、二次绕组的磁通势方向相反，即二次侧电流 I_2 对一次侧电流 I_1 产生的磁通有去磁作用。因此，当负载阻抗减小，二次侧电流 I_2 增大时，铁芯中的主磁通将减小，于是一次侧电流 I_1 必然增加，以保持主磁通基本不变。所以，无论负载怎样变化，一次侧电流 I_1 总能按比例自动调节，以适应负载电流的变化。

由于空载电流较小，一般不到额定电流的 10%，因此，当变压器额定运行时，若忽略空载电流，可认为

$$N_1 I_1 \approx -N_2 I_2 \tag{4-5}$$

于是得变压器一、二次侧电流有效值的关系为

$$I_1/I_2=N_2/N_1=1/K \tag{4-6}$$

由式（4-6）可知，当变压器额定运行时，一、二次侧电流之比近似等于其匝数比的倒数。改变一、二次绕组的匝数，可以改变一、二次绕组电流的比值，这就是变压器的电流变换作用。

3. 阻抗变换作用

变压器除了有变压和交流的作用外，还有变阻抗的作用。如图 4-4 所示，变压器原边接电源 U_1，副边接负载阻抗 $|Z_L|$，对于电源来说，图中点画线框内的电路可用另一个阻抗 $|Z_L'|$ 来等效代替。所谓等效，就是它们从电源吸取的电流和功率相等。当忽略变压器的漏磁和损耗时，等效阻抗可由下式求得。

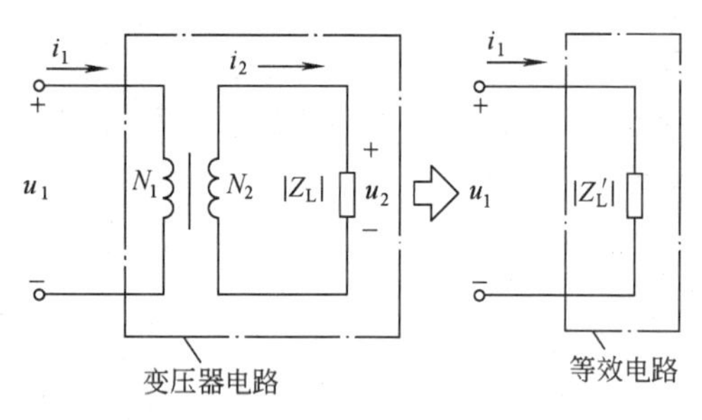

图 4-4　变压器的阻抗变换作用

$$|Z_L'|=K^2|Z_L| \tag{4-7}$$

式中，$|Z_L|=U_2/I_2$ 为变压器副边的负载阻抗。式（4-7）说明在变比为 K 的变压器副边接阻抗为 $|Z_L|$ 的负载，相当于在电源上直接接一个阻抗 $|Z_L'|=K^2|Z_L|$。也可以说变压器把负载阻抗 $|Z_L|$ 变换为 $|Z_L'|$。通过选择合适的变比 K，可把实际负载阻抗变换为所需的数值，这就是变压器的阻抗变换作用。

在电子电路中，为了提高信号的传输功率，常用变压器将负载阻抗变换为适当的数值，这种做法即为阻抗匹配。

思考题与习题

1. 变压器有何作用？变压器能否变换直流电压？若将一台 110/36V 的变压器接入 110V 的直流电源上会发生什么后果？

2. 某单相变压器的额定容量为 3kV・A，一、二次绕组电压变比为 380/220，求一次、二次绕组的额定电流。

3. 为了安全，机床上照明电灯用的电压为 36V，这个电压是把 220V 的电压降压后得到的，如果变压器一次绕组匝数为 1140 匝，二次绕组为多少匝？用这台变压器给 40W 的电灯供电，如果不考虑变压器本身的损耗，一次、二次绕组的电流各是多少？

4. 某晶体管收音机的输出变压器，其一次绕组匝数为 230 匝，二次绕组匝数为 80 匝，原配接音圈阻抗为 8Ω 的扬声器，现要改接 4Ω 的扬声器，问二次绕组如何变动？

5. 阻抗为 8Ω 的扬声器，通过一变压器接到信号源上，变压器一次绕组为 500 匝，二次绕组为 100 匝，求：(1) 变压器一次绕组输入阻抗；(2) 若信号源电动势为 10V，内阻为 200Ω，输出到扬声器的功率是多大？(3) 若不经变压，而把扬声器与信号源直接相连，输送到扬声器的功率又是多大？

第五章　电　动　机

学习目标　通过本章的学习，了解三相笼式交流异步电动机，掌握异步电动机的结构、工作原理、使用方法及主要技术数据，掌握直流电动机的工作原理、基本结构及其启动、调速与制动。

第一节　三相异步电动机

一、交流电动机的结构及工作原理

（一）交流电动机的结构

交流电机主要分为同步电机和感应异步电机两大类，它们的工作原理和运行性能都有很大差别。同步电机的转速与电源频率之间有着严格的关系，感应异步电机的转速虽然也与电源频率有关，但不像同步电机那样严格。同步电机主要用作发电机，感应异步电机则主要用作电动机，大部分生产机械用感应异步电动机作为原动机。据统计，感应异步电动机的用电量约为总用电量的2/3左右，所以，异步电动机的应用是极其广泛的。

和其他旋转电机一样，交流异步电动机也是由定子和转子两大部分组成。定转子之间为气隙，交流电动机的气隙比其他类型的电机要小得多，一般为0.25～2.0mm，气隙的大小对异步电动机的性能影响很大。下面简要介绍异步电动机主要零部件的构造、作用和材料。

1. 定子部分

（1）机座　感应电动机的机座仅起固定和支撑定子铁芯的作用，一般用铸铁铸造而成。根据电动机防护方式、冷却方式和安装方式的不同，机座的形式也不同。

（2）定子铁芯　由厚0.5mm的硅钢冲片叠压而成，铁芯内有均匀分布的槽，用以嵌放定子绕组，冲片上涂有绝缘漆（小型电动机也有不涂漆的）作为片间绝缘，以减少涡流损耗，异步电动机的定子铁芯是电动机磁路的一部分。

（3）定子绕组　三相感应电动机的定子绕组是一个三相对称绕组，它由三个完全相同的绕组所组成，每个绕组即为一相，三个绕组在空间相差120°电角度，每相绕组的两端分别用U1-U2、V1-V2、W1-W2表示，可以根据需要接成星形或三角形，如图5-1所示。

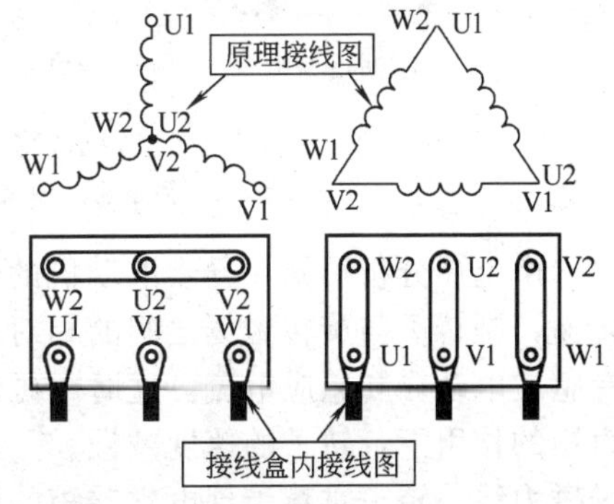

图5-1　三相感应异步电动机定子绕组星形和三角形接线图

2. 转子部分

（1）转子铁芯　作用和定子铁芯相同，一方面作为电动机磁路的一部分，一方面用来安放转子绕组。转子铁芯也是用厚0.5mm的硅钢片叠压而成，套在转轴上。

（2）转子绕组　异步电动机的转子绕组分为绕线型与笼型两种，根据转子绕组的不同，分为绕线型转子异步电动机与笼型异步电动机。

① 绕线型转子绕组是一个三相绕组，一般接成星

形，三根引出线分别接到转轴上的三个与转轴绝缘的集电环上，通过电刷装置与外电路相连，这就有可能在转子电路中串接电阻，以改善电动机的运行性能，如图 5-2 所示。

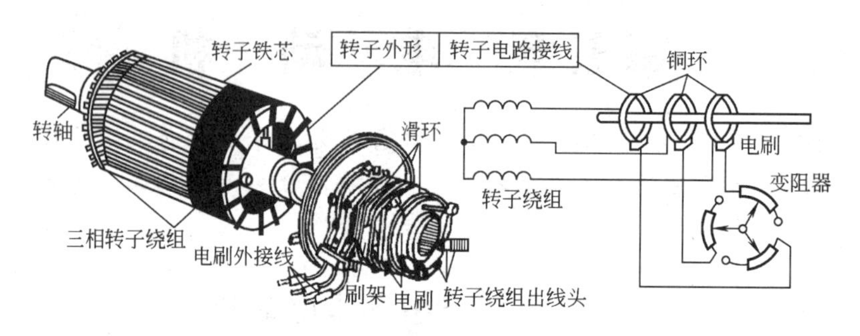

图 5-2 绕线型转子绕组

② 笼型绕组在转子铁芯的每一个槽中插入一铜条，在铜条两端各用一铜环（称为端环）把导条连接起来，称为铜排转子，如图 5-3（a）所示。也可用铸铝的方法，把转子导条和端环、风扇叶片用铝液一次浇铸而成，称为铸铝转子，如图 5-3（b）所示。100kW 以下的异步电动机一般采用铸铝转子。笼型绕组因结构简单、制造方便、运行可靠等特点，得到了广泛应用。

3. 其他部分

包括端盖、风扇等。端盖除了起防护作用外，还装有轴承，用以支撑转子轴。

（二）三相异步电动机的工作原理

异步电动机的定子绕组通入三相交流产生旋转磁场，因转子是静止的，在转子的各个导体中会产生感应电动势。如果旋转磁场的同步转速 n_1 顺时针方向旋转，转子导条被旋转磁场的磁力线切割，根据右手定则，可以判定转子导体中的电动势方向，如图 5-4 所示。因为转子导体两端被端环短路，自成闭合回路，所以转子导体产生感应电流的瞬时方向与电动势的方向相同。再根据左手定则可判定转子导体所受到的电磁力的方向，如图 5-4 中 F 所示，这一对电磁力形成一个顺时针方向的电磁转矩。转子在电磁转矩的作用下顺时针方向旋转。

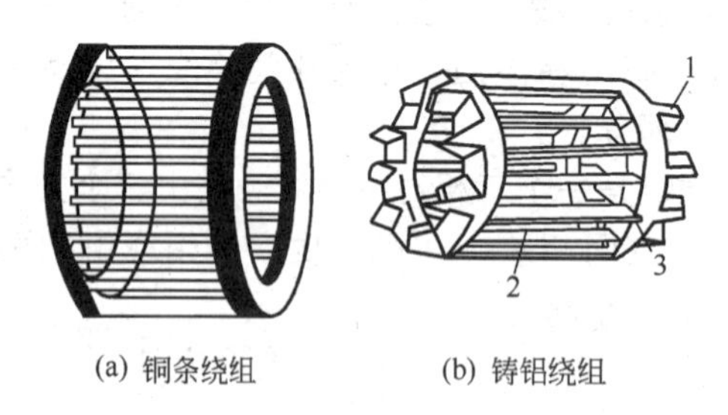

图 5-3 笼型转子绕组

1—风叶；2—铝导条；3—端环

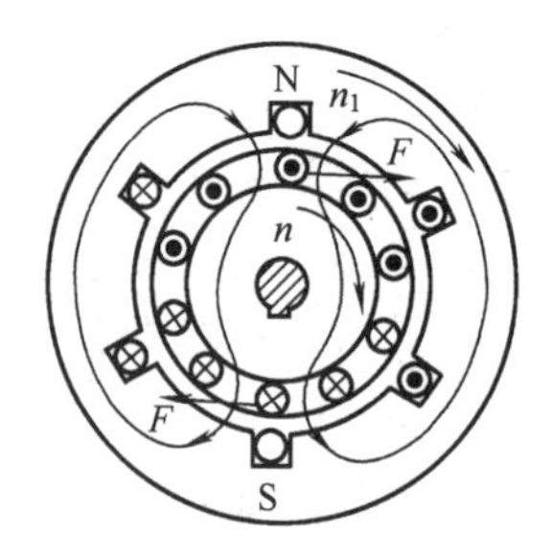

图 5-4 三相异步电动机的转动原理

由上述分析可知，异步电动机的转子转向与旋转磁场转向一致，如果转子转速等于同步转速，则转子与旋转磁场之间的相对运动就消失，转子导体不再切割磁力线，转子导体便没有感应电动势和感应电流。这时电磁转矩等于零，即转子旋转的动力消失。在转子固有的阻力矩的作用下，转子的速度减慢。一旦转子速度小于同步转速，转子导体又开始切割旋转磁场磁力线，转子重新受到电磁转矩的作用。因此，异步电动机的转子转速 n 总是小于旋转磁场的同步转速 n_1，故这种电动机称为异步电动机。

如果能设法使电动机转子上也产生相应的磁极，那么当定子产生的旋转磁场旋转时，就会吸引转子相应的磁极，并拖动其一起旋转，这类电动机的转子转速与旋转磁场转速一致（同步），这就是所谓的同步电动机。

由上述异步电动机工作原理可知 $n \neq n_1$，$n_1 - n$ 称为异步电动机的转差。转差与同步转速 n_1 的比值称为转差率，用 S 表示

$$S = \frac{n_1 - n}{n_1} \tag{5-1}$$

其中同步转速

$$n_1 = 60 f_1 / p \tag{5-2}$$

式中，f_1 为电源频率；p 为磁极对数。

异步电动机转速为

$$n = \frac{60 f_1}{p}(1 - S) \tag{5-3}$$

【例 5-1】 一台 JO_2-52-4 型三相异步电动机，问同步转速为多少？

解 异步电动机型号的最后一位数字表示磁极数，即磁极对数 $p=2$，代入式（5-2），得

$$n_1 = 60 f_1 / p = 60 \times 50/2 = 1500 (r/min)$$

f_1 为电源频率，其值为 50Hz。

【例 5-2】 同上题电动机，当额定转速 n 为 1450r/min 时，求电动机的转差率 S_N。

解 额定转差率 S_N 为

$$S_N = \frac{n_1 - n}{n_1} = (1500 - 1450)/1500 = 0.03$$

【例 5-3】 一台三相异步电动机，其额定转速 $n_N = 975$r/min，求电动机的磁极数和额定负载时的转差率 S_N。

解 根据异步电动机在额定负载时转差率 $S_N = 0.02 \sim 0.06$ 的参考值范围，得出同步转速 $n_N = 1000$r/min，故磁极对数 $p=3$，所以电动机磁极数为 6，其额定转差率 S_N 为

$$S_N = \frac{n_1 - n}{n_1} = (1000 - 975)/1000 = 0.025$$

二、电动机的铭牌

铭牌是电动机的重要标记，铭牌上刻有电动机的额定数据和技术要求等，为使用和检修提供了依据。为了正确识别铭牌，现以图 5-5 所示三相异步电动机的铭牌为例，说明如下。

（1）型号（Y-112M-4） 其含义如下所示。

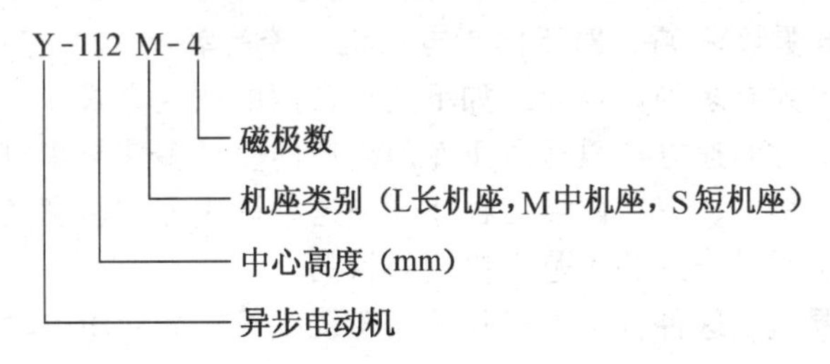

我国 20 世纪 80 年代初以前生产的异步电动机用旧型号，如 JO2-54-4。

（2）额定功率 P_N（4.0kW） 额定功率 P_N 的单位为千瓦，它表示的含义是当电动机频率、电压、电流都为额定值时，轴上允许输出的额定机械功率。

（3）额定电压（380V） 铭牌上的电压是指定子绕组按铭牌上规定的接法连接时，正常工作要求的电源额定线电压 380V。因电动机定子线圈所承受

图 5-5　三相异步电动机的铭牌

的电压是一定的，误接会使电动机过热或烧坏绕组线圈。使用时，线电压一般不应高于额定电压的110％，不应低于额定电压的95％。

（4）额定电流（8.8A） 电动机在额定电压、额定频率下，加额定负载运行时，定子绕组线端的线电流称为电动机的额定电流。额定电流是电动机的最大安全运行电流。

（5）额定频率 我国规定工业用电的标准频率为50Hz。电动机的额定频率等于电源的标准频率。

（6）额定转速（1440r/min） 电动机在电压、电流、频率及功率都是额定值条件下运行时，转子每分钟的转数称为额定转速，单位是r/min。

（7）定额工作制 铭牌上给出的定额是指异步电动机的工作方式，按规定有三种。

① 连续工作方式（S_1）。按铭牌上规定的功率长期运行，如水泵、通风机和机床设备上电动机的使用方式都是连续工作方式。

② 短时工作方式（S_2）。每次只允许在规定的时间内按额定功率运行，而且再次启动工作之前应有符合规定的足够停机冷却时间。

③ 断续工作方式（S_3）。电动机以间歇方式运行，如吊车和起重机等设备上用的电动机，就是断续工作方式。

（8）绝缘等级和容许温度 电动机的容量要受绕组绝缘的容许温度的限制。因为电动机工作时有铁损、铜损及机械摩擦损失，所有这些能量损耗都转化为热能，使电动机温度上升。而电动机最薄弱的环节是绝缘材料，所以电动机温度上升超过容许值时绝缘材料加速老化，机械强度受损，而缩短电动机寿命。

电动机的容许温升按所用绝缘材料分为七级，国产电机的绝缘材料为B、F、H、C 4个等级，不同绝缘等级的允许温升见表5-1。

表5-1 不同绝缘等级的允许温升

绝缘等级	Y	A	E	B	F	H	C
最高允许温度/℃	90	105	120	130	155	180	大于180

三、常用的交流电动机调速方式及性能比较

从式（5-3）可看出，对异步电动机的调速有三个途径，即：改变定子绕组极对数 p；改变转差率 S；改变电源频率 f_1。对于同步电动机，转差率 $S=0$，它只具有两种调速方式。实际应用的交流调速方式有多种，仅介绍如下几种常用的调速方式。

（1）变极调速 这种调速方式只适用于专门生产的变极多速异步电动机。通过绕组的不同组合连接方式，可获得二、三、四极三种速度，这种调速方式速度变化是有级的，只适用于一些特殊应用的场合，只能达到大范围粗调的目的。

（2）转子串电阻调速 这种调速方式只适用于绕线式转子异步电动机，它是通过改变串联于转子电路中的电阻阻值的方式，来改变电动机的转差率，进而达到调速的目的。由于外部串联电阻的阻值可以多级改变，故可实现多种速度的调速（原理上，也可实现无级调速）。但由于串联电阻消耗功率，效率较低，同时这种调速方式机械特性较软，只适合于调速性能要求不高的场合。

（3）串级调速 这种调速方式也只适用于绕线式异步电动机，它是通过一定的电子设备将转差功率反馈到电网中加以利用的方法，在风机泵类等传动系统上广泛采用。这种调速方法常采用电气串级方式、电动机串级方式、低同步串级调速方式、超同步串级调速四种结构方案。

（4）电磁调速 这种系统是在异步电动机与负载之间通过电磁耦合来传递机械功率，调

节电磁耦合器的励磁，可调整转差率 S 的大小，从而达到调速的目的。该调速系统结构简单，价格便宜，适用于简单的调速系统中。但它的转差功率消耗在耦合器上，效率低。

（5）变频调速　改变供电频率，可使异步电动机获得不同的同步转速。采用变频机对异步电动机供电的调速方法已很少使用。目前，大量使用的是采用半导体器件构成的静止变频器电源，这类调速方式已成为交流调速发展的主流。对于较高级的调速系统可采用矢量控制方式的电流、速度双闭环系统，能获得较好的动、静态性能。

第二节　单相异步电动机

单相异步电动机是由单相电源供电的小功率电动机，日常生活中的电风扇、电冰箱、洗衣机、搅拌机等均采用单相异步电动机作动力。

由于单相异步电动机定子铁芯上只有单相绕组，绕组中通的是单相交流电，所产生的磁通是交变脉动磁通，它的轴线在空间上是固定不变的，这样的磁通不可能使转子启动旋转。因此，必须采取另外的启动措施。

一、单相异步电动机的旋转原理

图 5-6（a）所示为电容分相式单相异步电动机的外形图，内部定子具有两个绕组 U_1U_2、V_1V_2，它们在空间互差 90°。其中，U_1U_2 称为工作绕组，流过的电流为 i_2；V_1V_2 绕组中串有电容器，称为启动绕组，流过的电流为 i_1；两个绕组按图 5-6（b）接在同一单相交流电源上。

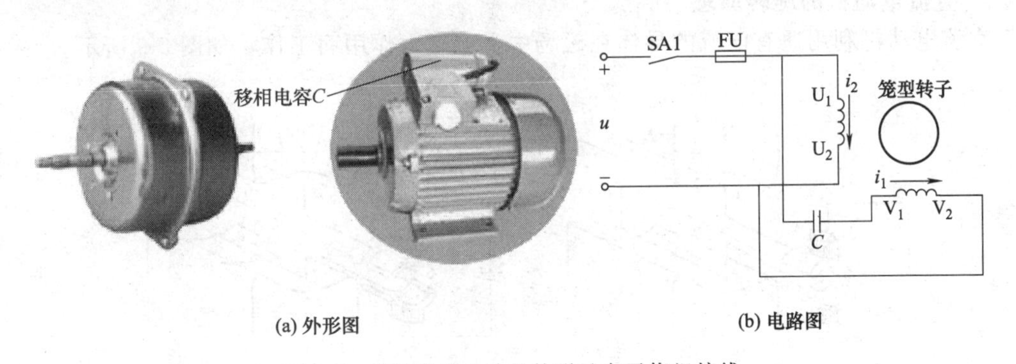

图 5-6　单相异步电动机外形及定子绕组接线

适当选择电容 C 的大小，可使两个绕组中的电流相位差为 90°，这样在空间上互成 90°的两相绕组通入互差 90°的两相交流电，便产生了旋转磁场，如图 5-7 所示。

在旋转磁场的作用下，电动机的转子就会沿旋转磁场方向旋转。有的单相异步电动机不采用电容分相，而是采用在启动绕组中串入电阻的方法，使得两相绕组中的电流在相位上存在一定的角度，也可以产生旋转磁场。

二、单相异步电动机的正反转控制

单相异步电动机可以正转，也可以反转，图 5-8 所示是既可正转又可反转的单相异步电动机的电路图。图中，利用一个转换开关 S 使工作绕组与启动绕组实现互换使用，以对电动机进行正转和反转的控制。例如，当 S 合向 1 时，U_1U_2 为启动绕组，V_1V_2 为工作绕组，电动机正转；当 S 合向 2 时，V_1V_2 为启动绕组，U_1U_2 为工作绕组，电动机反转。

此外，罩极式单相异步电动机由于结构简单，制造容易，在转矩要求较小的情况下也得到广泛运用。

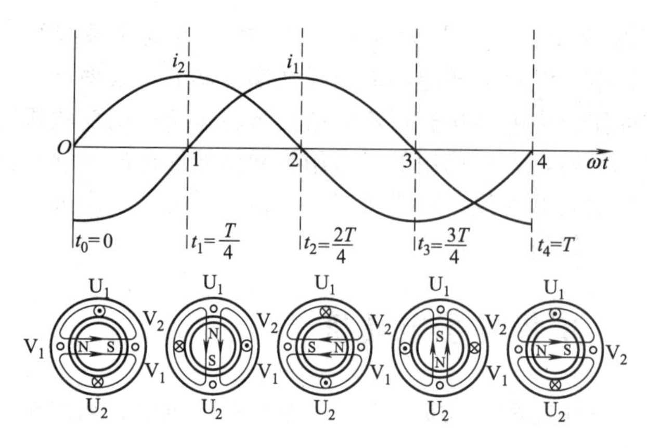

图 5-7 互差 90°的两相电流的旋转磁场

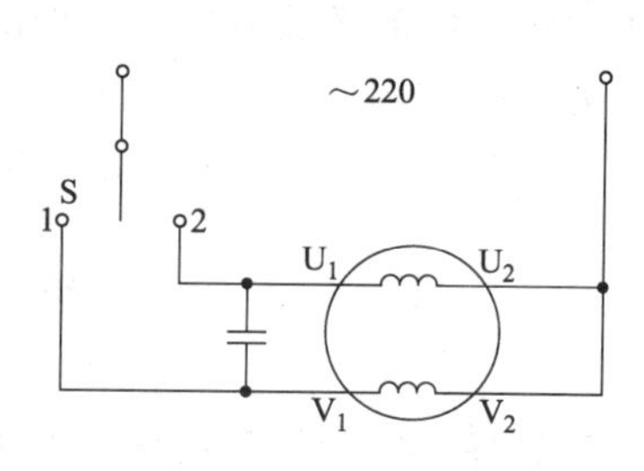

图 5-8 可以正反转的单相异步电动机

第三节 直流电动机

直流电机是进行机械能和直流电能相互转换的旋转机电设备，将机械能转变为直流电能的，称为直流发电机；将直流电能转变为机械能的，则为直流电动机。

一、直流电动机的工作原理

1. 直流电动机的旋转原理

直流电动机利用通有电流的导体在磁场中受电磁力作用而工作，如图 5-9 所示。

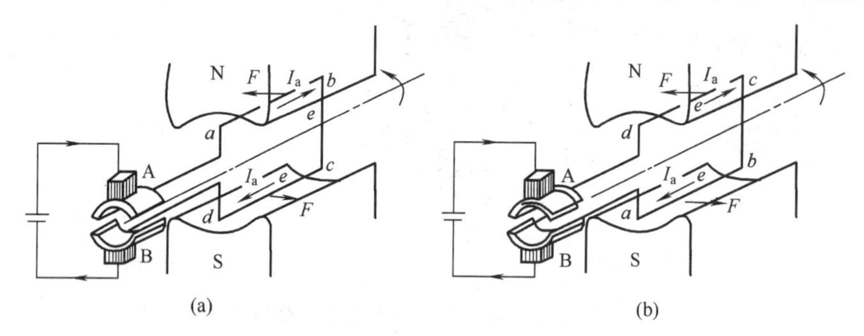

图 5-9 直流电动机工作原理

直流电动机的电枢绕组通过换向片、电刷与电源相连。电刷 A 接电源正极，电刷 B 接电源负极。在图 5-9（a）所示位置时，在 N 极下导线电流由 a 至 b，根据左手定则，导线 ab 受力方向向左，导线 cd 受力方向向右。两个电磁力对转轴所成的电磁转矩使电机逆时针旋转。

当线圈转过 180°，在图 5-9（b）所示位置时，导线 ab 转到 S 极下，导线 cd 转到 N 极下，导线电流方向变为 $d \to c \to b \to a$，电磁转矩方向仍为逆时针，使电机一直按逆时针旋转。通过换向器，电刷 A 始终和 N 极下的导线相连，电刷 B 则与 S 极下的导线相连，由于在 N 极与 S 极下的导线电流方向始终保持不变，所以电机的转矩和旋转方向始终保持不变。

电枢绕组导体所受电磁转矩

$$T = C_T \Phi I_a \tag{5-4}$$

式中　Φ——一个主磁极的磁通，Wb；

I_a——电枢绕组中的电流，A；

C_T——与电机结构有关的比例常数。

电枢在磁场中转动时，线圈中也产生感应电动势。其方向由右手定则确定，它与电流方向相反，所以称为反电动势 E。

$$E=C_E\Phi n \tag{5-5}$$

式中　Φ——一个主磁极的磁通，Wb；

n——电枢转速，r/min；

C_E——与电机结构有关的比例常数，$C_T=9.55C_E$。

2. 直流电机的励磁方式

在主磁极的励磁绕组内通以直流电，产生直流电机主磁通，这个电流称为励磁电流。励磁电流如果由独立的直流电源供给，称为他励直流电机；若由电机自身供给，则称为自励直流电机。自励电动机按其励磁绕组连接方式的不同，又分为并励电动机、串励电动机和复励电动机，直流电动机的励磁方式如图 5-10 所示。

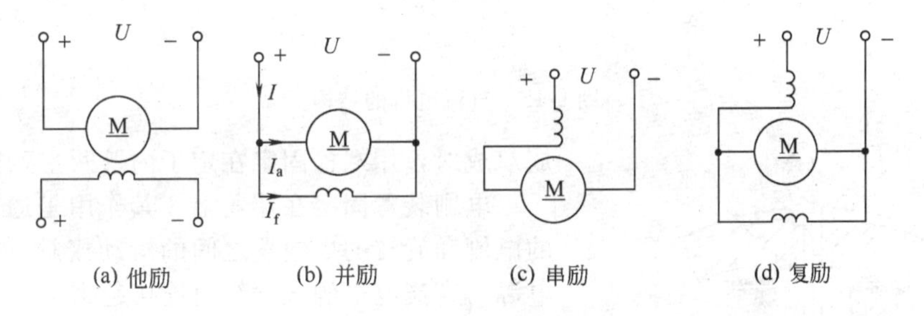

图 5-10　直流电动机的励磁方式

他励直流电动机在传动控制系统中最常用，图 5-11 所示为他励直流电动机的工作原理，其中 U 为电动机外加直流电压，I_a 为流过电枢绕组的电流，E 为电枢绕组产生的反电势，T 为电磁转矩，T_L 为负载转矩，n 为转速，U_f 及 I_f 分别为励磁电压及励磁电流。

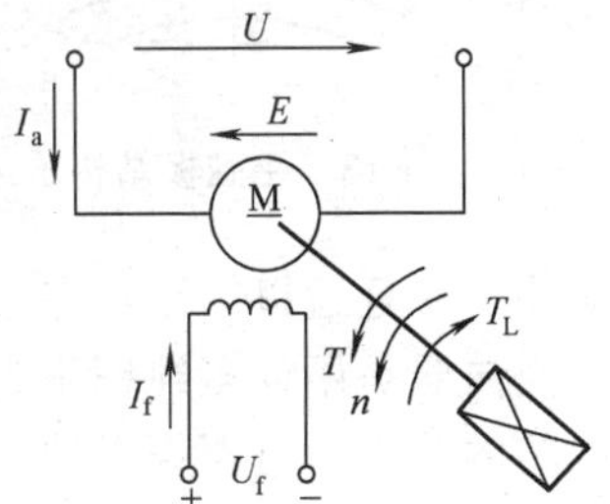

图 5-11　他励直流电动机的工作原理

二、直流电机的基本结构

直流电动机与直流发电机的结构基本相同，都是由静止部分（定子）和旋转部分（转子）组成。图 5-12 所示为直流电机的结构。

1. 直流电机定子结构

直流电机的定子主要由机座、主磁极、换向极、电刷装置、端盖和出线盒等部件构成。

机座通常用铸钢制成或用厚钢板焊接而成。一方面用来固定主磁极、换向极、端盖和出线盒等定子部件，并借助底脚将电机固定在地基上；另一方面也是电机磁路的一部分。

主磁极的作用是产生主磁通 Φ，由铁芯和励磁绕组组成，如图 5-13 所示。

主磁极铁芯由钢板或硅钢片叠加而成，包括极身和极掌两部分。极掌使励磁绕组牢固地套在极身上，并可以改善电机气隙磁感应强度的分布。主磁极是用螺栓均匀地固定在机座的内壁，且在连接励磁绕组时要保证相邻磁极的极性按 N 极和 S 极依次排列。

换向极的作用是产生附加磁场，用以改善换向，由铁芯和套在铁芯上的绕组构成，也是

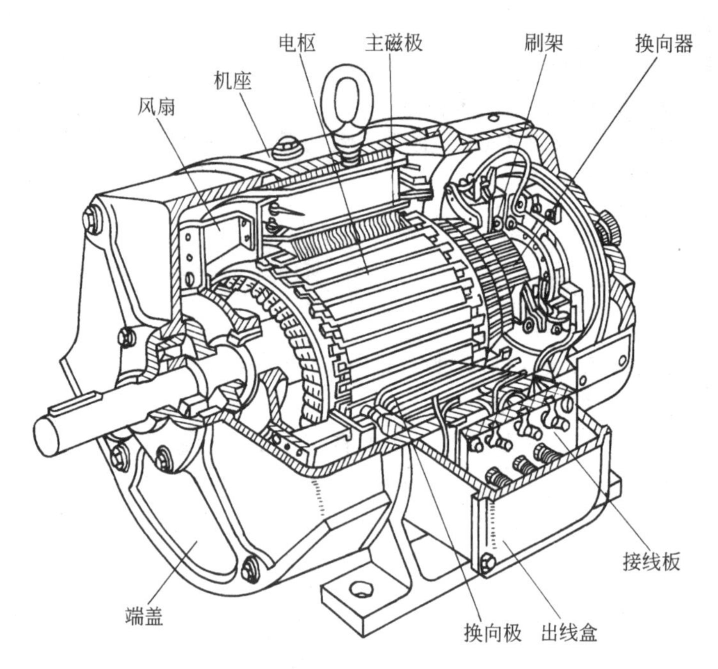

图 5-12　直流电机的结构

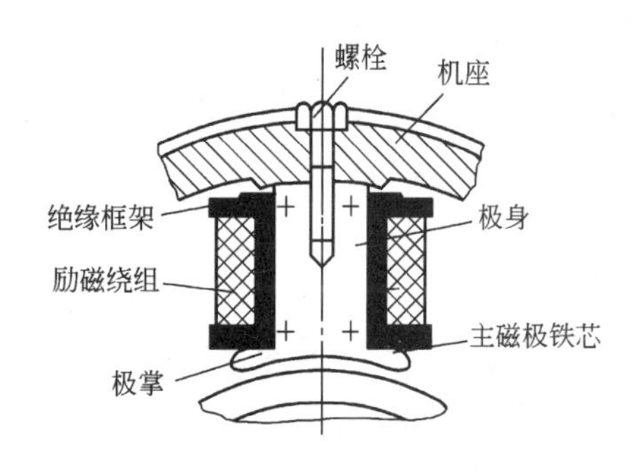

图 5-13　主磁极结构示意

成双成对，用螺栓固定在定子内壁两主磁极之间。

电刷装置固定在端盖上，其作用是通过固定不动的电刷和旋转的换向器之间的滑动接触，将外部直流电源与直流电机的电枢绕组连接起来。

2. 直流电机的转子结构

直流电机的转子又称电枢，主要由电枢铁芯、电枢绕组、换向器、转轴等组成，如图 5-14 所示。

电枢铁芯一般用硅钢片叠压而成，作用是通过主磁通和安放电枢绕组。

电枢绕组是电机的重要部分，其作用是产生感应电动势，并且通以电流，在主磁场的作用下，产生电磁转矩，使电机实现能量转换。

换向器是用许多纯铜制成的换向片嵌成的圆柱体，换向片之间用云母片绝缘，固定在电枢铁芯的前面，电枢绕组的导体按一定规则与换向片相连，如图 5-15 所示。其作用是与电刷保持良好的滑动接触，将外部的直流电流变成电动机内部的交变电流，以产生恒定方向的转矩。

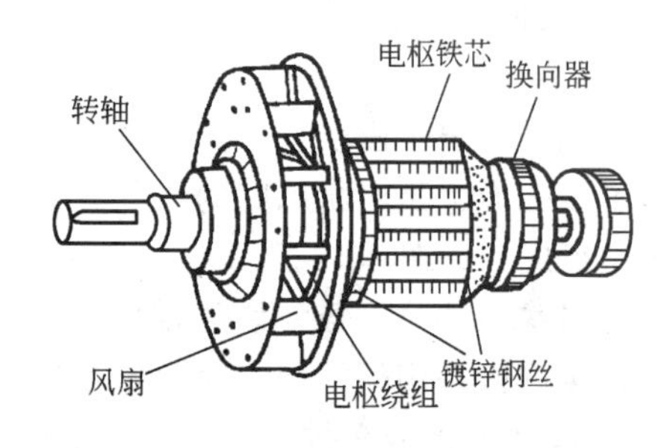

图 5-14　直流电机转子结构

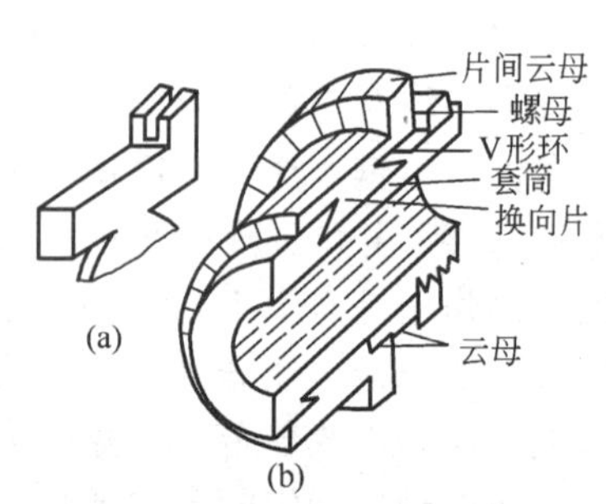

图 5-15　直流电机换向器结构

三、他励直流电动机的启动、调速和制动

1. 他励直流电动机的启动

电机从静止到稳定运行的过程称为启动。他励直流电动机有三种启动方法：直接启动、降压启动、电枢串电阻启动。

(1) 直接启动　是在电动机电枢上直接加额定电压的启动方法。启动开始瞬间，由于机械惯性，转速 $n=0$，反电势 $E=0$，启动电流 I_{st}很大，对电机绕组的冲击及对电网的影响都很大。所以，除了小容量的直流电机可采用直接启动外，中、大容量直流电动机不能采用直接启动的方法。

(2) 降压启动　启动瞬间，降低电枢两端的电源电压 U，以减小 I_{st}的启动方法。随着 n 不断升高，E 也逐渐增大，同时人为地使 U 逐渐升到额定电压值。

(3) 电枢串电阻启动　为限制 I_{st}，可在电枢回路中串接电阻，并在启动过程中，用自动控制设备逐级将启动电阻切除。

2. 他励直流电动机的速度调节

由机械特性方程式可知，改变电枢回路电阻、磁通及电压，可达到调速的目的。

(1) 电枢回路串电阻调速　它不能改变理想空载转速，只改变机械特性的斜率，即特性的硬度。所串电阻愈大，特性愈软。调速方向由基速（额定转速）向下调。电枢回路串电阻调速是有级调速，能耗大，仅适用于小容量、低速、工作时间不长、调速范围小的场合。

(2) 减弱励磁磁通调速　在电枢电压为 $U=U_N$（额定电压），电枢回路不串联附加电阻的条件下，减弱励磁磁通，理想空载转速升高，调速方向由基速向上调。减弱磁通的方法是在励磁回路串接可调电阻，或用单独的可调直流电源向励磁回路供电。进行弱磁调速，要选用专门用于调磁的电机，调速时能耗小，控制较容易，可平滑调速。

(3) 降低电枢电压调速　降低电枢电压，理想空载转速降低，但机械特性的斜率不变，调速方向由基速向下调。当电压连续变化时，转速也连续变化，属于无级调速，平滑性好，因此，在直流电力拖动自动控制系统中，得到了广泛应用。

3. 他励直流电机的制动

若使电力拖动系统停车，可采用自由停车，即断开电源，使转速逐渐减慢，最后停车。为使系统加速停车，可用两种方法：一是用机械、电磁制动器，俗称“抱闸”停车；二是用电气制动，使电机产生制动转矩，加快减速。

电气制动运行的特点是：电机转矩 T 与转速 n 方向相反，电机吸收机械能并转化为电能。常用的电气制动方法有：能耗、反接和回馈制动。

反接制动有如下两种方式。

① 倒拉反接制动。发生于位能负载在提升重物转为下放的情况。当电枢回路串入的电阻加大时，转速 n 不断降低，使 $T<T_L$（负载转矩），以致电机被负载带动反转，即“倒拉”，与 T 方向相反。

② 电枢反接的反接制动。把运转中的电动机电枢反接到电源上，由于机械惯性，转速 n 不能立即改变，则电动势 E 不变，I_a 方向与电动状态时相反，T 与转速 n 方向相反，起制动作用，使电动机迅速停车。由于反接制动时电枢电压与反电势方向相同，所以制动电流很大。为了限制电枢电流，电枢电路必须串接很大的制动电阻，以保证电枢电流不超过 1.5～2.5 倍的额定电流。如果电动机不需要反转，则制动结束（$n=0$）后，必须切断电源，否则电动机将反转。

思考题与习题

1. 交流电动机有哪些主要部件？各起什么作用？
2. 交流电动机的转向与什么有关？如何改变其转向？
3. 直流电动机有哪些主要部件？各起什么作用？
4. 直流电动机有哪几种励磁方式？各有什么特点？
5. 他励直流电动机有哪几种启动方法、调速方法和制动方法？
6. 什么叫同步转速？什么叫转差率？
7. 常用的交流电动机调速方法有哪几种？各有什么特点？
8. 一台三相六极异步电动机，频率为50Hz，铭牌电压为380/220V（绕组额定电压为220V），若电源电压为380V，试确定定子绕组接法，并求旋转磁场转速（同步转速）。
9. 在电源电压不变的情况下，如果电动机的三角形连接误接成星形连接，或者星形连接误接成三角形连接，其后果如何？

第六章　常用低压电器控制及继电-接触器控制回路

学习目标　掌握各种常用低压电器的基础知识和低压控制的典型线路与实例。通过本章的学习，要求能读懂典型继电-接触器控制系统电路图，为进一步学习其他控制系统打好基础。

第一节　常用低压电器

低压电器是指在交流电压为1200V及直流电压为1500V及以下，在由供电系统和用电设备等组成的电路中起保护、控制、调节、转换和通断作用的电器。

低压电器分类方法很多，根据低压电器在电气线路中的用途和作用，可归纳为三大类。

① 控制电器。用于控制电动机的启动、制动、调速等动作，如开关电器接触器、启动器、继电器等。

② 保护电器。用于保护电动机和生产机械，如熔断器、热继电器、电流继电器等。

③ 执行电器。用于带动生产机械运行和保持其状态的一种执行元件，如电磁阀、电磁离合器等。

按低压电器的动作方式可分为自动电器和非自动电器。自动电器是按照信号或某个物理量的变化而自动动作的电器，如继电器、接触器等；非自动电器是通过外力操纵而动作的电器，如刀开关、组合开关等。

一、开关电器

开关电器中有刀开关、转换开关及自动空气开关（也称自动断路器）等，它们通常用手操作对电路起通断或转换作用。

1. 刀开关

刀开关可用作电源隔离开关，也可用于不需频繁地接通和分断的小容量供电线路，图6-1是典型的三极闸刀开关，其在电路图中的符号为QS。

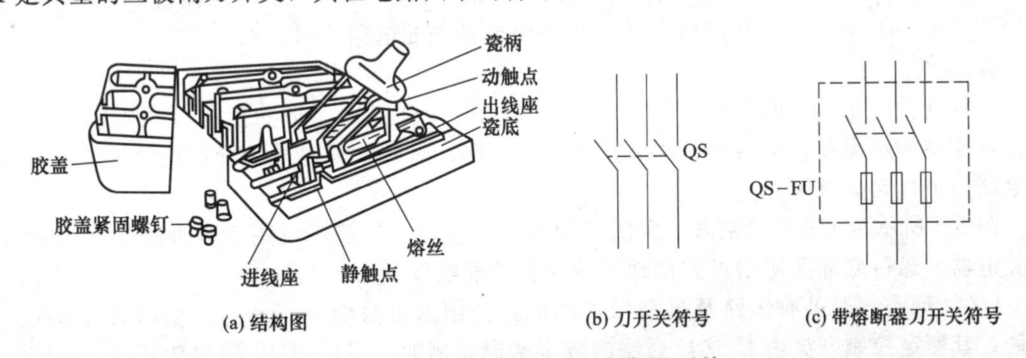

图 6-1　HK系列瓷底胶盖三极闸刀开关

2. 组合开关

组合开关也称转换开关，是一种多触点、多位置、可控制多个回路的电器，图6-2所示

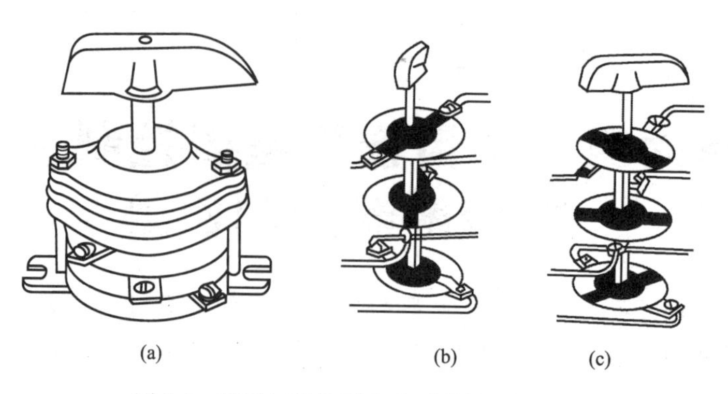

图 6-2　HZ10-25/3 型组合开关外形与结构

为 HZ10-25/3 型转换开关的外形与结构。

它有三对静触头和三个动触片，静触头的一端固定在胶木盒内的绝缘垫板中，另一端则伸出盒外，并附有接线螺钉，以便与电源或负载相连接。三个动触片装在绝缘方轴上，通过手柄可使绝缘方轴按正或反方向每次作 90°的转动，从而使动触片同静触头保持接通［图 6-2（b）］或分断［图 6-2（c）］。

组合开关也可以是单极或双极开关，当它们用作电源开关时，用符号 QS，而用作控制开关时则用符号 SA。

组合开关在电气原理图中的画法如图 6-3 所示。

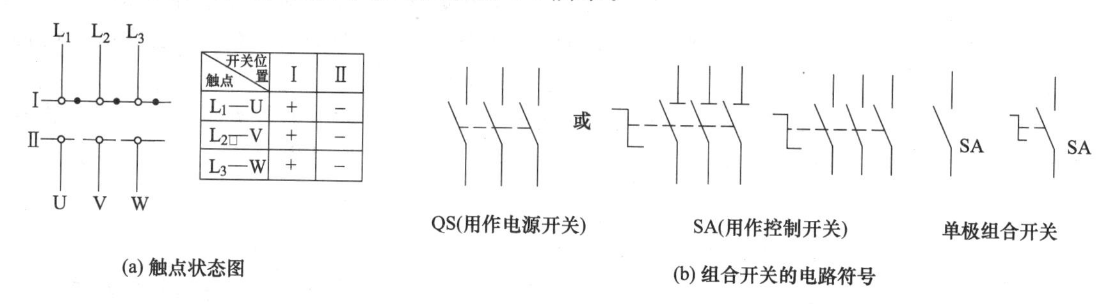

图 6-3　组合开关的电路符号

图 6-3（a）为三极组合开关的状态图，其中虚线表示操作位置，而不同操作位置的各对触点通断状态表示于触点右侧，规定用与虚线相交位置上的深黑圆点表示接通，没有深黑圆点表示断开。触点通断状态列于触点状态表中，表中以“+”表示触点闭合，“−”表示分断。图 6-3（b）分别为三极组合开关及单极组合开关的电路符号。

3. 空气开关

空气开关，也称为断路器。图 6-4 所示是一种具有多种保护功能的低压断路器工作原理。根据结构示意图分析可知，当电路中发生短路、过载、失电压等异常现象时，能自动切断电路（俗称自动跳闸）。

图 6-5 所示为 DZ47 型空气开关的结构外形，它是一种被广泛用于各种控制场合的新型开关电器，通过底部燕尾槽可方便地安装在各种配电设备中。

DZ47 型空气开关有短路及过载保护功能，按用途可分为 D（动力）型和 C（照明）型两种，其额定控制电流由 D 或 C 后缀的数字给出。例如：ZD47-D10 型空气开关，额定工作电流为 10A，将其用于一个 4.5kW/380V 的三相异步电动机的电源控制电路，正常工作时，电机额定工作电流约 9A，小于空气开关额定工作电流，正常供电。如遇短路或者过载时，开关会自动跳闸。

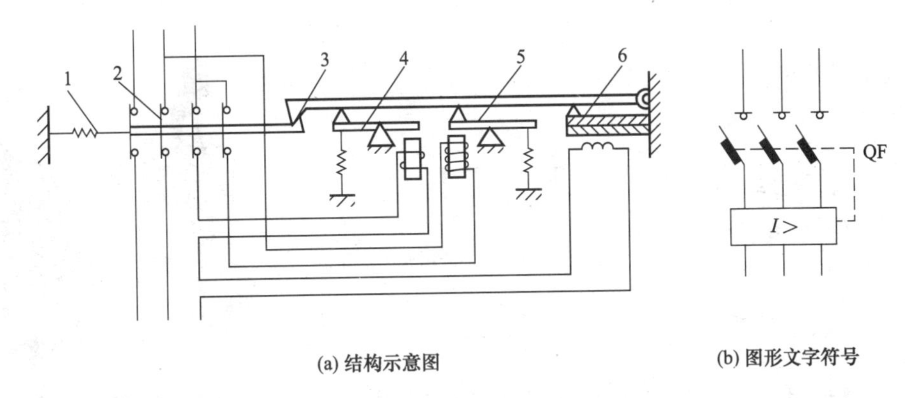

图 6-4　自动开关的工作原理图与符号

1—释放弹簧；2—主触点；3—钩子；4—电磁脱扣器；5—失压脱扣器；6—热脱扣器

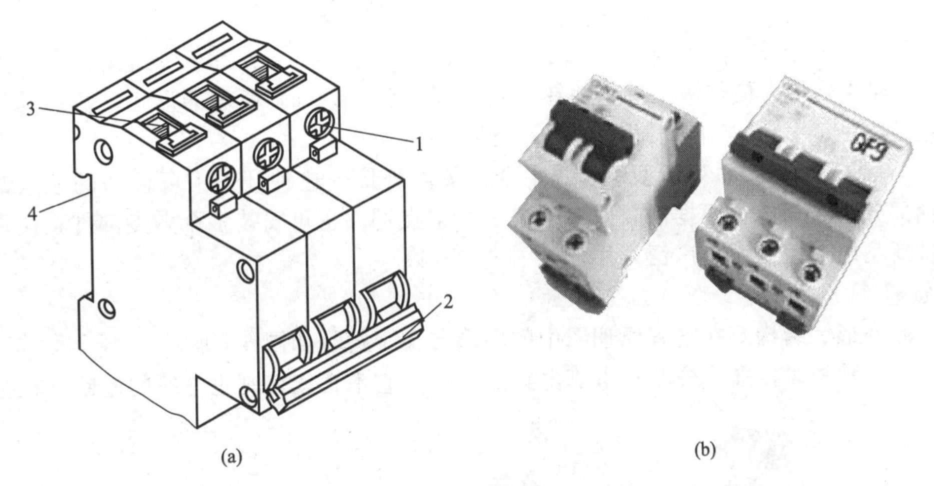

图 6-5　DZ47 型空气开关的外形

1—接线螺钉；2—操作手柄；3—接线导孔；4—安装燕尾槽

由于 D 系列空气开关在设计上考虑了电机启动时的冲击电流，不会因电机启动电流短时大于空气开关额定控制电流而跳闸。

如果错误地选用 C 系列空气开关控制上述电机，考虑启动电流因素，应取 C40 或以上额定控制电流的空气开关才能保证电机正常运行。但此时空气开关显然已不具备对电机的过载保护功能。

DZ47 型空气开关有单极或多极的结构形式，图 6-5（b）是一个双极开关和一个三极开关的外形。

二、信号控制开关

1. 主令开关

主令开关是控制电路中经常使用的一种转换开关，图 6-6 是几种主令开关的外形结构及电路符号。

图 6-6（a）所示为 LS2-3 型主令开关的外形结构。在它的内部有一个与手柄轴联动的金属触片，当手柄处于位置Ⅰ时，触片使 1、2 两个接线端子短接而其余端子均开路；同理，手柄处于位置Ⅱ或Ⅲ时，则分别使 2、3 或 3、4 两个接线端子短接。

如图 6-6（b）所示，LS2-3 型主令开关在电路原理图中通常以触点状态图的形式画出。

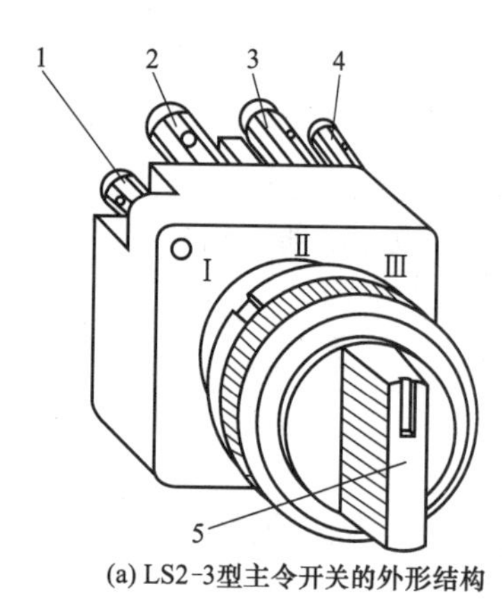

(a) LS2-3型主令开关的外形结构

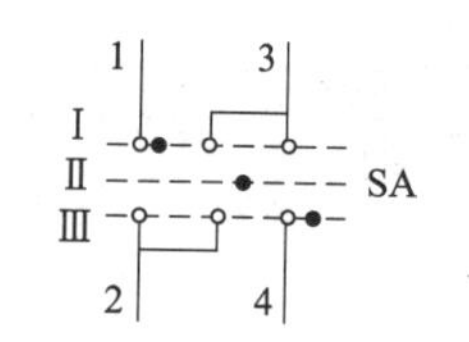

(b) LS2-3型主令开关触点状态图

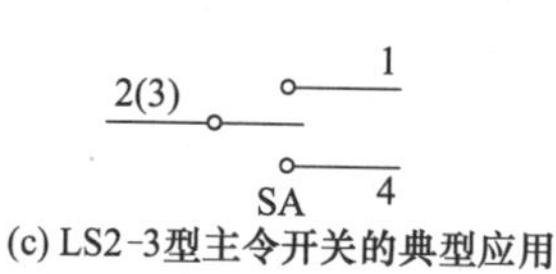

(c) LS2-3型主令开关的典型应用

(d) NP2系列组合式主令开关

图 6-6　几种主令开关的外形结构及电路符号

Ⅰ～Ⅲ—手柄操作位置；1～4—接线端子；5—操作手柄

LS2-3 型主令开关的典型应用方式是：将 2、3 两个接线端子用导线连接，并作为信号输入端；1 和 4 则作为信号输出端，并在电路中画成图 6-6（c）所示的形式。显而易见，它可以方便地构成“手动-停-自动”等形式的控制电路。

图 6-6（d）是 NP2 系列新型组合式主令开关的外形，这种开关由可拆卸的触点部分与操纵手柄部分组合而成。根据需要，可安装一个触点部件也可安装多个触点部件，使用方便灵活，被新型电器控制系统广泛采用。

2. 按钮

按钮的外形、结构及在电气原理图中的图形与文字符号如图 6-7 所示。

按钮是一种短时接通或分断小电流电路的电器，它不直接控制主电路的通断，在控制电

(a) LA19系列按钮　　(b) NP2型组合式按钮

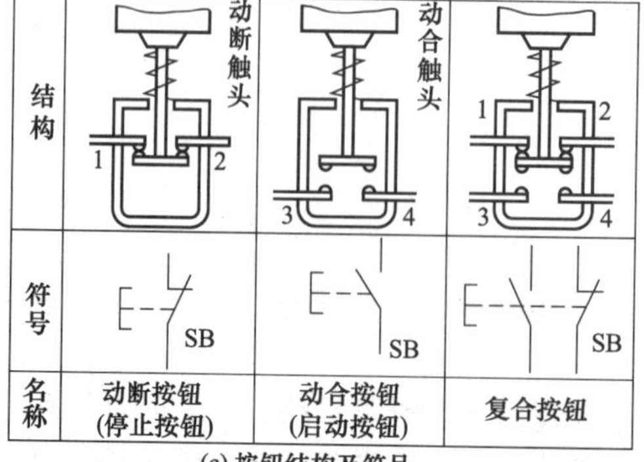

(c) 按钮结构及符号

图 6-7　常用按钮及符号

1,2—常闭（动断）触点引出端子；3,4—常开（动合）触点引出端子

路中只发出“指令”，去控制一些自动电器，再由它们去控制主电路。按钮的触头允许通过的电流很小，一般不超过5A。

按照按钮的用途和触头使用情况，可把按钮分为常开的启动按钮、常闭的停止按钮和复合按钮三种。

复合按钮有两对触头，桥式动触头和上部两个静触头组成一对常闭触头；桥式动触头和下部两个静触头组成一对常开触头。按下按钮时，桥式动触头向下移动，先分断常闭触头，后闭合常开触头；停按后，在弹簧作用下自动复位。复合按钮如只使用其中一对触头，即可成为常开的启动按钮或常闭的停止按钮。

在机电设备中常用的产品有LA2系列、LA10系列、LA18系列、LA19系列等。其中LA10系列除单只按钮外，还有双联和三联按钮。LA18系列按钮采用积木式，触头数目可按照需要拼装，一般装置成两对常开、两对常闭。结构形式有按钮式、紧急式、旋钮式及钥匙式几种。LA19系列在按钮内装有信号灯，除了用于接触器、继电器及其他线路中作远距离控制外，还可兼作信号指示。

图6-7（b）所示NP2型组合式按钮，是目前市场上最为流行的控制按钮，采用与LA18系列按钮相似的积木式结构。

3. 行程开关

生产机械中常需要控制某些机械运动的行程或者实现整个加工过程的自动循环等，这种控制机械运动行程的方法叫做行程控制（也叫限位控制），实现这种控制所依靠的主要电器是行程开关，又称限位开关。

行程开关的作用是将机械信号转换成电信号以控制运动部件的行程。行程开关在电气原理图中的图形和文字符号如图6-8所示。

行程开关的种类很多，按运动形式可以分为直动式（又名按钮式）和转动式等；按触点的性质可以分为有触点的和无触点的。

有触点式行程开关的工作原理和按钮相同，区别只是它不靠手指的按压而是利用生产机械运动部件的挡铁碰压而使触点动作。常用的有XL19和JLXK1等系列。图6-9所示为XL19K型行程开关结构，图6-10所示为JLXK1系列行程开关外形。

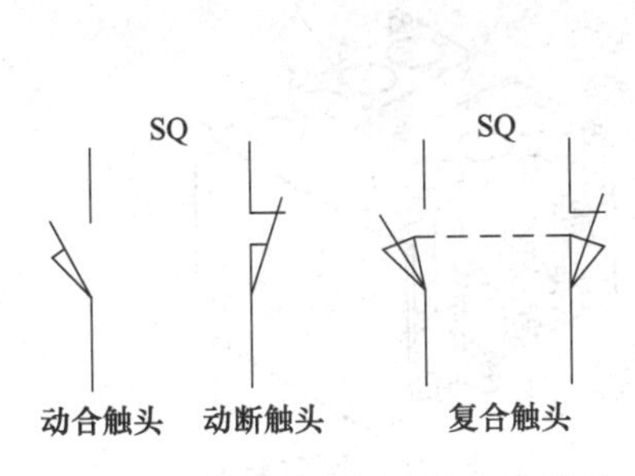

图6-8　行程开关的图形和文字符号

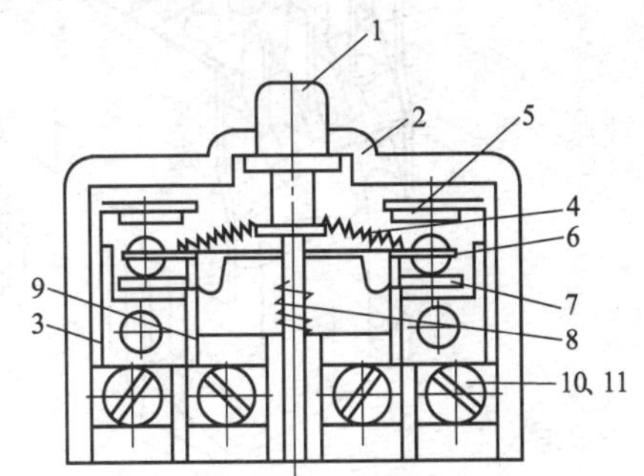

图6-9　LX19K型行程开关结构

1—顶杆；2—外壳；3—常开静触点；4—触点弹簧；5,7—静触点；6—动触点；8—恢复弹簧；9—常闭静触点；10,11—螺钉和压板

三、接触器

接触器是一种主控电器。在电气自动控制中，用它来接通或分断正常工作状态下的主电路和控制电路。它的作用和刀开关类似，并具有低电压释放保护性能、控制容量大、能远距离控制等优点，在自动控制系统中应用非常广泛。

接触器是利用电磁吸力与弹簧的弹力配合动作而使触头闭合或分断的一种电器。触头系统包括三对动合主触头，一般串联在主电路中，起接通和分断主电路的作用，允许通过较大电流。辅助触头有动合触头，也有动断触头，按不同要求可串联或并联在控制电路中。接触器在电气原理图中的图形及文字符号如图 6-11 所示。

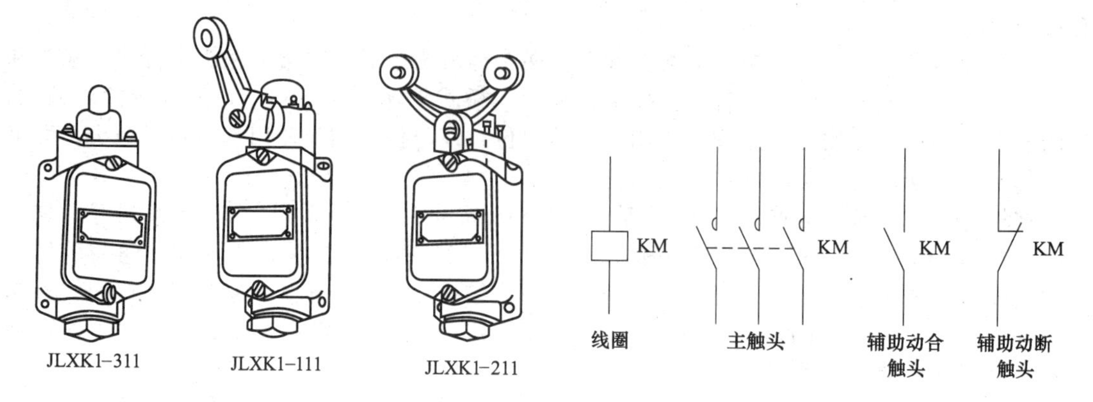

图 6-10 JLXK1 系列行程开关外形

图 6-11 接触器的图形及文字符号

接触器是利用电磁吸力与弹簧的弹力配合动作而使触头闭合或分断的一种电器。按其触头通过电流的种类不同，可分为交流接触器和直流接触器。交流接触器有 CJ0、CJ10、CJ20 等，CJX2 系列产品是目前运用较为普遍的新一代产品。

图 6-12（a）为 CJX2-1210 型接触器的外形及结构，后辍数字 12 表示主触头额定电流为 12A，10 表示安装规格。CJX2 系列接触器只有一对辅助触点。当需要更多的辅助触点时，可选用 F 型辅助触头组，它可通过专用卡口安装于 CJX2 系列接触器主体之上，以提供多对常开或常闭辅助触点。图 6-12（b）所示为 F4-22 型辅助触头组，含 2 对常开触头及 2 对常闭触头。

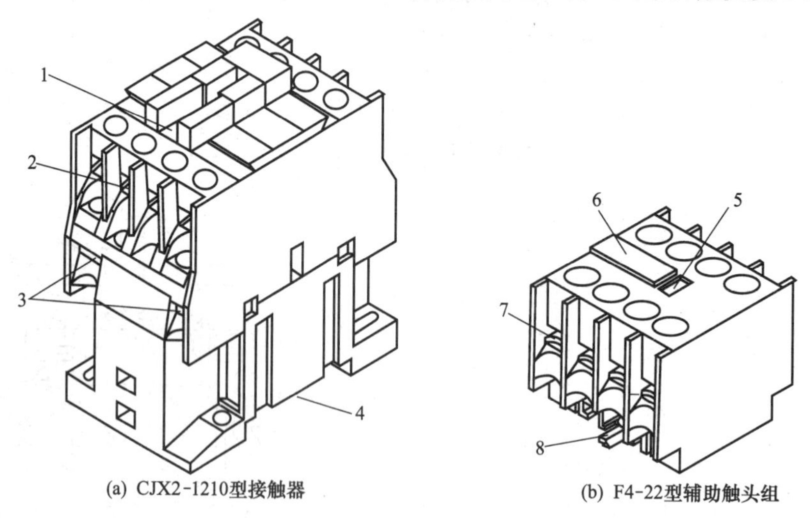

图 6-12 CJX2-1210 型接触器及 F4-22 辅助触头

1—辅助触头安装插口；2—3 个常开主触头+1 个辅助触头；3—电磁线圈接线端子；4—安装燕尾槽；5—工作状态指示窗口；6—标签；7—4 组辅助触头；8—锁紧卡

四、继电器

1. 中间继电器

中间继电器在电气原理图中的图形及文字符号如图 6-13 所示。

中间继电器的结构与接触器相似，它是用来转换控制信号的中间元件。它输入的是线圈的通电和断电信号，输出信号为触点的动作。它的触点数量较多，各触点的额定电流相同，一般为5A左右。输入一个信号（线圈的通电和断电）时，较多的触点动作，所以可以用来增加控制电路中信号的数量。它的触点额定电流比线圈大得多，所以也可以用来放大控制电路中的信号。

在早期的电气控制线路中，JZ7型中间继电器被广泛采用，其触点数量多达8对。

随着PLC等控制技术的发展，复杂控制电路中的中间运算处理过程已不再由中间断电器来完成，新型电气控制线路中，已很少使用JZ7型中间继电器。在PLC的输出接口电路中，通常采用小型继电器。

图6-14所示为JQX-13F-2Z型大功率小型继电器，它通过专用的插座与控制电路相连，更换时极为方便。型号中“2Z”表明该继电器有两组转换式触点，每组转换式触点由一个中间接点、一个常开接点和一个常闭接点构成。触点电流及驱动电磁线圈适用电源有不同的规格可供选择。

图6-15是JZC-21F-1Z型中功率小型灵敏继电器的外形，采用焊接式引脚，只能安装在控制线路板中。驱动线圈通常采用5V、9V、12V等直流电压驱动，以便于与电子线路共用一组直流电源。此外，该继电器只提供一组转换触点，额定电流有几安直至几十安等多种规格可供选择。

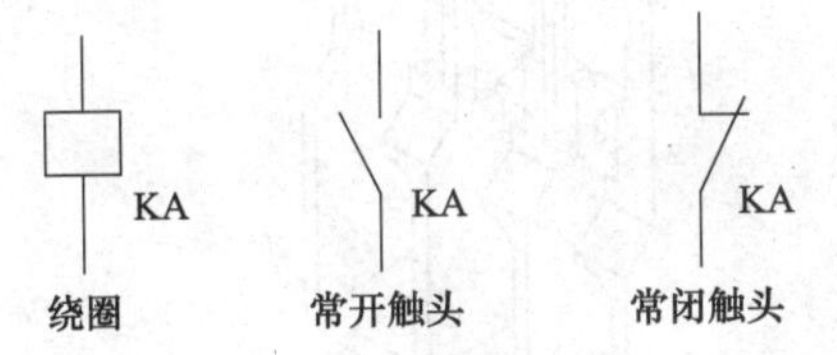

图6-13　中间继电器的图形及文字符号

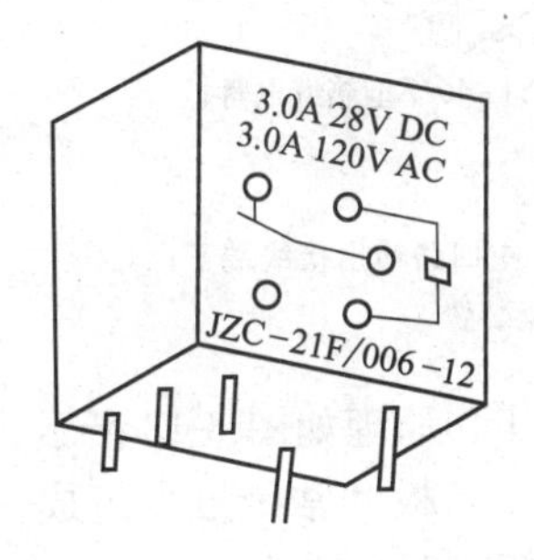

图6-15　JZC-21F-1Z小型继电器

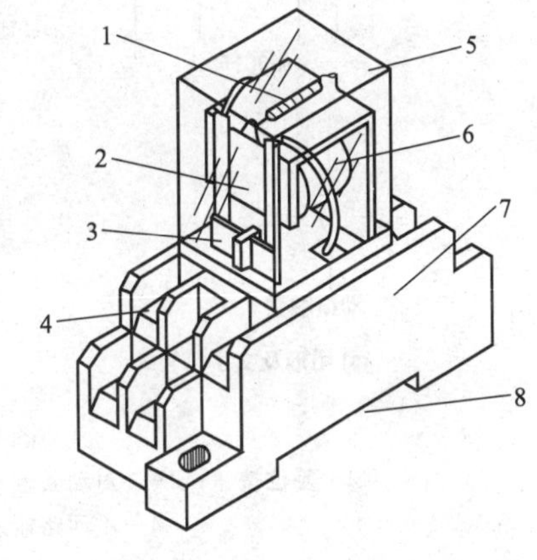

图6-14　JQX-13F-2Z型继电器

1—复位弹簧；2—衔铁；3—触头系统；4—接线端子；5—透明护罩；6—线圈；7—底座；8—安装燕尾槽

2. 时间继电器

时间继电器是一种接到信号后，能自动延时动作的继电器，它的种类很多，有电磁式、电动式、空气阻尼式和晶体管式等。表示时间继电器的线圈、触头的图形及文字符号如图6-16所示。

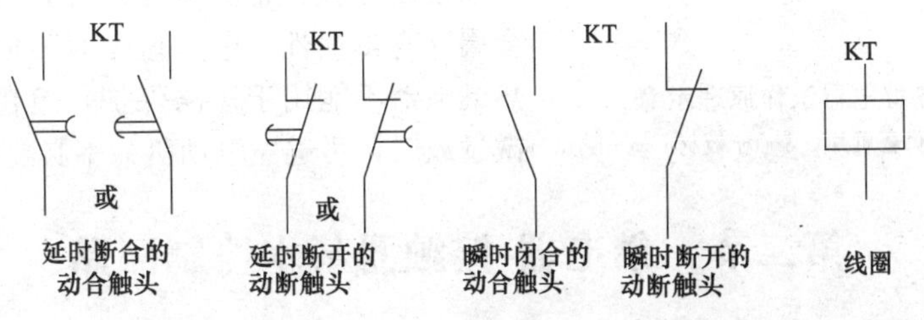

图6-16　时间继电器的图形及文字符号

无论哪种类型的时间继电器。它们的作用原理都是相同的，即当线圈通电时，延时触头不立即动作，而要延迟一段时间才动作；而当线圈断电时，延时触头则瞬时复位。时间继电器中的瞬时触头工作情况与中间继电器相同。

空气阻尼式断电延时型时间断电器因较少采用，此处不再讨论。

3. 热继电器

热继电器是一种利用电流的热效应工作的过载保护电器，可用来保护电动机，以免电动机因过载而损坏，热继电器在电气原理图中的图形及文字符号如图 6-17（a）所示。图 6-17（b）所示为 JRS1-40/Z 型热继电器的外形结构。型号中 40 表示额定工作电流为 40A，Z 表示组合安装式（F 为独立安装式）。它可通过三个输入接线柱与接触器组合安装。

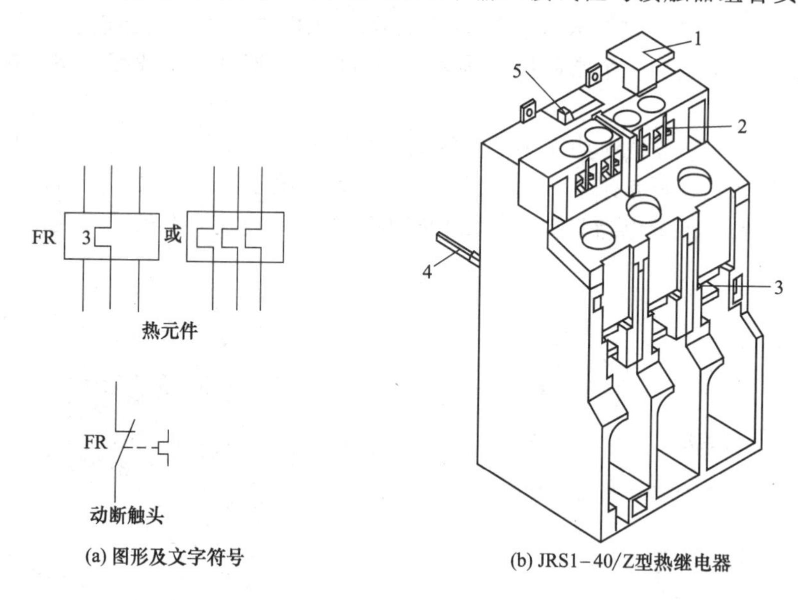

(a) 图形及文字符号　　(b) JRS1-40/Z型热继电器

图 6-17　热继电器

1—复位按钮；2—1 对动断触头、1 对动合触头；3—主回路输出接线端子；4—主回路输入接线柱；5—整定电流装置

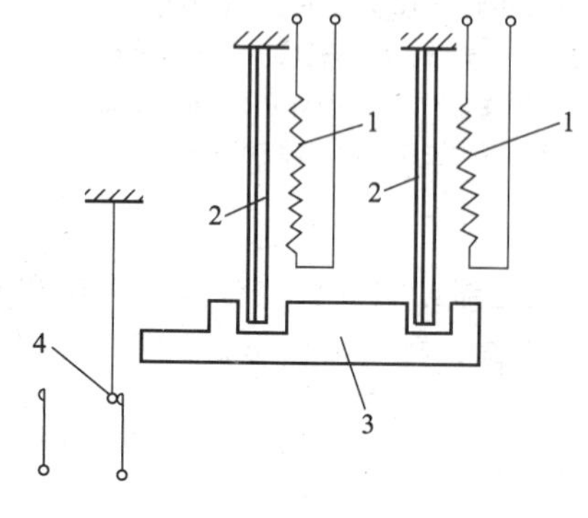

图 6-18　热继电器工作原理示意

1—发热元件；2—双金属片；3—导板材；4—触点

热继电器的工作原理如图 6-18 所示。它由发热元件、双金属片、导板和常闭触点组成。发热元件一般为电阻丝，绕在双金属片上，串接在主电路中。双金属片由两种膨胀系数不同的金属碾压而成，作为热继电器的感测元件，当电路中的电流增大时，发热元件发热增加，温度升高，双金属片向发热系数小的一方弯曲的位移增大，经过一段时间，双金属片推动导板，常闭触点断开，切断电路。由于双金属片有热惯性，电路短路时不能立即断开，因此热继电器不能用于短路保护，但在电动机启动或轻微过载时，可避免电动机的不必要停车。

第二节　继电器-接触器基本控制回路

继电接触控制电路是继电器-接触器控制电路的简称。在继电接触控制电路中，继电器用来检测控制系统中的各种物理量（压力、流量、速度、时间等），或进行中间转换（中间继电器）和保护（热继电器等），接触器作为执行元件，控制电动机的旋转、调速等。

一、三相笼型异步电动机的全压启动

全压启动又叫直接启动，是通过开关或接触器等电器将额定电压直接加在电动机的定子绕组上，使电动机启动运转。这种方法的优点是所需电气设备少，线路简单；缺点是启动电流大。一般来讲，电动机的容量较小，而且不超过电源变压器容量的15%～20%时，都允许全压启动。通常当满足电动机额定功率 $P_N \leqslant 10kW$ 时，认为其容量较小。

全压启动可分为手动控制和自动控制两种，下面分别介绍。

1. 手动正转控制线路

用手动开关（又作为电源隔离之用）控制电动机的启动和停止的控制线路，如图6-19所示。这种线路比较简单。启动时，只需把开关QS合上，接通电源，电动机M便启动运转；停止时，把开关分断，切断电源，电动机M便停止运转。

工厂中一般使用的三相电扇或砂轮机等设备常采用这种控制线路。但在启动、停止频繁的场合（如电动葫芦），使用这种控制方法既不方便，而且操作劳动强度大。因此，目前广泛采用按钮、接触器等来控制电动机。

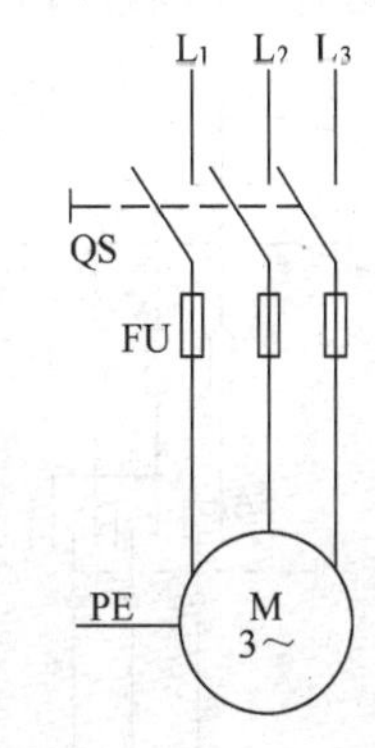

图6-19　手动正转控制线路

2. 接触器点动正转控制线路

接触器点动正转控制线路是自动控制中最简单的控制线路。

当电动机需要点动时，先合上开关QS，此时电动机尚未接上电源；按下启动按钮SB，接触器KM线圈通电，衔铁吸合，带动三对动合主触头KM闭合，电动机接通电源后运转；松开按钮SB后，接触器KM线圈断电，衔铁受弹簧力作用而复位，带动三对动合主触头KM分断，电动机断电停转。因为只有按启动按钮SB时，电动机才运转，松手不按就停转，所以叫做点动。

接触器点动、长动正转控制线路如图6-20（a）所示。动作过程如下。

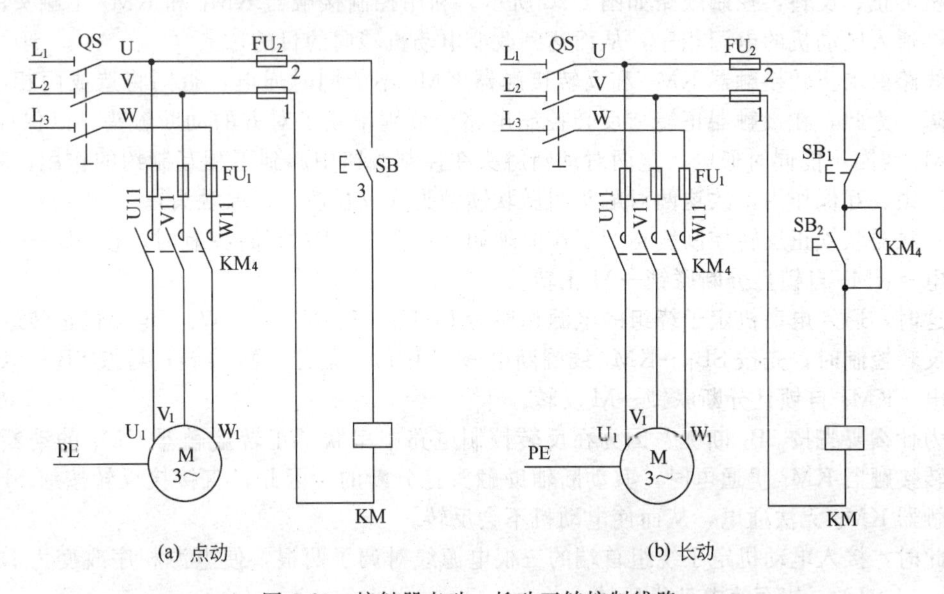

图6-20　接触器点动、长动正转控制线路

启动：按下 SB→KM 线圈通电→KM 主触头闭合→M 运转。

停止：松开 SB→KM 线圈断电→KM 主触头分断→M 停转。

用按钮、接触器控制电动机时，在线路中仍需用转换开关 QS 作为电源隔离开关。点动控制常用于工件的快速移动及地面控制的启动设备等场合。

3. 接触器自锁控制线路

接触器自锁控制线路如图 6-20（b）所示。

自锁控制线路与点动控制线路的不同之处在于控制电路中增加了停止按钮 SB_1，另外在启动按钮 SB_2 的两端还并联了一对接触器 KM 的动合辅助触头，这对触头叫自锁（或自保）触头。其工作原理如下。

松开 SB_2，由于接触器 KM 自锁触头闭合自锁，控制电路仍保持接通，电动机 M 继续运转。这种当启动按钮 SB_2 松开后，仍能自行保持接通的控制线路叫具有自锁（或自保）的控制线路。自锁控制线路的另一个重要特点是它具有欠电压与失电压（或零电压）保护作用。

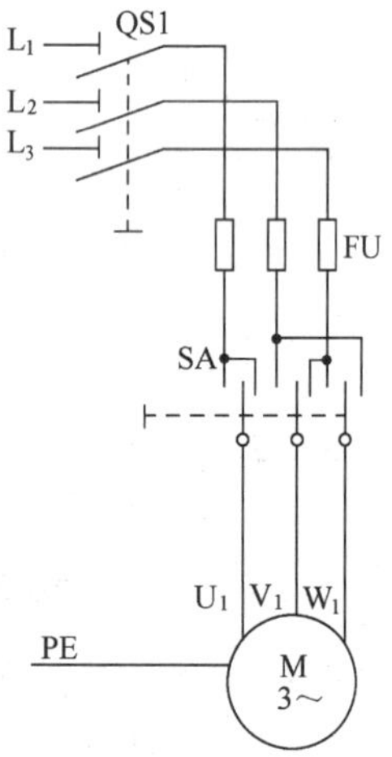

4. 可逆旋转控制线路

以上介绍的各种启动控制都只能使电动机朝单一方向旋转。但某些生产机械，如磨床的砂轮、摇臂钻床的摇臂要求能升降；万能铣床的主轴要求能改变旋转方向，其工作台要求能往返运动等，这些生产机械都要求能对电动机进行正、反转控制。

人们已知，当改变输入电动机三相定子绕组的电源相序时，电动机的旋转方向也随之改变。从这个原理出发，介绍几种正、反转控制线路。

（1）倒顺开关的正反转控制线路　倒顺开关又称正反转控制转换开关。可用于接通和分断电源，还能改变电源的相序。图 6-21 所示为倒顺开关的正反转控制线路。

图 6-21　倒顺开关的正反转控制线路

（2）接触器联锁的正反转控制线路　上述倒顺开关正反转控制线路是一种手动控制线路，利用按钮、接触器等电器可以自动控制电动机的正、反转，控制线路如图 6-22 所示。利用控制接触器 KM_1 和 KM_2 主触头的切换来变换通入电动机的电源相序，从而达到改变电动机转向的目的。

线路要求正转接触器 KM_1 和反转接触器 KM_2 不能同时通电，否则将造成两相电源短路故障，为此，在接触器正转与反转控制电路中分别串联了对方的动断触头，以保证 KM_1 与 KM_2 线圈不能同时通电，这两对动断触头在控制线路中起到了相互制约的作用，称为联锁或互锁、互保作用，故这两对触头叫做联锁触头（或互锁、互保触头）。

接触器联锁正反转控制线路的工作原理如下：合上 QS；正转控制时，按 SB_2→KM_1 线圈通电→KM_1 自锁且分断联锁→M 正转。

这时，通入电动机定子绕组的电源相序为 L_1-U_1，L_2-V_1、L_3-W_1，电动机正转运行。

反转控制时，先按 SB_1→KM_1 线圈断电→KM_1 触头复位→M 停转；再按 SB_2→KM_2 线圈通电→KM_2 自锁且分断联锁→M 反转。

为什么要先按 SB_1 断呢？因为在反转控制电路中串联了正转接触器 KM_1 的动断触头，当正转接触器 KM_1 仍通电时，其动断辅助触头是分断的，因此，直接接反转按钮 SB_3，反转接触器 KM_2 无法通电，从而使电动机不会反转。

此时，接入电动机定子绕组首端的三根电源线对调了两根，使电源相序改变为 L_1-W_1、L_2-V_1、L_3-U_1，从而使电动机反转。

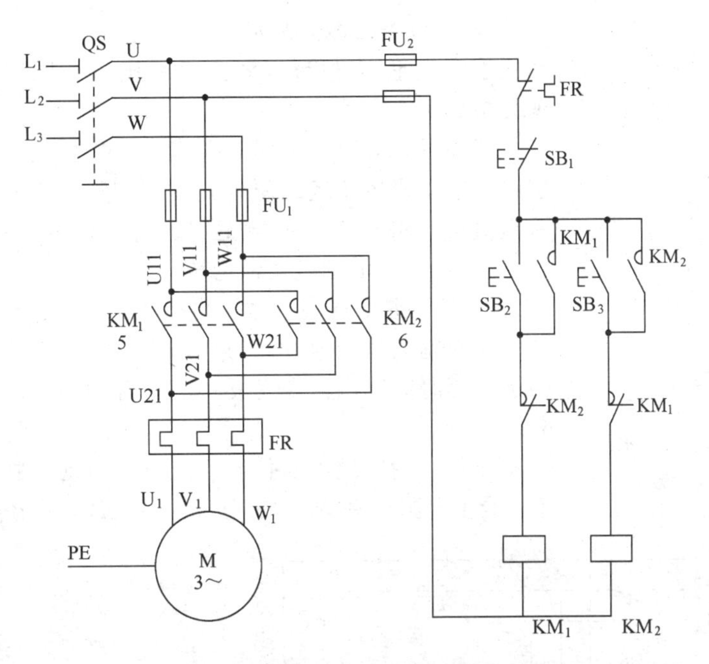

图 6-22　接触器联锁的正反转控制线路

另外，该回路中还引入了热继电器 FR 作为电机过载保护元件，无论处于正转或反转状态，如果电动机在运行过程中，由于过载或其他原因，电流超过额定值，经过一定时间，串联在主电路中的热继电器的热元件发热，双金属片因受热弯曲，使串联在控制电路中的动断触头分断，切断控制电路，使电动机脱离电源，从而达到过载保护的目的。

二、三相笼型异步电动机的减压启动

当电动机的容量较大或不符合电动机的直接启动的经验公式所规定的条件时，应采用减压启动。

减压启动是指利用启动设备将电压适当降低后加到电动机的定子绕组上进行启动，以限制启动电流，待电动机启动后，再使电动机定子绕组上的电压恢复至额定值。由于电动机转矩与电压的平方成正比，所以，减压启动的启动转矩大为降低，因此，减压启动法仅适用于空载或轻载下的启动。

减压启动一般有四种方法：定子绕组中串联电阻（或电抗）的减压启动；自耦变压器减压启动；星形-三角形（Y-△）减压启动；延边三角形减压启动。这里介绍最常用的星形-三角形（Y-△）减压启动。

星形-三角形减压启动又称Y-△减压启动，是指电动机在启动时，其定子绕组接成Y（星形），即 U_2、V_2、W_2 连接于一点，U_1、V_1、W_1 接电源，如图 6-23（a）所示；待转速上升到一定值后，再将它换接成△（三角形），即 U_1、W_2、U_2、V_1、V_2、W_1 并头后接电源，如图 6-23（b）所示，电动机便在额定电压下正常运转。这种启动方法只适用于正常工作时定子绕组按△（三角形）连接的电动机。

星形-三角形（Y-△）减压启动分手动控制和自动控制两种方法。

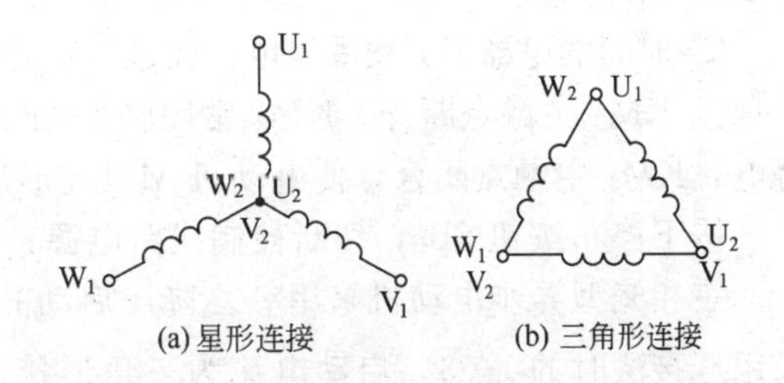

图 6-23　Y-△减压启动电机绕组接线图

1. 手动Y-△减压启动

手动星形-三角形（Y-△）减压启动原理如图 6-24 所示，现分析如下。

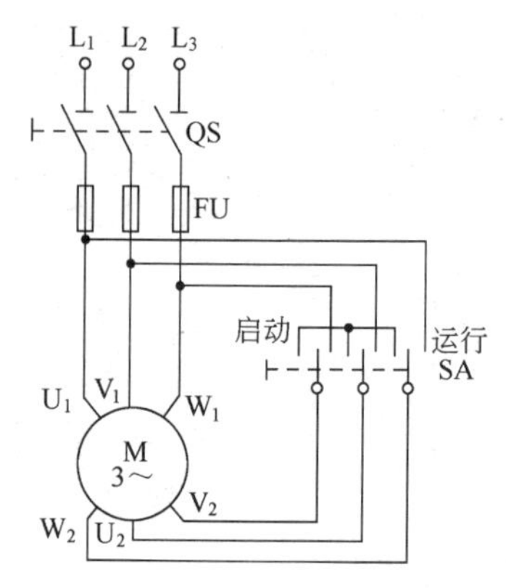

图 6-24　手动星形-三角形（Y-△）减压启动原理

启动时，先合上电源开关 QS，再将开关 SA 推到“启动”位置，电动机定子绕组便接成Y（星形）；待电动机转速上升至一定值后，将开关 SA 推至“运行”位置，使定子绕组接成△（三角形），电动机正常运转。

2. 时间继电器Y-△减压启动

时间继电器控制星-三角（Y-△）减压启动，这种控制线路是利用时间继电器来完成Y-△的自动切换，其控制线路如图 6-25 所示。

图 6-25 时间继电器控制Y-△降压启动控制线路工作原理如下：合上电源开关 QS，按下启动按钮 SB_2，启动过程分四步完成。

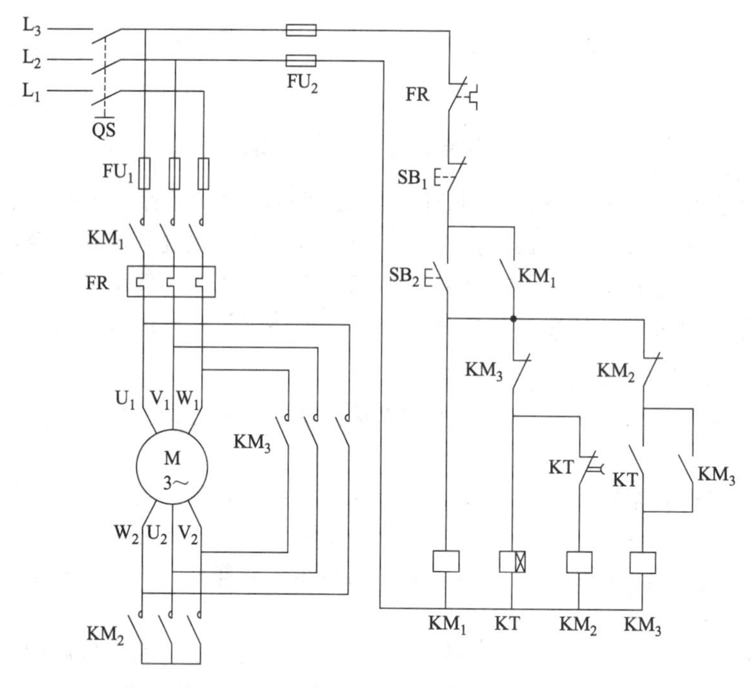

图 6-25　时间继电器控制Y-△降压启动控制线路

① 接触器 KM_1 线圈得电，电动机 M 接入电源。

② 接触器 KM_2 线圈得电，其常开主触点闭合，Y形启动，辅助触点断开，保证了接触器 KM_3 不得电。

③ 时间继电器 KT 线圈得电，经过一定时间延时，常闭触点断开，切断 KM_2 线圈电源。

④ KM_2 主触点断开，KM_2 常闭辅助触点闭合，KT 常开触点闭合，接触器 KM_3 线圈得电，KM_3 主触点闭合，使电动机 M 由Y形启动切换为△运行。

按下停止按钮 SB_1，切断控制线路电源，电动机 M 停止运转。

三相笼型异步电动机采用Y-△降压启动的优点是定子绕组Y形接法时，启动电压为直接采用△接法时的 $1/\sqrt{3}$，启动电流为三角形接法时的 1/3，因而启动电流特性好，线路较简单，投资少。其缺点是启动转矩也相应下降为三角形接法的 1/3，转矩特性差。本线路适用于轻载或空载启动的场合，应当强调指出，Y-△连接时要注意其旋转方向的一致性。

三、三相异步电动机的制动

在很多运用场合，电动机在断电时要保证克服惯性迅速停机，需要对其进行制动。

反接制动是指在电动机停机时，将其三相电源线中的两根对调，产生相反的转矩，起到制动作用。当转速接近于零时，要切断电源，以防电动机反转。

能耗制动是在断电的同时，接通直流电源。直流电源产生的磁场是固定的，而转子由于惯性转动产生的感应电流与直流电磁场相互作用产生的转矩方向恰好与电动机的转向相反，起到制动的作用。

图 6-26 所示为半波整流能耗制动控制线路，适用于容量 10kW 以下的电动机，直接由交流 220V 电源半波整流得到直流电源。这种线路结构简单，体积小，附加设备少，成本低。工作原理如下。

先合上电源开关 QS，启动过程：

按一下SB_1 → KM_1线圈通电 → KM_1自锁触点闭合；KM_1主触点闭合 → 电动机启动运转；KM_1互锁触点断开

停车制动过程：

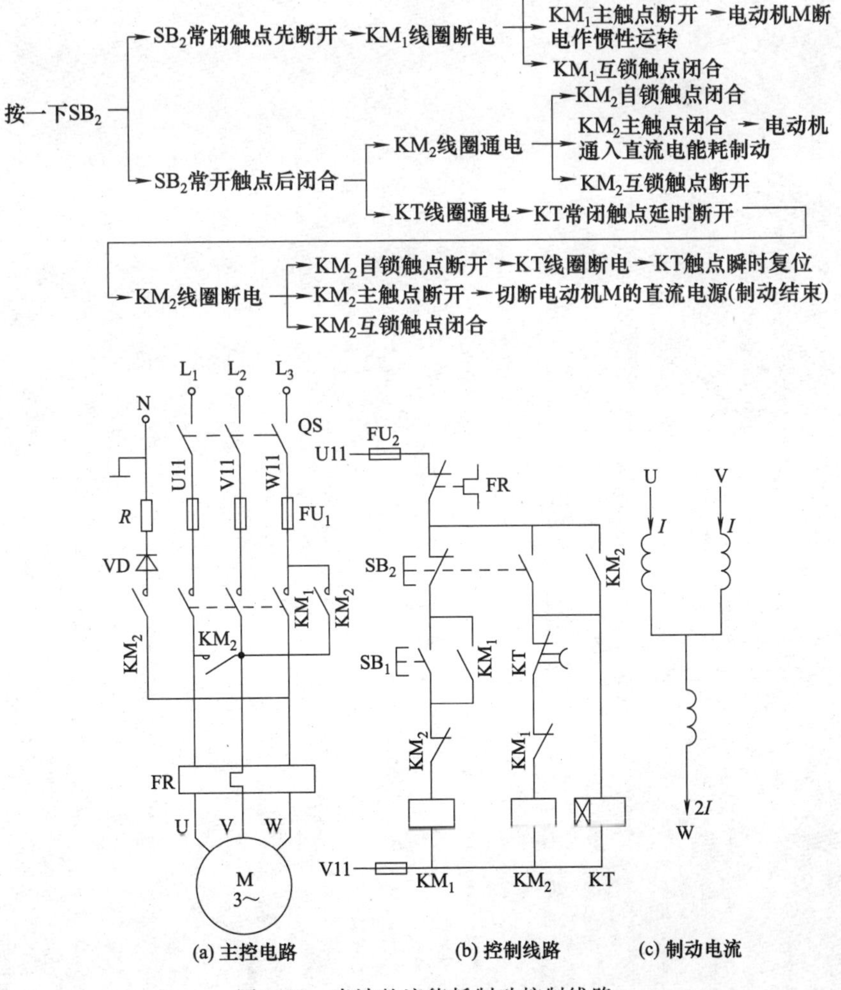

图 6-26　半波整流能耗制动控制线路

若电动机作Y连接，则制动时的直流电流是由电源 L_3→KM_2 主触点→U、V 绕组→W 绕组→KM_2 主触点→二极管 VD→电阻 R→中线 N，构成半波整流回路，如图 6-26（c）所示。

思考题与习题

1. 根据低压电器在电气线路中的用途和作用，低压电器可分为哪几类？各有什么特点？
2. 接触器的作用是什么？交流接触器由哪几部分组成？
3. 说明熔断器的保护功能与原理。
4. 说明热继电器的保护功能与原理，与熔断器保护功能相比有何区别？
5. 自动空气开关有什么作用？和其他电器的保护方式相比，自动开关有何优点？
6. 什么是限位保护？如何实现？
7. 什么是自锁（自保）？什么是互锁？如何实现自锁和互锁？
8. 试设计一可以从两处对同一台电动机实现长动和点动控制工作的电路。
9. 试设计一具有电气互锁和机械互锁的电动机正反转控制电路。

第七章　半导体二极管及整流电路

学习目标　在了解二极管伏安特性、主要参数的基础上，掌握由二极管组成的单相半波及全波整流电路，以及电容滤波、电感滤波电路的特点和选用，掌握稳压二极管、发光二极管及光敏二极管等元件的工作原理与应用情况。

第一节　半导体二极管

一、半导体二极管

半导体二极管是由半导体材料制成的。所谓半导体材料是指它的导电能力介于异体和绝缘体之间的一类特殊材料，半导体锗和半导体硅都属于这种材料。

将一个PN结的两端各加上电极引线，并用管壳封装起来，就构成一只半导体二极管(简称二极管)。所谓PN结是将半导体材料（硅或锗）利用特殊工艺制成P型半导体和N型半导体，在它们的交界面上就会形成一个称为PN结的特殊结构。二极管P区引出端称为正极（或阳极），N区引出端称为负极（或阴极）。二极管的种类很多，按制造材料分，主要有硅二极管和锗二极管；按结构分，有点接触型和面接触型两类；按用途分，有整流二极管、检波二极管、稳压二极管、光电二极管、开关二极管等。图7-1所示为二极管的结构和符号，图中VD为二极管的文字符号。图7-2所示为几种常见二极管的外形。

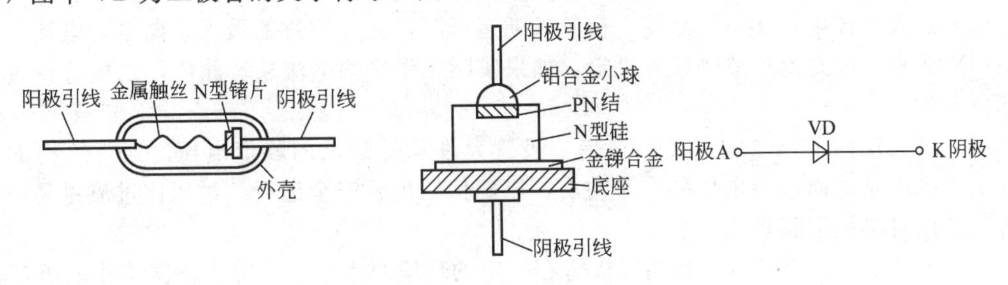

图7-1　二极管的结构及符号

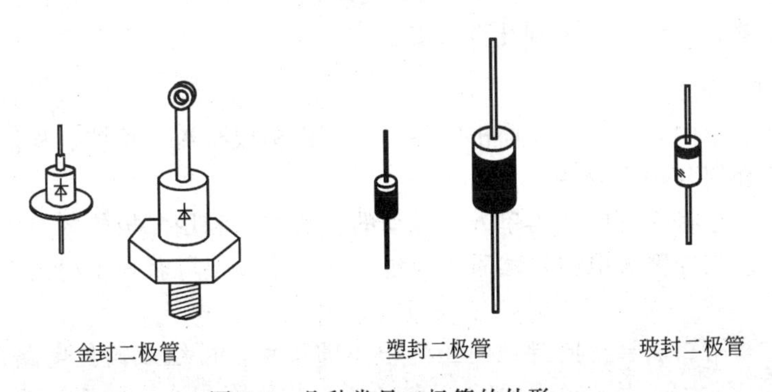

图7-2　几种常见二极管的外形

二、二极管的伏安特性

二极管的伏安特性曲线如图7-3所示。其中实线是描述硅管，虚线是描述锗管，加在二

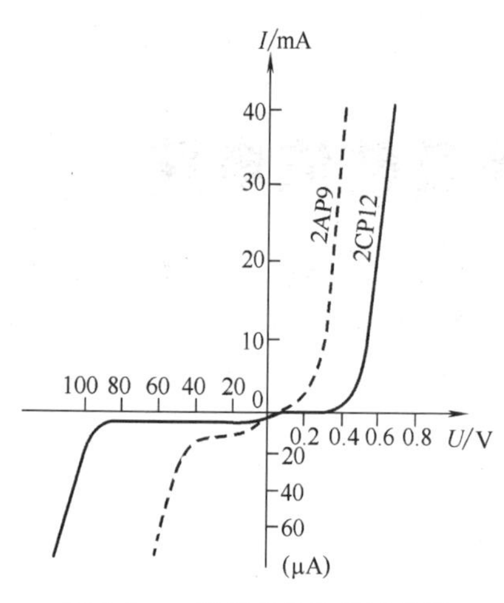

图 7-3 二极管的伏安特性曲线

极管两端的电压 U 和在此电压作用下，通过二极管的电流 I 之间的关系可表示为 $I=f(U)$。由图可知，二极管的伏安特性可归纳为如下三点。

(1) 正向特性 加在二极管两端的电压 $U=0$ 时，$I=0$；当 $U>0$ 时出现正向电流 I_F，但其值很小，几乎为零。当 U 超过门限电压（硅管约为 0.5V，锗管约为 0.2V）后，正向电流随正向偏压增大而迅速增大，二极管进入导通状态。二极管导通后，其端电压与电流呈非线性，即电流增大很多时，端电压变化范围有限，近乎定值，通常将这个近乎定值的电压称为导通电压，硅管约为 0.7V，锗管约为 0.3V。

(2) 反向特性 当 $U<0$ 且绝对值较小时，由于少数载流子的漂移运动，形成很小的反向电流 I_R。温度一定时少数载流子的数目也基本恒定，反向电流不随外加反向电压的变化而变化，故称之为反向饱和电流。

(3) 反向击穿 当外加反向电压超过某一定值时，反向电流急剧增大，二极管的单向导电性被破坏，这种现象称为反向击穿，对应的反向电压值称为二极管的反向击穿电压。各类二极管的反向击穿电压大小不等，通常为几十伏到几百伏。

三、二极管的主要参数

表示二极管特性和适用范围的物理量，称为二极管的参数，其主要参数如下。

(1) 最大整流电流 I_{OM} 是指二极管长期运行时，允许通过的最大正向平均电流。其大小由 PN 结的结构面积和散热条件决定。如果实际工作平均电流超过此值，二极管将过热而损坏。

(2) 最大反向工作电压 U_{RM} 是指二极管允许承受的反向峰值电压。通常给出的最大反向工作电压是反向击穿电压的一半左右，以确保二极管安全运行。过压比过流更易损坏二极管，使用时必须引起重视。

(3) 最大反向电流 I_{RM} 是指二极管在一定的环境温度下，加最大反向工作电压 U_{RM} 时所测得的反向电流值。I_{RM} 愈小，说明二极管的单向导电性能愈好。常温下，硅管的 I_{RM} 一般为微安量级，锗管较大为几十到几百微安。

四、二极管的应用

利用二极管的单向导电性和反向击穿特性，可以构成整流、检波、稳压、限幅等各种功能电路，现简要介绍几种主要用途。

(1) 整流 是指将交流电变为单方向脉动的直流电。利用二极管的单向导电性可组成单相、三相等各种形式的整流电路，然后再经过滤波、稳压便可获得平稳的直流电，这些将在下节中介绍。

(2) 钳位 利用二极管正向导通时压降很小的特点，可组成钳位电路，如图 7-4 所示。图中若 A 点电位 $V_A=0$，因二极管 VD 正向导通，其压降很小，故 F 点的电位也被钳制在零伏左右，即 $V_F\approx0$。

(3) 限幅 利用二极管正向导通后其两端电压很小且基本不变的特点，可以组成各种限幅电路，使输出电压的幅值不超过某一数值。如图 7-5 中，放大器的输入限幅电路由 R、VD_1、

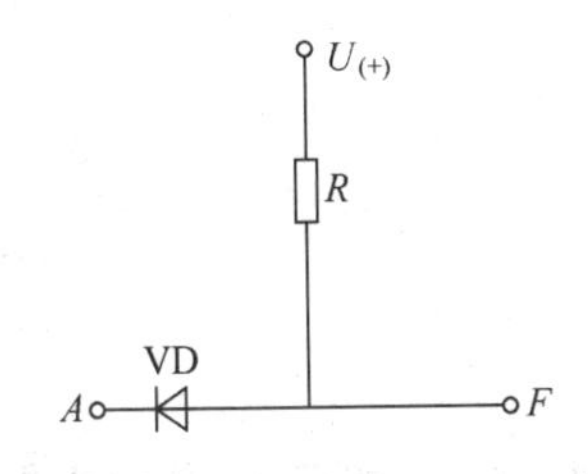

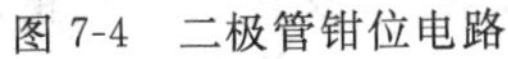

图 7-4　二极管钳位电路

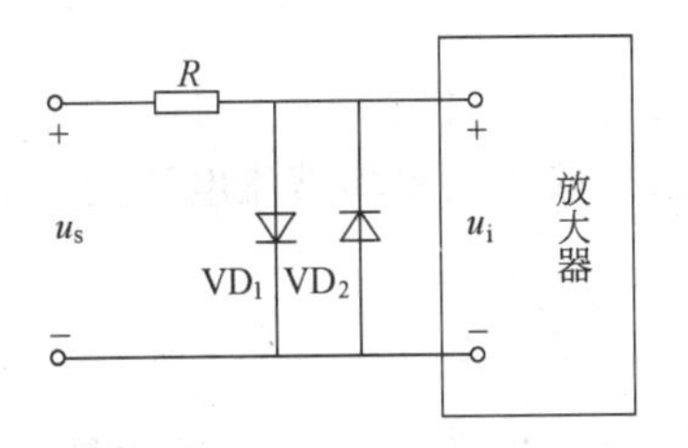

图 7-5　二极管限幅电路

VD_2 构成，当信号电压 u_s 较大时，放大器输入电压 u_i 的幅值将被钳制在约±0.7V（采用硅二极管限幅）以内，从而保证放大器输入回路不致损坏。

第二节　单相整流电路

电子设备中使用的直流电源，通常是由电网提供的交流电经过整流、滤波和稳压以后得到的。其中整流电路是由具有单向导电性的半导体二极管为核心构成的。整流电路有单相、三相、半波与全波之分。本节主要介绍单相整流电路。

一、单相半波整流电路

单相半波整流电路如图 7-6（a）所示。电源变压器 T、整流二极管 VD 和负载 R_L 形成串联回路。变压器一次电压 u_1 和二次电压 u_2 均为正弦交流电压。图 7-6（b）所示为二次电压 u_2 流过负载的电流 i_o 和输出电压 u_o 的波形。

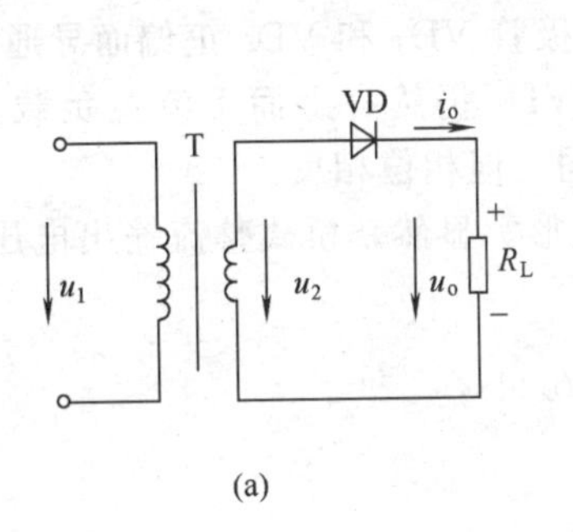

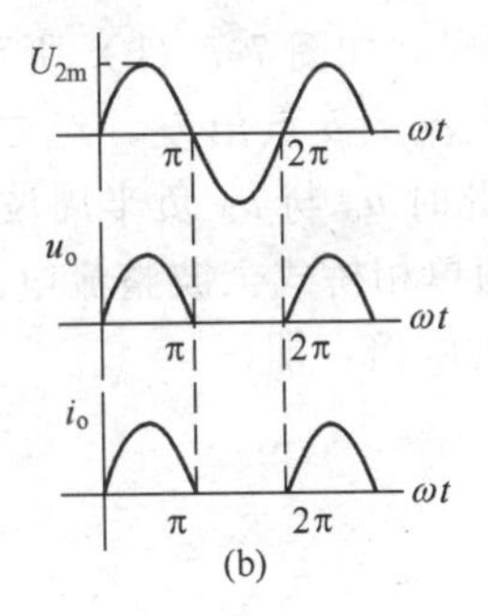

图 7-6　单相半波整流电路

变压器二次交流电压由下式表示，其中 U_2 为交流电压的有效值

$$u_2=\sqrt{2}U_2\sin\omega t$$

在 u_2 的正半周，其极性为上正下负，二极管正偏导通。如忽略二极管的导通压降，整流电路输出电压（R_L 两端电压）u_o 即为电源电压 u_2，负半周时，其极性为下正上负，二极管 VD 因反偏而截止，输出电压及电流均为零。

由波形可知，输出电压 u_o 的波形为 u_2 的一半，故称之为单相半波整流电路，输出电压在 个周期内的平均值 U_o 可由下式表示。

$$U_o=\frac{1}{2\pi}\int_0^{2\pi}u_o\mathrm{d}(\omega t)=\frac{1}{2\pi}\int_0^{\pi}\sqrt{2}U_2\sin\omega t\mathrm{d}(\omega t)\approx 0.45U_2$$

输出电流的平均值为

$$I_o=\frac{U_o}{R_L}=\frac{0.45U_2}{R_L}$$

流过二极管的平均整流电流为

$$I_F=I_o=\frac{0.45U_2}{R_L}$$

使用时，I_F 不应超过管子的最大整流电流 I_{OM}。此外，在二极管反向截止期间，它所承受的最高反向电压 U_{DRM} 为 u_2 的幅值电压 U_{2m}，即

$$U_{DRM}=U_{2m}=\sqrt{2}U_2$$

使用时，所选二极管最高允许反向工作电压参数 U_{RM} 应大于 $\sqrt{2}U_2$，否则，管子可能被反向击穿而损坏。

二、单向桥式全波整流电路

单向半波整流电路只利用了电源的半个周期，同时，整流电压的脉动性也较大。为了克服这些缺点，常采用全波整流电路，其中最常用的是单相桥式整流电路。它是由四个二极管接成电桥的形式。图 7-7 表示交流电源正负两个半周时电路中电流的情形。

在 u_2 的正半周，如图 7-7（a）所示，假设瞬时极性为上正下负，二极管 VD_1 和 VD_2 承受正向偏置电压而导通，而 VD_3 和 VD_4 反偏截止，此时电流从 a 点出发，经二极管 VD_1 自上而下流过负载 R_L，再经二极管 VD_2 流回 b 点，此时，u_o 与 u_2 正半周波形相同。

在 u_2 的负半周，如图 7-7（b）所示，二极管 VD_3 和 VD_4 正偏而导通，而 VD_1 和 VD_2 反偏截止，此时电流从 b 点出发，经二极管 VD_3 仍然自上而下流过负载 R_L，再经二极管 VD_4 流回 a 点。此时 u_o 与 u_2 负半周波形相同，但相位相反。

图 7-8 所示为单相桥式全波整流电路的波形。显然，桥式整流输出电压和输出电流的平均值是半波整流的两倍，即

$$U_o=0.9U_2$$

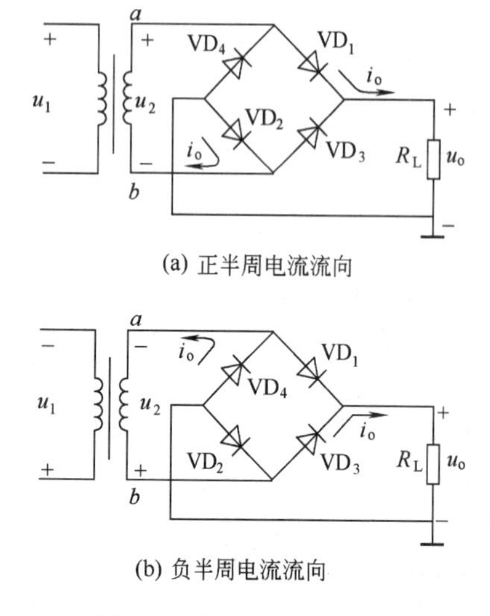

图 7-7　单相桥式整流电路

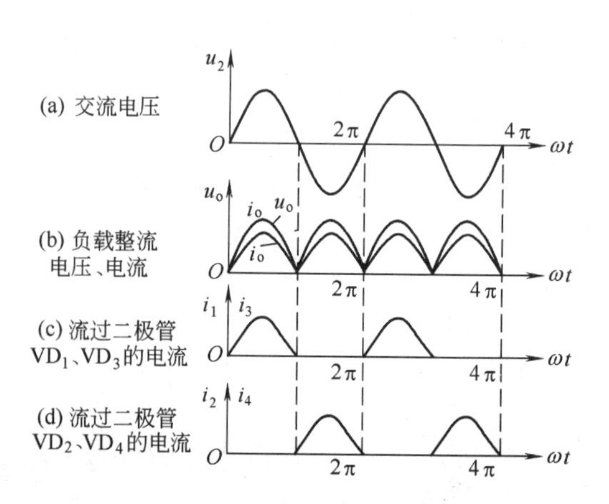

图 7-8　单相桥式全波整流电路的波形

$$I_o=\frac{0.9U_2}{R_L}$$

二极管的平均整流电流为

$$I_F=\frac{I_o}{2}=\frac{0.45U_2}{R_L}$$

二极管承受的最大反向电压为

$$U_{DRM}=\sqrt{2}U_2$$

桥式整流电路常用图 7-9 所示的三种表示方法，此外，为简化电路结构，四只二极管通常封装成一个整体，构成桥式整流器，如图 7-9（d）所示。

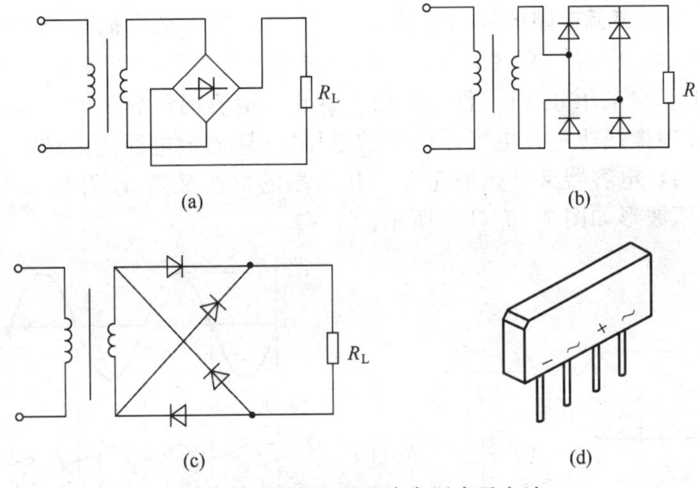

图 7-9　桥式整流电路常用表示方法

【例 7-1】 已知一电阻值为 $R_L=80\Omega$ 的直流负载，所需直流电压 $U_o=110V$。现采用单相桥式整流电路，交流电源为 220V，试求：

（1）应选用什么型号的二极管为整流二极管？

（2）电源变压器的变比应为多大？

解　由题意可知，通过负载的直流电流为

$$I_o=\frac{U_o}{R_L}=\frac{110V}{80\Omega}=1.4A$$

流过每只二极管的平均电流为

$$I_F=\frac{I_o}{2}=0.7A$$

变压器二次电压有效值为

$$U_2=\frac{U_o}{0.9}=\frac{110V}{0.9}=122V$$

二极管实际承受的最大反向电压为 $U_{RM}=\sqrt{2}\times122V=173V$

通过查手册，可知 2CZ11B（1A/200V）满足此要求。

变压器的变比

$$K=\frac{U_1}{U_2}=\frac{220\text{V}}{122\text{V}}=1.8$$

第三节 滤波电路

整流电路的输出电压虽然是直流电压，但脉动较大，为了减小整流电路输出电压的纹波，可以利用电容、电感及电阻等元件构成滤波电路，下面是几种常见的滤波电路。

一、电容滤波电路

图 7-10 所示为桥式整流电容滤波电路，负载 R_L 与电容器 C 并联。若不接电容器 C 时，该电路即为上节所介绍的单相桥式整流电路，输出电压 u_o 的波形如图 7-10（b）中虚线所示。当接上电容 C 后，整流电路的输出电流 i_D 在向负载供电的同时还要向电容器 C 充电，电流方向如图 7-10（a）中实线所示。随着充电的进行，电容器 C 两端的电压 u_C 逐渐上升，当 u_C 大于变压器的二次电压 u_2 时，整流二极管截止，电容向负载放电，继续向负载提供电流，如图 7-10（a）中虚线所示。电容器两端的电压 u_C 随着放电而逐渐减小，当 u_C 小于 u_2 时，整流二极管导通，电容器又开始被充电，其两端的电压又随 u_2 开始回升，如此周而复始。负载两端的电压波形如图 7-10（b）所示。

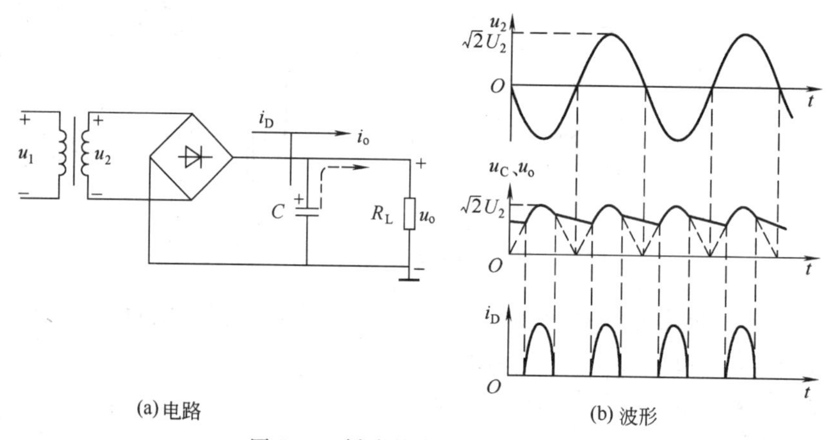

图 7-10 桥式整流电容滤波电路

显然，经过电容器滤波后，输出电压脉动大为减小，而且平均值有所提高。要得到较好的滤波效果，一般希望

$$R_L C \geqslant (3\sim5)\frac{T}{2}$$

式中，T 为正弦交流电的周期。

当满足上述条件时，经验上一般取输出电压的平均值为

$$U_o=U_2 \text{（半波整流）}$$

$$U_o=1.2U_2 \text{（全波整流）}$$

二、电感滤波电路

电感的作用在于它可以阻碍流过自身的电流的变化，因此，如图 7-11 所示，将电感 L

串接在R_L的供电通道中，负载中就可以流过较平滑的电流，从而使输出电压基本平滑，达到滤波的目的。

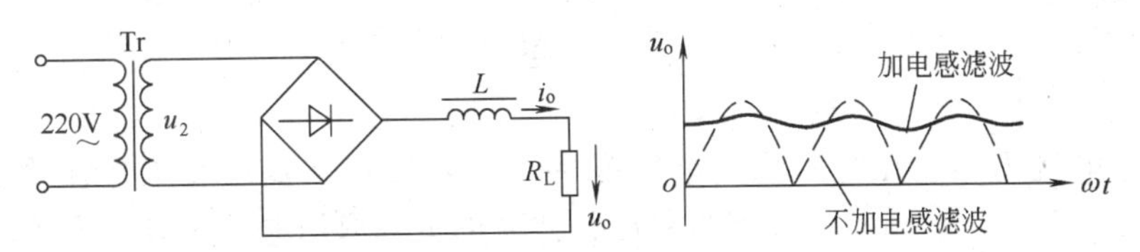

图 7-11　桥式整流电感滤波电路

桥式整流电感滤波电路输出电压平均值一般可取

$$U_o = 0.9U_2$$

三、滤波电路的选择

以上电路都是用单一的电容或者电感构成的滤波电路，其滤波效果往往不够理想，在要求输出电压脉动更小的场合，常采用电感滤波电路以及由 L、C 和 R 组成复式 π 型滤波电路。实际使用中，选用何种滤波电路的形式，可参考如下因素。

① 当整流电源输出电压比较平直，负载较轻（即 R_L 阻值较大），输出电压较高时，宜选用简单的电容滤波电路。

② 如果负载对纹波要求较高，则可选用 RC-π 型滤波电路，即在原电容滤波的基础上加一级阻容滤波电路，但该电路同样只适用于负载较轻的场合。

③ 当输出电流较大时，宜采用电感滤波及 LC-π 型滤波电路。因负载阻值较小，电容滤波电路 RC 时间常数也小，滤波效果差，而采用 π 型阻容滤波时，由于滤波电阻串接在供电回路中，造成较大的直流压降，使回路效率下降。此外，在一些高频滤波电路中也常常采用电感滤波电路。

第四节　其他二极管及其应用

除了普通二极管之外，还有一些专供特殊用途的二极管，如稳压管、光电二极管、发光二极管等。

一、稳压二极管

稳压二极管是一种特殊的面接触型半导体二极管。由于它在电路中与限流电阻配合后能起稳定电压的作用，故称之为稳压管。其伏安特性及符号如图 7-12 所示。

稳压二极管与普通二极管相似，但它的反向特性比普通二极管更加陡直。实际使用时，工作于反向击穿状态，只要不过流，去掉反向电压又可马上恢复正常。

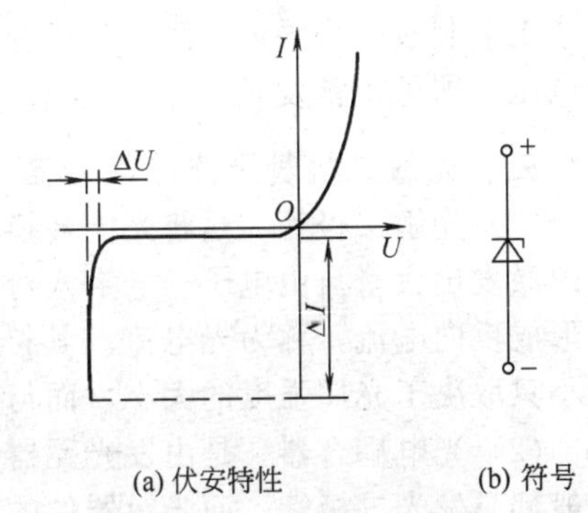

(a) 伏安特性　　(b) 符号

图 7-12　稳压管的伏安特性及符号

稳压管的主要参数如下。

(1) 稳定电压 U_Z　U_Z 是稳压管在正常工作时管子两端的电压。同一型号的稳压管，其值允许有一定的差异。

(2) 动态电阻 r_Z　由于稳压管陡直的反向特性，由图 7-12 可知，当流过稳压管的工作电流变化量 ΔI

较大时，端电压仅变化很小（即 ΔU 较小），其比值即为动态电阻 r_Z，其值愈小，表明稳压管性能愈理想。

$$r_Z=\frac{\Delta U}{\Delta I}$$

（3）稳定电流 I_Z　稳压管的稳定电流是一个参考数值，稳压管工作在稳定电流之下，可保证端电压较为稳定，通常情况下与稳压管并联的负载取用电流一般为 I_Z 的 1/3～1/2。

（4）最大允许耗散功率 P_{ZM}　管子不致发生热击穿的最大功率损耗。

$$P_{ZM}=U_Z I_{Zmax}$$

二、发光二极管

发光二极管（简称 LED）是采用镓（Ga）、磷（P）、砷（As）合成的二极管，内部仍是一个 PN 结，与普通二极管具有极其相似的电性能。在正偏导通时，根据半导体材料及所掺杂质的不同，可发出红、绿、黄等可见光，还有人眼看不见的红外光。其正偏导通压降通常在 1.8～2.2V 不等。

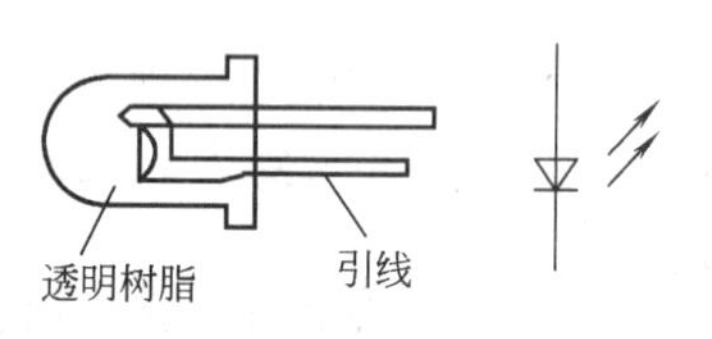

图 7-13　发光二极管的外形及符号

发光二极管的外形及符号如图 7-13 所示。

此外，发光二极管还广泛用来构成各种显示器件。图 7-14 所示即为七段数码显示器的电路构成及外形。以共阴极型为例，七只发光二极管排列成 8 字形，各阴极接地，阳极则根据显示字符需要，通过限流电阻接公共电源正极 U_{CC}。

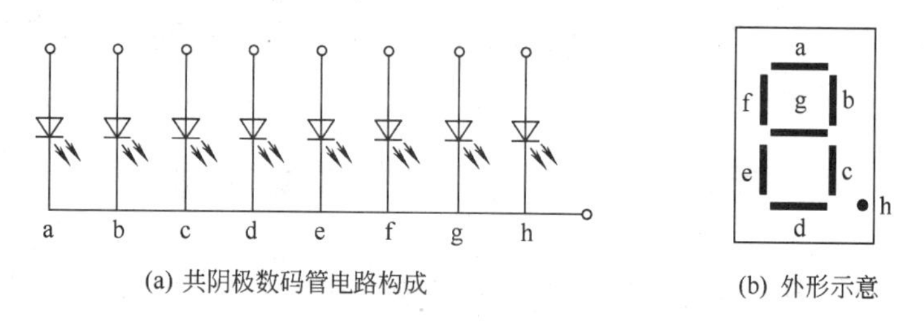

图 7-14　七段数码显示器的电路构成及外形

利用三基色像素管点阵构成的显示屏，在微机控制下，还可以显示各种静态或动态文字符号和图像等。

为简化电路，上述各种发光二极管显示器件，在保持原有外形及端子的基础上，可利用集成工艺制成一个限流电阻，然后与发光二极管串联后封装成一个整体，使用时只要加上额定电压，即可正常发光。

三、光敏二极管及光电耦合器

（1）光敏二极管　是将光能转换为电能的半导体器件。在光照射下，光敏二极管的阻挡层内激发出大量自由电子——空穴对。当二极管加反偏电压时，这些激发的载流子在外电路中形成反向电流，称为光电流。其符号及特性曲线如图 7-15 所示。特性曲线表明，光电流大小只取决于光照强度的大小，而与所加反向偏置电压几乎无关。

（2）光电耦合器　是由发光元器件和光敏器件封装在一起的组合器件。其中，发光器件一般都是发光二极管。而光敏器件的种类较多，除光敏二极管外，还有光敏三极管、光敏电阻、光敏晶闸管等。图 7-16 所示为采用光敏二极管的光电耦合器的内部电路。将电信号加到器件的输入端，发光二极管 VD_1 发光，照射到光敏二极管 VD_2 上，输出交变电流。通过电-光-电的两次变换，电信号便由输入端传送到输出端，而且两只二极管之间是电隔离的。在自控系统中，光电耦合器常用来对控制单元等“弱电”部件与被控制单元的“强电”接口部件之间进行电隔离，以确保系统安全可靠。

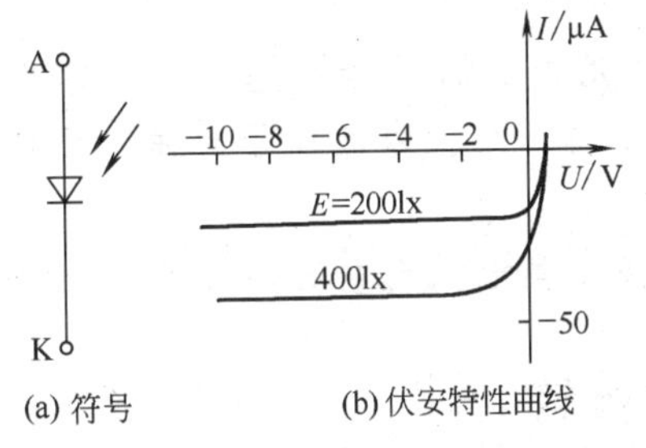

图 7 15　光敏二极管的符号及特性曲线

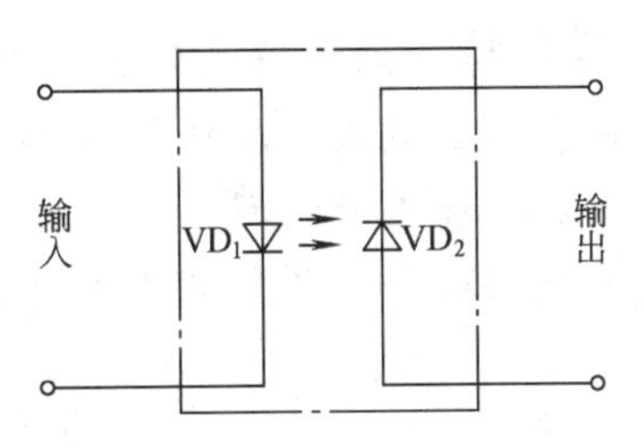

图 7-16　光电耦合器的内部电路

思考题与习题

1. 用万用表测二极管的正向电阻时，用 $R\times1\text{k}\Omega$ 和 $R\times100\Omega$ 挡所测阻值不同，前者大，后者小，这是为什么？

2. 把一个 1.5V 的干电池正向接到二极管的两端，会不会发生什么问题？

3. 为什么稳压管的动态电阻愈小，则稳压愈好？

4. 光敏二极管的光电流与什么因素有关？

5. 光电耦合器常用在什么系统中？

6. 习题 7-6 图中的 A、B、C 为三只额定功率、额定电压均相同的灯泡，试分析在输入电压 u_i 的作用下，三个二极管的工作状态及灯泡的亮度强弱。

7. 习题 7-7 图所示的电路中，$E=5\text{V}$，$u_i=10\sin\omega t$ V，二极管正向压降可忽略不计。试画出输出电压 u_o 的波形。

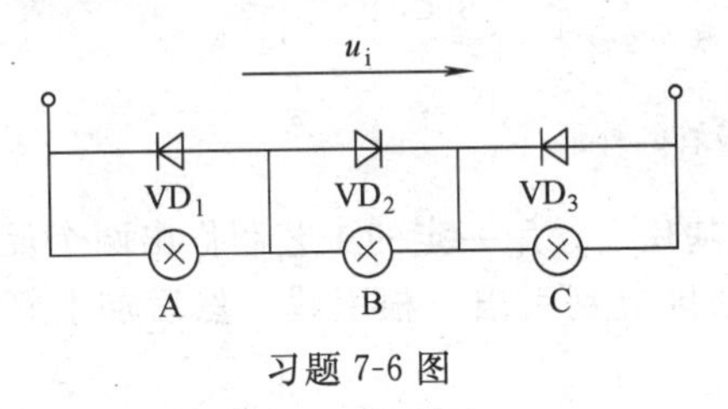

习题 7-6 图

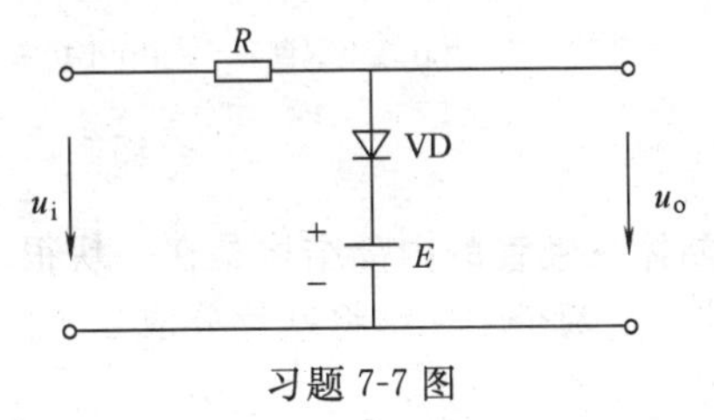

习题 7-7 图

8. 如习题 7-8 图所示电路中，已知 $R_L=80\Omega$，直流电压表Ⓥ的读数为 110V，试求：

(1) 直流电流表Ⓐ的读数。

(2) 整流电流的最大值。

(3) 交流电压表的读数，二极管 VD 所承受的最高反向电压。

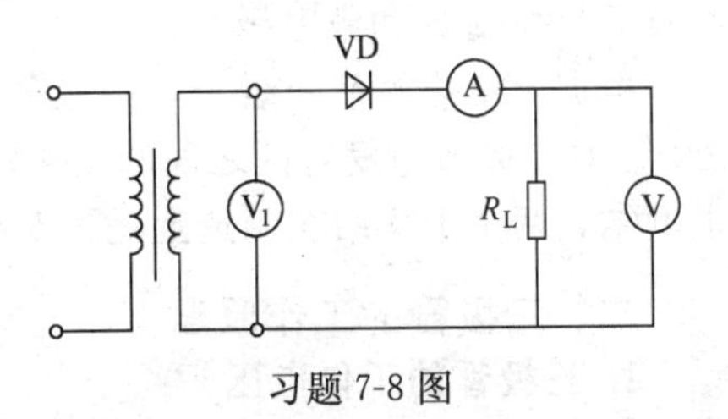

习题 7-8 图

9. 有一电阻负载 R_L，需直流电压 24V，直流电流 1A，若用

(1) 单相半波整流电路供电；

(2) 单相桥式整流电路供电；

(3) 单相桥式整流电路带电容滤波电路供电。

试分别求出各个电路整流变压器二次绕组电压的有效值 U_2，并选择整流二极管，确定滤波电容器容量。

10. 有一单相桥式整流电容滤波电路，已知其电源整流变压器二次绕组电压 $U_2=20\text{V}$，现分别测得直流输出电压为 28V、24V、20V、18V、9V，试判断说明每种电压所表示的工作状态是正常还是有故障？如果有故障说明是什么故障？

第八章　晶体管及其基本放大电路

学习目标　在了解晶体管的结构、电流放大作用及工作特性的基础上，掌握几种常用晶体管基本放大电路的组成、工作原理及分析方法，掌握以晶体管为核心元件构成的各种直流稳压电源电路。

本章应理解和掌握的重点是三极管基极小电流控制集电极大电流的特性。

第一节　晶体三极管

晶体三极管又称双极型三极管，以下简称三极管。

一、三极管的结构

三极管的种类很多。按半导体材料分，有锗管和硅管；按频率分，有高频管和低频管；按功率分，有小、中、大功率管；按用途分，有普通三极管和开关三极管等。各类三极管都有三个电极，图 8-1 所示为几种常用三极管的外形。

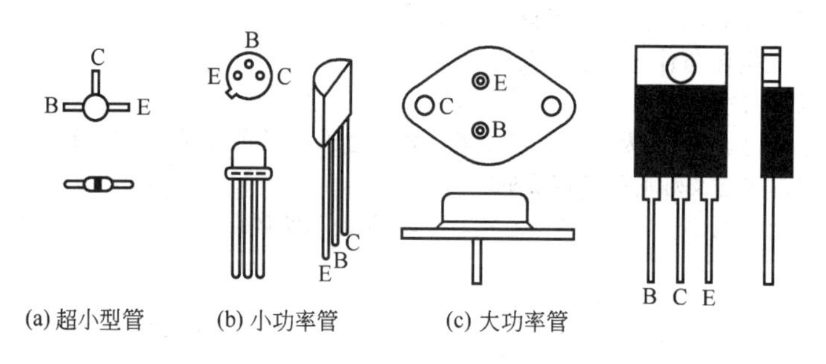

图 8-1　几种常用三极管的外形

晶体三极管的内部结构是在一块很小的半导体基片上，用一定的工艺制作出两个反向的 PN 结，这两个 PN 结将基片分成三个区，从这三个区分别引出三根引线，然后加上管壳封装而成。

三极管的三个区分别称为发射区、基区和集电区。与之连接的三根电极引线分别称为发射极 E、基极 B 和集电极 C。

根据 PN 结的不同组合，三极管可分为 NPN 型和 PNP 型两种，如图 8-2 所示。两个 PN 结中，基区与发射区之间的 PN 结称为发射结，而基区与集电区之间的 PN 结则称之为集电结，两个 PN 结在制造上是不对称的，故不能互换使用。

二、三极管的工作原理

1. 三极管的工作电压

三极管工作时，必须给它的发射结和集电结加适当的偏置电压。用作信号放大时，必须使发射结正偏，集电结反偏。图 8-3 表示两种极性三极管工作时所加工作电压的情形，U_{BB} 是发射结正偏电源，U_{CC} 是集电结反偏电源，R_B 是基极偏置电阻，R_C 是集电极电阻。

由图 8-3 可见，NPN 型管与 PNP 型管外接电源极性正好相反，但工作原理完全相同。一般发射结的正偏电压，硅管为 0.5～0.8V，锗管为 0.1～0.3V。

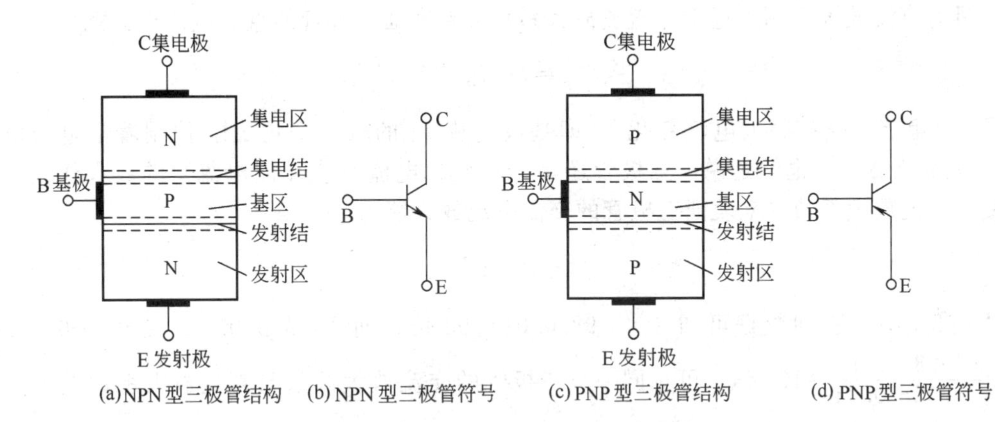

(a)NPN型三极管结构　(b) NPN型三极管符号　(c) PNP型三极管结构　(d) PNP型三极管符号

图 8-2　晶体三极管的结构及符号

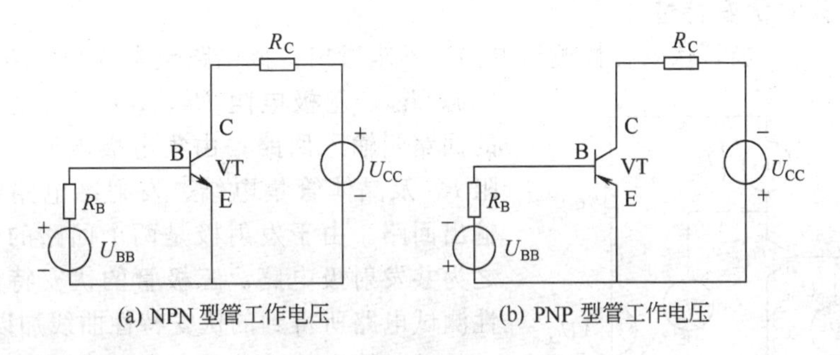

(a) NPN 型管工作电压　(b) PNP 型管工作电压

图 8-3　三极管的工作电压

2. 三极管的电流分配和放大作用

下面以 NPN 型三极管为例，说明三极管的电流分配和放大作用。

(1) 三极管的电流分配关系　图 8-4 所示为三极管电流分配实验电路示例，其中，R_B 为限流电阻，用来防止 R_P 为零时，电流过大而烧毁发射结。调节 R_P，通过三个电流表可分别观测基极电流 I_B、集电极电流 I_C 及发射极电流 I_E 的变化，其实测数据见表 8-1。

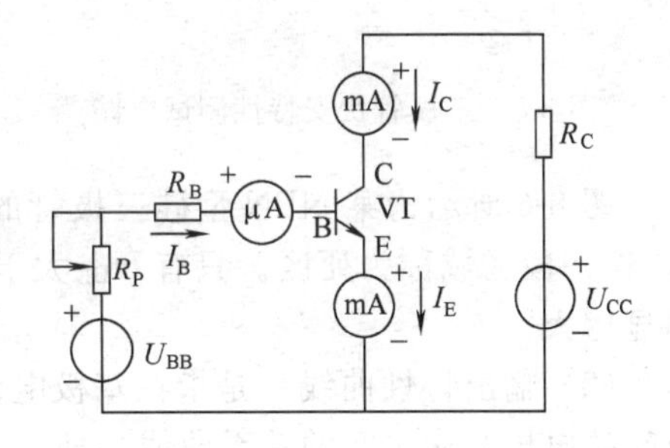

图 8-4　三极管电流分配实验电路

表 8-1　三极管各极电流实测数据

$I_B/\mu A$	−0.004	0	0.01	0.02	0.03	0.04	0.05	0.06
I_C/mA	0.004	0.01	0.98	1.98	3.06	4.08	5.10	6.12
I_E/mA	0	0.01	0.99	2.00	3.09	4.12	5.15	6.18

分析表 8-1 所列数据，可以得出如下电流分配关系。

① $I_E=I_C+I_B$，三个电流流向的关系符合基尔霍夫电流定律。

② 基极电流较小，而集电极电流较大（$I_B \ll I_C$），I_C 与 I_E 近似相等（$I_C \approx I_E$）。

(2) 三极管的电流放大作用　仔细分析表 8-1 所列数据发现：三极管实质上是一个以基极电流 I_B 控制集电极电流 I_C 的电流控制元件。

①“小电流控制大电流”，即较小的基极电流 I_B 控制着较大的集电极电流 I_C。换言之，

三极管具有直流放大作用。通常用直流放大系数$\bar{\beta}$来表征三极管的直流电流放大能力。

$$\bar{\beta}=I_C/I_B \tag{8-1}$$

②“小电流变化控制大电流变化”，即基极电流 I_B 的较小变化 ΔI_B 控制着集电极电流 I_C 的较大变化 ΔI_C。也就是说，三极管还具有对变化电流（或交流电流）的放大作用。通常用交流电流放大系数β来表征三极管的交流电流放大能力。

$$\beta=\Delta I_C/\Delta I_B \tag{8-2}$$

从表 8-1 中第三列数据可知 $\bar{\beta}=0.98/0.01=98$ 倍，而 I_B 从 0.01mA 变化至 0.02mA 时，$\beta=\dfrac{1.98-0.98}{0.02-0.01}=100$ 倍，可见同一只三极管的交流放大系数与直流放大系数是十分相近的，为简化起见，以后将不再区分，并统一用β表示。

三、三极管的伏安特性

图 8-5 所示为三极管伏安特性测试电路，不难看出，该电路包含两个回路，其中由基极电源 U_{BB}、基极电阻 R_B、R_P 及三极管发射结组成的回路叫输入回路；由集电极电源 U_{CC}、集电极电阻 R_C 及晶体管集电结、发射结电路组成的回路叫输出回路。由于发射极是两个回路的公共端，故称之为共发射极电路。三极管的伏安特性可用伏安特性测试电路所得到的伏安特性曲线加以描述。

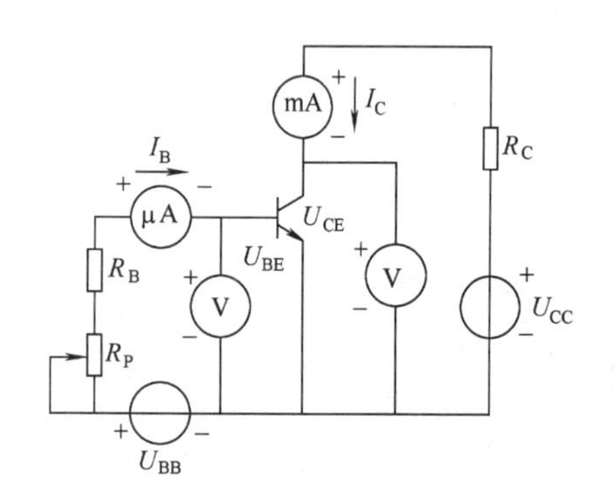

图 8-5　三极管伏安特性测试电路

（1）输入特性曲线　是指集电极与发射极之间的电压 U_{CE} 为一常数时，三极管基极电流 I_B 与基极到发射极间电压 U_{BE} 的关系曲线，即

$$I_B=f(U_{BE})|_{U_{CE}=常数} \tag{8-3}$$

图 8-6 所示为某 NPN 型硅三极管的输入特性曲线。从图中可知，当 U_{BE} 较小时，$I_B=0$，这一段区域称为死区。只有 U_{BE} 大于死区电压后，三极管的基极电流 I_B 才随 U_{BE} 增加而明显增大。

（2）输出特性曲线　是指在基极电流 I_B 一定时，三极管集电极电流 I_C 与集电极到发射极间的电压 U_{CE} 之间的关系曲线，即

$$I_C=f(U_{CE})|_{I_B=常数} \tag{8-4}$$

图 8-7 所示为三极管的输出特性曲线，可分为放大区、饱和区和截止区。当三极管工作

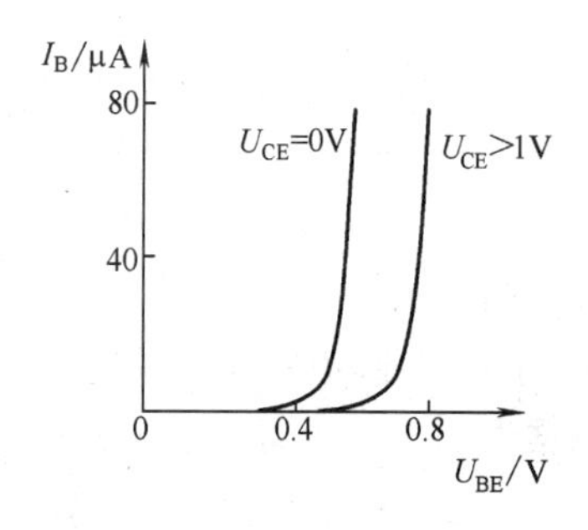

图 8-6　三极管的输入特性曲线

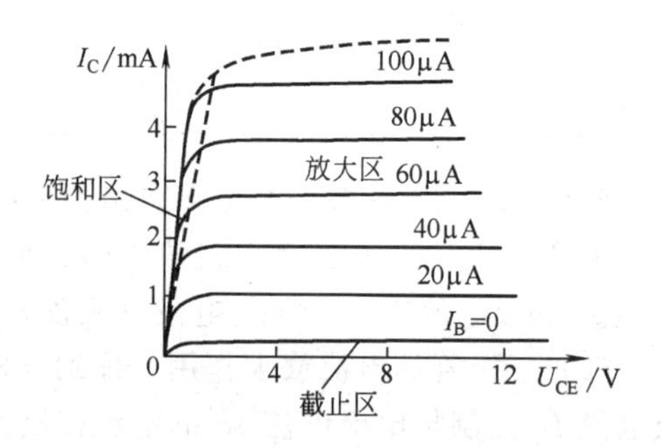

图 8-7　三极管的输出特性曲线

在放大区时，三极管具有电流放大作用，当三极管工作在饱和区和截止区时，三极管具有开关作用，相当于一个无触点的开关。

四、三极管的主要参数

① 共发射极电流放大系数 β。

② 集电极与基极之间的反向饱和电流 I_{CBO}。表示当发射极开路时，集电极和基极之间的反向电流值，该值越小越好。由于 I_{CBO} 是少数载流子的运动形成的，所以受温度的影响非常大。

③ 集电极与发射极之间的穿透电流 I_{CEO}。当基极开路，集电极和发射极之间的电流，通常称之为穿透电流。

④ 集电极最大允许电流 I_{CM}。当 $I_C > I_{CM}$ 时，电流放大系数 β 值会下降，三极管性能变坏。

⑤ 集电极与发射极反向击穿电压 $U_{(BR)CEO}$。基极开路时，加在集电极和发射极之间的最大允许电压。当加在三极管上的 U_{CE} 大于该值时，三极管将会被击穿而损坏。

⑥ 集电极最大允许耗散功率 P_{CM}。集电极耗散功率为 I_C 与 U_{CE} 的乘积，但 $P_{CM} \neq I_{CM} U_{(BR)CBO}$，三极管在实际电路中使用时，$I_C$ 及 U_{CE} 可分别接近其极限参数，但两者的乘积不得超出 P_{CM}（$I_C U_{CE} \leqslant P_{CM}$），否则将导致三极管结温过高而损坏。

第二节　单管低频小信号放大器

在现代通信、自动控制和电子测量等仪器设备中，放大器是必不可少的组成部分。根据被放大信号频率范围的不同，放大器可分为放大包含缓慢变化信号的直流放大器、放大语音信号的音频放大器（又称低频放大器）、放大图像信号的视频放大器和放大脉冲信号的脉冲放大器等（又称宽频带放大器）。根据信号强弱的不同，又可分为小信号（电压）放大器和大信号（功率）放大器。本节讨论的是单管低频小信号放大器。

一、共发射极放大电路

共发射极放大电路广泛用于低频小信号放大电路之中。其他的放大电路都是在它的基础上建立起来的，因此，也是分析其他放大电路的基础。

1. 共发射极放大器的电路组成

共发射极放大器的电路组成如图 8-8 所示。VT 是三极管，利用其基极电流对集电极电流的控制作用，实现对输入信号的放大。U_{BB}、U_{CC} 是直流电源，它们相互配合，以满足三极管工作在放大状态的偏置要求。其中，U_{BB} 是基极电源，通过基极偏置电阻 R_B，给三极管发射结以正偏；U_{CC} 是集电极电源，通过集电极电阻 R_C，给三极管集电结以反偏，同时为放大器提供直流电能。u_s、R_s 分别为信号源的电动势及内阻，u_i 及 u_o 为放大器的输入电压及输出电压。耦合电容 C_1、C_2 能隔断直流，传输交流信号。因为电容器的容抗 $X_C = 1/(2\pi f C)$，即 X_C 与频率成反比。对于直流，其频率 $f=0$，故 $X_C = \infty$，电容开路，而对于交流信号，只要容量足够大，在输入信号的频率范围内 X_C 很小，电容近似短路。交流信号可以无衰减地通过。

为使电路简化，可增大 R_B 阻值，并将 R_B 原接 U_{BB} 正极的一端直接接 U_{CC} 正极，即构成常见的单电源供电共发射极放大器，如图 8-8（b）所示。其中，信号源、放大电路、负载和直流电源的公共点接“地”（并非真正与大地连接，而仅与设备金属外壳或底板相连），通常设“地”点的电压为零，并作为电路中其他各点电位的参考点。习惯上，并不画出 U_{CC}

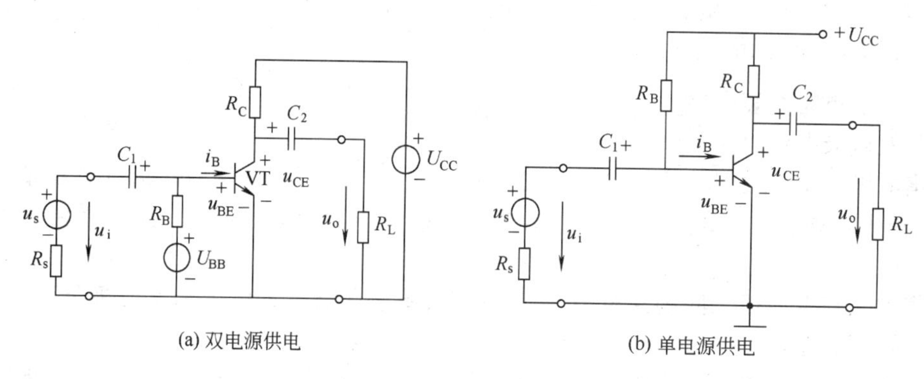

图 8-8　共发射极放大器的电路组成

的电路符号，而标出电源非接地端对“地”电压的极性（＋或－）和文字符号（或电压值），如“$+U_{CC}$”、“＋12V”、“－24V”等。

由于放大电路中既有直流分量也有交流分量，电压和电流的名称较多，符号不同，为便于分析，放大电路各电压、电流的符号的规定见表 8-2。

表 8-2　电压和电流的符号

名　称	直　流　量	交　流　量		总电压或总电流	关　系　式
		瞬时值	有效值		
基极电流	I_B	i_b	I_b	i_B	$i_B=I_B+i_b$
集电极电流	I_C	i_c	I_c	i_C	$i_C=I_C+i_c$
发射极电流	I_E	i_e	I_e	i_E	$i_E=I_E+i_e$
集-射极电压	U_{CE}	u_{ce}	U_{ce}	u_{CE}	$u_{CE}=U_{CE}+u_{ce}$
基-射极电压	U_{BE}	u_{be}	U_{be}	u_{BE}	$u_{BE}=U_{BE}+u_{be}$

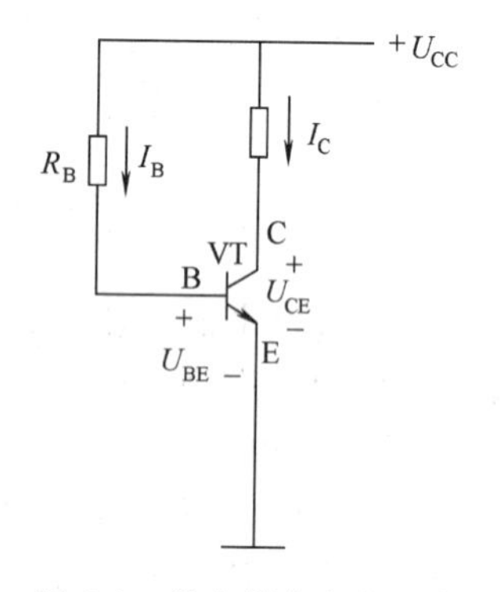

图 8-9　放大器的直流通路

2. 放大器的直流通路及静态工作点的估算

(1) 放大器的直流通路　一个放大器电路的正确与否，应视其是否有合理的直流通路和交流通路。所谓直流通路就是指放大器中直流电流的流通路径，以保证为放大器提供所需的偏置。放大器在无交流信号输入时的工作状态称为静态，对放大器静态工作点进行估算时，必须在直流通路中进行。

对于直流量而言，图 8-8（b）所示放大器中的耦合电容 C_1、C_2，因其隔断直流的作用，视为开路而拆除。而后，以三极管为中心，可画出放大器输入直流通路和输出直流通路，如图 8-9 所示。

(2) 静态工作点及其估算　当输入信号为零时，三极管 VT 各极电流和各极间电压值，统称为放大器的静态工作点 Q，分别记作 U_{BEQ}、I_{BQ}、U_{CEQ}和 I_{CQ}。工程中往往假设 U_{BEQ}为定值，且等于三极管发射结导通电压（硅管为 0.7V，锗管为 0.3V）。这样，就可用以下近似计算法估算静态工作点

$$I_{BQ}=(U_{CC}-U_{BE})/R_B\approx U_{CC}/R_B \tag{8-5}$$

$$I_{CQ}=\beta I_{BQ} \tag{8-6}$$

$$U_{CEQ}=U_{CC}-I_{CQ}R_C \tag{8-7}$$

【例 8-1】 图 8-8（b）所示放大器中，$U_{CC}=12V$，$R_B=270k\Omega$，$R_C=3k\Omega$，三极管 VT 为硅管，$\beta=50$。试估算该放大器的静态工作点。

解　三极管为硅管，因此 $U_{BE}=0.7V$

$$I_{BQ}=(U_{CC}-U_{BE})/R_B=(12V-0.7V)/270k\Omega=40\mu A$$

$$I_{CQ}=\beta I_{BQ}=50\times40\mu A=2mA$$

$$U_{CEQ}=U_{CC}-I_{CQ}R_C=12V-2mA\times3k\Omega=6V$$

静态工作点 Q 的取值是否合适，对放大电路的工作性能有很大影响。Q 的位置可以用调节 R_B 阻值改变 I_B 数值的方法进行调整。通常称 I_B 为放大电路的偏置电流，R_B 为偏置电阻。I_B 过大，信号正半周时易形成饱和失真，而 I_B 过小，信号负半周时则易形成截止失真。

3. 放大器的交流通路及动态性能指标的估算

（1）放大器的交流通路　是指放大器中交流信号电路流通的路径，以保证输入信号电压加到放大器输入端，放大器的输出电压能加到输出负载上。放大器有交流信号输入时的工作状态称为动态。对放大器作动态性能指标（如电压增益 A_u）估算时，必须在交流通路中进行。

仍以图 8-8（b）所示电路为例，如果将对交流信号容抗较小的电容和内阻可忽略不计的直流电源视为短路，而后以三极管 VT 为中心，可得到如图 8-10（a）所示放大器的交流通路。

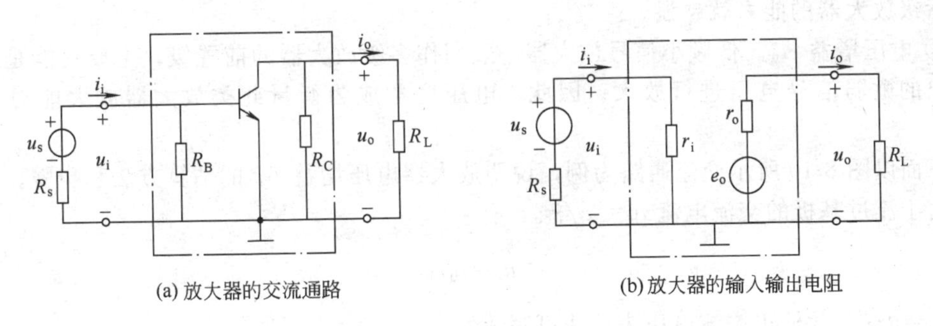

图 8-10　放大器的交流通路及动态性能指标的估算

（2）放大器的性能指标及估算　放大电路的质量要用一些性能指标来评价，常用的性能指标主要包括放大倍数 A_u、输入电阻 r_i、输出电阻 r_o 等。图 8-10（b）给出了性能指标估算示意，其中，u_o 为放大器空载时（不接负载电阻 R_L）的输出电压。

① 输入电阻 r_i。放大器的输入电阻定义为输入信号电压 u_i 与输入信号电流 i_i 之比，即

$$r_i=u_i/i_i$$

由图 8 10（a）所示交流通路可知，放大器输入电阻

$$r_i=R_B//r_{be} \tag{8-8}$$

式中，r_{be}称为三极管的交流输入电阻，工程上通常根据半导体物理特性提供的近似公式估算，即

$$r_{be}=r_b+\beta\times 26\text{mV}/I_{CQ}\ \text{mA} \tag{8-9}$$

式中，r_b 是三极管基区体电阻，不同型号的三极管其体电阻有一定差异，一般在几十至几百欧不等。在低频小信号放大器中取 $r_b=300\Omega$，上式可改写为

$$r_{be}\approx 300+\beta\times 26\text{mV}/I_{CQ}\ \text{mA} \tag{8-10}$$

其单位为 Ω。此式表明，三极管的输入电阻 r_{be} 并非恒定值，其大小与静态工作点电流 I_{CQ} 和 β 值密切相关。I_{CQ} 愈大，r_{be} 愈小；β 愈高，r_{be} 愈大。

一般情况下，偏置电阻 $R_B\gg r_{be}$，式（8-8）可近似为

$$r_i\approx r_{be} \tag{8-11}$$

r_i 的值越大，放大器从信号源或前级放大器取用的信号电流就越小，信号源或前级放大器的负担就越轻。

② 输出电阻 r_o。从放大器的输出端（不包括负载电阻 R_L）看进去，相当于一个具有内阻 r_o 的信号电压源 e_o，r_o 称为放大器的输出电阻。由图 8-10（a）所示交流通路可知

$$r_o=R_C//r_{ce} \tag{8-12}$$

式中，r_{ce} 是三极管的交流输出电阻。由于放大区输出特性曲线接近平直，因此，r_{ce} 是很大的，即

$$r_{ce}\gg R_C \tag{8-13}$$

输出电阻 r_o 是衡量放大器带动负载或后级放大器的能力大小的重要参数。r_o 越小，驱动负载或后级放大器的能力就越强。

③ 电压增益 A_u。低频小信号放大器一般用作多级放大器的前置级，主要功能是对传感器输出的微弱信号电压进行放大。因此，电压增益成为衡量此类放大器放大能力的主要参数。

下面以图 8-10 所示交流通路为例，说明放大器电压增益 A_u 的估算方法和步骤。

由于流过基极的交流电流 $i_b=u_i/r_{be}$，有

$$u_i=i_b r_{be}$$

又因 $i_c=\beta i_b$，故输出交流电压表达式可写成

$$u_o=-i_c R_C=-\beta i_b R_C$$

根据放大器交流电压放大倍数的定义有

$$A_u=u_o/u_i=-\beta i_b R_C/i_b r_{be}$$

$$A_u=-\beta R_C/r_{be} \tag{8-14}$$

式（8-14）即为放大器输出端不带负载电阻 R_L 时的电压增益。

若输出端接有负载电阻 R_L，则由于 R_L 对三极管集电极交流电流的分流作用，此时的电压增益将减小，即

$$A_u=-\beta R'_L/r_{be} \tag{8-15}$$

式中，R'_L 称为放大器的交流等效负载电阻，其值为

$$R'_L = R_C // R_L \tag{8-16}$$

式（8-14）及式（8-15）中的负号表示输出电压 u_o 与输入电压 u_i 相位相反。进一步分析可知，在不产生饱和失真的前提下，增大 R_C 可提高放大器增益。

此外，A_u 还和 β、r_{be}有关，在 I_{CQ}确定后，选择较大 β 值的三极管时，r_{be}的值也相应增大，故选用 β 值大的管子并不能明显提高放大器的 A_u 值。在选用一定 β 值的管子后，通常采用适当增大 I_{CQ}，以降低 r_{be} 的有效办法，从而使 A_u 在一定范围内得到明显的提高。

图 8-11 形象地说明了共发射极放大电路，在输入幅值为 U_{im}，正弦交流信号 $u_i = U_{im}\sin\omega t$时，各极电流、电压、静态值、交流量与总量以及相位之间的关系。

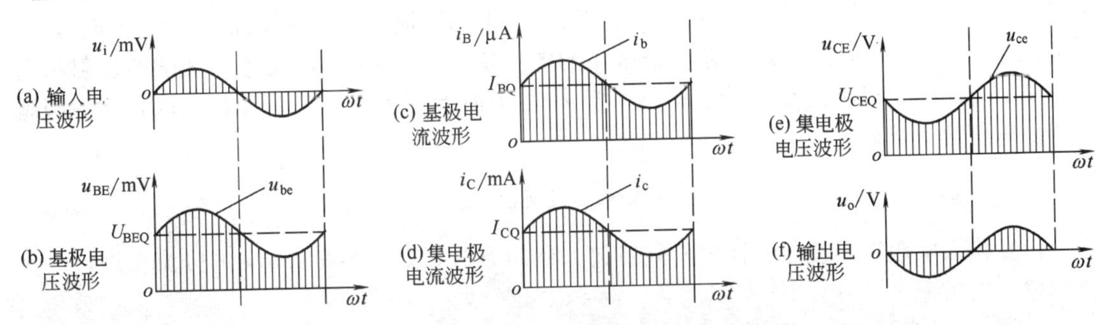

图 8-11　共发射极放大器各极电压、电流波形

【例 8-2】 在图 8-8（b）所示放大器中，电源电压和电路参数同［例 8-1］，试计算：（1）电压增益 A_u；（2）放大器的输入电阻 r_i；（3）放大器的输出电阻 r_o；（4）输出端接负载电阻 $R_L = 3\text{k}\Omega$ 时的电压增益。

解　（1）由［例 8-1］可知

$$I_{CQ} = 2\text{mA}$$

$$r_{be} = 300 + \beta \times 26\text{mV}/I_{CQ} = 300 + 50 \times 26\text{mV}/2\text{mA} \approx 1\text{k}\Omega$$

$$A_u = -\beta \times R_C / r_{be} = -50 \times 3\text{k}\Omega / 1\text{k}\Omega = -150 \text{ 倍}$$

（2）$r_i = R_B // r_{be} = 3\text{k}\Omega // 1\text{k}\Omega \approx r_{be} \approx 1\text{k}\Omega$

（3）$r_o = R_C = 3\text{k}\Omega$

（4）$R'_L = R_C // R_L = 3\text{k}\Omega // 3\text{k}\Omega = 1.5\text{k}\Omega$

$$A_u = -\beta \times R'_L / r_{be} = -50 \times 1.5\text{k}\Omega / 1\text{k}\Omega = -75 \text{ 倍}$$

二、共集电极放大电路

共集电极放大电路也是一种用途十分广泛的放大电路，它的输入回路与输出回路对交流量来说共用集电极，故称为共集电极电路。由于信号从发射极输出，故又称为射极输出器，其电路如图 8-12 所示。

1. 射极输出器的静态分析

静态工作点的计算方法同前所介绍，由其直流通路可推导出静态工作点的计算公式如下

$$I_{BQ} = \frac{U_{CC} - U_{BEQ}}{R_B + (1+\beta) R_E}$$

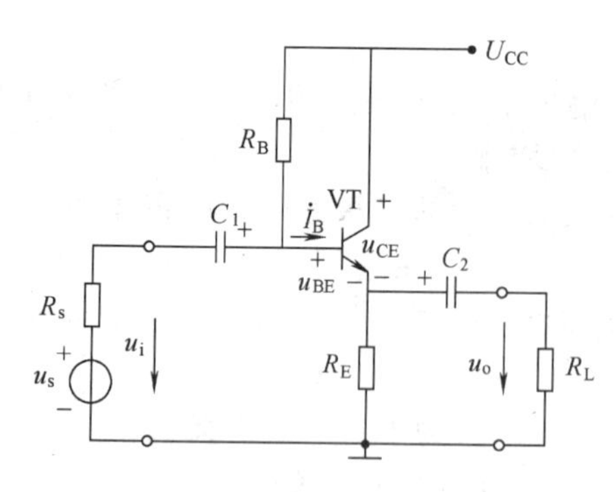

图 8-12 射极输出器电路

如果忽略U_{BEQ}不计，则有

$$I_{BQ}=\frac{U_{CC}}{R_B+(1+\beta)R_E} \tag{8-17}$$

$$I_{CQ}=\beta I_{BQ} \tag{8-18}$$

$$U_{CEQ}=U_{CC}-I_{CQ}R_E \tag{8-19}$$

2. 射极输出器的主要性能指标

（1）电压增益　对于交流分量，C_1、C_2 均可视为短路，此时由图 8-12 可以看出，输出电压 u_o 与发射结上的交流电压分量 u_{be}的和为输入电压 u_i，即输出电压 u_o 与输入电压 u_i 相差一个很小的电压值 u_{be}（注意：不是零点几伏的发射结直流压降 U_{BE}，而是很小的交流分量 u_{be}），故 u_o 小于而近似等于 u_i，且相位相同，即射极输出器的电压放大倍数

$$A_u<1 \text{ 且 } A_u\approx 1 \tag{8-20}$$

（2）输入电阻 r_i　按照前面分析共射放大器的方法，如果不考虑 R_B 的分流作用，放大器的输入电阻

$$r_i=r_{be}+(1+\beta)R'_L \tag{8-21}$$

其中，$R'_L=R_E//R_L$，如果考虑偏置电阻 R_B 的影响，其输入电阻为

$$r'_i=\frac{R_B[r_{be}+(1+\beta)R'_L]}{R_B+[r_{be}+(1+\beta)R'_L]} \tag{8-22}$$

（3）输出电阻 r_o　输出电阻由 R_E 与折合到发射极电路中的基极回路总电阻$[(r_{be}+R_S//R_B)/(1+\beta)]$并联组成，故有

$$r_o=R_E//[(r_{be}+R_S//R_B)/(1+\beta)] \tag{8-23}$$

3. 射极输出器的特点及应用

射极输出器的特点及应用情况可归纳为以下几点。

① 电压放大倍数小于而近似等于1，相位相同，即 $u_o\approx u_i$，具有电压跟随作用，但由于发射极电流 i_e 是基极电流 i_b 的 β 倍，所以，电路的电流增益及功率增益不容忽视。

② 输入电阻 r_i 比较大，从式（8-21）可知，由 R'_L折合到基极输入回路的等效电阻为$(1+\beta)R'_L$，可见，射极跟随器的输入电阻是很高的，一般可达几十千欧至几百千欧。因而，常被用在电子测量仪表等多级放大器的输入级，以减少对信号源信号的取用。

③ 输出电阻 r_o 较小，一般只有几十欧到几百欧，因此，射极输出器具有恒压输出特性，负载能力强，即输出电压 u_o 几乎不随负载变化而变化，常用作多级放大器的输出级。此外，射极输出器也常用作多级放大器的中级缓冲级，解决前一级放大器输出电阻大、后一级放大器输入电阻小而造成匹配不好的问题。

第三节　直流稳压电源

电子线路及其设备中所使用的直流电源，一般有干电池、蓄电池等直流电源，以及由电网提供的交流电经整流、滤波和稳压以后得到的直流稳压电源，前者由于电能容量十分有限，通常只用于便携式仪表及设备中，后者则被广泛用于各种电器产品及工业设备中。本书第七章中提到的整流及滤波电路，能产生比较平滑的直流电源，但其受电网电压及负载电流影响，幅度波动较大，故只能用于电池充电器、音响设备等要求不高的场合，本节讨论的是输出幅度稳定的几种常见稳压电源。

一、并联稳压电路

在精密电子测量仪器、自动控制、计算装置及晶闸管触发电路中，都要求由很稳定的直流电源供电，最简单的直流稳压电源是采用稳压二极管来稳定电压的。由于稳压管与负载处于并联状态，故称之为并联稳压电路。

图 8-13（a）所示为典型的稳压管稳压电路，U_i 是经过整流滤波后的直流电源，或者电压较高的稳压直流电源，经限流电阻 R 和稳压管 VD 组成的稳压电路接到负载电阻 R_L 上。这样，负载上得到的就是一个比较稳定的电压，其稳压原理说明如下。

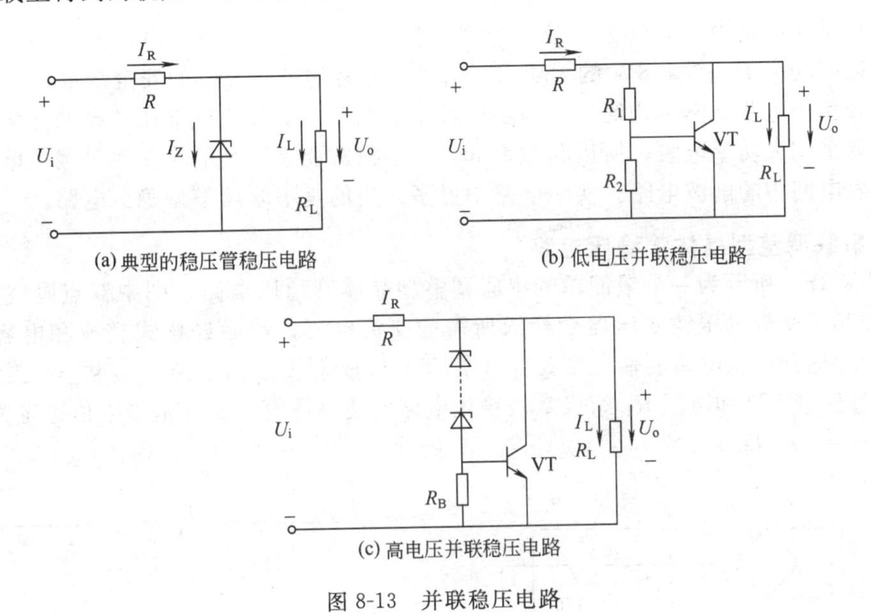

图 8-13　并联稳压电路

① 假设稳压电路的输入电压 U_i 保持不变，当负载电阻 R_L 减小，负载电流 I_L 增大时，由于电流在限流电阻 R 上的压降增加，输出电压 U_o 将下降。而稳压管并联在输出端，由稳压管的伏安特性可见，当稳压管两端的电压略有下降时，流经稳压管的工作电流 I_Z 将急剧减小，即用 I_Z 的减小来补偿 I_L 的增大，最终使 I_R 基本不变，从而使输出电压 U_o 近似稳定不变。

② 假设负载电阻 R_L 不变，由于某种原因 U_i 升高时，输出电压 U_o 也将随之上升，但此时稳压管的电流 I_Z 将急剧增加，使电阻 R 上的压降增大，以此来抵消 U_i 的升高，从而使输出电压基本保持不变。

由于制造和使用等方面的原因，低工作电压的稳压管较为少见，如果用图 8-13（b）中的 R_1、R_2 及 VT 代替图 8-13（a）中的稳压二极管，则可构成工作电压较低的并联稳压电路，其输出电压

$$U_o \approx \frac{R_1+R_2}{R_2}U_{be}$$

由于三极管发射结导通电压直接影响输出电压，故应选择温度性能较稳定的硅三极管。

此外，稳定电压 U_Z 较高，稳定电流 I_Z 也较大（即额定功率较大）的稳压二极管也较少采用，一旦设备中该类型稳压管损坏，则可用图 8-13（c）所示电路替代。

【例 8-3】 图 8-13（c）中，如果 $R=220\Omega$，$U_i=70V$，四只稳压管（$U_Z=12V$）串联后接入回路，问三极管 VT 的直流参数应如何选择？

分析：该电路是利用小功率稳压管稳压特性，又利用常用大功率三极管能流过大的电流及允许较大功耗的特性而构成的大功率并联稳压电路。正常工作时，三极管将处于放大状态，即满足 $I_B=I_C/\beta$ 的关系式，假设负载开路时，三极管将流过最大工作电流

$$I_C=(U_i-U_o)/R=(70-12\times4)/220=0.1A$$

三极管的实际功耗

$$P_C=U_{CE}I_C=48V\times0.1A=4.8W$$

显而易见，电路中 VT 应选择最大允许电流大于 100mA，击穿电压 $U_{(BR)CEO}>70V$ 及最大允许耗散功率 $P_{CM}>4.8W$ 的大功率三极管，并考虑留有足够的安全余量。

稳压管稳压电路虽然结构简单，但由于稳压管功耗一般是负载取用功率的几倍，且限流电阻通常要采用大功率电阻，所以其效率低，一般只对要求不高的小功率负载供电，或用于可控硅触发电路中的削波电路。实际电路中更多采用的是串联调整型稳压电路。

二、串联调整型晶体管稳压电路

图 8-14（a）所示为一个最简单的串联调整型晶体管稳压电路，图中双点画线框内为稳压电路。220V 交流电压经变压器变换成所需的交流电压，然后经桥式整流和电容滤波后，输出电压 U_i 加到稳压电路的输入端。晶体管 VT 接成射极输出电路，负载 R_L 接到 VT 的发射极。稳压管 VD 和电阻 R_1 组成基极稳压电路，使晶体管 VT 的基极电位稳定为 U_Z。晶体管的 $U_{BE}=U_Z-U_o$。

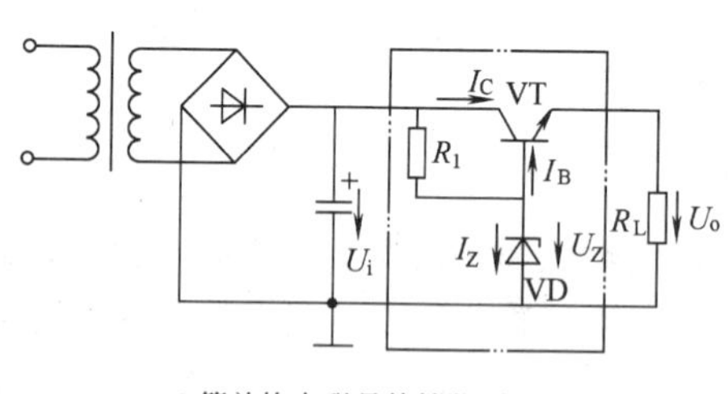

(a) 简单的串联晶体管稳压电路

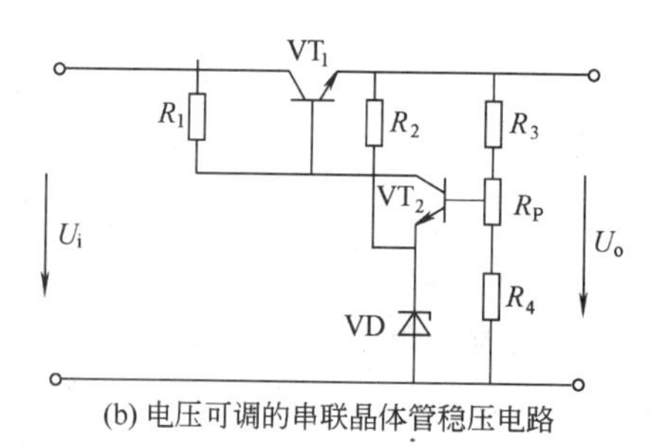

(b) 电压可调的串联晶体管稳压电路

图 8-14 串联调整型晶体管稳压电路

电路的稳压原理是：假如由于某种原因使输出电压 U_o 降低，因 $U_B=U_Z$ 不变，故 U_{BE} 增加，使 I_B 和 I_C 均增加，U_{CE} 减小。从而输出电压 $U_o=U_i-U_{CE}$ 回升，并基本上维持不变。这个过程可用流程图表示为

$$U_o\downarrow\rightarrow U_{BE}\uparrow\rightarrow I_B\uparrow\rightarrow I_C\uparrow\rightarrow U_{CE}\downarrow\rightarrow U_o\uparrow$$

如果 U_o 因某种原因上升，则调整过程相反，同样也具有稳压作用。

上述电路中调整用的晶体管与负载处于串联状态，故称之为串联调整型晶体管稳压电路。它具有较大的电流输出能力，输出电阻小，稳压性能好，效率大大高出并联型稳压电路。

如果用图 8-14（b）所示稳压电路代替图 8-14（a）双点画线框中的稳压电路，则构成输出电压连续可调的串联型晶体管稳压电路，该电路十分常见，其原理可自行分析。

三、三端式集成稳压电源

随着集成技术的发展，稳压电路也迅速实现集成化。当前广泛应用的三端式单片集成稳压电源，体积小，可靠性高，使用灵活，而且价格低廉，已经逐步取代了上述串联型晶体管稳压电路。

图 8-15 所示为三端集成稳压器的外形及端子框图。78 系列三端稳压器输出固定的正电压，最大输出电流可达 1.5A。例如，7805 系列表示输出电压为＋5V。79 系列三端稳压器输出固定的负电压。317 是三端可调正输出集成稳压器，输出电压能在 1.25～37V 范围内连续可调，输出电流为 1.5A。这些三端稳压器芯片内部均设有过流、过热保护和调整管保护电路，使用安全可靠。

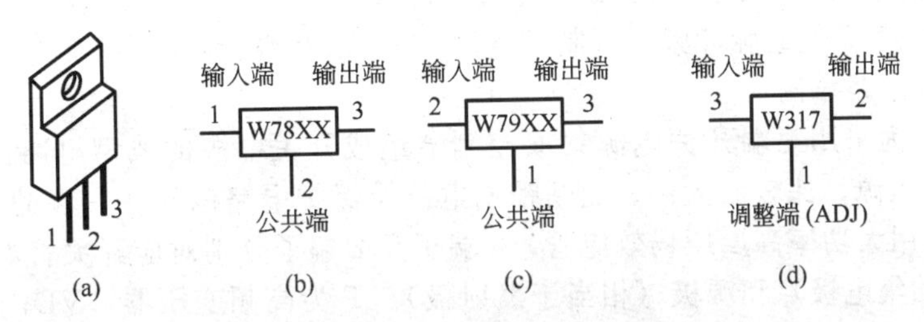

图 8-15　三端集成稳压器的外形及端子框图

图 8-16 所示为一个多用实验稳压电源原理，实验稳压电源由整流电路、三端集成稳压器 W7805 及三端可调稳压器 W317 组成，电路简捷、装调方便。在接入 18V 交流电源时，在共电源负极的情形下，可同时输出 20V 非稳定直流整流电源、固定＋5V 稳压电源及 2～18V 可调稳压电源。W7805 与 W317 可共用一个散热片，由于 W317 无接地端子，电气上应与散热板隔离。

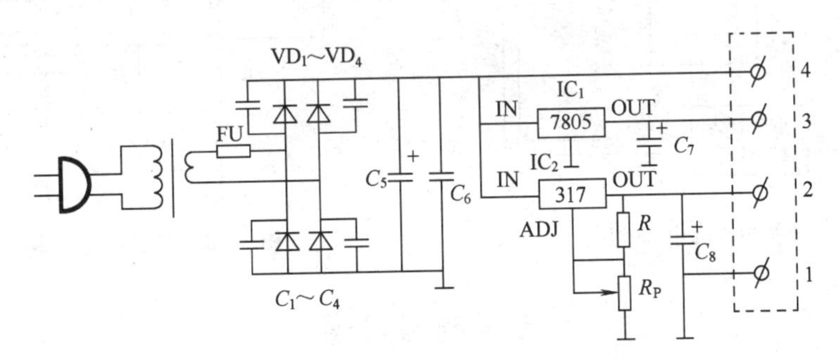

图 8-16　多用实验稳压电源

四、开关调整型直流稳压电源

无论是晶体管串联调整型稳压电路还是集成化的三端稳压集成电路，均属于线性稳压电源，其中的调整管必须始终处于放大状态。因此，产生较大的管耗，使系统效率限制在 40%或以下，此外它的工频电源变压器、体积较大的滤波电路及调整元件散热装置，也是该类电源的重要缺陷。

开关调整型直流稳压电源则克服了上述缺点，成为小型化、轻量化、高效率的新型电源，并广泛用于计算机、家电产品、通信及空间技术等领域。

1. 开关电源的基本组成和工作原理

图 8-17 所示为开关电源工作原理。组成开关电源的核心元件是开关调整管（简称开关管）及开关变压器，在输出电压取样放大及开关控制电路的作用下，开关调整管将以较高的工作频率（一般为几十千赫至几百千赫）交替处于饱和导通和截止两种状态。开关变压器则充当能量传输的任务，即开关管导通时，电源通过初级绕组向开关变压器储能，根据同名端法则，二极管因反偏截止；当开关管截止时，初级绕组将产生幅值较大的下正上负的感应电压，次级则产生上正下负的感应电压，VD 因正偏而导通，变压器中所储磁能通过 VD 输送给负载。不难理解，通过控制开关管导通时间的相对长短，即可决定输出电压的高低。如果用 T 表示开关管导通和截止各一次所需的时间（即周期），用 t_{on}表示开关管导通的时间，则二者的比值 t_{on}/T 决定了输出电压 U_o 的大小，取样放大和控制环节就是根据 U_o 的实际大小，不断地调整 t_{on}/T 的值。

根据电路构成的不同形式，有固定 T 值、调整 t_{on}大小的脉宽调制型（简称 PWM），也有固定 t_{on}值、改变 T 值的脉冲频率调制型（PFM），以及混合调制型三种方式。

2. 开关电源电路举例

图 8-18 所示为采用三端开关电源集成控制器组成开关电源的典型电路。TOP200 是将开关管、基准电压源、比较放大器、通断控制电路及保护电路制作在一起的集成三端器件。内部开关管系采用大功率高反压场效应管，3 端子及 2 端子分别对应开关管的漏极（相当于 NPN 型三极管的集电极）和源极（相当于发射极）。T 为高频变压器，VD_6 为光电耦合器，用来传输取样控制信号，同时将市电与输出端完全隔离。变压器副边 N_3、VD_4、C_3 的作用是向光电耦合器中的光敏管及集成控制器提供电源，VD_1 和 VD_2 的作用是减小开关管从导通转入截止时初级线圈产生的反峰电压。

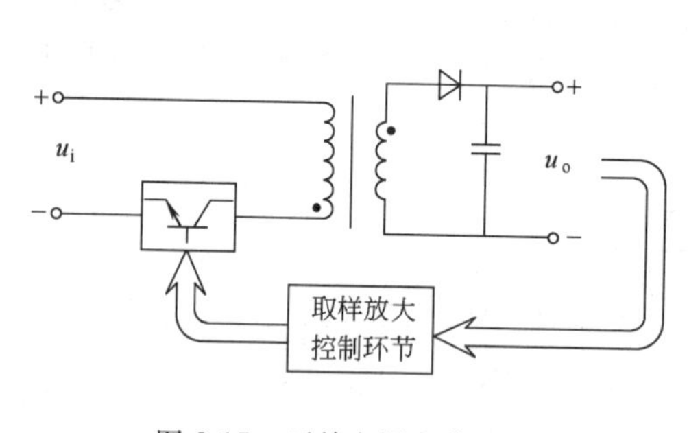

图 8-17　开关电源工作原理

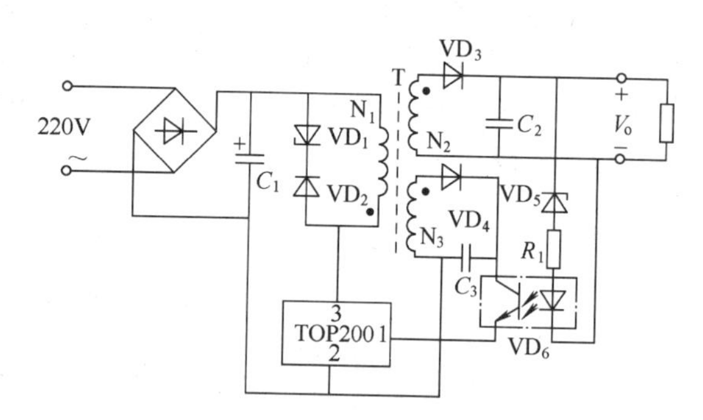

图 8-18　开关电源电路举例

思考题与习题

1. 晶体管由两个 PN 结反向组合而成，具有电流放大作用。如果用两个二极管背靠背连接起来，如习题 8-1 图所示，是否具有放大作用？

2. 晶体管的集电极和发射极是否可以互换使用，为什么？

3. 试述晶体管三种工作状态的特点。

4. 有两个晶体管，一个管子 $\beta=50$，$I_{CBO}=0.5\mu A$；另一个 $\beta=150$，$I_{CBO}=2\mu A$，如果其他参数一样，选用哪个管子较好？为什么？

5. 测得某一晶体管的 $I_B=10\mu A$，$I_C=1mA$，能否确定它的电流放大系数 $\bar{\beta}$？什么情况可以？什么情况下不可以？

6. 如习题 8-6 图所示的电路中，如果电阻 $R=0$，还能有稳压作用吗？R 在电路中有什么作用？

7. 晶体管串联型稳压电路主要包括哪些部分？各个部分起什么作用？

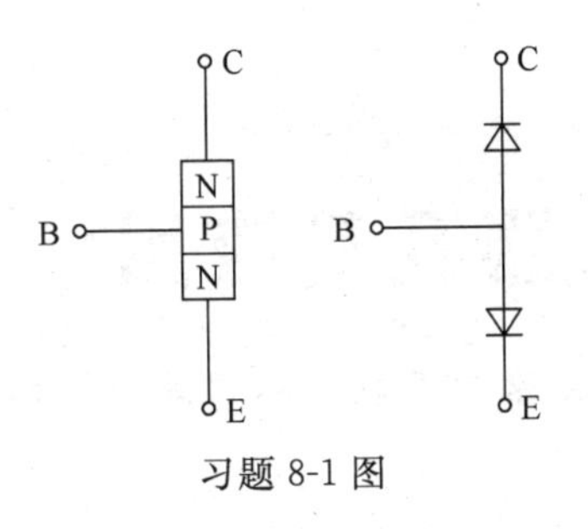

习题 8-1 图

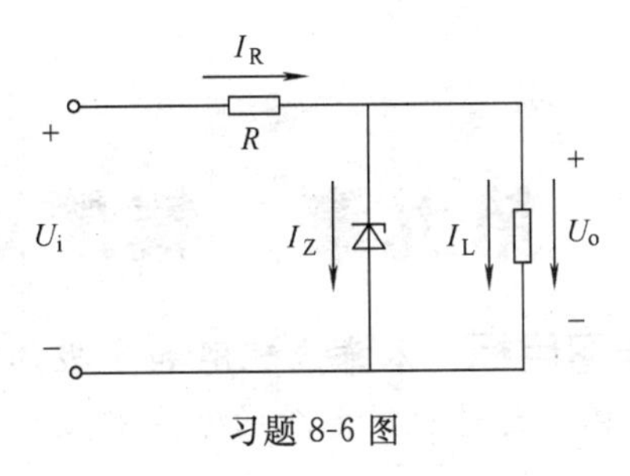

习题 8-6 图

8. 三端集成稳压器如何使用?

9. 试述开关电源的基本组成和工作原理。

10. 有一 PNP 型晶体管，在电路中工作时，用万用表测得各极的电位分别为 $V_B=-1.2V$，$V_C=-4V$，$V_E=-1V$。试判断晶体管工作在什么状态？并指出是硅管还是锗管。

11. 一晶体管的极限参数为 $P_{CM}=100mW$，$I_{CM}=20mA$，$U_{(BR)CEO}=15V$，试问在下列情况下，哪种能正常工作？(1) $U_{CE}=3V$，$I_C=10mA$；(2) $U_{CE}=2V$，$I_C=40mA$；(3) $U_{CE}=6V$，$I_C=20mA$。

12. 如习题 8-12 图所示，已知晶体管 $\beta=100$，$U_{CC}=12V$，$R_B=470k\Omega$，$R_C=2k\Omega$，$R_L=2k\Omega$，设正弦输入电压 u_i 的幅值 $U_m=\frac{20}{\sqrt{2}}mV$。求：(1) 静态工作点；(2) 接入和不接入 R_L 时的电压放大倍数及输出电压；(3) 输入电阻 r_i，输出电阻 r_o。

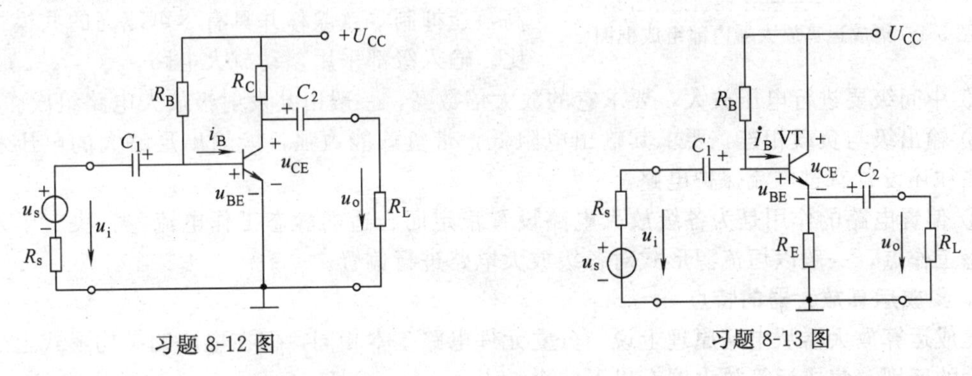

习题 8-12 图　　习题 8-13 图

13. 如习题 8-13 图所示的射极输出器电路中，已知 $U_{CC}=12V$，$U_{BE}=0.7V$，$R_B=200k\Omega$，$R_E=R_L=2k\Omega$，$r_{be}=1k\Omega$，$\beta=60$，求 A_u、r_i、r_o。

第九章　集成运算放大器及其应用

学习目标　本章应理解和掌握的重点是运算放大器“虚短”和“虚断”的概念，以及运算放大器应用电路的常见构成形式和功能。

第一节　概　　述

一、集成运算放大器的组成及特点

1. 电路的组成

集成运算放大器内部包含四个基本组成部分，即输入级、输出级、中间级和偏置电路，如图 9-1 所示。

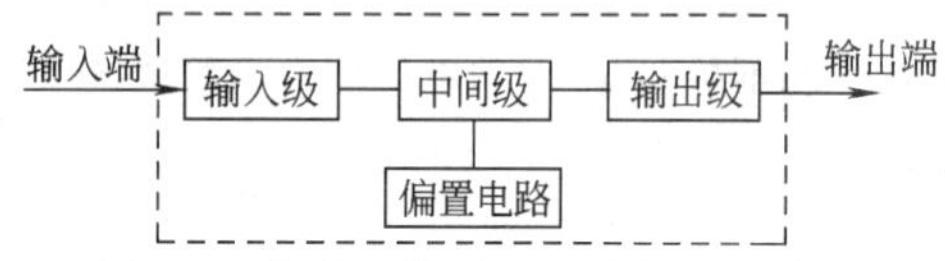

图 9-1　集成运算放大器内部组成框图

① 输入级是放大器的第一放大级，它是提高运算放大器质量的关键部分，要求其输入电阻高，能抑制零点漂移并具有尽可能高的共模抑制比。输入级都采用差动放大电路。

② 中间级要进行电压放大，要求它的放大倍数高，一般由共发射极放大电路组成。

③ 输出级与负载相连，要求其输出电阻低，带负载能力强，能输出足够大的电压和电流，往往还设置有过电流保护电路。

④ 偏置电路的作用是为各级放大电路设置稳定而合适的静态工作电流，它决定了各级的静态工作点，一般以恒流源形式对各级放大电路进行偏置。

2. 集成运算放大器的特点

集成运算放大器从电路原理上说与分立元件电路基本相同，但在电路的结构形式上二者有较大的区别，集成运算放大器有以下几个特点。

① 由集成电路工艺制造出来的元器件，虽然其参数的精度不是很高，受温度的影响也较大，但由于各有关元件同处在一个硅片上，距离又非常接近，因此，对称性较好。作为运算放大器两个输入端的两只晶体管，性能可能非常接近，因此，容易制成温度漂移很小的运算放大器。

② 由集成工艺制造出来的电阻，其阻值范围有一定的局限性，一般在几十欧到几十千欧之间，因此，在需要较高阻值和较低阻值的电阻时，就要在电路上想办法，在集成运算放大器中往往用晶体管恒流源来代替电阻。

③ 集成电路工艺不适合制造几十皮法以上容量的电容量，至于制造电感器就更困难。所以，集成电路应尽量避免使用电容器。而运算放大器各级之间都采用直接耦合，基本上不采用电容元件。必须使用电容器时，大多采用外接的办法。

④ 大量使用三极管作有源器件。在集成电路中，制作三极管工艺简单，占用的单元面积小，成本低廉，所以在电路内部用量最多。三极管除可用作放大外，还可接成二极管、稳压管等。

二、集成运算放大器的外形及电路符号

集成运算放大器的内部电路相当复杂，对于使用者来说，主要是要知道其端子功能，并

了解放大器的主要参数，至于其内部结构如何，只作一般了解。

集成运算放大器有圆壳式、扁平式和双列直插式等多种封装形式，以最常见的双列直插式封装为例，其外形如图 9-2（c）所示。一般有 8～14 个端子，每个端子都按顺序用数字编号，对应内部电路某一特定位置，使用时不得接错。端子排列规则是：将器件正放（顶视），切口或圆形标记放在左边，由左下角开始按逆时针方向排列。

集成运算放大器的一般符号如图 9-2（a）所示，图框中左上方“－”表示反相输入端，由此端输入信号，则输出信号和输入信号是反相的。左下方“＋”为同相输入端，由此端输入信号，则输出信号与输入信号是同相的。另一侧“＋”号表示输出端。

反相输入端、同相输入端及输出端电压分别由 u_-、u_+ 及 u_o 表示。

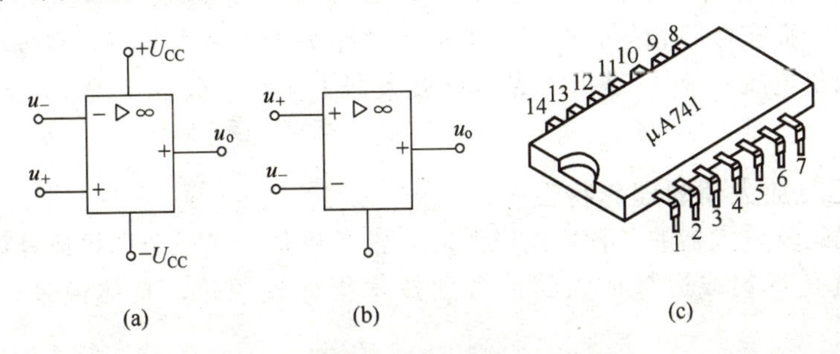

图 9-2　集成运算放大器的符号及外形

$+U_{CC}$接正电源，$-U_{CC}$接负电源，电路符号可忽略电源端子，不予画出，如图 9-2（b）所示。

几种常用集成运算放大器的端子排列如图 9-3 所示。

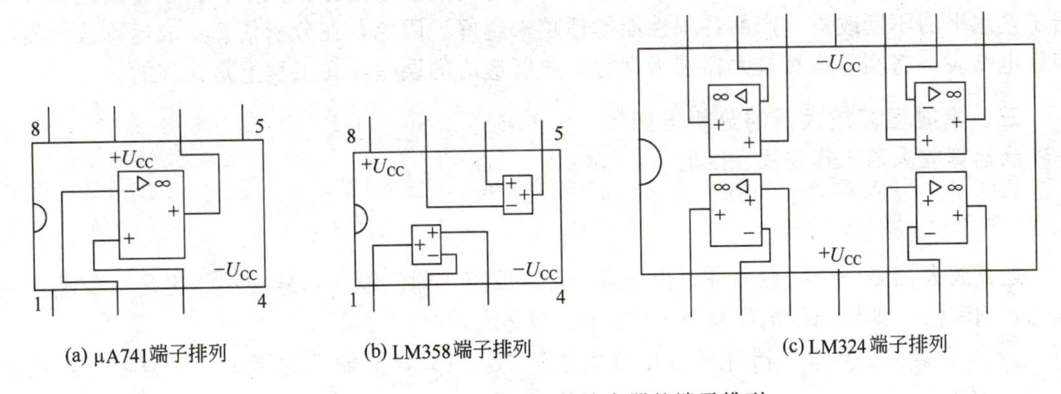

图 9-3　几种常用集成运算放大器的端子排列

其中 μA741 端子 1 和 5 为外接调零电位器接线端子，LM358 及 LM324 则在共用两条电源接线端子下，集成了多个功能完全相同的运算放大器单元电路。

第二节　集成运算放大器的主要参数和分析准则

一、主要参数

参数是评价运算放大器性能好坏的主要指标，是正确选择和使用运算放大器的主要依据。

（1）开环电压放大倍数（差模电压放大倍数）A_{uo}　是指集成运算放大器在没有外接反馈电路情况下，输入端加一小信号，测得的电压放大倍数。其值愈大，运算放大器精度愈高，所构成的放大电路工作越稳定。

（2）共模抑制比 K_{CMRR}　表示运算放大器的差模电压放大倍数与共模电压放大倍数之比的绝对值。其值越大，说明运算放大器共模抑制性能越好。

（3）输入失调电压 U_{io}　理想集成运算放大器，当输入电压为零时，输出电压也应为零。但在实际中，由于元件参数不对称等原因，当输入电压为零时，输出电压却不等于零。如果要使输出电压为零，则必须在输入端加一个很小的电压进行补偿，这个电压就是输入失调电压，它越小越好。

（4）输入失调电流 I_{io}　当输入信号为零时，理想集成运算放大器的两个输入端的静态输入电流应相等，而实际不相等，两个静态电流之差为输入失调电流，它越小越好。

（5）最大输出电压 U_{OPP}　是指集成运算放大器工作在不失真情况下，能输出的最大峰值电压。

二、集成运算放大器的理想特性

在分析集成运算放大器的各种应用电路时，常常将其看成一个理想运算放大器。所谓理想运算放大器就是将集成运算放大器的各项技术指标理想化，具体说来，就是具备如下特性。

开环电压放大倍数	$A_{uo}\to\infty$
差模输入电阻	$r_{id}\to\infty$
开环输出电阻	$r_o\to 0$
共模抑制比	$K_{CMRR}\to\infty$

实际的集成运算放大器当然不能达到上述理想化的技术指标，但是，由于集成运算放大器工艺水平的不断改进，产品各项性能指标越来越好。因此，在分析估算集成运算放大器的应用电路时，将实际运算放大器视为理想运放所造成的误差，在工程上是允许的。

三、集成运算放大器的分析准则

当运算放大器工作在线性区时，u_o 为

$$u_o=A_{uo}(u_+-u_i) \tag{9-1}$$

运算放大器是一个线性元件，由于其 A_{uo} 值很高，即使输入信号很小，也足以使输出电压达到饱和值，即输出端电压接近 $+U_{CC}$ 或 $-U_{CC}$ 值。

① 由于集成运算放大器开环电压放大倍数 A_{uo} 很大，而输出电压是一个有限值，由式（9-1）可知

$$u_+-u_-=u_o/A_{uo}=0$$

即

$$u_+=u_- \tag{9-2}$$

式（9-2）说明同相输入端和反相输入端之间相当于短路，事实上，由于不是真正的短路，故称为“虚短”。

② 由于运算放大器差模输入电阻 $r_{id}\to\infty$，可认为两个输入端的输入电流为零。即

$$i_+=i_-=0 \tag{9-3}$$

式（9-3）说明两输入端之间相当于断路，事实上，不是真正的断路，故称之为

“虚断”。

“虚短”和“虚断”是根据运算放大器的理想状态特性推出来的，灵活运用“虚短”和“虚断”的概念，可以大大简化运算放大器应用电路的分析过程。

第三节　集成运算放大器的应用

一、负反馈放大器概述

1. 负反馈的基本概念

反馈就是将放大电路输出信号的一部分或全部通过一定的电路（反馈网络）送回到输入端，图 9-4 所示为一个完整的反馈放大器（闭环系统）的结构框图。

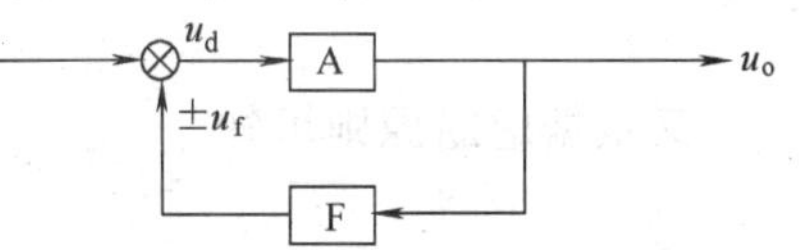

图 9-4　反馈放大器的结构框图

图中箭头表示信号传输方向，A 为基本放大电路，F 为反馈网络，u_i 为闭环放大器的输入信号，u_o 为输出信号，u_f 为反馈信号，⊗表示信号叠加，u_d 为叠加后的输入信号。

2. 反馈类型

① 按极性，可分为正反馈、负反馈，引入反馈信号后，如果使得原输入信号增强，即

$$u_d = u_i + u_f \qquad (9\text{-}4)$$

这种反馈称之为正反馈，如果使得原输入信号减弱，即

$$u_d = u_i - u_f \qquad (9\text{-}5)$$

这种反馈称之为负反馈。

② 按反馈信号成分可分为直流反馈、交流反馈和交直流反馈，如果反馈到输入端的信号中只有直流成分，称为直流反馈；只有交流成分，称为交流反馈；如果既有直流成分，又有交流成分，称为交直流反馈。

③ 按采样方式可分为电压反馈和电流反馈，如果反馈信号取自输出电压 u_o，即与输出电压成正比，这种反馈称为电压反馈；如果反馈信号取自输出电流 i_o，即与输出电流成正比，这种反馈称为电流反馈。

④ 按叠加方式可分为串联反馈和并联反馈，如果反馈信号与输入信号在输入回路中串联，则为串联反馈；如果反馈信号与输入信号在放大电路的输入端并联，则为并联反馈。

因此，负反馈放大器可归纳为四种组态：电压串联负反馈、电压并联负反馈、电流串联负反馈、电流并联负反馈。

基本放大电路中引入反馈，能使放大器的性能得到改善，例如，可提高放大倍数的稳定性，减小非线性失真，使放大电路的通频带展宽以及改变输入电阻和输出电阻等。

二、比例运算电路

运算放大器工作于线性放大状态时，就是用电阻、电容、二极管等元件，接于输出端和反相输入端之间构成的深度电压负反馈放大器。下面讨论的比例运算电路，有反相输入和同相输入两种方式，它们是组成各种应用电路的基础。

1. 反相输入比例运算电路

图 9-5 所示为反相输入比例运算电路，它的输入信号电压 u_i 经过外接电阻 R_1 加到反相

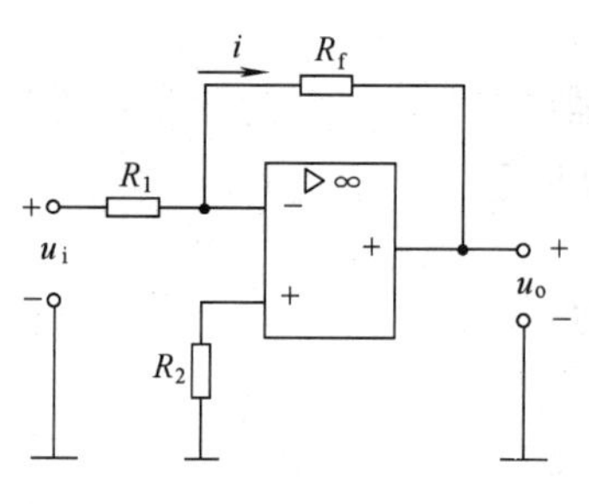

图 9-5　反相输入比例运算电路

输入端，R_f 使电路引入了一个电压并联负反馈，而同相输入端与地之间接一平衡电阻 R_2。实际应用中使 $R_2=R_1 /\!/ R_f$。

根据前述虚短的原则可知

$$u_+=u_-=0$$

有

$$i_1=\frac{u_i-u_-}{R_1}=\frac{u_i}{R_1}$$

$$i_f=\frac{u_--u_o}{R_f}=-\frac{u_o}{R_f}$$

又根据虚断原则可知

$$i_+=i_-=0$$

有

$$i_1=i_f$$

即

$$\frac{u_i}{R_1}=-\frac{u_o}{R_f}$$

$$u_o=-\frac{R_f}{R_1}u_i$$

结论：反相比例运算放大器的闭环放大倍数为

$$A_f=\frac{u_o}{u_i}=-\frac{R_f}{R_1} \tag{9-6}$$

式（9-6）表明，输出电压与输入电压是比例关系，输出电压与输入电压反相，闭环放大倍数 A_f 仅取决于 R_f/R_1 的比值，而与运放的参数无关。

2. 同相输入比例运算电路

如果将输入信号从同相端引入，这种电路称为同相比例放大器，如图 9-6 所示，输出电压 u_o 经 R_f、R_1 分压后送到反相输入端，构成电压串联负反馈放大电路。平衡电阻 R_2 取值同反相放大器。

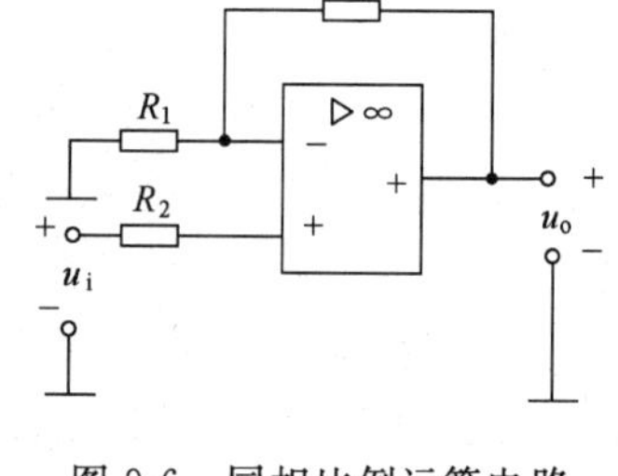

图 9-6　同相比例运算电路

根据虚短和虚断特性，可得

$$u_-=u_+=u_i$$

$$i_1=i_f$$

因为

$$i_1=\frac{0-u_-}{R_1}=-\frac{u_-}{R_1}=-\frac{u_i}{R_1}$$

$$i_f=\frac{u_--u_o}{R_f}=\frac{u_i-u_o}{R_f}$$

所以

$$-\frac{u_i}{R_1}=\frac{u_i-u_o}{R_f}$$

即

$$u_o=u_i\left(1+\frac{R_f}{R_1}\right)$$

结论：同相比例运算放大电路的电压放大倍数

$$A_f=\frac{u_o}{u_i}=1+\frac{R_f}{R_1} \tag{9-7}$$

当 $R_1=\infty$ 及 $R_f=0$ 时，构成图 9-7 所示电压跟随器，此时

$$A_f=\frac{u_o}{u_i}=1$$

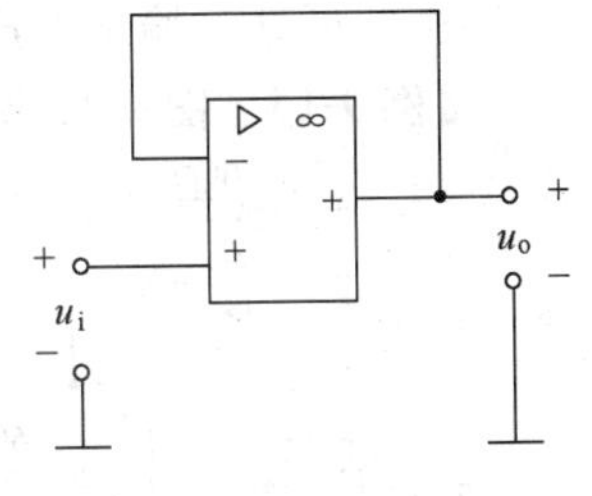

图 9-7　电压跟随器

该电路与第八章中讨论的射极输出器性能相似，是同相比例运算放大器的一个特例，由于其良好的电压跟随特性和级间隔离作用，而得到广泛的运用。

三、加法及减法运算电路

1. 加法运算电路

加法运算电路的功能是对若干输入信号求和。在比例运算放大电路的反相输入端加入三个信号电压 u_{i1}、u_{i2}、u_{i3}，如图 9-8 所示。各支路电阻分别为 R_1、R_2 和 R_3，平衡电阻 R_4 可取值为 $R_1 /\!/ R_2 /\!/ R_3 /\!/ R_f$。

根据上述分析方法不难得出如下结论，即

$$u_o=-\left(\frac{R_f}{R_1}u_{i1}+\frac{R_f}{R_2}u_{i2}+\frac{R_f}{R_3}u_{i3}\right) \tag{9-8}$$

如果取 $R_1=R_2=R_3=R_f$，则有

$$u_o=-(u_{i1}+u_{i2}+u_{i3}) \tag{9-9}$$

式（9-9）表明，输出电压等于各输入电压之和；式中负号表示输出电压与输入电压相位相反。

2. 减法运算电路

减法运算电路在测量和控制系统中应用很多，利用双端输入可以进行减法运算，图 9-9 所示为减法运算电路。减数输入信号 u_{i1} 经 R_1 加在反相输入端，被减数输入信号 u_{i2} 经 R_2 加在同相输入端，即构成典型的差模输入放大电路。

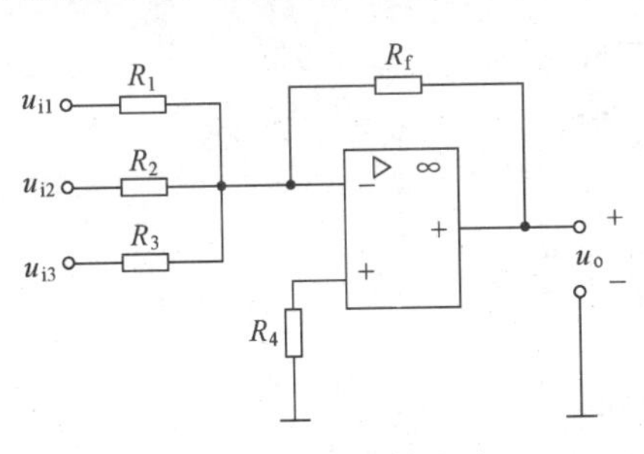

图 9-8　加法运算电路

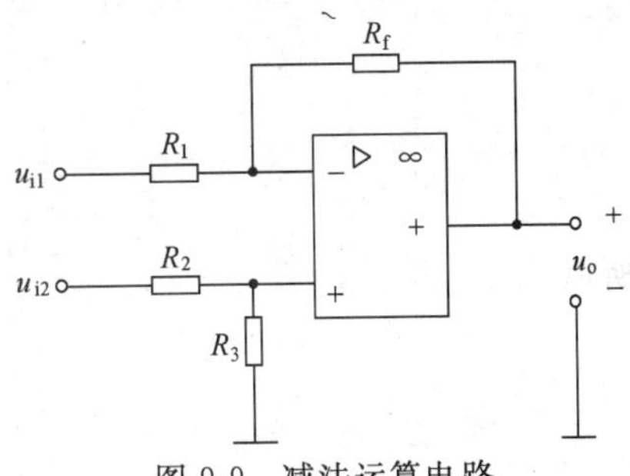

图 9-9　减法运算电路

根据前述分析方法可知

$$u_o=\left(1+\frac{R_f}{R_1}\right)\frac{R_3}{R_2+R_3}u_{i2}-\frac{R_f}{R_1}u_{i1} \tag{9-10}$$

如果取 $R_1=R_2=R_3=R_f$，则

$$u_o=u_{i2}-u_{i1} \tag{9-11}$$

由此可见，输出电压 u_o 为两个输入电压之差，从而实现了减法运算功能。

【例 9-1】 图 9-10 所示电路中，已知输入电压 $u_{i1}=30\text{mV}$，$u_{i2}=50\text{mV}$，试求输出电压 u_{o2}。

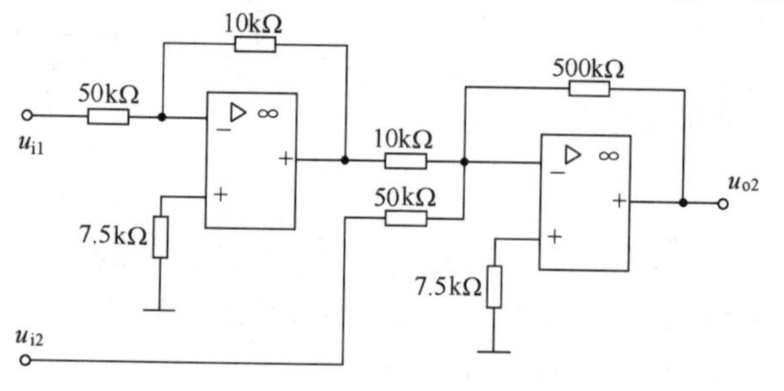

图 9-10 电路图

解 (1) $u_{o1}=-\frac{10}{50}u_{i1}=-\frac{1}{5}\times 30\text{mV}$
$=-6\text{mV}$

(2) $u_{o2}=-\left(\frac{500}{10}u_{o1}+\frac{500}{50}u_{i2}\right)$
$=-200\text{mV}=-0.2\text{V}$

四、积分及微分运算电路

1. 积分运算电路

在反相输入运算电路中，用电容 C 代替电阻 R_f 作为反馈元件，就构成积分电路，图 9-11所示为积分电路及其输入、输出电压波形。

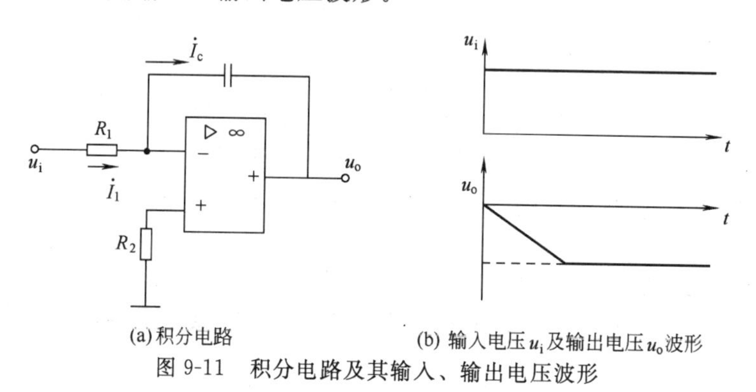

(a) 积分电路　(b) 输入电压 u_i 及输出电压 u_o 波形

图 9-11 积分电路及其输入、输出电压波形

利用虚短和虚断概念可得图 9-11（a）所示电路中

$$i_c=i_1=\frac{u_i}{R_1}$$

$$u_c=u_--u_o=-u_o$$

而
$$u_c=\frac{1}{C}\int i_c\mathrm{d}t$$

所以
$$u_o=-\frac{1}{C}\int i_c\mathrm{d}t=-\frac{1}{C}\int\frac{u_i}{R_1}\mathrm{d}t$$

即
$$u_o=-\frac{1}{CR_1}\int u_i\mathrm{d}t \tag{9-12}$$

式（9-12）表明，输出电压与输入电压是积分关系，设电容上初始电压（$t=0$）为零，且输入电压为一恒定的直流阶跃电压 U_i，则其输出电压波形如图 9-11（b）所示，为一随时间线性下降的输出电压，但不能随时间的增长而无限制的下降，当达到负向输出饱和值时，积分运算即终止。

2. 微分运算电路

微分运算是积分运算的逆运算，将积分电路中的 R 与 C 对调位置，就构成微分电路。其电路构成及波形如图 9-12 所示。

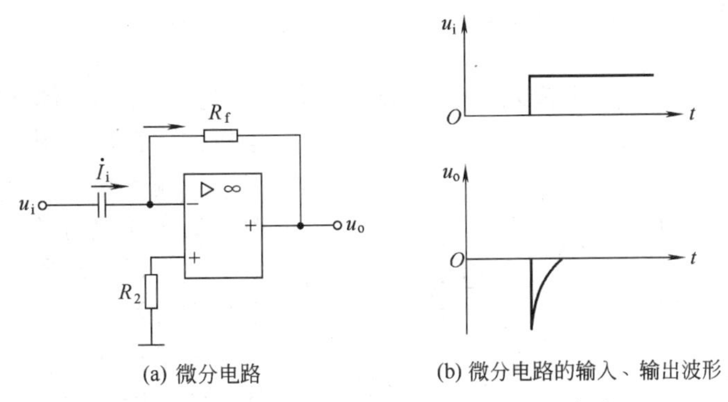

(a) 微分电路　　(b) 微分电路的输入、输出波形

图 9-12　微分电路及其输入、输出电压波形

根据虚短和虚断的概念，图 9-12（a）所示电路有

$$i_i = i_c = i_f\text{；}\ u_+ = u_- = 0$$

$$i_i = C\frac{d(u_i - u_-)}{dt} = C\frac{du_i}{dt}$$

$$i_f = \frac{u_- - u_o}{R_f} = -\frac{u_o}{R_f}$$

所以
$$u_o = -R_f C\frac{du_i}{dt} \tag{9-13}$$

式（9-13）表明：输出电压 u_o 与输入电压 u_i 之间呈微分关系，R_fC 为微分常数，负号表明两者在相位上是反相的。

如果 u_i 为一正阶跃电压时，则输入电压与输出电压波形如图 9-12（b）所示。

五、集成运算放大器的非线性应用

当运算放大器开环或加有正反馈时，由于运算放大器开环放大倍数 A_{uo} 非常大，即使输入信号很小，也足以使运算放大器饱和，使输出电压 u_o 近似等于集成运放组件的正电源电压或负电源电压值。

运算放大器的非线性应用领域很广，下面以电压比较器为例进行讨论。图 9-13（a）所示为最简单的比较器电路。电路中无反馈环节，运算放大器在开环状态下工作，如在同相输入端接一正的基准电压 U_R，输入信号电压 u_i 从反相输入端送入，根据 $u_o = A_{uo}(u_+ - u_-)$ 的关系可知，当 u_i 略小于 U_R 时（$u_+ - u_- > 0$），输出电压 u_o 即为正的饱和值（$+U_{OS}$，接近正电源电压），同理，当 u_i 略大于 U_R 时，u_o 则输出负的饱和值（$-U_{OS}$，接近负电源电压）。

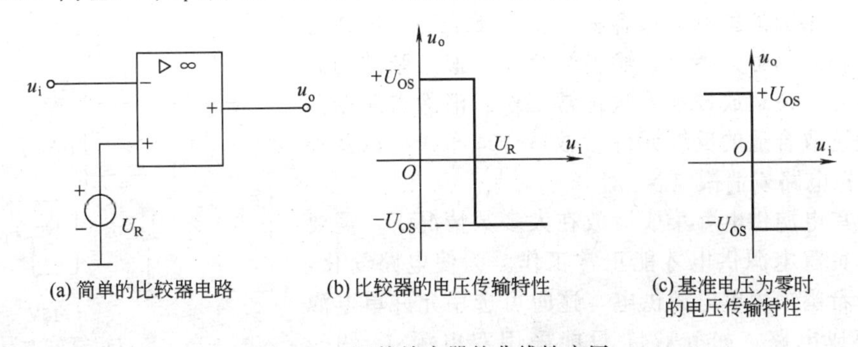

(a) 简单的比较器电路　　(b) 比较器的电压传输特性　　(c) 基准电压为零时的电压传输特性

图 9-13　运算放大器的非线性应用

输入电压 u_i、基准电压 U_R 及输出电压 u_o 之间的关系如图 9-13（b）所示，称为比较器的电压传输特性。

如果基准电压 $U_R=0$，则输入信号 u_i 每次过零时，输出电压 u_o 都会发生突然跳变，其电压传输特性如图 9-13（c）所示。

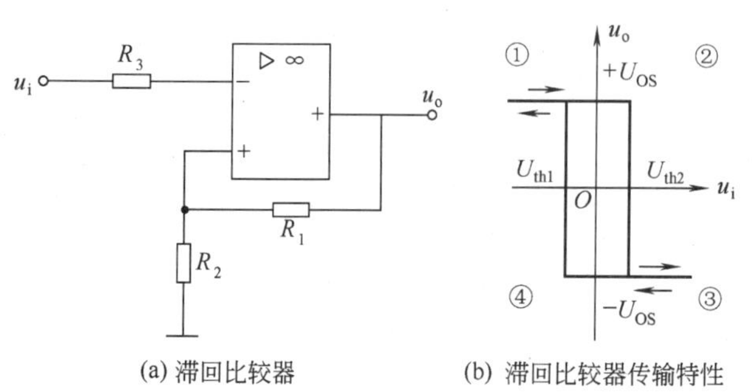

(a) 滞回比较器　　(b) 滞回比较器传输特性

图 9-14　滞回电压比较器电路及传输特性

当输入电压与基准电压十分接近时，如电路又存在干扰，u_o 就会不断发生跳变，从而失去稳定性。为了克服上述比较器电路的这一缺陷，可在电路中引入正反馈，构成滞回电压比较器，其电路及传输特性如图 9-14 所示。

图 9-14（a）是在图 9-13（a）所示单限比较器基础上，当单限基准电压 $U_R=0$ 时，再加装正反馈电阻构成的。图 9-14（b）表明，当 u_i 从负压不断上升，使 u_o 由正饱和输出（$+U_{OS}$）转向负饱和输出（$-U_{OS}$）时，沿路径①→②→③变化，其转折阈值电压为

$$U_{th1}=\frac{R_2}{R_1+R_2}U_{OS} \tag{9-14}$$

而 u_i 从正压不断下降，使 u_o 由负变正时，路径则为③→④→①，其转折阈值电压

$$U_{th2}=\frac{R_2}{R_1+R_2}(-U_{OS}) \tag{9-15}$$

因 $U_{th1}\neq U_{th2}$，故称之为滞回电压比较器，其主要优点是抗干扰性强，缺点是灵敏度较低，实际使用时可根据需要选取 R_1、R_2 的阻值。

第四节　集成运算放大器的使用常识及应用实例

一、集成运算放大器的使用常识

（1）调零　集成运放由于失调电压和失调电流的存在，当输入信号为零时，输出不为零。为了补偿输入失调的影响，使电路输入信号为零时，输出也为零，通常要有调零措施。如通用运算放大器 μA741，在使用时，可通过端子①和⑤外接调零电位器调零，如图 9-15 所示。但 LM358、LM324 等电路无此功能。

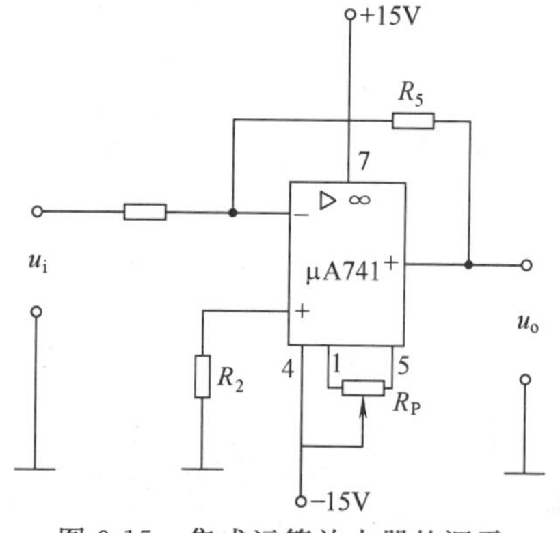

图 9-15　集成运算放大器的调零

（2）消除自激振荡　由于运算放大器内部极间电容和其他寄生参数的影响，很容易产生自激振荡，即在运算放大器输入信号为零时，输出端存在近似正弦波的高频电压信号，使运放根本无法正常工作。消除自激振荡的方法是选取合适的反馈元件参数，合理布线，以及外接 RC 消振电路或消振电容。

（3）单电源供电　集成运放在大多数情况下，需要采用正、负双电源供电才能正常工作。为使电路简化，有些场合希望采用单电源供电，这时可选用允许单电源工作的集成电路。如 μA741 只能采用双电源（±9～

±18V）供电，而LM358、LM324则既可采用双电源（±1.5～±15V），也可采用单电源（3～30V）两种方式供电。

二、应用实例分析

图9-16所示为以双运算LM358为核心元件构成的自动升压稳压器电路。下面简要分析各部分电路的构成及其工作原理。

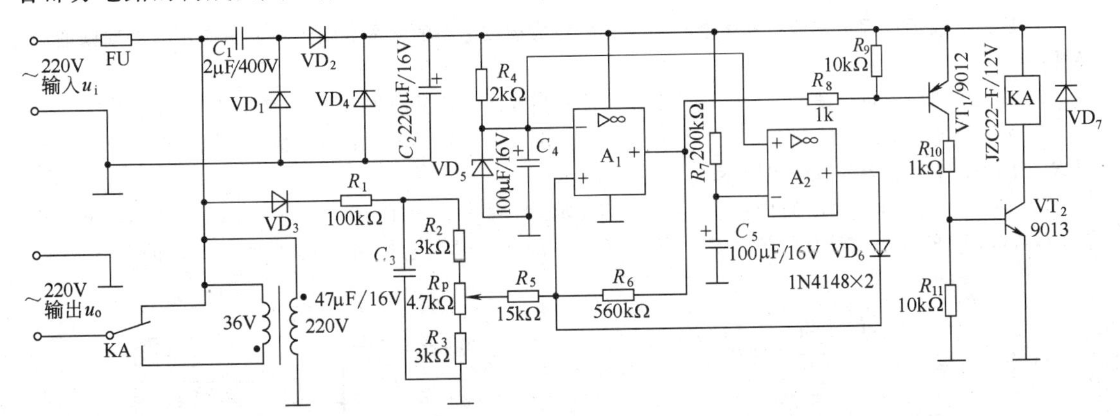

图9-16　自动升压稳压器电路

C_1、VD_1、VD_2及VD_4等构成电路容降压式电源电路。

VD_3、R_1、C_3等构成常见的电网电压取样电路。

A_1及A_2采用双运放电路LM358，单电源（+12V）供电，两运放均工作于电压比较器方式，其基准电压由VD_5、R_4、C_4等提供。

A_1、R_5及R_6等作为稳压器特有的滞回电压比较器。在VD_5的参数确定后，精心选择$R_5/(R_5+R_6)$之值，可使稳压器升压起始电压（当电网电压低于此值时，稳压器中断电器吸合）与升压终止电压（电网电压高于此值时，断电器释放）两值之间有一个与之对应的变化范围（滞回区），电路中VD_5的U_Z值为6V，R_5取15kΩ，R_6取560kΩ，可得到电网电压近似12V的变化范围。

调试时，移动R_p动臂位置，使其能在晚间用电高峰来临后电网低于190V时断电器吸合，而当用电高峰逐步过去时，电网电压升至202V，断电器才得以释放而终止升压。此时自动稳压器输出电压不应超出

$$u_o = 202 + 202/220 \times 36 = 235\text{V}$$

A_2等组成延时升压控制线路，在这里是必不可少的，否则，接通电源或停电之后再来电时，C_3上电压还未建立，但稳压器工作电压及A_1、A_2基准电压已迅速建立，此时由于A_1两输入端$u_+ < u_-$，即使电网电压为正常值220V，A_1也将错误输出低电平使VT_1及VT_2饱和，控制继电器吸合并升压，从而导致输出端用电设备承受$u_o = 220 + 36 = 256\text{V}$高压冲击而损坏。故$R_7C_5$时间常数必须大于电网电压取样电路时间常数，并留有余地。

该稳压器采用普通机床控制变压器，并将其接成自耦变压器形式，易于自制。控制回路采用滞回比较器，并不一味追求稳压器输出电压精度，而是针对民用电网电压用电高峰变化规律而设计的。继电器极少动作（一般为每天用电高峰到来时继电器吸合一次，高峰过去时释放一次），有效地延长了稳压器及所接家用电器的使用寿命。

思考题与习题

1. 集成运放由哪几个部分组成？各级有什么特点？

2. 集成运放有什么特点？

3. 集成运放端子排列规则是什么？是如何排列的？

4. 集成运放的主要参数有哪些？

5. 试述集成运放理想化模型的主要指标及分析集成运放电路的基本准则，并说明应用这些准则的条件是什么？

6. 放大电路引入负反馈后，对电路的工作性能有何改善？负反馈放大器可归纳为哪几种组态？

7. 如习题 9-7 图所示的电路中，如果电压放大倍数 $A_f=-27$，输入、输出信号电压反向，当输入端电阻 R_1 为 10kΩ 时，试计算反馈电阻 R_f。

8. 如习题 9-8 图所示电路中，若 $R_f=20\text{k}\Omega$，$R_1=R_2=R_3=10\text{k}\Omega$，$u_{i1}=0.1\text{V}$，$u_{i2}=0.2\text{V}$，$u_o=-2\text{V}$，试求 u_{i3} 的大小。若 $R_f=R_1=R_2=R_3=10\text{k}\Omega$，$u_{i3}=0.5\text{V}$，另外 u_{i1}，u_{i2} 不变，求 u_o 的大小。

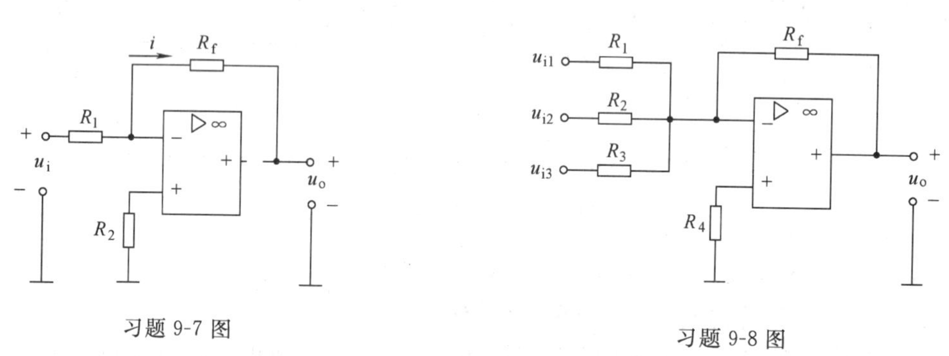

习题 9-7 图　　　　习题 9-8 图

9. 已知运算关系式为 $u_o=3u_{i2}-u_{i1}$，试画出能满足此关系式的运算放大电路，并计算各电阻的阻值。取反馈电阻为 20kΩ。

10. 画出能实现 $u_o=-200\int u_i \mathrm{d}t(C_f=0.1\mu\text{F})$ 运算关系式的运算电路并计算各电阻值。

第十章　晶闸管及其应用

学习目标　通过本章的学习，应掌握普通晶闸管及其简单运用电路，学习中应注意对晶闸管的控制作用与晶体管的电流控制作用加以区别。

第一节　单向晶闸管及其可控整流电路

一、单向晶闸管

1. 单向普通晶闸管的外形、内部结构和电路符号

图 10-1 所示为几种常见晶闸管的外形及端子。额定工作电流在 10A 或以下的晶闸管常采用塑封结构，而平板式封装结构则适用于额定工作电流 200A 及以上的场合。

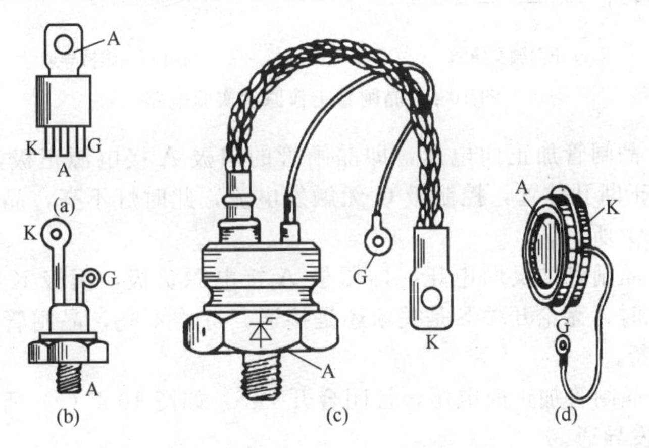

图 10-1　晶闸管的外形及端子

晶闸管的内部结构如图 10-2 所示，它是由一个 PNPN 四层半导体构成的，中间形成了三个 PN 结。从外层 P 型半导体引出的电极是阳极 A，从外层 N 型半导体引出的电极是阴极 K，如采用阴极侧触发的 P 型门极控制方式时，符号如图 10-3（a）所示，而采用阳极侧触发 N 型门极控制，符号如图 10-3（b）所示，图 10-3（c）所示为不指定门极类型的晶闸管一般符号。本教材以下内容只对阴极受控晶闸管进行讨论，为叙述方便不再特别说明门极类型。

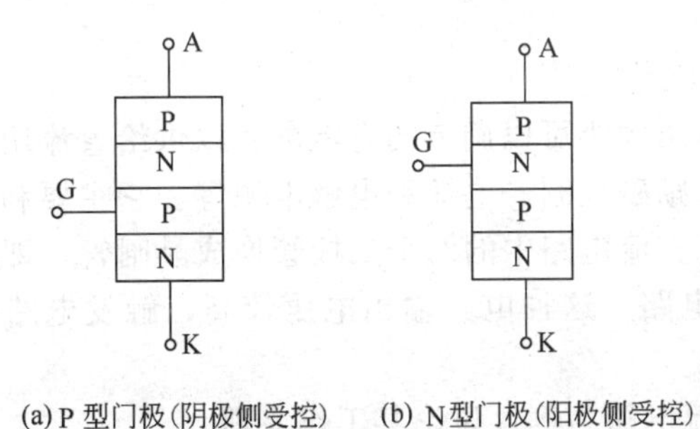

图 10-2　晶闸管的内部结构

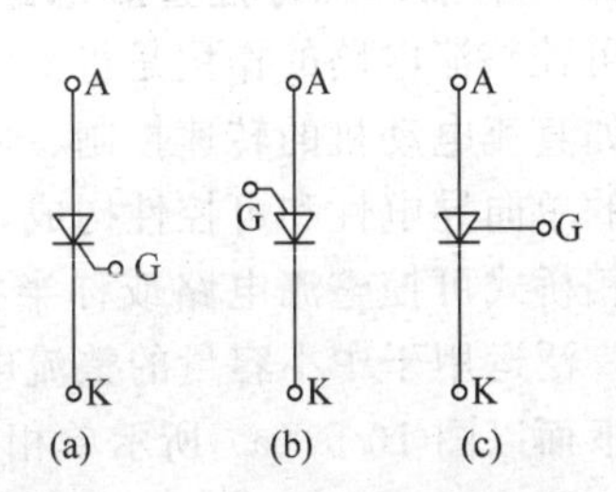

图 10-3　晶闸管的电路符号

2. 单向晶闸管的工作性能

图 10-4 所示晶闸管工作原理实验电路可以用来说明晶闸管的工作性能。图中晶闸管阳极 A、阴极 K、灯泡和电源 U_A 构成晶闸管工作主回路，控制极 G、阴极 K、开关 S、电源 U_G 和限流电阻 R 构成触发控制回路。

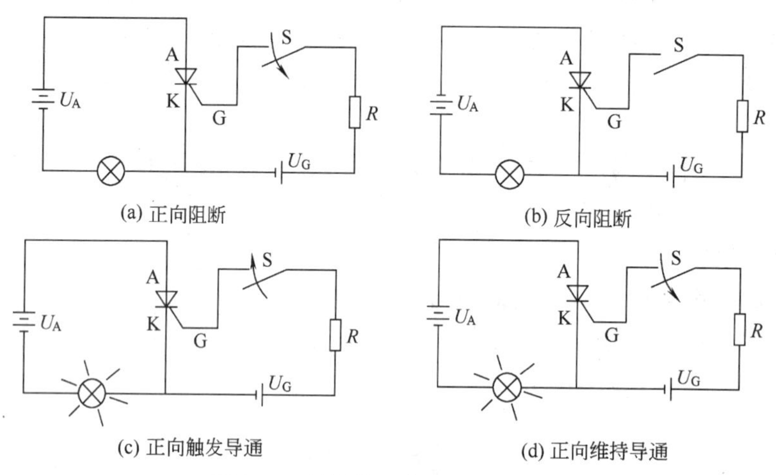

图 10-4　晶闸管工作原理实验电路

① 正向阻断。晶闸管加正向电压，即晶闸管的阳极 A 接电源正极，阴极 K 接电源负极，由于开关 S 处于断开位置，控制极 G 无触发电流，此时灯不亮，晶闸管处于正向阻断状态，如图 10-4（a）所示。

② 反向阻断。晶闸管加反向电压，即阳极 A 接电源负极，阴极 K 接电源正极，如图 10-4（b）所示。此时，无论开关 S 是关断还是接通，灯均不亮，晶闸管截止，这种状态称为晶闸管的反向阻断。

③ 触发导通。晶闸管加正向电压，且闭合开关 S，如图 10-4（c）所示，灯亮。这种状态称为晶闸管的触发导通。

④ 导通后控制极失去控制作用，一旦晶闸管触发导通后，即使断开 S，切断触发电流，甚至在阴极 K 与控制极 G 之间通以由 K 至 G 的反向电流，晶闸管仍保持导通状态，如图 10-4（c）所示。要使晶闸管关断，必须在阳极和阴极之间外加反向电压，使其反向阻断，或者将正向电压降低至一定数值（或切断主回路），使流过晶闸管的电流小于维持电流而关断。

晶闸管使用时，应注意其主要参数的选取。除了有与整流二极管类似的正向工作电流、反向耐压等参数要求外，还应注意其正向阻断工作状态下的耐压，正向导通最小维持电流等特有参数的影响。

二、单相桥式可控整流电路

可控整流电路的作用是将交流电变换为电压大小可以调节的直流电，以供给直流用电设备，如直流电动机的转速控制、同步发电机的励磁控制、电镀和电解电源等。它主要利用晶闸管的单向导电性和可控性构成，把单相桥式整流电路中的两个二极管换成晶闸管，即构成了单相桥式可控整流电路或称半控桥式整流电路。这种电路输出电压较高，触发电路较简单，广泛运用于中小容量的整流电路中。

下面以图 10-5（a）所示单相半控桥式整流电路为例，讨论其工作原理。

u_i 为正弦交流电源，在其正半周（设 a 正 b 负），晶闸管 TH_1 和二极管 VD_2 均处于正向电压下，晶闸管 TH_2 和二极管 VD_1 均处于反向电压下。如果在正半周内，控制极始终未加触发电压，晶闸管就一直不会导通，负载 $u_o=0$。如果在 t_1 时刻给控制极加触发电压 u_g，晶闸管 TH_1 就导通，电流由电源 a 端→TH_1→R_L→VD_2→电源 b 端，若忽略 TH_1、VD_2 的管压降，负载电压 u_o 与输入电压 u_i 相等，极性为上正下负。

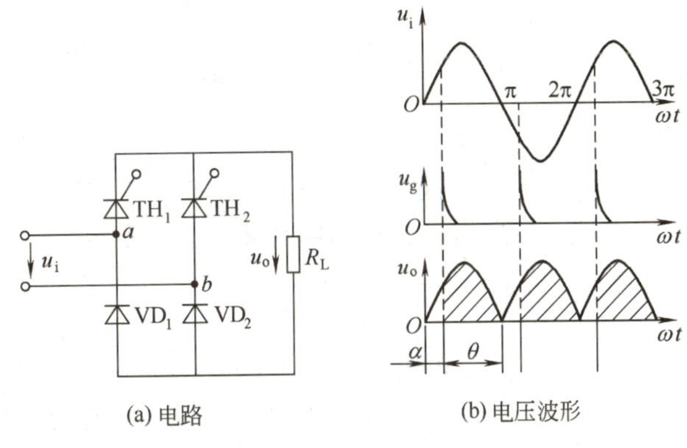

(a) 电路　　(b) 电压波形

图 10-5　半控桥式整流电路

在 u_i 负半周（设 a 负 b 正），晶闸管 TH_2 和二极管 VD_1 处于正向电压下，TH_1 和 VD_2 处于反向电压下。若在 t_2 时刻给控制极加触发电压 u_g，则晶闸管 TH_2 就导通，电流由电源 b 端→TH_2→R_L→VD_1→电源 a 端。负载上的电压 u_o 的大小和极性与正半周相同。

从 u_1 的第二个周期开始，电路重复上述过程。电压波形如图 10-5（b）所示。半控桥式整流电路直流输出电压平均值可按下式计算

$$U_o=0.9U_i\,\frac{1+\cos\alpha}{2} \tag{10-1}$$

式中，U_i 为 u_i 的有效值，α 为触发脉冲的控制角。此式说明，适当改变触发脉冲的控制角 α（或晶闸管导通角 θ），也即控制触发脉冲加入的时间，就可改变电路的输出电压，使其平均值在 $(0\sim0.9)U_i$ 范围内变化。

【例 10-1】 一直接由 220V 交流电源供电的单相半控桥式整流电路，要求其输出电压平均值能在 0～60V 之间变化，试计算负载端电压为 60V 时晶闸管的导通阈。

解　由式（10-1）可知

$$U_o=0.9U_i\,\frac{1+\cos\alpha}{2}$$

$$\cos\alpha=\frac{2U_o}{0.9U_i}-1=\frac{2\times60}{0.9\times220}-1=-0.394$$

$$\alpha\approx113.2^\circ$$

而

$$\theta=180^\circ-113.2^\circ=66.8^\circ$$

三、晶闸管触发电路

要实现可控整流的目的，就需要有一个相位可调的触发信号，以改变晶闸管的导通角 θ，实现对输出电压的调节。产生触发信号的电路称为触发电路，触发电路种类很多，这里仅介绍常用的单结晶体管触发电路。

1. 单结晶体管

单结晶体管的内部结构如图 10-6（a）所示。在一块高阻 N 型硅片两端，制作两个镀金欧姆接触的电极（接触电阻很小），作为第一基极 B_1、第二基极 B_2，在硅片的另一侧靠近 B_2 处用扩散法掺入 P 型杂质，形成 PN 结，并引出电极 E。因仅有一个 PN 结，故称为单结晶体管；又因三个电极分别是发射极 E、第一基极 B_1、第二基极 B_2，所以又称为双基极二极管。符号如图 10-6（b）所示。

图 10-6（c）所示为测试单结晶体管特性的实验电路，B_1、B_2 两基极之间的电阻（一般

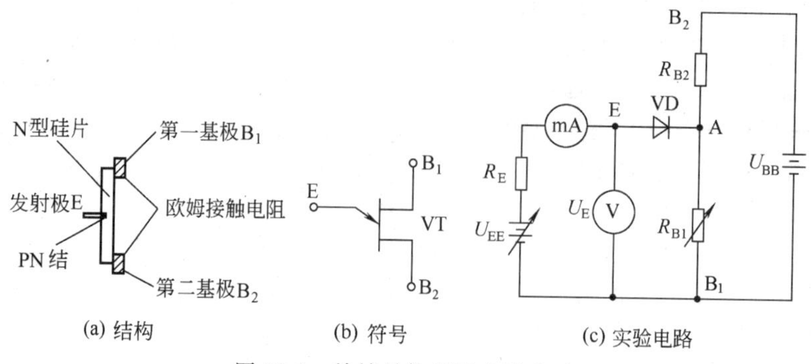

图 10-6　单结晶体管及实验电路

为2～15kΩ)$R_{BB}=R_{B1}+R_{B2}$，R_{B1}和R_{B2}分别为两个基极至PN结处（A点）的电阻。当发射极E不加电压，即$U_{EE}=0$时，固定电压U_{BB}加在B_1和B_2之间，A点电压为

$$U_A=\frac{R_{B1}}{R_{B1}+R_{B2}}\times U_{BB}=\eta U_{BB} \tag{10-2}$$

图 10-7　单结晶体管伏安特性曲线

式中，η称为单结晶体管的分压比或分压系数，它取决于管子的结构，一般在0.5～0.9之间。

逐步增加U_{EE}之值，使$U_E<U_A+0.7=\eta U_{BB}+0.7$时，VD反偏，E和$B_1$之间呈现很大电阻，管子处于截止状态，对应于这段特性曲线的区间称截止区，如图10-7中OP段所示。

当增大U_{EE}使$U_E=\eta U_{BB}+0.7=U_P$时，则单结晶体管导通，U_P称为单结晶体管峰点电压。

PN结导通后，R_{B1}减小，U_E随之下降，但I_E反而增加，即呈现所谓负阻特性（如PV段所示），此后即使增加U_E，但I_E却增加很慢，单结晶体管进入饱和区。

常用的单结晶体管有BT33、BT35等。

2. 单结晶体管触发电路

图10-8所示为具有触发电路的单结晶体管同步触发电路。

单结晶体管同步触发电路一般由同步电压产生、触发移相控制和脉冲输出三部分组成。

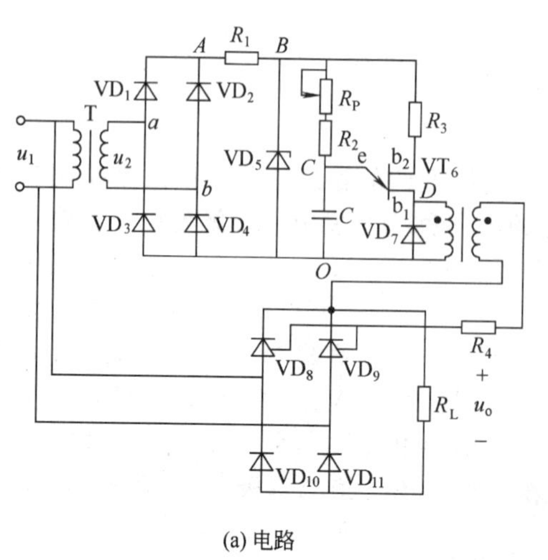

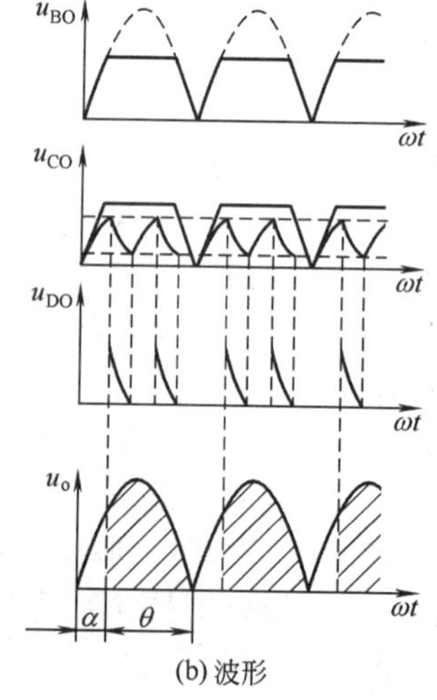

图 10-8　单结晶体管同步触发电路

（1）同步电压的产生　同步电压由同步变压器 T 获得，它的初级绕组接在与主电路同一个电源上，交流电压通过桥式整流电路后变换为 AO 之间的正弦全波单向脉波电压，经 R_1、VD_5 组成的稳压电路将它削波成梯形波 u_{BO} [见图 10-8（b）]，作为单结晶体管及其外围元件的供电电源，在每一个梯形波周期内，通过 R_P 及 R_2 对 C 充电，当 C 点电压升至单结晶体管发射极峰值电压时，电容 C 又通过单结晶体管 PN 结放电，从而在 C 点与 O 点之间得到锯齿波电压 u_{CO}（根据 R_P+R 值与 C 容量的大小，一个梯形波内可形成一个或多个锯齿波）。由于交流电压过零时，单结晶体管 $U_{BB}=0$，电容 C 上的电荷将通过单结晶体管 e 与 b_1 之间的导通而放尽，下一个梯形波周期到来时，电容充电均从零开始，因而保证了触发电路与主电路的同步。

（2）触发移相控制　晶闸管的导通时刻取决于它在承受正向阳极电压时，加到控制极的第一个触发脉冲的时刻，第一个触发脉冲使晶闸管导通后，随后的脉冲就不起作用了。如果将 R_P 调小，电容 C 充电就加快，单结晶体管发射极电压 U_E 上升到 U_P 的时间就变短，出现第一个脉冲的时间就提前，晶闸管导通角 θ 就加大，输出电压的平均值 U_o 就增大，反之，R_P 调大，U_o 就减小。

（3）脉冲输出　一般主电路的交流电压是 380V/220V，而触发电路的直流电压仅十几或几十伏，实际应用中常采用脉冲变压器实现触发电路与主电路间的电气隔离，以确保安全可靠。脉冲变压器一次侧接入单结晶体管 eb_1 回路中，且并联一个续流二极管。以避免负脉冲干扰。

综上所述，调节触发电路中的 R_P，就可改变控制角 α，从而改变供给负载 R_L 的脉动直流电压 U_o。

第二节　双向晶闸管交流调压电路

许多场合要求交流电源输出幅度能平滑调节，例如无级调速、调光、电热炉的温度控制等。利用双向晶闸管组成的交流调压电路能满足这些要求。

一、双向晶闸管

双向晶闸管是一种 NPNPN 五层三端器件，相当于两个单向晶闸管反并联，但只有一个控制极 G，由于在两个方向上都能触发导通，故两个主电路端子不再称阴极和阳极，而称为 T_1 极和 T_2 极，其外形和单向晶闸管类似，常用双向晶闸管的端子排列及符号如图 10-9 所示。

双向晶闸管的特性是：T_1 及 T_2 间的电压可正可负，且控制极的电压也可正可负。换言之，不论交流电是正半周还是负半周，只要控制极 G 与 T_1 之间有触发电流 I_G（一般 $I_G\approx$ 10mA 左右）流过，双向晶闸管都能导通，而电压过零时又自动关断。显然与只能用正脉冲触发的普通晶闸管相比，其触发电路比较简单，图 10-10 以象限的形式给出了双向晶闸管灵活的触发方式。

二、交流调压电路

显而易见，上节所述单结晶体管触发电路，即可用于双向晶闸管的触发控制。实际使用中，双向晶闸管交流调压电路通常采用双向二极管触发电路。

图 10-11 所示为一双向晶闸管在调光台灯中的应用电路及负载电压波形，R_1、R_P 及 C 构成 RC 充电时间常数电路，R_2 为触发限流电阻，VD 为双向二极管，是一个小功率的五层二端元件，其正反向伏安特性与双向晶闸管类似，但是不引出控制极。利用它的转折导通特性获得双向晶闸管所需的触发脉冲。当双向二极管所加的正向或反向电压达到其转折电压

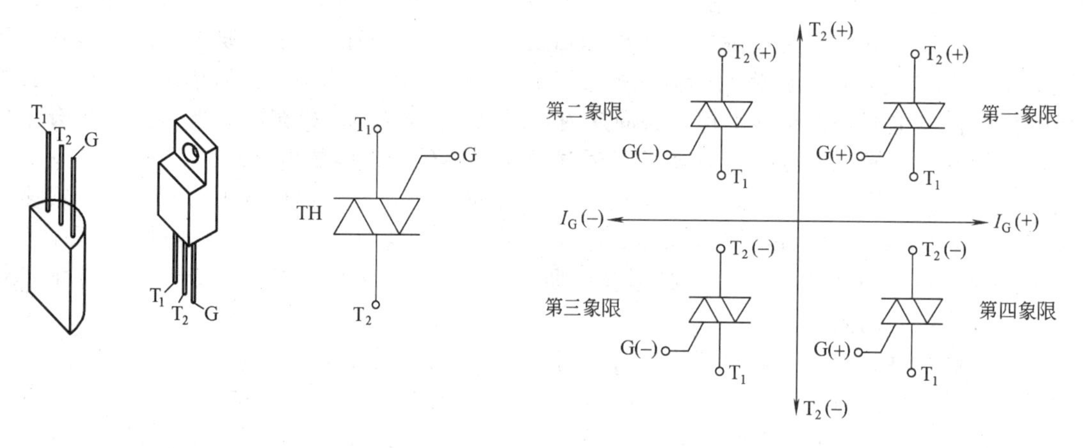

图 10-9 双向晶闸管外形及符号

图 10-10 双向晶闸管的四种触发情形

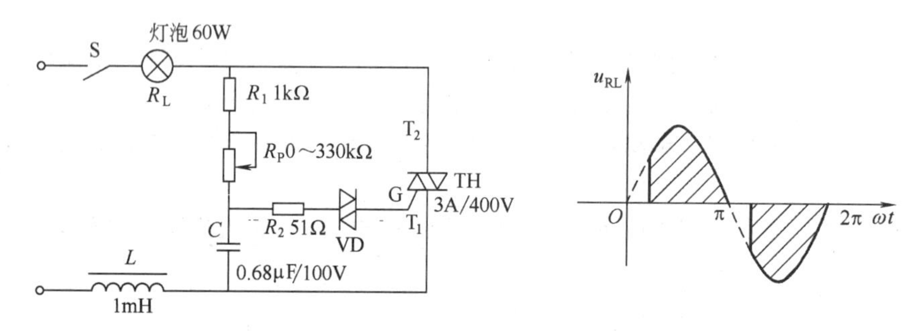

图 10-11 调光台灯应用电路及负载电压波形

（通常为 20～40V）时，便可导通，产生触发脉冲使晶闸管导通。

合上开关 S，假设电源为上正下负时，电源经 R_1、R_P 向 C 充电，当 C 两端电压上升至 VD 转折电压时，VD 导通，C 通过其放电，并形成正向触发电流 I_G（对应于图 10-10 中的第一象限）使晶闸管导通。而晶闸管导通后将触发电路短路，电源过零时晶闸管关断。

电源电压又变为下正上负时，电容反向充电，其值达到 VD 转折电压时，C 通过其向晶闸管反向放电，晶闸管在反向触发电流作用下导通（对应于图 10-10 中的第三象限），负载得到电源负半周电压。

改变 R_P 的阻值，如增大 R_P，C 充电时间常数加大，延迟了触发脉冲出现的时间，使晶闸管导通角 θ 变小，反之亦然。

电路中设置 L 可减小高次谐波对通信、无线电波等信号的影响。

该控制电路同样也可用作电扇调速电路。

第三节 变频器及变频调速简介

由第五章内容可知，交流电动机的转速 n 由下式决定

$$n=60f(1-S)/p$$

式中，f 为电动机定子供电频率；p 为磁极对数；S 为转差率。由式可见，若能均匀地改变电动机定子供电电源的频率，就可平滑地调节电动机的同步转速。变频器就是针对这一要求的交流电源设备而设计的。

能将电网供电的工频电源变换成频率和幅度均可调的交流电的变流设备，称为变频电源。变频电源最初主要用于交流电动机的变频调速，故变频电源又称变频调速器，简称变频器。

一、变频原理

一般的变频调速系统主要采用交-直-交型变频装置。基本思路是先把三相交流电变为直流电，再经过逆变器变为频率可调的三相交流电。

根据控制方式的不同，可以有三种不同的变频调速方法，即恒磁通变频调速、恒流变频调速和恒功率变频调速。恒磁通变频调速是运用最多的一种变频调速方式，它必须在变频的同时进行调压，并在低频时加以补偿，以获得恒磁通恒转矩调速特性。

图 10-12 所示为交-直-交变频器的电路模型。

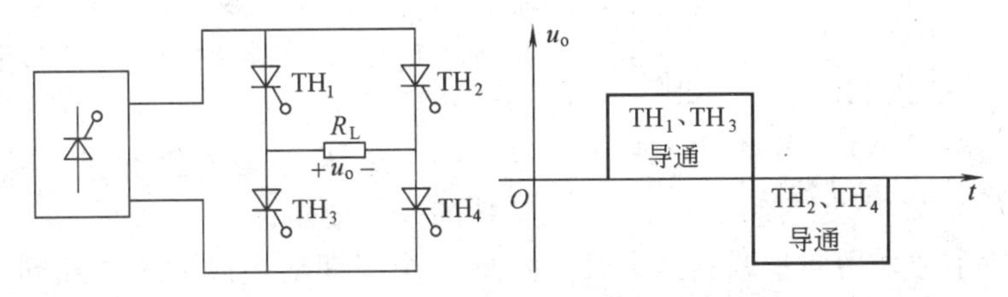

图 10-12　交-直-交变频器电路模型

选用一组可控整流器把电网交流电变换为幅度可调的直流电，接着再用一组桥接开关 TH_1、TH_2、TH_3 和 TH_4 对负载 R_L 提供交流电压，其幅度由前组可控整流电路的控制角 α 决定，而频率 f 则由后组桥接开关器件的导通规律决定。

二、变频器的基本结构

图 10-13 所示为交-直-交型变频调速电路的两种典型结构框图，就功能而言，同类变频器的基本结构大同小异，一般由整流电路、滤波电路、逆变电路及控制电路几部分组成。

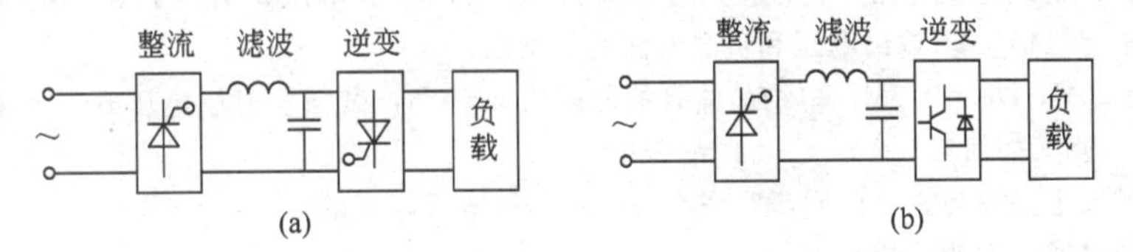

图 10-13　交-直-交型变频调速电路的两种典型结构框图

（1）整流器　其作用是变交流电为直流电。在变频技术中，可采用硅整流管构成不可控整流器，也可采用晶闸管构成可控整流器。交流输入电源是单相还是三相，视负载的额定电压和功率要求而定。

（2）滤波器　用来缓冲直流环节与负载之间的无功功率。电压型变频器采用大电容滤波，电流型变频器采用大电感滤波。

（3）逆变器　功率逆变器的作用是将直流电逆变为频率、幅度可调的交流电。随着可关断晶闸管（GTO）、功率晶体管（GTR）、功率场效应晶体管（功率 MOSFET）、绝缘栅双极晶体管（IGBT）以及 MOS 控制晶闸管（MCT）等新型功率器件的不断问世，功率逆变器的性能越来越完善。

（4）控制电路　其作用是，根据变频调速的不同控制方式产生相应的控制信号，控制功率逆变器中各功率器件的工作状态，使逆变器及整流器（采用可控整流方式时）协调工作，输出预定频率和幅度的交流电。对恒转矩调速而言，控制电路应保证输出电压压频比基本不变。

图 10-13（a）所示交-直-交变频电路，是通过在逆变器输出电源频率 f 变化的同时，改变可控整流电路的触发角 α，从而使逆变器输出方波的幅度也随之变化，从而保证 u/f（压频比）为一常数，实现恒转矩调速。

图 10-13（b）所示电路为采用脉宽调制技术（PWM）的交-直-交变频控制电路。由电网电压整流后提供给逆变器固定的直流电压，逆变器功率器件则采用全控（既可控制其导通，也可控制其关断）元件，在输出电压频率为 f 的每一个半周，逆变器给负载送入多个宽度不等的脉冲序列，其等效电压与正弦波极其相似，故称为正弦脉宽调制 SPWM。该电路输出电压 u_o 的每一个脉冲幅度相同。调速时改变输出脉冲由窄变宽又由宽变窄的频率（即改变输出等效电压 u_{of} 的频率 f），并且相应改变脉冲中每一个脉冲的宽度，使 u_{of} 发生变化，这样就保证了输出电压的 u/f 值不变，满足变频器工作特性的基本要求。

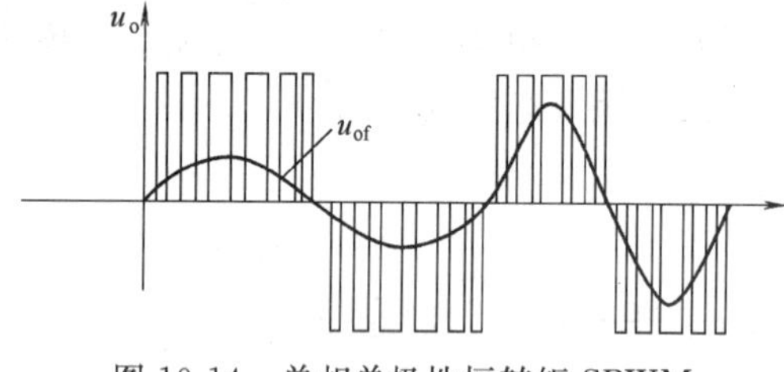

图 10-14　单相单极性恒转矩 SPWM 控制方式输出波形

图 10-14 所示为采用同步调制方式时（u_{of} 的每个周期输出脉冲个数相同），单相单极性恒转矩 SPWM 控制方式输出波形。

思考题与习题

1. 晶闸管导通的条件是什么？导通时，其中电流的大小由什么决定？晶闸管阻断时，承受电压的大小由什么决定？

2. 在晶闸管导通后，控制极失去控制作用，在什么条件下晶闸管才能从导通转为截止？

3. 在晶体三极管中，小的基极电流可以控制大的集电极电流，在晶闸管中，小的触发电流可以控制大的阳极电流，它们的作用是否相同？有何区别？

4. 一单相半控桥式整流电路，直接接入有效值为 380V 的交流电压，$R_L=10\Omega$，达到额定输出电压时晶闸管的导通角 $\theta=140°$，求输出电压和负载电流的平均值。

5. 设 $U_{BB}=20V$，$U_D=0.7V$，单结晶体管的分压比 $\eta=0.6$，试问发射极电压升高到多少伏管子导通？如果 $U_{BB}=15V$，则又如何？

6. 为什么触发电路要与主电路同步？在本书中是如何实现同步的？

7. 如何实现触发脉冲的移相？

8. 什么是稳压管的削波作用？其目的何在？

9. 试就调光台灯电路说明双向晶闸管交流调压原理。

10. 变频调速有哪几种方法？

11. 变频器一般由哪几部分组成？说明各部分的作用。

第十一章 数字电路

学习目标 了解数字及脉冲电路的基本概念，门电路与触发器的逻辑功能及分析和设计数字电路的基本数学工具——逻辑代数；掌握几种常用基本数字电路如计数器、译码器和数字显示电路的工作原理与应用；掌握半导体存储器及单片机的原理与应用。

第一节 概 述

一、模拟电路与数字电路

电子电路按其功能、性质的不同，可分为模拟电路与数字电路两大类。

模拟电路可用来实现模拟信号的产生、放大和变换，其主要单元电路是放大器。而所谓模拟信号是指其幅度是随时间连续变化的电信号，如图 11-1 所示。

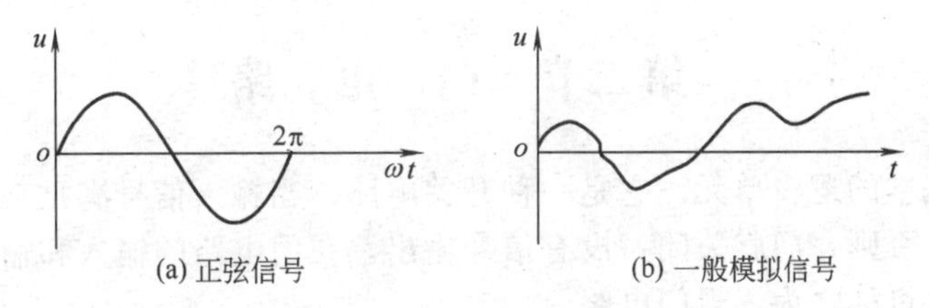

图 11-1 模拟信号

数字信号是指在时间上、幅度上都是离散的、不连续的信号，如图 11-2 所示，凡用来传递、加工和处理数字信号的电路称为数字电路。

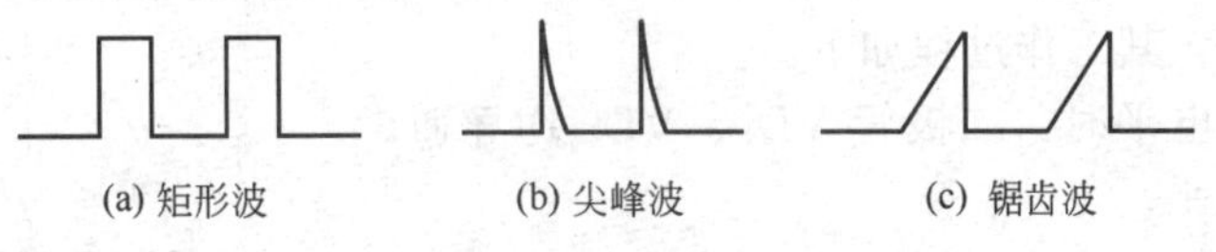

图 11-2 常见的脉冲信号

二、脉冲信号波形与参数

数字电路中的工作信号通常都是持续时间短暂的跃变信号，称为脉冲信号。通常，脉冲信号只有两个离散量，若有脉冲信号时，表示数字“1”（或逻辑“1”）；若无脉冲信号时，表示数字“0”（或逻辑“0”）。因此，脉冲信号又称为数字信号或二进制信号。

由于脉冲信号只有“0”和“1”两个数字量，因此，它很容易用电子器件来产生。例如，用开关的“开（ON）”表示“1”，开关的“关（OFF）”表示“0”；晶体管的“截止”表示“1”，“饱和”表示“0”等。用来处理脉冲信号的数字电路只有“1”和“0”两种状态，即“高电平”和“低电平”两种电压值，所以数字电路组成的数字系统具有工作准确可靠、精度高、抗干扰能力强、便于长期存储等诸多优点。目前它已广泛应用于信息检测、处理、存储、过程控制。如电子计算机、数字式仪表、数控设备、数字通信等许多技术领域。

常见的脉冲信号有矩形波、尖峰波和锯齿波等，如图 11-2 所示。

实际上，脉冲信号的波形并非完全规整，以图 11-3 所示实际矩形波为例，矩形脉冲的

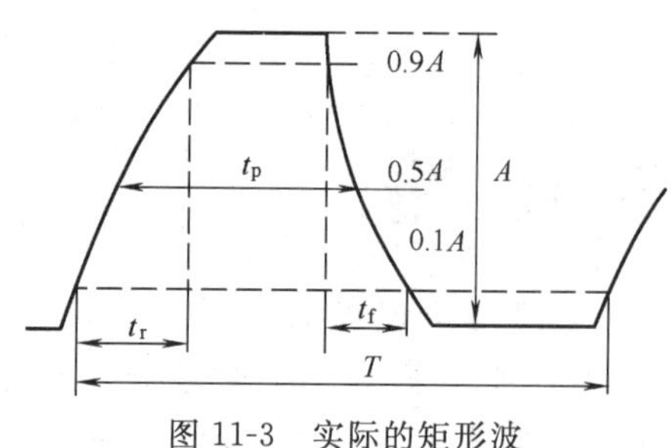

图 11-3 实际的矩形波

前沿和后沿都不是垂直的，即脉冲的跃变需要一定的时间才能完成。以下来说明脉冲信号波形的一些重要参数。

① 脉冲幅度 A。脉冲高低电平之间的差值，即脉冲信号变化的最大值。

② 脉冲上升时间 t_r。脉冲信号从 0.1A 上升到 0.9A 所需的时间，波形图上称为脉冲前沿。t_r 愈小，脉冲上升愈快，波形前沿愈陡，波形也愈好。

③ 脉冲下降时间 t_f。脉冲信号从 0.9A 下降到 0.1A 所需的时间，波形图上称为脉冲后沿。t_f 愈小，波形也愈好。

④ 脉冲宽度 t_p。从脉冲前沿 0.5A 处到后沿 0.5A 处的时间间隔。

⑤ 脉冲周期 T。周期性脉冲信号前后两次出现的时间间隔。

⑥ 脉冲频率 f。每秒钟内脉冲出现的次数，即为周期的倒数 $f=1/T$。

⑦ 占空比 D。它是脉冲宽度 t_p 与脉冲重复周期 T 的比值，用于反映脉冲重复变化的疏密程度，即 $D=t_p/T$。

第二节 门 电 路

门电路是最基本的逻辑单元。它是一种开关电路，当输入信号满足某种条件时，门就打开，有信号输出，否则，门就关闭，没有信号输出。在门电路的输入和输出信号之间存在一定的逻辑关系，故也称之为逻辑门电路。

一、分立元件门电路

1. 二极管与门

二极管与门电路如图 11-4（a）所示，图中 A、B 为与门的输入端，F 为输出端，假设二极管为理想元件，其工作过程如下。

① A、B 为低电平时，二极管 VD_1、VD_2 均导通，输出端 F 输出低电平。

② 当 A、B 中有一个低电平，如 A 为低电平，B 为高电平时，二极管 VD_1 优先导通，F 输出仍为低电平。

③ 当 A、B 均为高电平时，VD_1、VD_2 同时导通，F 输出电压约 3V，为高电平。

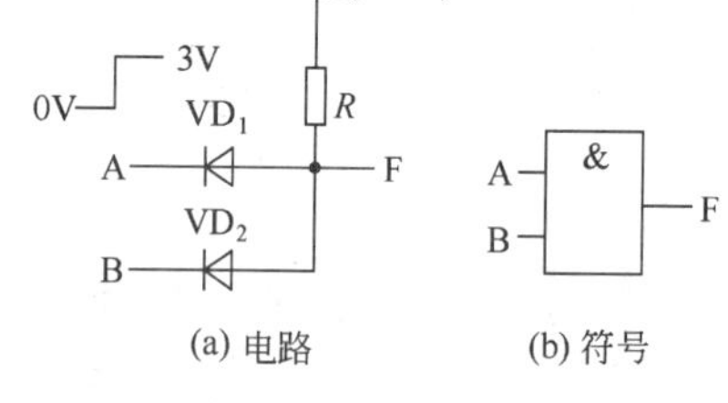

图 11-4 二极管与门电路及符号

如果用“1”表示高电平，用“0”表示低电平，则可写出反映输入与输出所有可能取值情况的真值表（见表 11-1）。

表 11-1 与门电路真值

A	B	F	A	B	F
0	0	0	1	0	0
0	1	0	1	1	1

与门电路的逻辑符号如图 11-4（b）所示，其逻辑关系表达式为

$$F=A\times B \tag{11-1}$$

2. 二极管或门

二极管或门电路如图 11-5（a）所示。A、B 为输入端，F 为输出端。其工作过程如下。

① 当 A、B 均为低电平时，二极管 VD_1、VD_2 均为导通，输出端 F 为低电平。

② 当 A、B 中有一个为高电平，如 A 为高电平，B 为低电平时，二极管 VD_1 优先导通，F 输出为高电平，VD_2 由于反偏而截止。

③ 当 A、B 均为高电平时，VD_1、VD_2 同时导通，F 输出为高电平。

或门电路真值见表 11-2。

表 11-2　或门电路真值

A	B	F	A	B	F
0	0	0	1	0	1
0	1	1	1	1	1

或门电路的逻辑关系表达式为

$$F = A + B \tag{11-2}$$

或门电路的逻辑符号如图 11-5（b）所示。

3. 三极管非门

由分立元件组成的三极管非门电路，实际上是一个三极管反相器，电路如图 11-6（a）所示。

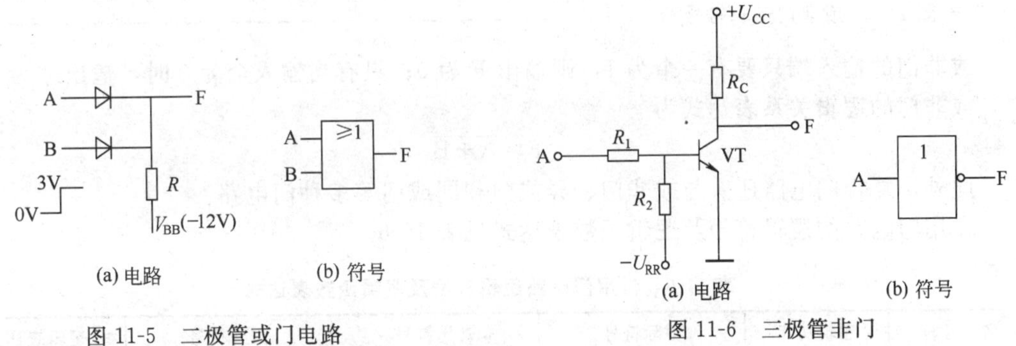

图 11-5　二极管或门电路　　图 11-6　三极管非门

在该电路中，当输入为低电平时，$-U_{BB}$经电阻 R_1、R_2 分压，使三极管基极电位为负，三极管因发射结反向偏置而处于截止状态，三极管集电极则输出高电平。

当输入为高电平时，若电阻 R_1、R_2 阻值选择合适，则可使三极管饱和导通，集电极输出低电平，可见该电路实现了非运算，其真值见表 11-3。

表 11-3　非门电路真值

A	F
0	1
1	0

非门的逻辑符号如图 11-6（b）所示，图中的小圆圈表示“非”逻辑。

非门电路的逻辑关系表达式为

$$F = \overline{A} \tag{11-3}$$

4. 复合门电路

除了上面讨论的与门、或门、非门这三种基本门电路外，还有其他常用的复合门电路。例如，将与门和非门级联，就构成与非门；将或门和非门级联，就构成或非门等。

（1）与非门　在与门输出端的后面接一非门，即可构成与非门电路。其逻辑符号如图 11-7 所示，真值见表 11-4。

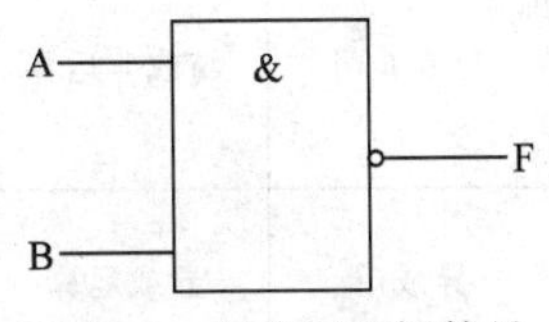

图 11-7　与非门逻辑符号

表 11-4 与非门真值

A	B	F	A	B	F
0	0	1	1	0	1
0	1	1	1	1	0

与非门的输入端只要有一个为 0，输出就为 1，只有当输入全为 1 时，输出才为 0。

与非门的逻辑关系表达式为

$$F=\overline{A\times B} \tag{11-4}$$

（2）或非门　在或门输出端的后面接一非门，即可构成或非门电路。或非门逻辑符号如图 11-8 所示，其真值见表 11-5。

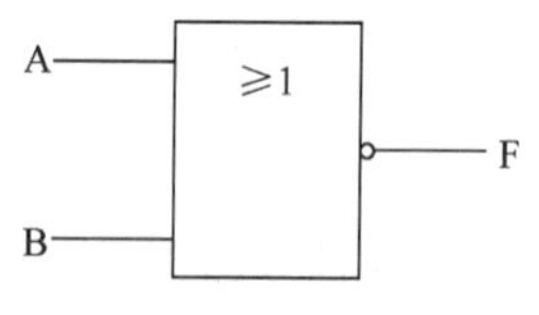

图 11-8　或非门逻辑符号

表 11-5 或非门真值

A	B	F	A	B	F
0	0	1	1	0	0
0	1	0	1	1	0

或非门的输入端只要有一个为 1，则输出 F 为 0；只有当输入全为 0 时，输出才为 1。

或非门的逻辑关系表达式为

$$F=\overline{A+B} \tag{11-5}$$

此外，复合门电路还有与或非门、异或门和同或门等多种门电路。

常用门电路的逻辑符号及逻辑函数表达式见表 11-6。

表 11-6 常用门电路逻辑符号及逻辑函数表达式

名　称	逻辑功能	国际符号	常用符号	国外符号	逻辑表达式
与门	与运算	&			$F=AB$
或门	或运算	≥1	+		$F=A+B$
非门	非运算	1			$F=\overline{A}$
与非门	与非运算	&			$F=\overline{AB}$
或非门	或非运算	≥1	+		$F=\overline{A+B}$
与或非门	与或非运算	& ≥1	+		$F=\overline{AB+CD}$
异或门	异或运算	=1	⊕		$F=A\oplus B$ $=A\overline{B}+\overline{A}B$

二、集成门电路

上述几种基本逻辑门电路是由二极管、三极管、电阻等分立元件构成的，所以称为分立元件门电路。讲述它们的目的是为了分析各种基本门电路的原理和逻辑功能。实际应用中绝大部分门电路均采用集成逻辑门电路。集成门电路不仅具有高的可靠性、微型化等优点，且转换速度快，输入、输出的高、低电平取值相同，便于多级级联使用。

集成门电路的种类很多，按所使用的基本开关元件的不同和电路构成特点，可分为TTL及CMOS门电路两大类。

1. TTL门电路

TTL（Transistor Transistor Logic）是晶体管-晶体管逻辑电路的简称，其输入级和输出级都是以晶体管为核心。TTL电路发展很早，生产工艺成熟，产量大，品种齐全，价格较低，是目前中、小规模集成电路的主流产品。一片TTL集成门电路内一般集成有多个逻辑门电路，而各个逻辑门互相独立，可以单独使用，但它们共用一根电源引线和一根地线。使用时不管何种逻辑功能的TTL门电路，都必须将U_{CC}接+5V直流电源，地线接公共地线。

下面以使用最为普遍的TTL与非门电路为例，介绍TTL集成门电路外形、参数及应用。

图11-9所示为两种常用TTL与非门的外端子引线排列图，均采用14脚双列直插式封装。

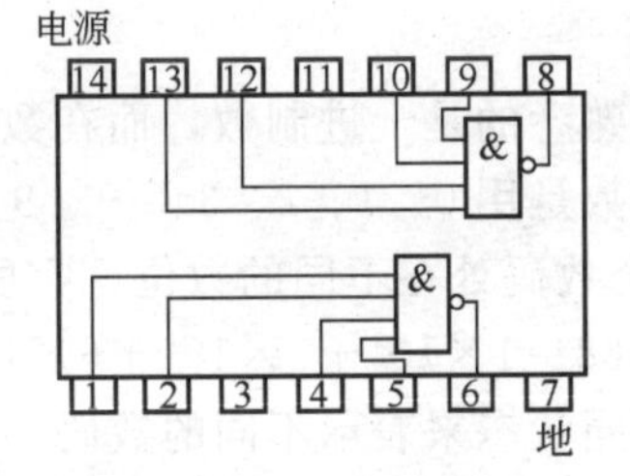

(a) 双4输入与非门74LS20

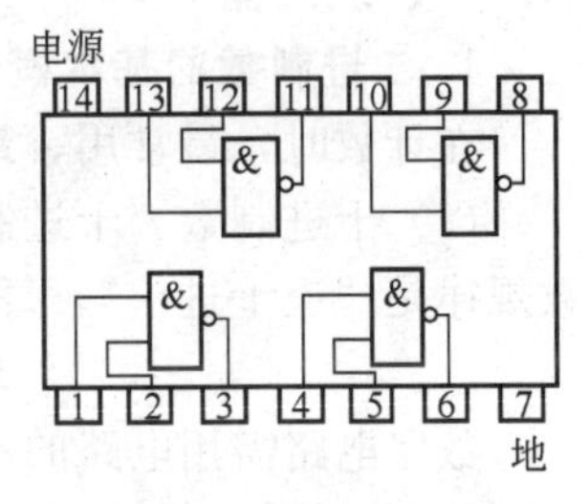

(b) 四2输入与非门74LS00

图11-9　TTL与非门外引线排列图

不同系列的TTL与非门电路产品，其功耗与开关速度等性能指标有所不同，主要参数如下。

(1) 输出高电平电压U_{OH}　当输入端接有0（低电平）时的输出电压称为输出高电平电压。对于74LS系列产品，$U_{OH} \geqslant 2.5V$，典型值为3.4V。

(2) 输出低电平电压U_{OL}　在额定负载下，输入端全为1时的输出电压称为输出低电平电压。对于74LS系列产品，$U_{OL} \leqslant 0.4V$，典型值为0.25V。

(3) 扇出系数N_O　指一个与非门能驱动同类门的最大数目，表示与非门的带负载能力。TTL与非门的$N_O \geqslant 8$。

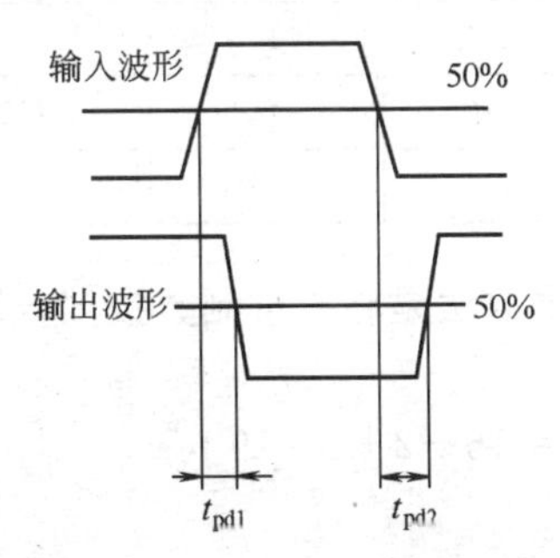

图11-10　与非门的传输延迟时间

(4) 平均延迟时间t_{pd}　在与非门某一输入端加一个矩形脉冲（其他输入端接高电平），其输出端输出一个反相的矩形脉冲，如图11-10所示。由于门电路内部晶体管的状态改变需要一定的时间，所以其输出对输入有一定的时间延迟。与非门的平均传输延迟时间定义为$t_{pd}=\frac{t_{pd1}+t_{pd2}}{2}$。

2. CMOS门电路

CMOS（Complementary Metal-Oxide-Semiconductor）门电路是互补对称金属氧化物半导体门电路的简称，是近年来国内外迅速发展、广泛应用的一种电路。在逻辑功能方面，CMOS门电路与TTL门电路逻辑功能是相同的。而且当CMOS门电路的电源电压$U_{DD}=+15V$时，可以与低功耗的 TTL 电路直接兼容。本书后面所述的内容，对 TTL 电路和 CMOS 电路同样适合。

与 TTL 电路相比。CMOS 门电路的主要特点如下。

① 功耗低。CMOS 电路工作时，几乎不吸取静态电流，所以功耗极低。

② 电源电压范围宽。目前，国产 CMOS 集成电路的工作电源电压可在 3～18V 范围内选用。使用灵活、方便，易于和其他电路接口。

③ 抗干扰能力强。

④ 制造工艺较简单，但工作速度、负载能力等方面目前尚不及 TTL 电路。

⑤ 集成度高，易于实现大规模集成。

第三节　组合逻辑电路

前面讨论了几种基本逻辑关系及实现这些关系的基本逻辑门电路。在实际工作中，往往需要将这些门电路进一步组合起来，成为组合逻辑电路，以实现较复杂的逻辑运算，具有较强的逻辑功能。组合逻辑电路的特点是：在任一时刻的输出状态，只决定于该时刻的输入状态，而与电路原来的状态无关。本节讨论几种典型组合逻辑电路的原理及应用电路。

一、加法器

1. 二进制数的基本概念

在计数时，最常用、最熟悉的是十进制数，而在数字电路中则常用二进制计数。

(1) 十进制数　十进制数是用 0、1、2、3、…、9 等十个不同的数码来表示数的，其计数规律是“逢十进一”。每个数码处在不同的数位，它所代表的数值是不同的。例如

$$1368=1\times10^3+3\times10^2+6\times10^1+8\times10^0$$

数字电路需用电路的不同状态来表示不同的数码。十进制数有 10 个数码，必须用 10 个不同的而且能够严格区分的电路状态来对应，这在用电路实现时是困难的。因此，在数字电路中，不直接采用十进制，而常用二进制数进行运算。

(2) 二进制数　二进制数是用 0 和 1 两个数码来表示数的，其计数规律是“逢二进一”。

十进制数与二进制数的对应关系见表 11-7。

表 11-7　十进制数与二进制数的对应关系

十进制	二进制	十进制	二进制	十进制	二进制	十进制	二进制
0	0	4	100	8	1000	12	1100
1	1	5	101	9	1001	13	1101
2	10	6	110	10	1010	14	1110
3	11	7	111	11	1011	15	1111

二进制数以 2 为基数。将二进制数转换为十进制数的基本方法是将二进制数按“权”展开，例如

$$10011=1\times2^4+0\times2^3+0\times2^2+1\times2^1+1\times2^0=16+2+1=19$$

即

$$(10011)_2=(19)_{10}$$

式中，2^4、2^3、2^2、2^1、2^0 称为它所对应的该位的“权”。

将十进制数转换成二进制数的基本方法是除 2 取余法，即将十进制数不断用 2 除，将所得的余数，从后往前读，即为等值的二进制数。

【例 11-1】 将十进制数 13 转换成等值的二进制数。

解

$$\begin{array}{r|l} 2 & 13 \quad \cdots 余1 \\ 2 & 6 \quad \cdots 余0 \\ 2 & 3 \quad \cdots 余1 \\ 2 & 1 \quad \cdots 余1 \\ & 0 \end{array}$$

即 $(13)_{10}=(1101)_2$

2. 加法器

在计算机中，算术运算都是化作若干步加法运算进行的。因此，加法器是构成算术运算的基本单元。

(1) 全加器　二进制的加法规则为逢二进一，即

$$0+0=0$$
$$0+1=1+0=1$$
$$1+1=10$$

下面来看一个两个四位二进制数 A=1011，B=1110 相加的运算情况

$$\begin{array}{r} 1011\ (A) \\ +)\ 1110\ (B) \\ \hline 11001\ (A+B) \end{array}$$

可以看到，除最低位外，任何相同位相加时，除该位的加数和被加数外，还需考虑来自相邻低位的进位。运算结果除本位的和以外，还要有向相邻高位的进位，这种运算电路称为全加器。

因此，全加器有三个输入端、两个输出端。如果用 A_i、B_i 表示第 i 位的两个二进制数，C_{i-1}表示低位向 i 位送来的进位，S_i 表示 i 位的全加和，C_i 表示向高位的进位，能满足全加运算的组合逻辑电路如图 11-11 (a) 所示，由两个异或门、一个与或非门和一个非门组成。图 11-11 (b) 所示为全加器的逻辑符号

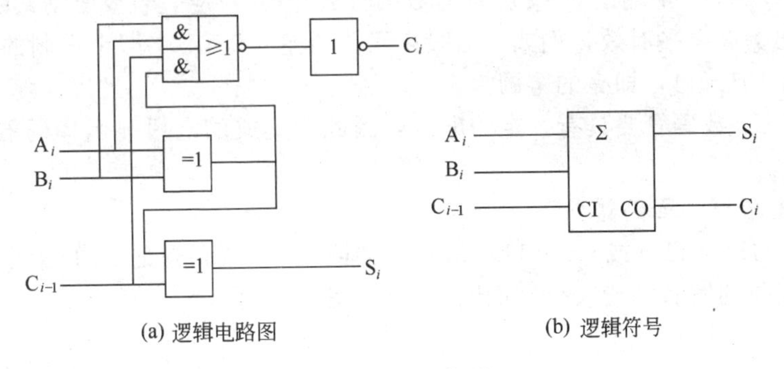

图 11-11　全加器

(2) 加法器　用几个全加器可组成一个多位二进制数加法运算电路。图 11-12 所示为四位二进制数并行相加-串行进位加法器逻辑图，由 4 个全加器组成，只要依次将低位的进位输出端接至高位的进位输入端即可。最低位全加器的进位端应接 0。

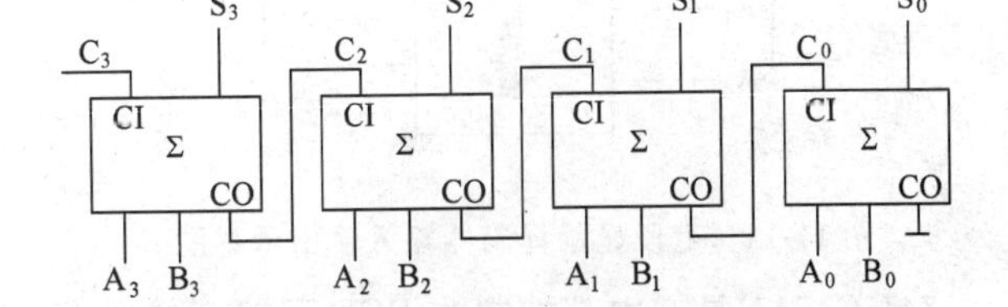

图 11-12　四位二进制数并行相加-串行进位加法器逻辑图

二、编码器

在数字电路中，有时需要把某

种控制信息的含义（例如十进制数码，字母 A、B、C 等，符号>、<、=等）用一个规定的二进制数来表示。二进制数只有 0 和 1 两个数码，把若干个 0 和 1 按一定规律编排起来用来表示某种信息含义的一串符号称为代码。具有这种逻辑功能的逻辑器件称为编码器。

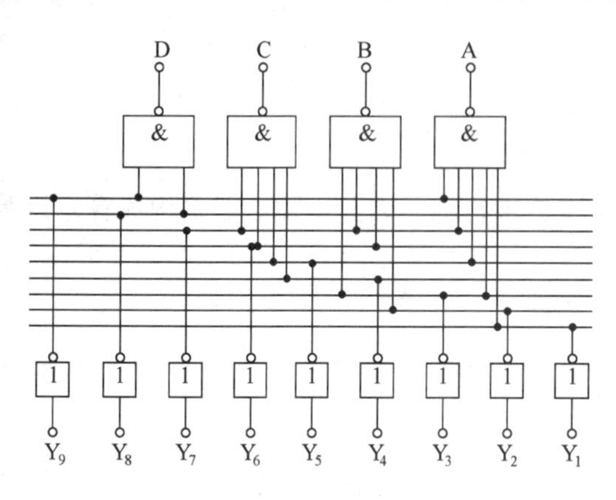

图 11-13 8421BCD 编码器

二-十进制编码器是将十进制的十个数码 0、1、2、…、9 编成二进制代码的逻辑电路。图 11-13 所示为一个二-十进制编码器逻辑图。它是一个具有十输入变量 $Y_0 \sim Y_9$、四输出变量 A、B、C、D 的组合逻辑电路，通过选取 16 种输出状态中的 10 种状态，对应表示 0～9 十个数码，这种编码方式简称为 BCD 编码。

常用的 BCD 编码方式是在四位二进制代码的十六种状态中取出前面十种状态，即用 0000～1001 来表示十进制数的 0～9 十个数码。由于二进制码各位的 1 所代表的十进制数从高位到低位依次是 8、4、2、1，故又被称为 8421 编码，简称 8421 码。

三、译码和数字显示电路

译码是编码的逆过程。它是把一组输入的二进制代码翻译成具有特定含义的输出信号。实现译码操作的电路称为译码器。根据功能不同，译码器可分为二进制译码器、二-十进制译码器和显示译码器。本节只介绍驱动 LED 数码管的七段显示译码器。

1. 七段显示译码器的工作特点

七段显示译码器的输入输出示意图如图 11-14 所示。

根据七段 LED 数码管（见本书第七章）显示数字的基本原理，七段显示译码器的 4 个输入是 8421BCD 码，7 个输出 a～g 分别与数码管的 a～g 对应。若要驱动共阴结构的 LED，则译码器的输出为高电平有效，例如，七段译码器的输入是 0101 即十进制的 5，则 a～g 的 7 个输出状态为 1011011，即亮的笔画为 1。

由于驱动 LED 数码管要具有一定的电流，因此，集成的七段显示译码器在输出端都带有驱动电路。

2. 中规模七段显示译码器

CMOS 的 74HC4511（或 CC4511）是驱动共阴 LED 数码管的 BCD 七段锁存/译码器/驱动器，其端子排列图和功能表分别如图 11-15 和表 11-8 所示。

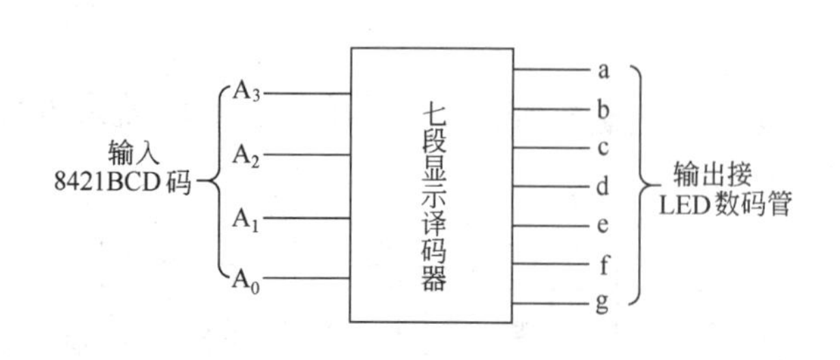

图 11-14 七段显示译码器输入输出示意图

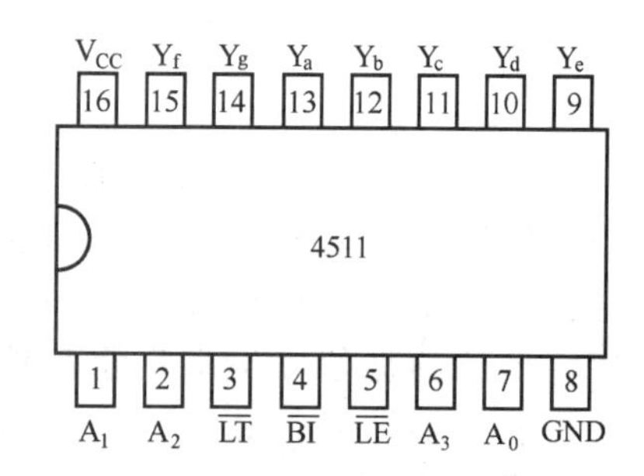

图 11-15 74HC4511 端子排列

74HC4511 具有内部抑制非 BCD 码输入的电路，当输入为非 BCD 码时，七个输出端子全为 0，显示消隐。

表 11-8　74HC4511 功能

输　入							显　示
$\overline{LE}$	$\overline{BI}$	$\overline{LT}$	A_3	A_2	A_1	A_0	
×	0	×	×	×	×	×	消隐
×	1	0	×	×	×	×	8
0	1	1	0	0	0	0	0
0	1	1	0	0	0	1	1
0	1	1	0	0	1	0	2
0	1	1	0	0	1	1	3
0	1	1	0	1	0	0	4
0	1	1	0	1	0	1	5
0	1	1	0	1	1	0	6
0	1	1	0	1	1	1	7
0	1	1	1	0	0	0	8
0	1	1	1	0	0	1	9
0	1	1	1	0	1	0	消隐
0	1	1	1	0	1	1	消隐
0	1	1	1	1	0	0	消隐
0	1	1	1	1	0	1	消隐
0	1	1	1	1	1	0	消隐
0	1	1	1	1	1	1	消隐
1	1	1	×	×	×	×	锁存

$\overline{BI}$为灭灯信号输入端，当$\overline{BI}$输入为 0 时，$Y_a \sim Y_g$ 全为 0。

$\overline{LT}$为试灯信号输入端，用以测试数码管各笔画段能否正常发光，当$\overline{LT}$为 0 时，$Y_a \sim Y_g$ 全为 1，数码管显示字符“8”。

$\overline{LE}$为选通端。当$\overline{LE}$为 0 时，允许 BCD 码输入，当$\overline{LE}$为 1 时锁存。锁存时显示的字符取决于$\overline{LE}$端由 0→1 时输入端的 BCD 码状态。

74HC4511 每段的输出驱动电流可达 25mA，因此，在驱动 LED 数码管时要加限流电阻，其连接示意如图 11-16 所示。

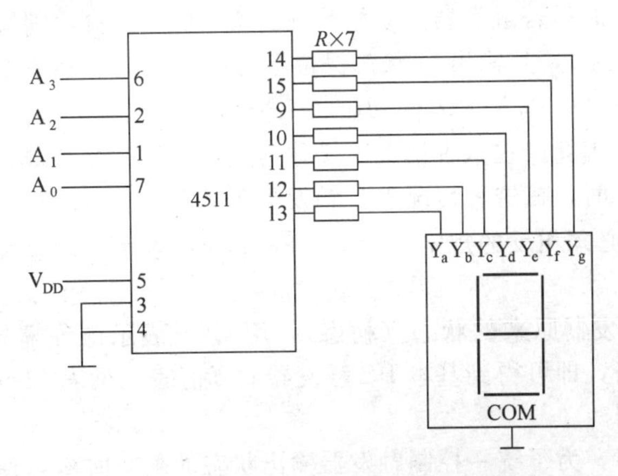

图 11-16　74HC4511 与数码管的连接示意

第四节 触 发 器

触发器全称叫双稳态触发器，具有两个稳定的工作状态，即 0 态（$Q=0$，$\overline{Q}=1$）和 1 态（$Q=1$，$\overline{Q}=0$）。在没有外来信号作用时，将处于一个稳态保持不变，直到有输入信号作用使它翻转到另一个稳态为止。故对输入信号具有记忆功能，可用来输入和存储二进制数字信息 1 和 0。

以触发器为基本单元可组成各种具有记忆功能的逻辑电路，称为时序逻辑电路，如寄存器、计数器等。时序逻辑电路的特点是：其输出不仅与当时输入变量的状态有关，还决定于电路原来的状态。这种电路在计算机和数字系统中获得广泛的应用。

触发器的类型很多，按逻辑功能分，有 RS 型、JK 型、D 型等，现分别介绍如下。

一、RS 触发器

1. 基本 RS 触发器

基本 RS 触发器由两个与非门交叉连接而成，其逻辑图、逻辑符号如图 11-17 所示。Q 与 $\overline{Q}$ 端是触发器的两个输出端。在正常工作条件下，Q 与 $\overline{Q}$ 两个输出端的状态总是保持相反。规定 Q 端状态为触发器的输出状态，即当 $Q=1$（$\overline{Q}=0$）时，称触发器为“1”状态；当 $Q=0$（$\overline{Q}=1$）时，称触发器为“0”状态。基本 RS 触发器的两个输入端的$\overline{S_D}$端称为“直接置位端”（或称为“直接置 1 端”），$\overline{R_D}$称为“直接复位端”（或称为“直接置 0 端”）。逻辑符号中输入端的小圆圈表示触发信号为低电平有效。

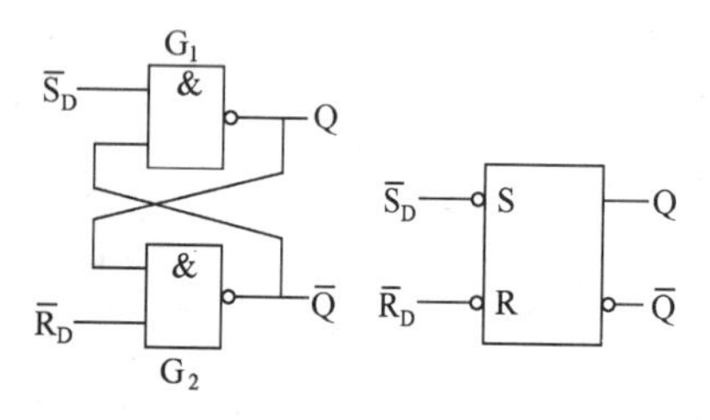

(a) 逻辑电路 (b) 逻辑符号

图 11-17 由两个与非门组成的基本 RS 触发器

基本 RS 触发器的逻辑功能如下。

① $\overline{S}_D=1$，$\overline{R}_D=0$ 时，与非门 G_2 有一个输入端为 0，其输出 $\overline{Q}=1$。而与非门 G_1 的两个输入端均为 1，其输出 $Q=0$，触发器稳定在“0”状态。通常称这种情况为将触发器置“0”或“清 0”。

② $\overline{S}_D=0$，$\overline{R}_D=1$ 时，与非门 G_1 有一个输入端为 0，其输出 $Q=1$。而与非门 G_2 的两个输入端均为 1，其输出 $\overline{Q}=0$，触发器输出状态为“1”状态。称这种情况为触发器置“1”。

③ $\overline{S}_D=1$，$\overline{R}_D=1$ 时，若触发器的初始状态为 $Q=0$、$\overline{Q}=1$，则输入信号加入后，与非门 G_1 的两个输入端均为 1，其输出 Q 状态保持不变仍为 0，而 G_2 门的输入有一端为 0，其输出 $\overline{Q}$ 状态仍保持 1 不变；若触发器的初始状态为 $Q=1$、$\overline{Q}=0$，经过类似分析可知，触发器状态仍然保持不变。因此，在这种情况下又称触发器具有记忆功能。

④ $\overline{S}_D=0$，$\overline{R}_D=0$ 时，在这种情况下，触发器的两输出端 Q 和 $\overline{Q}$ 都为 1，违反了触发器输出端 Q 与 $\overline{Q}$ 状态必须相反的规定。因此，$\overline{S}_D$ 和$\overline{R}_D$ 均为 0 的输入情况，在实际使用中应避免出现。

如果用 Q^n 表示触发器原来的状态（初态），用 Q^{n+1} 表示触发器新的状态（次态），将上述逻辑关系列成表格，即可得到基本 RS 触发器的真值表，见表 11-9。

2. 同步 RS 触发器

在数字电路系统中，为了统一控制触发器输出状态的翻转时刻，使各触发器动作在时间上同步，触发器除应有状态控制输入端外，还需设置一个同步信号输入端，此同步信号称为

表 11-9　基本 RS 触发器真值

$\overline{S}_D$	$\overline{R}_D$	Q^{n+1}	功能	$\overline{S}_D$	$\overline{R}_D$	Q^{n+1}	功能
0	0	×	避免	1	0	0	置 0
0	1	1	置 1	1	1	Q^n	记忆

时钟脉冲信号，用 CP（Clock Pulse）表示。这种受时钟信号控制的触发器称为钟控触发器，又称为同步触发器。

同步触发器有四种触发方式（所谓触发方式，是指在时钟脉冲 CP 的什么时刻触发器输出状态可能发生变化）。

① 高电平触发，即 CP=1 期间均可触发。

② 低电平触发，即 CP=0 期间均可触发。

③ 上升沿触发，即在 CP 由 0 变为 1 时触发，记为“↑”。

④ 下降沿触发，即在 CP 由 1 变为 0 时触发，记为“↓”。

同步 RS 触发器如图 11-18 所示。图中$\overline{S}_D$和$\overline{R}_D$是直接置 1 端和直接置 0 端，这两个端不受时钟脉冲的控制。一般通过对这两个输入端加负脉冲来设定触发器的初始状态，而当触发器正常工作时，则应让这两个端接高电平或悬空。

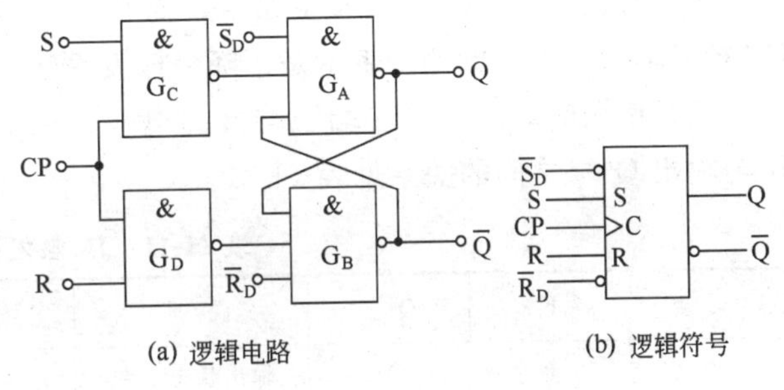

图 11-18　同步 RS 触发器

同步 RS 触发器为高电平触发方式。当时钟脉冲 CP=0 时，此时不论 R 和 S 端输入什么信号，触发器输出状态保持原态不变。只有当 CP=1 期间，触发器的输出状态才由 R 和 S 端的信号决定，其真值见表 11-10。

表 11-10　同步 RS 触发器的真值

CP	$\overline{S}_D$	$\overline{R}_D$	S	R	Q^{n+1}	功能
×	0	0	×	×	×	避免
×	0	1	×	×	1	直接置 1
×	1	0	×	×	0	直接置 0
0	1	1	×	×	Q^n	保持
1	1	1	0	0	Q^n	保持
1	1	1	0	1	0	置 0
1	1	1	1	0	1	置 1
1	1	1	1	1	×	避免

二、JK 触发器

JK 触发器是一种功能比较完善、应用极为广泛的触发器。图 11-19（a）所示为 JK 触发器的一种典型结构——主从型 JK 触发器的逻辑图，由两个同步 RS 触发器串联构成，前一级称为主触发器，后一级称为从触发器。主触发器具有双 R、S 端，并将其中一对 R、S 端分别与从触发器的输出端 Q、$\overline{Q}$ 相连，另一对 R、S 端分别标以 K 和 J，作为整个主从触发器的输入端，从触发器的输出端作为整个主从触发器的输出端。主触发器的输出端与从触发器的输入端直接相连，用主触发器的状态来控制从触发器的状态。时钟脉冲直接控制主触发器，经过非门反相后控制从触发器，所以主、从两触发器的时钟脉冲信号 CP 恰好反相。

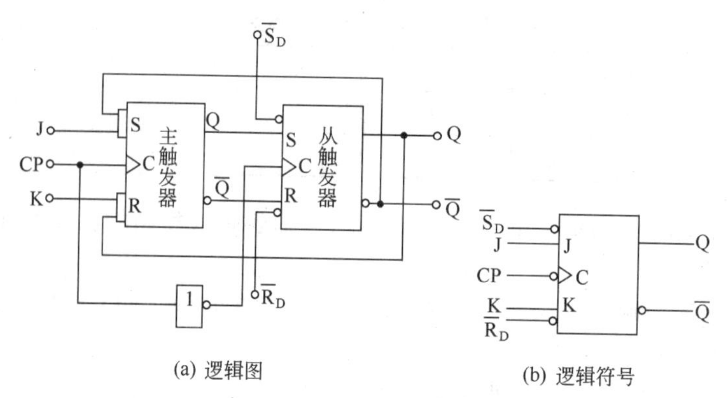

(a) 逻辑图 (b) 逻辑符号

图 11-19 主从型 JK 触发器

主从型 JK 触发器的逻辑符号如图 11-19（b）所示。有一个直接置位端 $\overline{S}_D$ 和一个直接复位端 $\overline{R}_D$，有两个控制输入端 J 和 K，一个时钟脉冲输入端 CP。

主从触发器在 CP=1 时接受信号，而在 CP 下降沿到来时，从触发器翻转，逻辑符号中 CP 控制端用一个小圆圈来表示是下降沿触发翻转。

正常使用时，$\overline{S}_D$ 及 $\overline{R}_D$ 端子均接高电平，在 CP 脉冲的作用下，由分析可知，输入 J、K 与输出 Q^{n+1} 之间的关系见表 11-11。

表 11-11 JK 触发器真值

J	K	Q^{n+1}	说 明	J	K	Q^{n+1}	说 明
0	0	Q^n	输出状态不变	1	0	1	置 1
0	1	0	置 0	1	1	$\overline{Q^n}$	计数翻转

从 JK 触发器真值表可看出其逻辑功能如下。

① J=0，K=0，时钟脉冲触发后，触发器的状态不变，即 $Q^{n+1}=Q^n$。

② J=0，K=1，不论触发器原来是何种状态，时钟脉冲触发后，输出均为 0 态。

③ J=1，K=0，不论触发器原来是何种状态，时钟脉冲触发后，输出均为 1 态。

④ J=1，K=1，时钟脉冲触发后，触发器的新状态总是与原来状态相反，即 $Q^{n+1}=\overline{Q^n}$。

此外，对于 TTL 型器件来说，如果 J、K 端子悬空，相当于接高电平 1。但实际使用时，多余端子不宜悬空，而以接高电平为好。对 CMOS 型器件，在连接电路时，输入端子不得悬空。

【例 11-2】 已知 CP 的波形，试画出图 11-20（a）中各 JK 触发器输出端 Q_1、Q_2、Q_3、Q_4 的波形（各触发器均为 TTL 型器件，且初态为 0 态）。

解 图中 J、K 输入端悬空，即相当于接到高电平 1。

图（1）J=K=1，每来一个 CP 脉冲，触发器翻转一次。图（2）J=Q_2=0、K=1，故触发器将保持 Q_2=0 的状态。图（3）开始时 J=1，K=$\overline{Q}_3$=1，第一个 CP 脉冲将使触发器翻转成 Q_3=1，$\overline{Q}_3$=0，这时 J=1，K=$\overline{Q}_3$=0，再来 CP 脉冲时，触发器将保持 Q_3=1 的状态不变。图（4）开始时，J=$\overline{Q}_4$=1、K=1，第一个 CP 脉冲将使触发器翻转成 Q_4=1、$\overline{Q}_4$=0，这时 J=$\overline{Q}_4$=0、K=1。第二个 CP 脉冲将触发器置 0 态，即回到初始状态。以后，第三、第四个 CP 脉冲作用时，又重复上述过程。

根据以上分析，可画出 Q_1、Q_2、Q_3 和 Q_4 的波形，如图 11-20（b）所示。

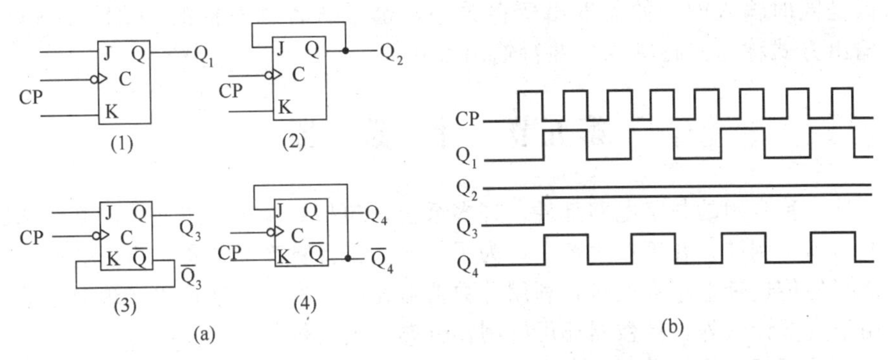

图 11-20 TTL 型触发器及其输出波形

三、D 触发器

D 触发器是应用广泛的触发器，图 11-21 所示为常见维持阻塞型 D 触发器的逻辑符号及波形图。CP 输入端不标注小圆圈，表明该触发器是在时钟脉冲上升沿触发翻转，CP 上升沿过后，输入端 D 即被封锁。

D 触发器的逻辑功能是 CP 脉冲到来瞬间，输出端 Q 的状态根据此时输入端 D 的状态变化，其真值见表 11-12。

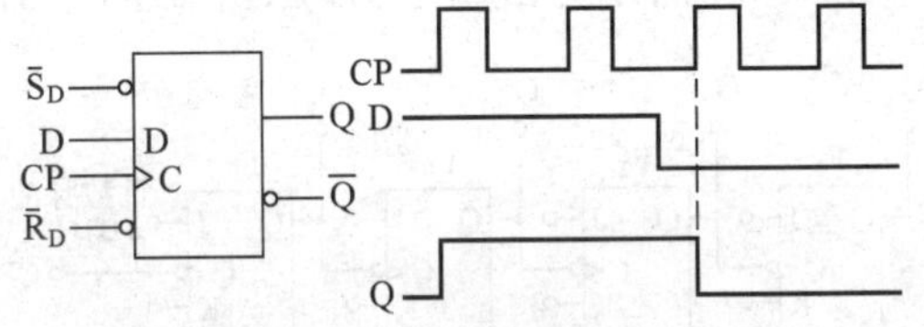

图 11-21 维持阻塞型 D 触发器逻辑符号及波形图

表 11-12 D 触发器真值

D	Q_{n+1}	说　明
1	1	输出状态与 D 端相同
0	0	

四、应用实例

触发器是一种能存储信息、具有记忆功能的逻辑部件，以它为基础可以构成寄存器、计数器、脉冲发生器等各种中规模集成时序逻辑电路，以下简要介绍用 D 触发器构成的数码寄存器，如图 11-22 所示。

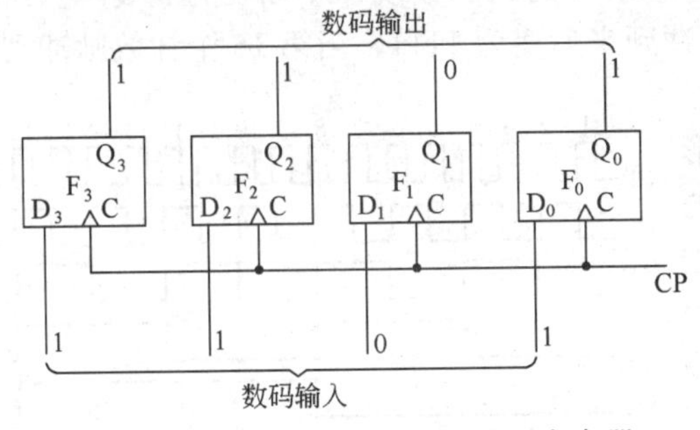

图 11-22 由 D 触发器构成的数码寄存器

在数字系统中，寄存器用来存放二进制数形式的数据、指令、运算结果等，是一种重要的逻辑部件。

寄存器由触发器组成。触发器有两个稳态，即 0 态和 1 态，故每个触发器可以存储一位二进制数码（0 或 1），如果要存放 N 位二进制数，就需要 N 个触发器。图 11-22 是由四个 D 触发器构成的四位数码寄存器逻辑电路图。欲寄存的数码分别从各触发器的 D 端送入，D 端称为数码输入端；寄存的数码可从各触发器的 Q 端输出，故 Q 称为数码输出端；各触发器的 CP 端连接在一起，送入的 CP 脉冲称为接收脉冲。设需要存放的数码为 1101，首先将这四位二进制数码按位分别接到各触发器的数码输入端，使 $D_3=1$、$D_2=1$、$D_1=0$、$D_0=1$。然后在 CP 端送入一个正的接收脉冲，于是不论触发器原来处于什么状态，这时，$Q_3=1$、$Q_2=1$、$Q_1=0$、$Q_0=$

1。当 CP 脉冲消失后，数码 1101 便存放在寄存器中。这种寄存器在接收输入数码时，所有各位数码是同时输入的。如需取出所存数码，也是从各触发器的 Q 端同时输出，故这种输入、输出方式称为并行输入、并行输出方式 。

第五节　计　数　器

计数器是一种常用的数字电路部件。许多系统，包括计算机、工业控制系统和数字测量仪器等都要用到。例如，在工业生产中，为了代替人工计算产品数量，可以让产品在光敏元件和光源之间的传送带上单列通过，利用计数器对光电脉冲计数就可以实现对产品个数的计数。除了用于直接计数外，计数器还可以用作分频、定时等。

按计数的数制可分为二进制、十进制和任意进制计数器；按计数的功能可分为加法、减法和两种功能兼有的可逆计数器；按进位的方式可分为异步和同步计数器。

一、二进制计数器

图 11-23 所示为由四个 JK 触发器组成的四位异步二进制加法计数器。图中 F_0 的 CP 是输入的计数脉冲，Q_0 作为 F_1 的 CP 脉冲，Q_1 作为 F_2 的 CP 脉冲，Q_2 作为 F_3 的 CP 脉冲。各触发器 J=K=1，在 CP 脉冲或低位输出的下降沿触发翻转。由于各触发器所用的不是同一时钟脉冲，因此，其状态的翻转有先有后，故称异步计数器，其计数功能如下面分析。

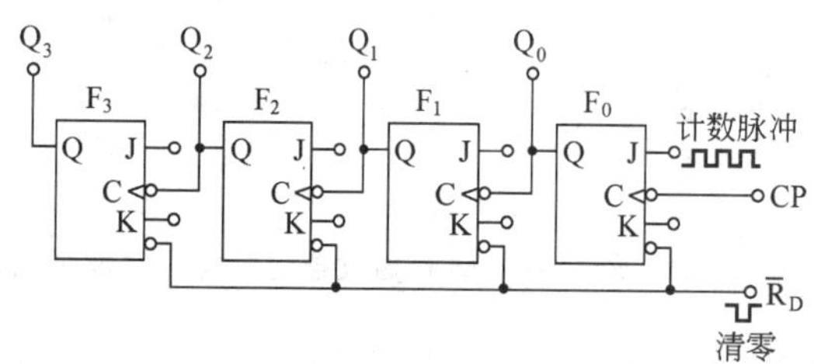

图 11-23　四位异步二进制加法计数器

计数脉冲输入前，先用负脉冲加到置 0 端$\overline{R}_D$上，使各触发器置 0，然后加入计数脉冲。第一个计数脉冲下降沿来到触发器 F_0 的 CP 端时，Q_0 由 0 变 1，此时，触发器 F_1 的 CP 端得到 Q_0 脉冲的上升沿，其输出状态不变，触发器 F_2 和 F_3 的 CP 端信号无变化，故其输出端的状态也保持不变。第二个计数脉冲到来时，Q_0 由 1 变 0，F_1 的 CP 端得到 Q_0 脉冲的下降沿（进位信号），使 Q_1 由 0 变 1，而 F_2 和 F_3 的输出状态不变。计数脉冲不断加入，各触发器的状态按规律不断变化，$Q_3Q_2Q_1Q_0$ 由 0000 依次变为 0001、0010……当第 15 个脉冲到来后变为 1111，当第 16 个计数脉冲到来后 $Q_3Q_2Q_1Q_0$ 又回到 0000 态。

图 11-24 所示为四位二进制加法计数器波形图。由图中不难看出，每个触发器输出脉冲的频率是它们的低一位触发器脉冲频率的二分之一，称为二分频。因此，Q_0、Q_1、Q_2、Q_3 输出脉冲频率分别是计数脉冲 CP 的二分频、四分频、八分频和十六分频。所以这种计数器也可当作分频器使用。

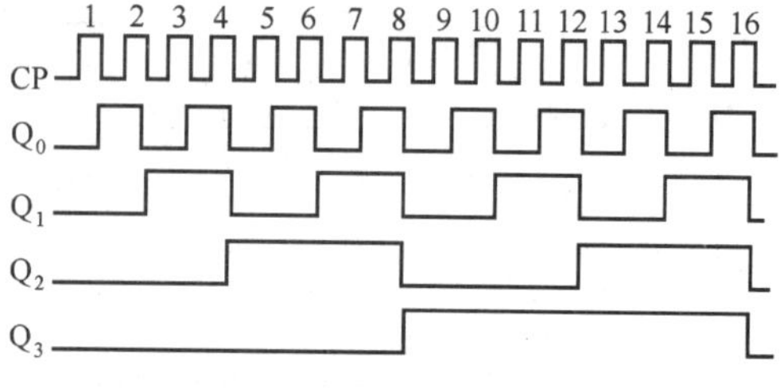

图 11-24　四位二进制加法计数器波形图

二、十进制计数器

二进制计数器虽然结构简单，运算方便，但直接读取多位二进制计数器的运算结果不直观，不易建立数量的概念。因此，一般数字系统中还要采用二-十进制计数器（简称十进制计数器），以便读取和显示十进制数。

图 11-25 所示为四个 JK 触发器组成的一位 8421BCD 码同步十进制加法计数器。如前所

述，常用的 8421BCD 编码，是取四位二进制数前面的 0000～1001 来表示十进制的 0～9 十个数码，而去掉后面的 1010～1111 六个数。按此编码方式，要求四位二进制计数器从 0000 开始计数，到第九个计数脉冲作用后变为 1001，再输出一个进位脉冲。其计数原理及过程此处从略。

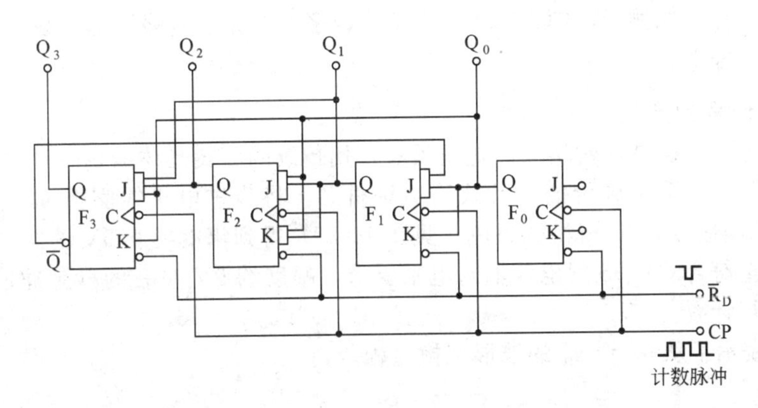

图 11-25　8421BCD 码同步十进制加法计数器

与前述异步计数器相比，其主要不同之处在于：同步计数器计数输入脉冲，同时作用于各级触发器的 CP 端，即各个触发器都受同一时钟脉冲的控制，因此，各触发器状态的更新是同步进行的，所以计数速度更快。此外除 F_0 的两个控制端悬空（或接高电平 1）外，其余触发器 J、K 端均根据需要与低位触发器输出端子相连。

三、集成计数器——74HC4518（或 CC4518）

TTL 型及 CMOS 型中规模集成计数电路品种很多，本节介绍的 74HC4518 集成计数器是双二-十进制同步加法计数器，其端子引线图如图 11-26 所示，特点是既可用上升沿触发，也可用下降沿触发，计数输出采用 8421 编码，在一个封装中含有两个功能完全相同的二-十进制计数器，而每个计数器有两个时钟输入端 CP 和 EN，如果要用时钟的上升沿触发，则信号由 CP 端输入，并使 EN 端接高电平；如用时钟的下降沿触发，则信号由 EN 端输入，并使 CP 端保持低电平。另外还有一清零端 CR，当在 CR 端加高电平或正脉冲时，则计数器各输出端均为零。74HC4518 的功能见表 11-13。

引脚	端子	引脚	端子
1	1CP	16	V_{CC}
2	1EN	15	2CR
3	$1Q_0$	14	$2Q_3$
4	$1Q_1$	13	$2Q_2$
5	$1Q_2$	12	$2Q_1$
6	$1Q_3$	11	$2Q_0$
7	1CR	10	2EN
8	GND	9	2CP

图 11-26　74HC4518 端子图

表 11-13　74HC4518 的功能

CR	CP	EN	功　能	CR	CP	EN	功　能
1	×	×	$Q_3 \sim Q_0=0$	0	×	↑	不变
0	↑		计数	0	↑	0	不变
0	0	↓	计数	0	1	↓	不变
0	↓	×	不变				

第六节 实用 CMOS 电路数字钟

本节所讲述的 CMOS 数字钟实验电路，包含了由模拟到数字等诸多单元电路，是电子技术应用的一个综合性例子，图 11-29 给出了该数字钟的完整电路原理，以下从时基、计数等不同单元分述如下。

一、时基信号的产生

为了简化电路，提高计时精度，这里没有采用传统的石英晶体振荡→计数分频得到秒脉冲信号的方式，而是采用廉价的指针式石英钟机芯，将步进电机线圈拆掉后，对输出幅度 1.5V 的正负脉冲信号 u_o 进行桥式整流（见图 11-27）得到幅度约 0.5V 的同相脉冲信号 u_o'，再经 741 放大至符合 CMOS 门电路输入电平要求，幅度约 9V 左右的秒脉冲信号 u_o''，再送入计数电路进行计数。

图 11-28 表示了从 u_o 到 u_o'' 的波形变换过程。

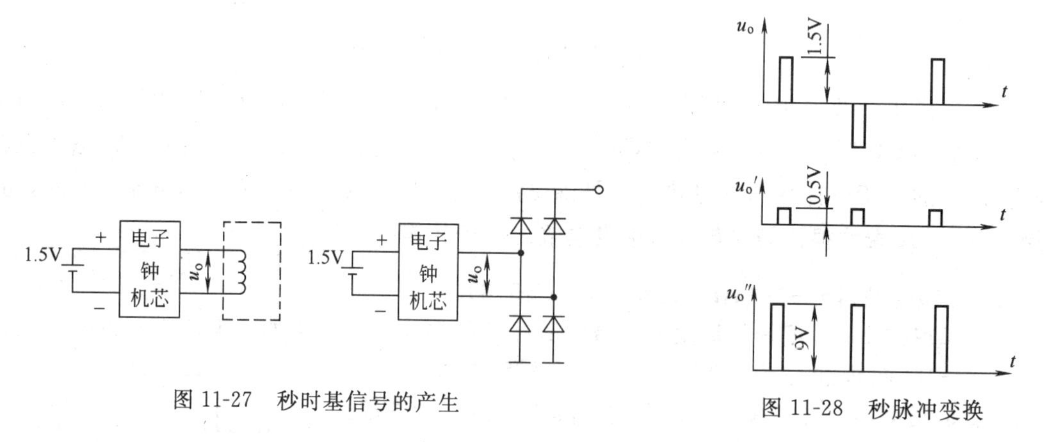

图 11-27 秒时基信号的产生

图 11-28 秒脉冲变换

二、校时电路

在计时电路与秒脉冲信号 u_o'' 之间，接有一片由 74HC4011 构成的校时电路。暂停开关未压下时，G_1 打开，而校时按钮及快校按钮均未按下时，G_2 打开，秒脉冲信号可以顺利通过 G_1、G_2 进行正常计数走时。

按下校时按钮时，在秒信号间歇期，G_1 输出高电平。由 G_3、G_4 构成的多谐振荡器产生约 50Hz 的校时信号，通过 G_2 送入计数电路，进行校时操作。

如显示时间离目标实时时间相距较远，则可同时按下快校按钮，使 G_3、G_4 振荡频率达到 3kHz 左右，进行快校。

如需要精确校时，则可将时间按上述方法调校至超前实时时间后，按下暂停开关，使 G_1 关闭，停止时钟运行，待实时时间与显示时间相符时，再放开暂停开关恢复至走时位置。

三、计数电路

计数电路由三片 74HC4518 二-十进制同步加法计数电路构成，其中 6 个二-十进制计数器串行级联完成 s、10s、min、10min、h、10h 的计数。每位计数器 CP 端均接地，而计数脉冲从 EN 端子输入，即利用计数脉冲下降沿计数，以保证得到正确的“逢十进一”或“逢六进一”的计数结果。例如，s 位在 1001 状态时，再输入一个脉冲，则变为 0000，同时由于 s 位 Q_3 端由高变低，使 10s 位进行加 1 计数。由于 s 位 Q_3 端在从 0～9 的变化中只出现一次，故可直接用作下一级计数器的输入信号。同理，10s 位的 Q_3 端则可作为 min 位的输

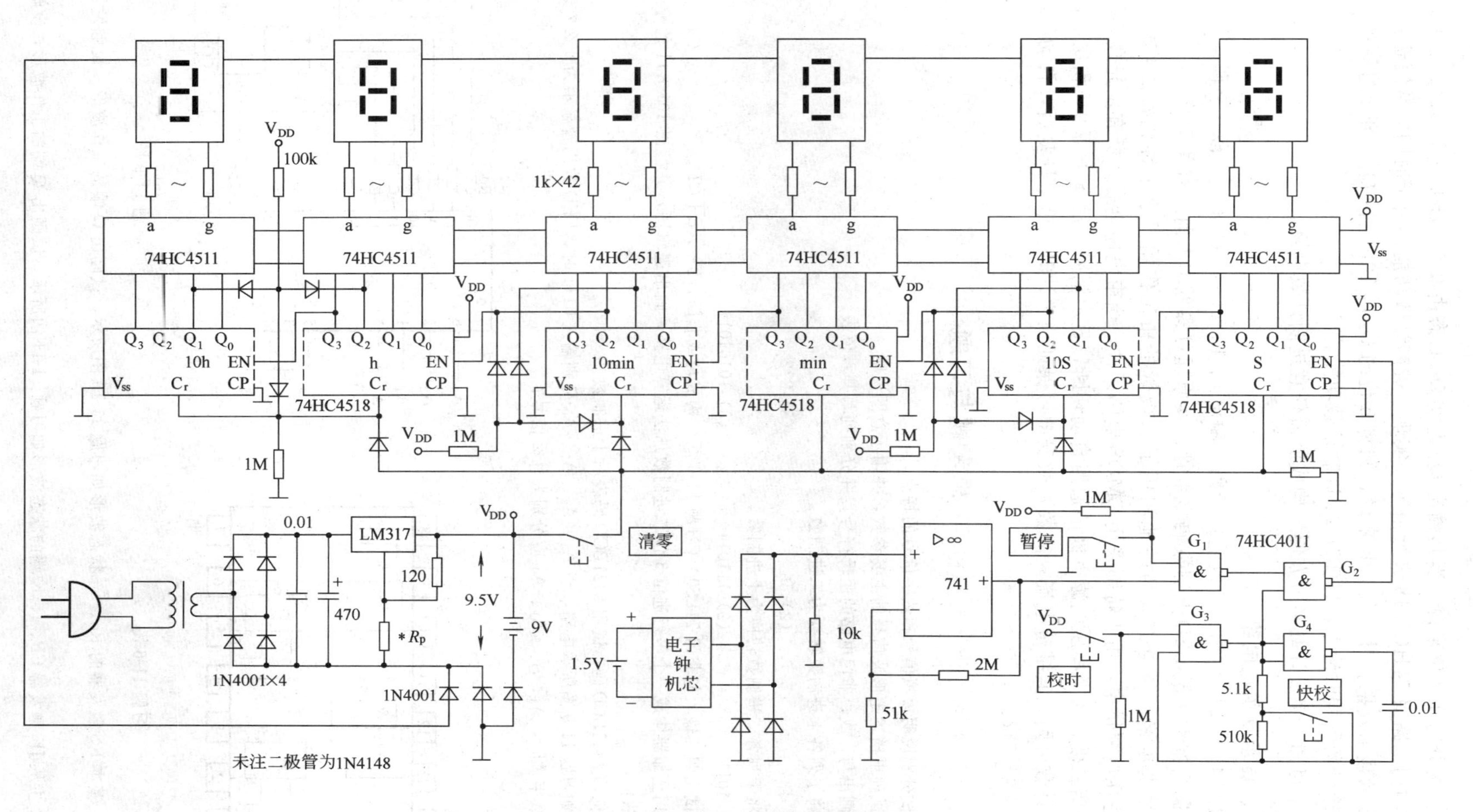

图 11-29　实用 CMOS 数字钟电路原理

入信号。另外对 10s 位来说，当其输出 $Q_3Q_2Q_1Q_0$ 状态由 0101（5）变为 0110（6）时，由二极管与门电路对 74HC4518 进行清零，实现 6 进制计数功能，由于时间非常短暂，不影响从 0～5 的显示效果。对 h 及 10h 来说，则将 h 位的 Q_2 与 10h 位的 Q_1（即十进制的 24）相与后两个计数器同时清零，以实现 24 进制计数功能。

由上可知，集成计数器可方便地构成所需任意进制计数电路。

四、显示及供电电路

6 片 74HC4511 对相应计数电路译码，输出 a、b、c、d、e、f、g7 段 8 字码信号，通过限流电阻后推动 7 段 LED 共阴数码显示管，其原理可参见本书前述有关章节。

该实验电路的供电方式巧妙地利用了二极管的钳位作用。数字钟正常工作时，采用 9.5V 稳压电源供电，由于特别采用 CMOS 电路元件，当市电停电后，所有发光数码管阴极通过隔离二极管接至稳压电源负极的通路自动切断，显示消隐，后备电源 9V 积层电池则继续供给计数电路，其维持电流只需数百微安即可保证正确计时。市电恢复后，自动显示实时时间，无需调校。

思考题与习题

1. 试分别说明模拟信号和数字信号的特点。

2. 试列出描述矩形波信号的主要参数，并用示意图说明。

3. 画出与、或、非门电路的逻辑符号，并分别列写其真值表。

4. 将下列各十进制数转换为二进制数。

(1) 134　　(2) 56　　(3) 272

5. 将下列各二进制数转换为十进制数。

(1) 1011　　(2) 111011　　(3) 10101011

6. 试用四二输入与非门 74LS00（习题 11-6 图）构成与或非门，$Y=\overline{AB+CD}$。

7. 用全加器构成一个串行进位 3 位二进制数加法运算电路，画出逻辑图，并标出 101+11 的输入、输出端的数值。

8. 何谓 8421BCD 码？试用 8421BCD 码表示十进制数 92 和 26。

9. 如习题 11-9 图所示电路，当 A_3、A_2、A_1、A_0 分别输入 0111 时，LED 数码管显示为什么？若要使其显示数字“5”，A_3、A_2、A_1、A_0 应分别为什么信号？

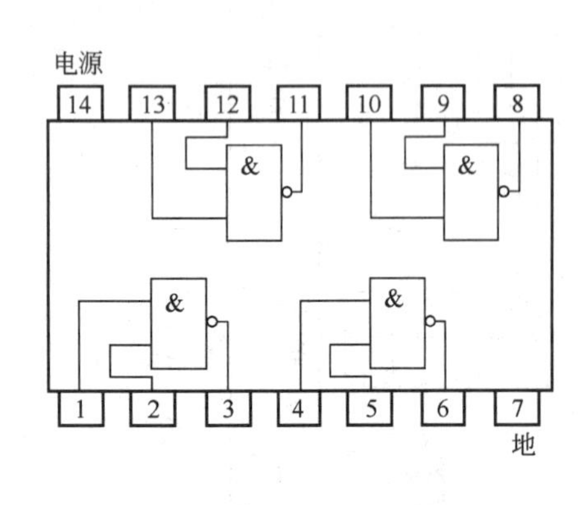

习题 11-6 图

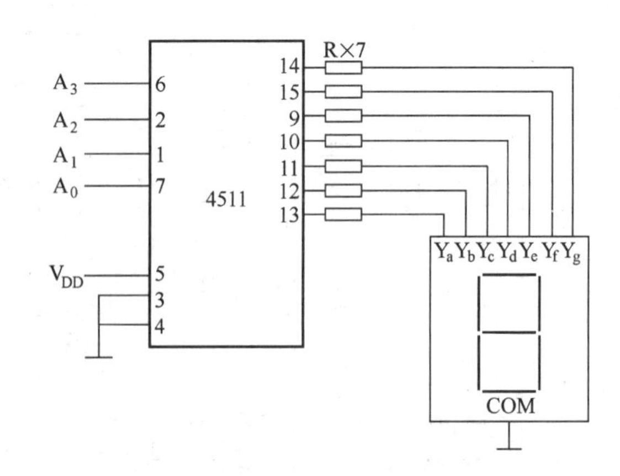

习题 11-9 图

10. 基本 RS 触发器的 $\overline{R}_D$、$\overline{S}_D$ 状态波形如习题 11-10 图所示，试画出 Q 端的工作波形。设触发器的初态为 0。

11. 主从 JK 触发器 CP、J、K 端的状态波形如习题 11-11 图所示，试画出 Q 端的工作波形，设触发器

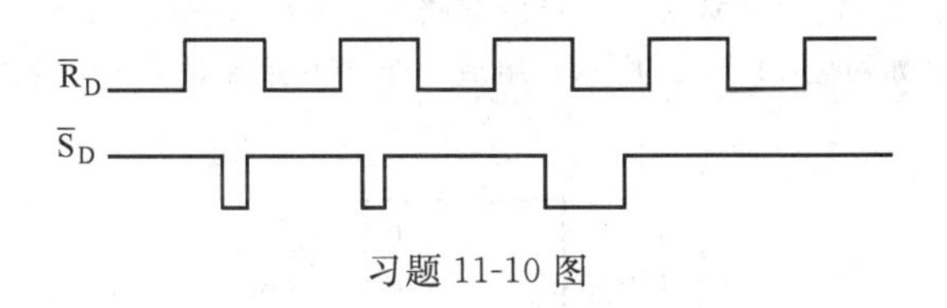

习题 11-10 图

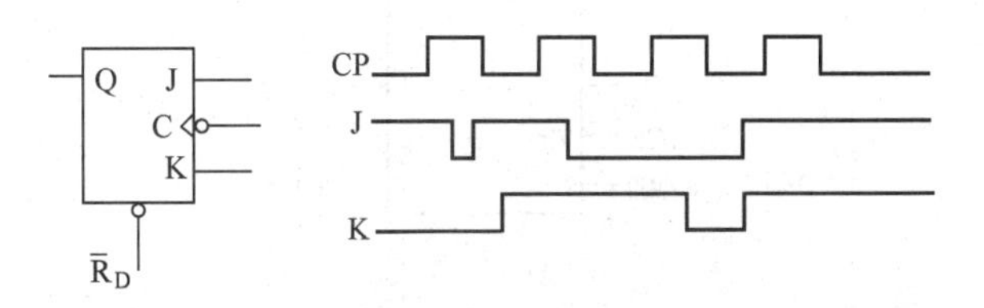

习题 11-11 图

初态为 0。

12. D 触发器的 CP、D 端的信号波形如习题 11-12 图所示，试画出 Q 端的波形。设触发器的初态为 0。

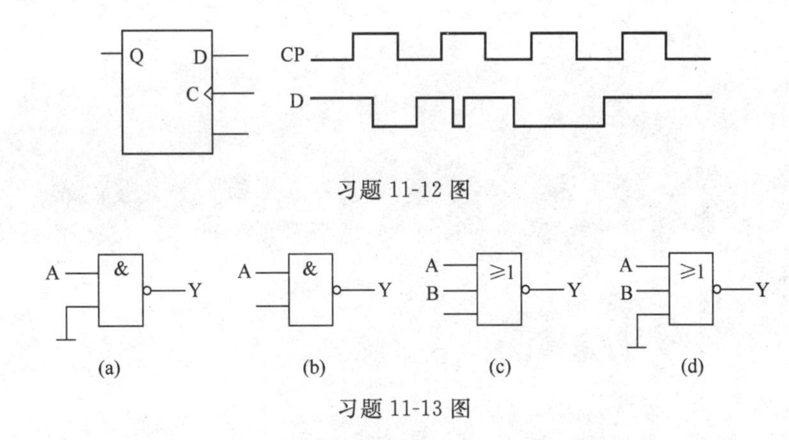

习题 11-12 图

习题 11-13 图

13. 对 TTL 门电路，习题 11-13 图中对多余输入端的处理正确的有哪些？

14. 现有一个四位二进制加法计数器，设计数脉冲波形如习题 11-14 图所示，试画出 A_3、A_2、A_1、A_0 端的波形。设触发器为下降沿触发。若 CP 脉冲的频率为 $f=1\text{MHz}$，试分别计算 A_3、A_2、A_1、A_0 端波形的频率。

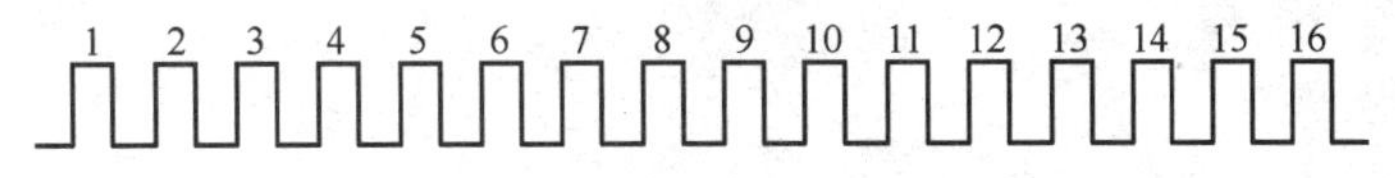

习题 11-14 图

15. 现需用 4 个 JK 触发器（如习题 11-15 图所示）构成一个四位异步二进制减法计数器，请问应如何连接电路。

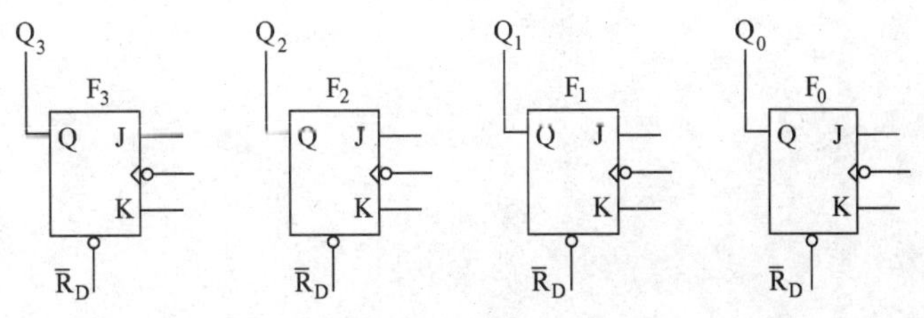

习题 11-15 图

16. 存储器可分为只读存储器ROM和随机存取存储器RAM，试分别描述其特点。

17. 试用74HC4518（如习题11-17图所示）组成一个100进制的加法计数器。（设计数脉冲上升沿触发）

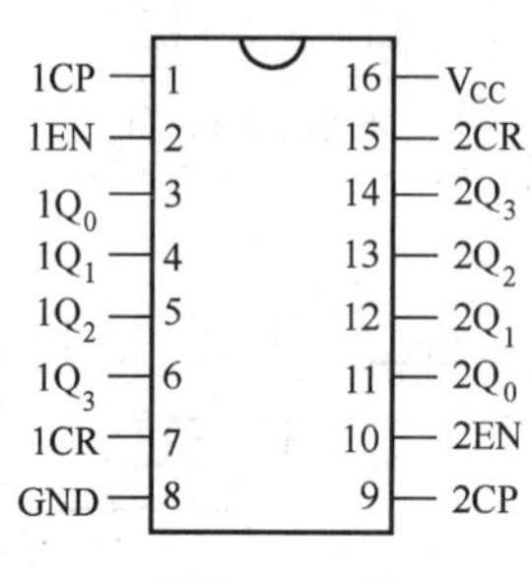

习题11-17图

第十二章　FX_{2N}系列 PLC 原理及应用

学习目标　本章简要介绍三菱 FX_{2N} 系列可编程控制器（简称 PLC）的硬件结构、工作原理、基本指令及应用程序的一般编制，并通过典型工程实例，使读者了解和初步掌握 PLC 应用系统及其实现方法。

第一节　FX_{2N}系列可编程控制器

一、FX_{2N}系列 PLC 的基本结构

三菱公司是日本生产 PLC 的主要厂家之一。先后推出的小型、超小型 PLC 有 F、F_1、F_2、FX_1、FX_2、FX_{2C}、FX_0、FX_{0N}、FX_{2N}、FX_{2NC}等系列。其中 FX_{2N}系列 PLC 于 20 世纪 90 年代后期推出，它采用超小型化的外形结构，具有丰富的指令系统及较高的运算速度，是目前我国市场占有率最高的 PLC 机型之一。

FX_{2N}系列 PLC 由基本单元、扩展单元、扩展模块及特殊功能单元构成。基本单元包括 CPU、存储器、输入输出口及电源，是 PLC 的主要部分。扩展单元是用于增加 I/O 点数的装置，内部设有电源。扩展模块用于增加 I/O 点数及改变 I/O 点数的比例，内部无电源，由基本单元或扩展单元供电。因扩展单元和扩展模块内部无 CPU，因此必须与基本单元一起使用。本章主要介绍 FX_{2N}系列 PLC 的基本单元及其应用系统。

1. FX_{2N}系列PLC 的型号

FX_{2N}系列 PLC 基本单元的型号名称含义如下：

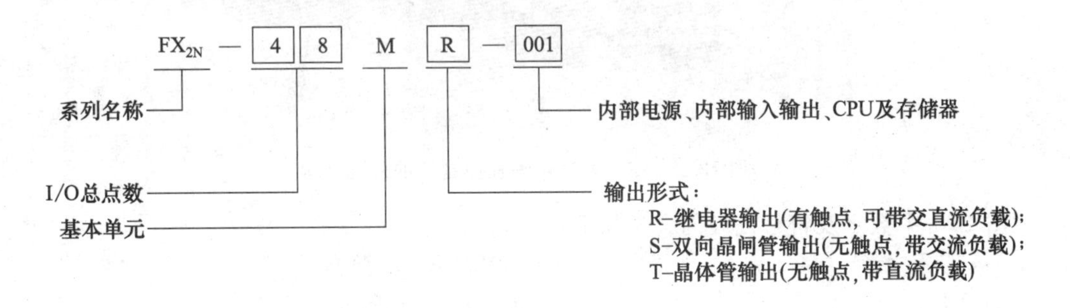

在 FX_{2N}系列 PLC 中，以表明其他区别的后缀代码为“-001”的基本单元，是应用最为广泛的种类，其典型特征是“AC 电源/DC 输入”，可选机型共有 16 种，见表 12-1。

表 12-1　FX_{2N}系列基本单元的种类

FX_{2N}系列基本单元			输入点数	输出点数	输入输出总点数
AC 电源/DC 输入					
继电器输出	晶闸管输出	晶体管输出			
FX_{2N}-16MR-001		FX_{2N}-16MT-001	8	8	16
FX_{2N}-32MR-001	FX_{2N}-32MS-001	FX_{2N}-32MT-001	16	16	32

续表

FX_{2N}系列基本单元			输入点数	输出点数	输入输出总点数
AC电源/DC输入					
继电器输出	晶闸管输出	晶体管输出			
FX_{2N}-48MR-001	FX_{2N}-48MS-001	FX_{2N}-48MT-001	24	24	48
FX_{2N}-64MR-001	FX_{2N}-64MS-001	FX_{2N}-64MT-001	32	32	64
FX_{2N}-80MR-001	FX_{2N}-80MS-001	FX_{2N}-80MT-001	40	40	80
FX_{2N}-128MR-001		FX_{2N}-128MT-001	64	64	128

2. FX_{2N}系列PLC的外形结构

FX_{2N}系列PLC的外形结构如图12-1所示，为长方体结构，外部有两排可拆卸式接线端子台，这一结构使得在不变动复杂配线的前提下，可以快速更换PLC，从而给系统维护带来极大方便。各接线端按功能可以分为电源接线端、输入接线端、输出接线端、传感器电源输出接线端等。

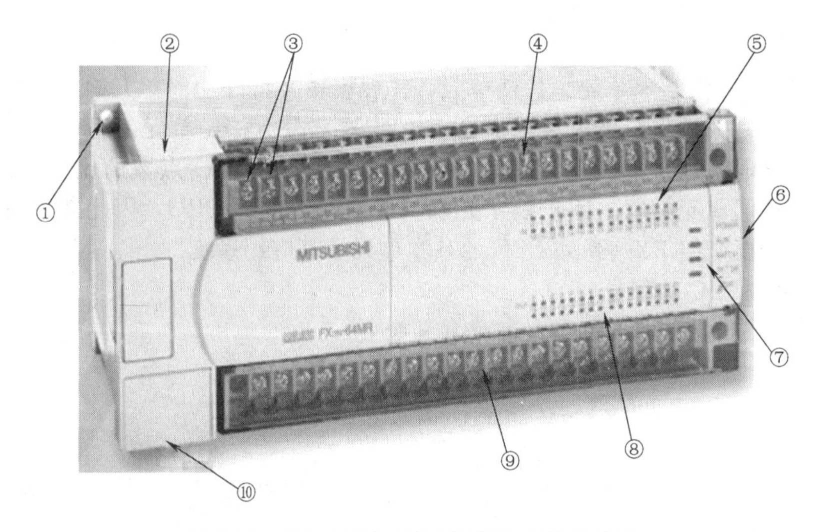

图12-1 FX_{2N}系列可编程控制器的外部结构

图12-1中数字及符号代表的含义如下：

①安装孔4个（ϕ4.5）
②面板盖
③交流220V电源接线端子
④输入信号用的装卸式端子
⑤输入指示灯
⑥扩展单元、扩展模块、特殊单元、特殊模块、接线插座盖板
⑦动作指示灯

POWER：电源指示
RUN：　运行指示灯
BATT. V：电池电压下降指示
PROG-E：出错指示闪烁（程序出错）
CPU-E：　出错指示亮灯（CPU出错）

⑧输出动作指示灯
⑨输出用的装卸式端子
⑩外围设备接线插座、盖板

3. 可编程控制器的内部硬件

可编程控制器内部硬件逻辑结构框图如图12-2所示。由中央处理单元（CPU）、存储器、输入接口、输出接口、电源等几部分组成。

（1）中央处理单元（CPU）　中央处理单元CPU是可编程控制器的核心，其主要作

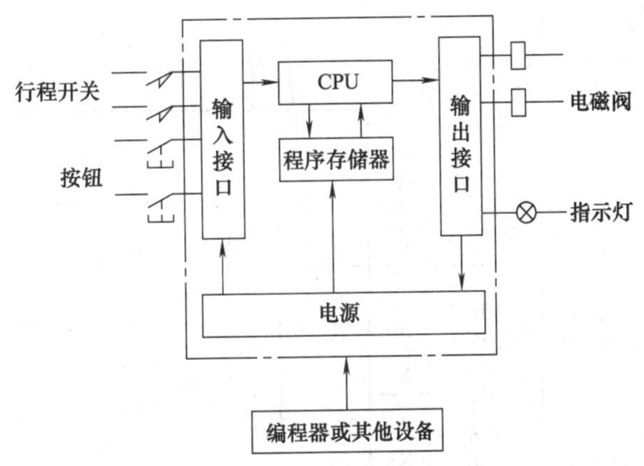

图 12-2　PLC 内部硬件逻辑结构框图

用是执行系统控制软件，从输入接口读取各开关状态，根据梯形图程序进行逻辑处理，并将处理结果输出到输出接口。

（2）存储器　可编程控制器的存储器是用来存储数据或程序的。存储器中的程序包括系统程序和应用程序，梯形图程序属于应用程序；系统程序用来管理和控制系统的运行，解释执行应用程序。

（3）输入接口电路　输入接口接受被控设备的开关状态和传感器信号，通过接口电路转换成适合 CPU 处理的数字信号。FX_{2N}系列可编程控制器采用 24V 直流输入式，接口形式如图 12-3 所示。图中，24V 直流电源由 PLC 内部开关电源产生。

（4）输出接口电路　输出接口电路将内部电路输出的弱电信号转换为现场需要的强电信号输出，以驱动电磁阀、接触器、指示灯等执行元件。为保证 PLC 可靠安全地工作，输出电路采取了电气隔离措施。输出电路分为继电器输出、晶体管输出和晶闸管输出 3 种形式。如 FX_{2N}-48MR-001 为继电器输出式，电路结构如图 12-4 所示。

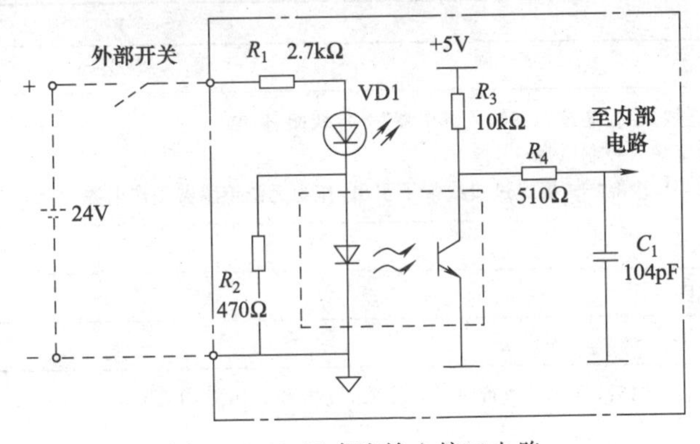

图 12-3　24V 直流输入接口电路

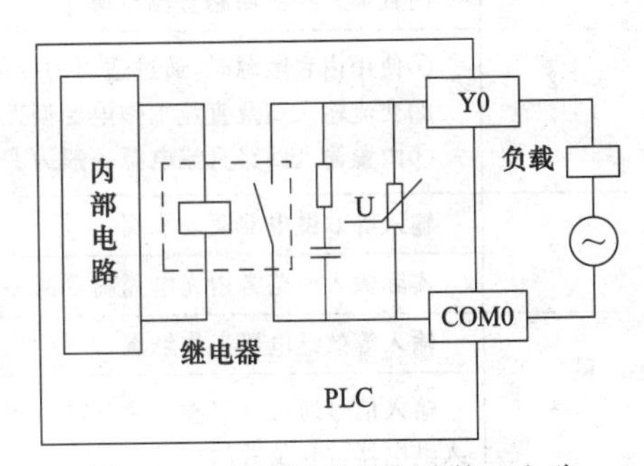

图 12-4　继电器输出方式接口电路

二、可编程控制器的工作原理

1. 可编程控制器的等效电路

可编程控制器是一个执行逻辑功能的工业控制装置。为便于理解可编程控制器是怎样完成逻辑控制的，可以用类似于继电器控制的等效电路来描述可编程控制器内部工作情况。图 12-5 为可编程控制器的等效电路，表 12-2 是其简要说明。

2. PLC 的扫描工作方式

可编程控制器采用循环扫描方式工作。从第一条程序开始，在无中断或跳转控制的情况下，按程序存储的地址号递增的顺序逐条执行程序，即按顺序逐条执行程序，直到程序结束。然后再从头开始扫描，并周而复始地重复进行。理解 PLC 的扫描工作方式，可帮助我们读懂和编制 PLC 应用程序。

可编程控制器工作时的扫描过程如图 12-6 所示。

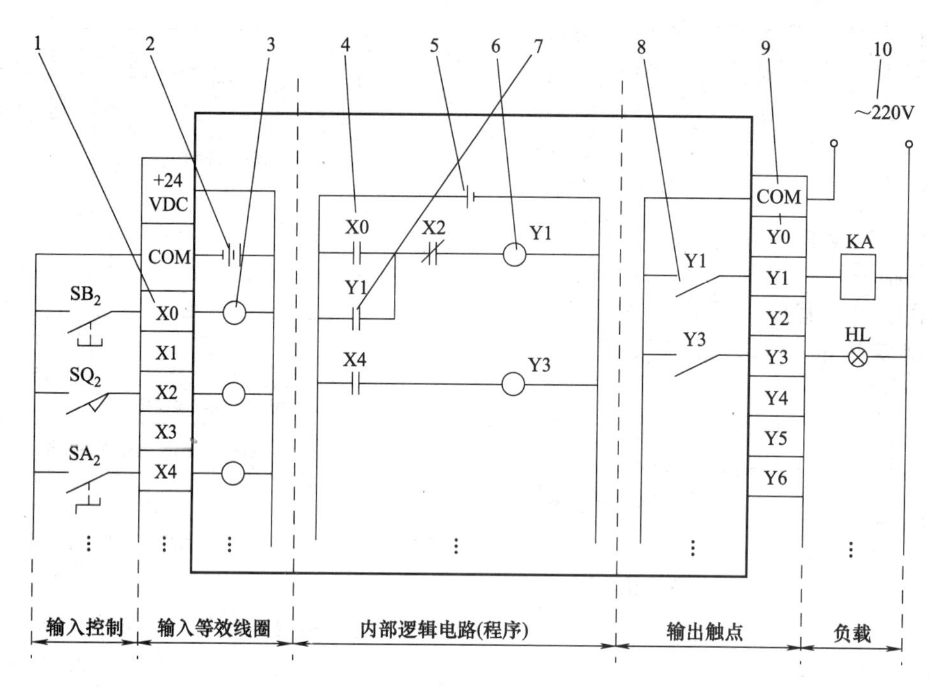

图 12-5 可编程控制器的等效电路

表 12-2 可编程控制器等效电路的简要说明

1	输入接线端子
2	内置输入控制回路直流电源 ①使用内置电源时，通过适当的外部连线，经控制按钮向输入继电器“等效线圈”供电 ②交流输入型及直流工作电源型无内置输入控制电源 ③内置输入回路直流电源一般为 DC24V，并将“+”极通过接线端子引出，作为无源传感器工作电源
3	输入等效继电器驱动线圈 实际输入回路常由光电隔离等回路构成
4	输入等效继电器工作触点 输入信号通过内部输入状态映像寄存器存储后，供程序执行时反复读取，故相当于 PLC 内部有无数多个输入继电器常开及常闭触点
5	程序“工作电源” PLC 逐条执行指令时，理解为由程序“工作电源”通过各内部触点向输出继电器、内部辅助继电器等线圈供电
6	输出继电器驱动线圈 该线圈由程序驱动，电气上可理解为由“程序电源”供电，并与 PLC 输入控制回路及输出负载控制回路隔离
7	输出继电器辅助触点 由输出线圈驱动，存入输出状态映像区。可供反复读取，故相当于有无数多个输出继电器常开及常闭辅助触点
8	输出继电器主触点 ①同一编号的输出继电器主触点只有一个。通过 PLC 输出外部配线与工作电源及负载串联 ②触点形式有晶体管、双向晶闸管、场效应管及继电器多种结构，继电器式最为多见

续表

9	输出继电器接线端子
10	负载工作电源
	①工作电源可有交流、直流多种形式 ②晶体管式输出电路结构只适用于直流工作电源 ③继电器式输出电路结构，可以在一个 PLC 的不同输出端子，同时采用交流及直流几种工作电源

三、PLC 的两种常用编程语言及编程工具

不同厂家、不同型号的可编程控制器产品，采用的编程语言不尽相同，最常使用的是梯形图和指令表两种编程语言。

1. 指令表及手持式编程器

(1) 指令表（亦称语句表）类似于计算机汇编语言的形式，它是采用指令的助记符来编程的。但 PLC 的指令表却比汇编语言的语句表通俗易懂，因此也是一种比较常用的编程语言。

不同的 PLC，指令表使用的助记符不相同，以最简单的 PLC“启—保—停”控制程序为例，采用 FX2N 系列产品，可写出如下语句：

```
LD     X000  (表示逻辑操作开始，常开接点与母线连接)
OR     Y000  (表示常开接点并联)
ANI    X001  (表示常闭接点串联)
OUT    Y000  (表示输出)
END          (表示程序结束)
```

可见，指令表是由若干条指令组成的程序。指令是程序的最小独立单元。每个操作功能由一条或几条指令组成。PLC 的指令表达形式与微机的指令表达形式类似，它由操作码和操作数两部分组成，其格式为：　操作码　操作数

（指令）（数据）

图 12-6　可编程控制器的扫描工作过程

操作码用助记符表示，它表明 CPU 要完成的操作功能；操作数表明操作码所操作的对

(a) FX-20P-E型手持式编程器

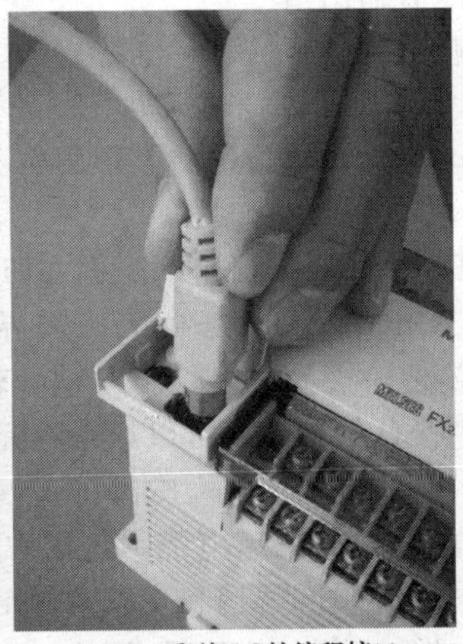

(b) FX2N系列PLC的编程接口

(c) FX-20P-CAB通信电缆

图 12-7　手持式编程器及附件

象。操作数一般由标识符和参数组成。

（2）手持式编程器（简称 HPP）是用来输入和编辑程序的专门装置，也可用来监视 PLC 运行时各编程元件的工作状态。一般由键盘、显示器、工作方式开关以及与 PLC 的通信接口等几部分组成。图 12-7（a）为 FX-20P-E 型手持式编程器的外形，图 12-7（b）是 FX_{2N}系列 PLC 的编程接口位置，图 12-7（c）是用于编程器与 PLC 的通信连接电缆，型号为 FX-20P-CAB。

FX-20P-E 型手持式编程器只能用于指令表程序的编辑与读写操作。

2. 梯形图及梯形图编辑软件

（1）梯形图　如果采用梯形图语言对上述“启—保—停”电路编程，则可写出图 12-8 所示 PLC 控制程序。实际编程时，总是先写出梯形图程序，如果需要，再根据梯形图写出指令表程序。梯形图是使用得最多的 PLC 图形编程语言。事实上，在 PLC 编程软件中，只要写好了梯形图程序，指令表程序便可自动生成。

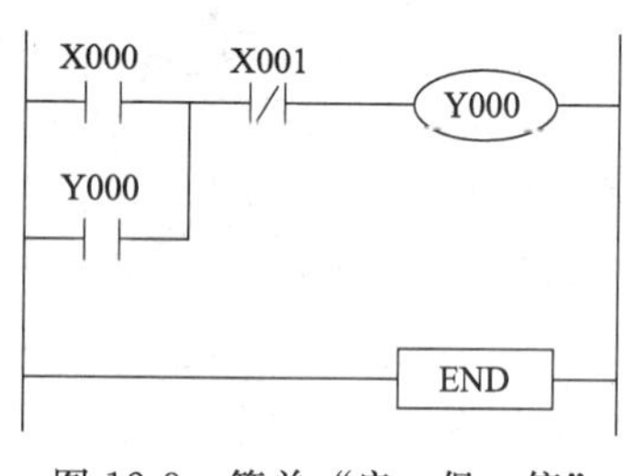

图 12-8　简单“启—保—停”梯形图程序

梯形图的几个主要特点如下。

① 梯形图按自上而下、从左到右的顺序排列。每个继电器线圈为一个逻辑行，即一层阶梯。每一个逻辑行起于左母线，然后是接点的各种连接，最后终于继电器线圈（有时还加上一条右母线）。整个图形呈阶梯形。

② 梯形图中的各种继电器不是实际中的物理继电器，它实质上是存储器中的一个二进制位。相应位的触发器为“1”的状态时，表示其线圈通电，常开触点闭合，常闭触点断开。梯形图中的继电器线圈除了输出继电器、辅助继电器线圈外，还包括计时器、计数器、移位寄存器以及各种算术运算的结果等。

③ 梯形图中，一般情况下（除有跳转指令和步进指令等的程序段以外）某个编号的继电器线圈只能出现一次，而继电器接点则可无限次引用，既可以是常开接点，也可以是常闭接点。

④ 输入继电器供 PLC 接受外部输入信号，而不能由内部其他继电器的接点驱动。因此，梯形图中只出现输入继电器的接点，而不出现输入继电器的线圈。

⑤ 输出继电器供 PLC 做输出控制用。它通过开关量输出模块对应的输出开关（晶体管、双向晶闸管或继电器触点）去驱动外部负载。因此，当梯形图中输出继电器线圈满足接通条件时，就表示在对应的输出点有输出信号。

⑥ PLC 的内部继电器不做输出控制用，接点只能供 PLC 内部使用。

⑦ 程序结束时要有结束标志 END。

⑧ 当 PLC 处于运行状态时，PLC 就开始按照梯形图符号排列的先后顺序（从上到下，从左到右）逐一处理。

（2）梯形图编辑软件　SW3D5-GPPW-E（以下简称 GPP）是三菱电气公司开发的用于可编程控制器的编程软件，可在 Windows 环境下运行，其界面和帮助文件均已汉化，它占用的存储空间少，功能强，使用简便，极易掌握。GPP 编程软件的主要功能如下。

① 用梯形图、指令表来创建 PLC 的程序，可以给编程元件和程序块加上注释，程序可以存盘或打印。

② 通过计算机的串行口和价格便宜的编程电缆，将用户程序下载到 PLC，可以读出未设置口令的 PLC 中的用户程序，或检查计算机和 PLC 中的用户程序是否相同。

③ 可以实现各种监控和测试功能，例如梯形图监控、元件监控、强制 ON/OFF、改变 PLC 内部软元件 T、C、D 的当前值等。

与手持式编程器相比，编程软件的功能强大，使用方便，编程电缆的价格比手持式编程器要便宜得多，建议优先选用编程软件。图 12-9 是运行 GPP 时的梯形图编辑画面，在画面上可以清楚地看到，最左边是根母线，蓝色框表示现在可写入区域，上方有菜单，只要任意点击其中的元件，就可得到所需要的线圈、触点等。

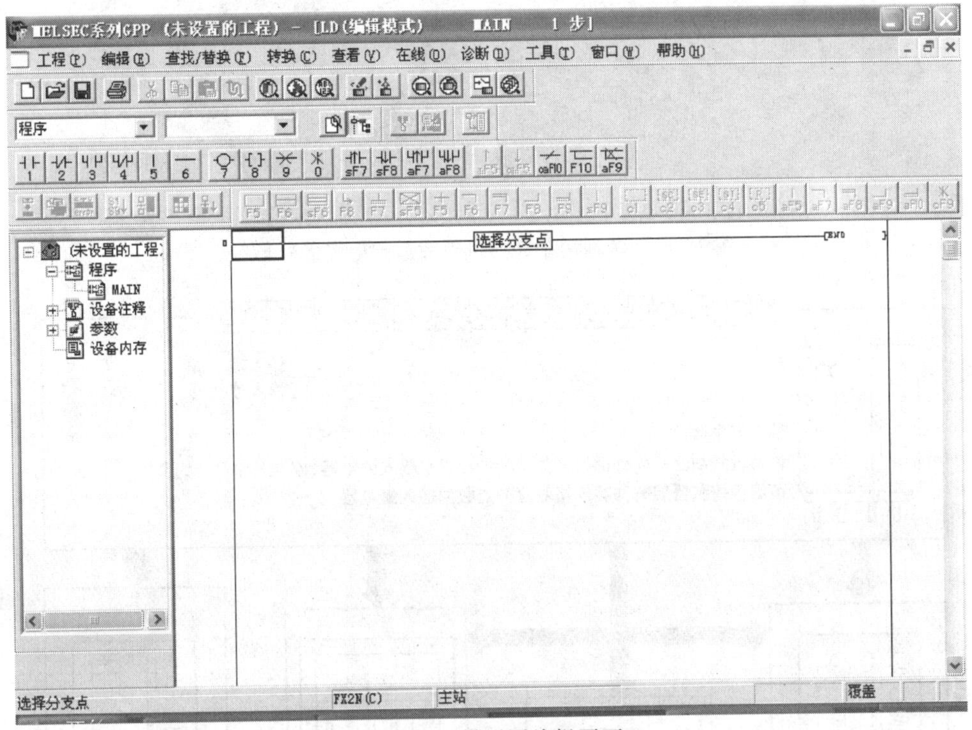

图 12-9　梯形图编辑画面

图 12-10 是梯形图编辑及读写操作典型系统示意。在计算机上安装 GPP 编程软件、编辑梯形图程序，用 SC-09 适配电缆连接计算机与 FX_{2N}-48MR-001 型可编程控制器，即可由计算机向 PLC 下载已经编制好的梯形图程序，或者将 PLC 中的应用程序上传至计算机。

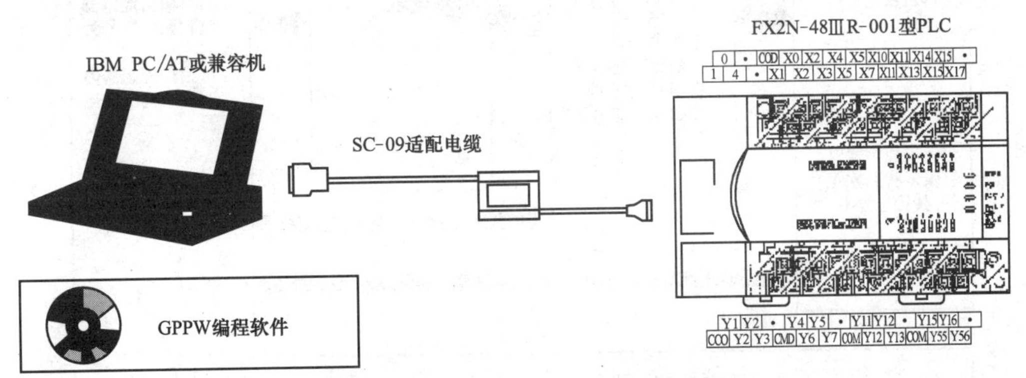

图 12-10　梯形图编辑及读写操作典型系统

图 12-11 是两种用于计算机编程适配电缆的外形。由于图 12-11（a）所示 SC-09-FX 型适配电缆与计算机连接的端口为 RS232 型九针串口，所以只能用于桌面计算机与 PLC 之间的连接。对于只有 USB 串行通信口的笔记本电脑，应采用图 12-11（b）所示的 USB-SC09-FX 型编程电缆。

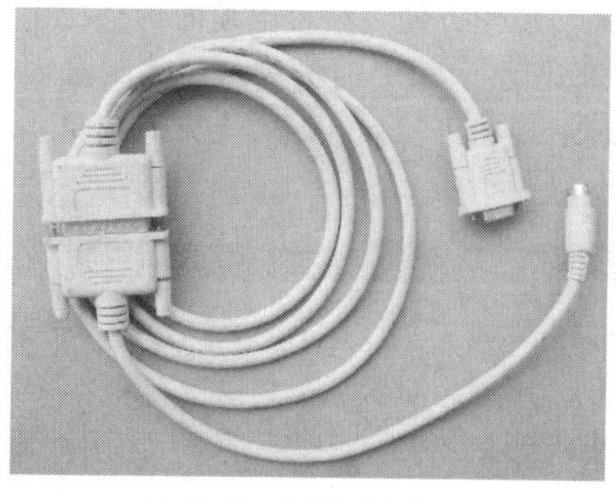

(a) SC-09-FX型编程电缆

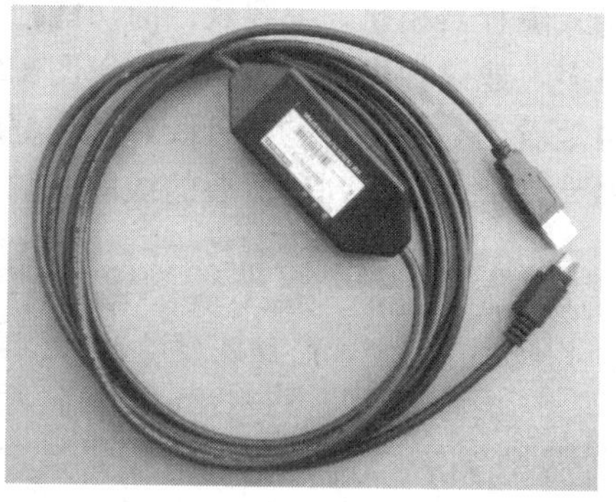

(b) USB-SC09-FX型编程电缆

图 12-11 两种用于计算机编程适配电缆的外形

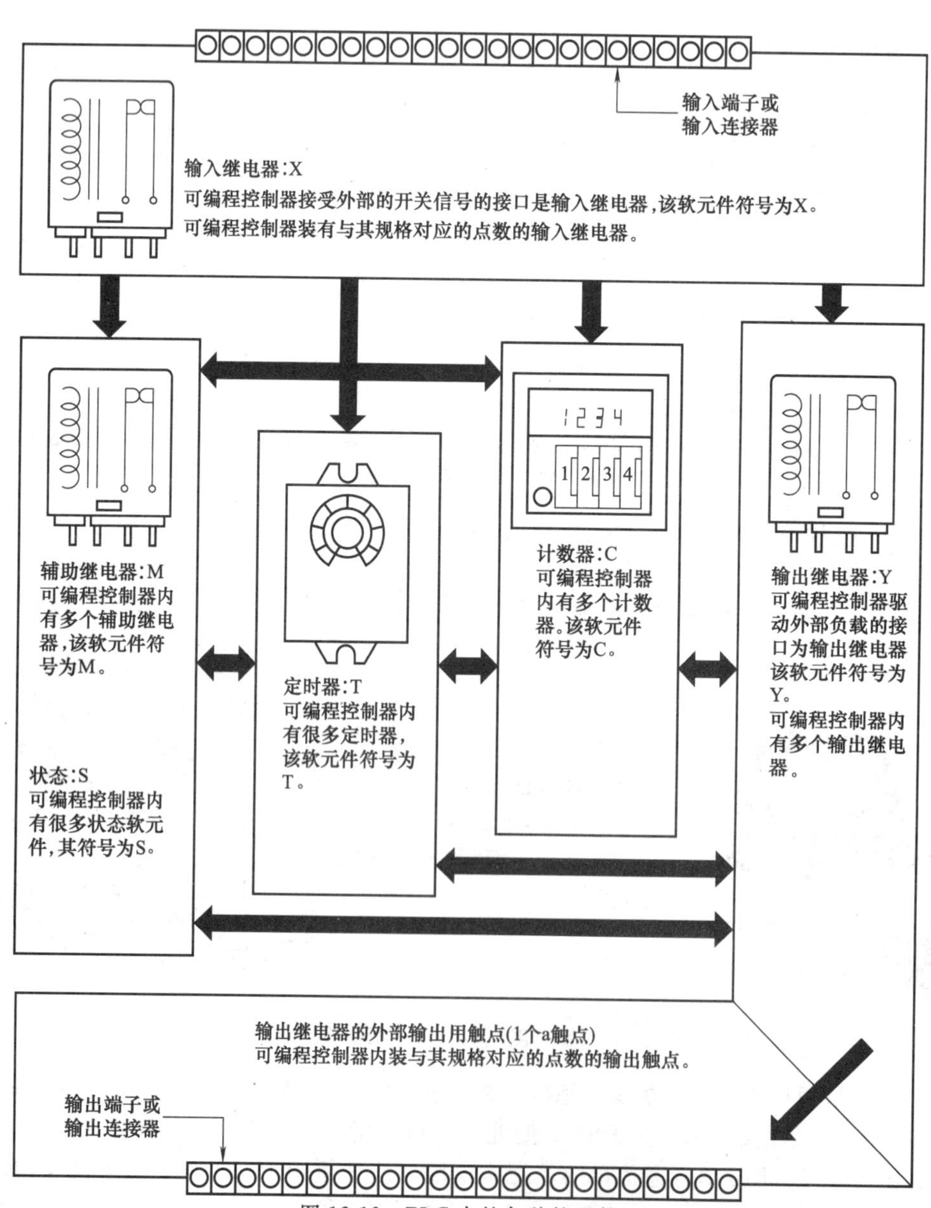

图 12-12 PLC 中的各种软元件

四、FX2N系列 PLC 的编程元件

FX2N系列 PLC 有多种编程元件，为分辨各种编程元件，给它们指定了专有的字母符号。

如果把 PLC 中的各种软元件用程序连接起来，就构成了 PLC 控制系统，见图 12-12，其中箭头表示信号的流向。

三菱 FX2N系列 PLC 的基本编程元件及编号见表 12-3。

表 12-3 FX2N系列 PLC 的基本编程元件及编号

<table>
<tr><td colspan="2"></td><td>FX2N-15M</td><td>FX2N-32M</td><td>FX2N-48M</td><td>FX2N-64M</td><td>FX2N-80M</td><td>FX2N-128M</td><td>带扩展</td><td></td></tr>
<tr><td colspan="2">输入继电器</td><td>X000～X007
8 点</td><td>X000～X017
16 点</td><td>X000～X027
24 点</td><td>X000～X037
32 点</td><td>X000～X047
40 点</td><td>X000～X077
64 点</td><td>X000～
X267(X177)
184 点(128 点)</td><td rowspan="2">输入输出合计256点</td></tr>
<tr><td colspan="2">输出继电器 Y</td><td>X000～Y007
8 点</td><td>X000～Y017
16 点</td><td>X000～Y027
24 点</td><td>X000～Y037
32 点</td><td>X000～Y047
40 点</td><td>X000～Y077
64 点</td><td>X000～
Y267(Y177)
184 点(128 点)</td></tr>
<tr><td colspan="2">辅助继电器 M</td><td colspan="2">M 0～N499
500 点
通用※1</td><td colspan="2">【M500～M1023】
524 点保存用※2
继电器用…………
主→从[MS00～MS99]
从→主[M900～M999]</td><td colspan="2">【M1024～M3071】
2048 点
保存用※3</td><td colspan="2">M8000～M8255
156 点
特殊用</td></tr>
<tr><td colspan="2">状态 S</td><td colspan="3">S0～S 499
500 点※1
……………………
初始用 S 0～S 9
返回原点用 s 10～s 19</td><td colspan="3">【S 500～S 899】
400 点
掉电保持用※2</td><td colspan="2">【S 900～S 999】
100 点
报警用※3</td></tr>
<tr><td colspan="2">定时器 T</td><td colspan="2">T 0～T 199
200 点 100ms
子程序用…………
T 192～T 199</td><td colspan="2">T 200～T 245
46 点 10ms</td><td colspan="2">【T 246～T 249】
4 点
1ms 预算※3</td><td colspan="2">【T 250～T 255】
6 点
100ms 预算※3</td></tr>
<tr><td colspan="2" rowspan="2">计数器 C</td><td colspan="2">16 位向上</td><td colspan="2">32 位 可逆</td><td colspan="4">32 位 高速可逆计数最大 6 点</td></tr>
<tr><td>C 0～C 99
100 点
通用※1</td><td>【C100～C199】
100 点
保持用※2</td><td>C200～C219
20 点
通用※1</td><td>【C220～C234】
掉电 15 点
保持用※2</td><td>【C235～C245】
1 相单向
计数输入※2</td><td>【C246～C250】
1 相双向
计数输入※2</td><td colspan="2">【C251～C255】
2 相计数
输入※2</td></tr>
<tr><td colspan="2">数据寄存器 D、V、Z</td><td colspan="2">D0～D199
200 点
通用※1</td><td colspan="2">【D200～D511】
312 点
保持用※2</td><td>【D512～D7999】
7488 点
保持用※3</td><td>D8000～D8195
106 点
特殊用</td><td colspan="2">V7～V0
Z7～Z0 16 点
变址用</td></tr>
<tr><td colspan="2">嵌套指针</td><td colspan="2">N 0～N 7
8 点
主控用</td><td colspan="2">P 0～P 63
64 点
跳转子程序用分支指针</td><td>100*～150*
6 点
输入中断指针</td><td>16**～18**
3 点
定时中断指针</td><td colspan="2">1010～1060
6 点
计数中断指针</td></tr>
<tr><td rowspan="2">常数</td><td>K</td><td colspan="4">16 位 -32.768～32.767</td><td colspan="4">32 位 -2.147,483,648～2.147,483,647</td></tr>
<tr><td>N</td><td colspan="4">16 位 0-FFFFH</td><td colspan="4">32 位 0-FFFFFFFFH</td></tr>
</table>

注【】内的元件为电池备用区。

※1：非备用区。根据参数设定，可以变更备用区。

※2：电池备用区。根据参数设定，可以变更非电池备用区。

※3：电池备用固定区，区域特性不能变更。

1. 输入继电器X

输入继电器（触点）用 X000～X007，X010～X017…表示，用八进制编号。它是外部开关的内部映像。在梯形图中，可以用它的常开触点，也可以用它的常闭触点，但是不能用它的线圈，也就是说它是只读的，其状态只能由外部开关控制。

2. 输出继电器Y

输出继电器用 Y000～Y007，Y010～Y017…表示，用八进制编号，分别对应着输出的一个常开触点。它是可读、可写的，在梯形图中，可以用它的常开触点、常闭触点、线圈，其状态由程序驱动，当同一个输出线圈有两个以上的程序驱动时，最后面的一个有效。

习惯上，通常把输入输出继电器写成 X005、Y003 的形式，但也可写成 X5、Y3，两种写法都是允许的。

3. 辅助继电器M

在可编程控制器内部的继电器叫辅助继电器，用 M0～M499～M8255 表示，用十进制编号。它的状态由程序驱动，但没有输出触点与之对应，不能直接驱动外部负载。辅助继电器又可分为通用辅助继电器、掉电保持辅助继电器和特殊功能辅助继电器 3 种。

(1) 通用辅助继电器　共 500 点，编号为 M0～M499。在断电后，通用辅助继电器的状态全恢复为失电状态。

(2) 掉电保持辅助继电器　共 524 点，编号为 M500～M1023。当电源中断时，由后备锂电池维持供电，再次上电运行时，掉电保持辅助继电器能够保持它们原来的状态。可用于要求保持断电前状态的场合。

(3) 特殊功能辅助继电器　特殊功能辅助继电器也称为专用辅助继电器。共 256 个，编号为 M8000～M8255。可分为两种类型。

一类为只读型，其线圈状态由 PLC 自行驱动，编程时只能用它的触点。

M8000：运行监视（常开触点），运行标志，在 PLC 执行用户程序时 M8000 为 ON，停止执行用户程序时 M8000 为 OFF。

M8002：初始脉冲（常开触点），M8002 仅在 M8000 由 OFF 变为 ON 的一个扫描周期内为 ON。可以用 M8002 的常开触点，使有断电保持功能的元件初始化复位，或给某些元件置初始值。

M8004：出错。

M8011：10ms 时钟，每 10ms 发出一个脉冲信号。

M8012：100ms 时钟，每 100ms 发出一个脉冲信号。

M8013：1s 时钟，每 1s 发出一个脉冲信号。

M8014：1min 时钟，每 1min 发出一个脉冲信号。

M8020：零标志，加减结果为 0 时得电，否则失电。

另一类为可读、可写型，其线圈状态由程序驱动，线圈被驱动后，产生动作。

M8034：禁止所有输出。

M8036：强制运行。

M8037：强制停止等。

详细的功能可查阅三菱 FX 系列 PLC 操作手册。

4. 定时器T

在 FX_{2N}系列 PLC 内部共有 256 个定时器，定时范围 0.001～3276.7s，用 T0～T255 表示，用十进制编号，根据不同的特性分为以下两种。

(1) 通用定时器　T0～T199（200 点）定时范围：0.1～3276.7s（以 100ms 为单位）；

T200～T245（46 点）定时范围：0.01～327.67s（以 10ms 为单位）。

（2）累积定时器　T246～T249（4 点）定时范围：0.001～32.767s（以 1ms 为单位）；T250～T255（6 点）定时范围：0.1～3276.7s（以 100ms 为单位）。

定时器延时时间的设定由 K 值确定，也可以用数据寄存器 D 的内容作为设定值。在满足条件后定时器就开始计时工作，根据设定的最小定时单位，每到一个单位时间 K 值减 1，当 K 值减到 0 时，延时时间到，定时器的延时触点动作。

如图 12-13 所示，当 X1 闭合后，定时器 T10 接通开始计时。K50 表示 50 个 100ms，即 5s。若 X1 的闭合时间没有达到 5s（如图中 3s），T10 没有动作。若 X1 的闭合时间达到 5s 时，则延时时间到，T10 动作，T10 的常开触点接通 Y30 线圈，Y30 闭合，驱动外接负载。

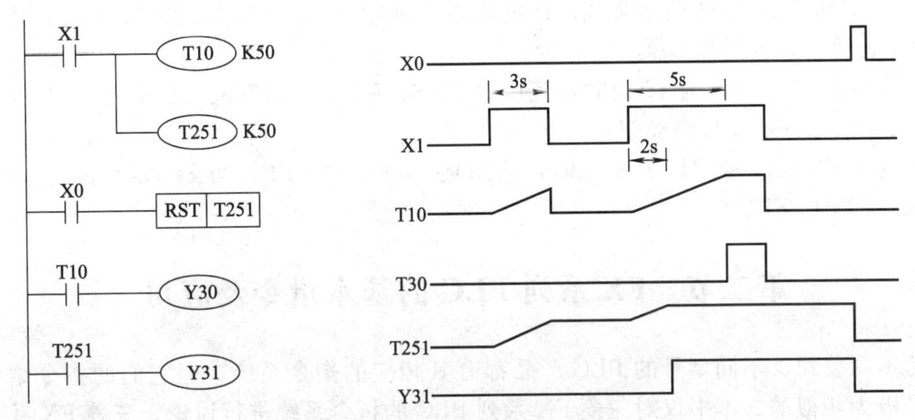

图 12-13　定时器的应用及时序图

T251 是累积定时器，当 X1 闭合后，定时器 T251 接通开始计时。K50 也表示 50 个 100ms，即 5s。若 X1 的闭合时间没有达到 5s（如图中 3s），T251 没有动作并保持当前值不变，等 X1 再次闭合时继续计时，总时间达到 5s 时，则延时时间到，T251 动作，T251 的常开触点接通 Y31 线圈，Y31 闭合。直到 X0 闭合时，T251 才复位，Y31 断电释放。

5. 计数器C

计数器用来记录触点接通的次数，共有 256 个，编号为 C0～C255，计数器的设定值由 K 值决定。

按计数器断电后可否保持计数值，可分为两种类型。如通用型计数器 C0～C99（100 点）和保持型计数器 C100～C199（100 点）。二者区别是保持型计数器的计数内容在断电后可以保持，再次通电后，只要复位信号没有对计数器复位过，计数器可在原有计数值基础上继续计数。共同点是只有在复位指令作用下才能复位。

计数器的实例见图 12-14。当 X1 为闭合（ON）时，RST 指令将 C10 复位，复位后，C10 值为 0。如果 X1 一直为 ON，C10 无法计数。当 X1 断开（OFF）时，C10 开始对 X2 的上升沿计数。K100 说明计数值为 100，计数次数到 100 次时，计数器常开触点闭合，常闭触点断开。

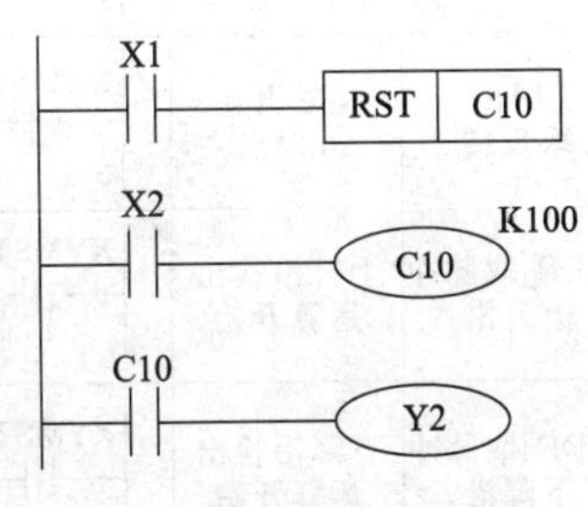

图 12-14　计数器的用法

6. 状态寄存器S

状态寄存器 S 可作为步进控制顺序使用的基本元件，它与步进梯形指令 STL 结合使用。

7. 数据寄存器D

数据寄存器是用来存储数据的软元件。它主要应用于功能指令中。

8. 变址寄存器V和Z

变址寄存器V和Z各为8点。它们类似于通用数据寄存器，是进行数据读写的16位数据寄存器，用于运算操作数地址的修改。将V和Z组合可以进行32位的运算，此时，V作为高位数据处理。

9. 指针

指针有以下两种。

① 用于子程序调用的“P”标号的指针。

② 用于中断服务程序入口的“I”标号指针。

10. 常数K/H

PLC中用到了K和H两个常数。任何常数必须以K或H开头。如K89表示十进制数89，H200表示十六进制数200。

K是十进制数，当K为16位时，范围是：－32768～＋32768：当K为32位时，范围是：－2147483648～＋2147483647。

H是十六进制数，当H为16位时，范围是：0000～FFFF；当H为32位时，范围是：00000000～FFFFFFFF。

第二节 FX系列PLC的基本指令及应用

虽然不同公司、不同型号的PLC产品都有其相应的指令系统，但它们的指令结构及编程规则是极为相似的。本书仅对三菱FX系列PLC的指令系统进行讨论。三菱FX系列PLC的指令分3类：即基本指令、步进指令和功能指令。以下介绍的是FX系列PLC的基本指令。

在FX系列PLC不同的子系列机型中，适用指令略有区别，本书所介绍的各种指令均可用于FX_{2N}系列PLC。

一、FX_{2N}系列PLC的基本逻辑指令

FX_{2N}系列PLC共有27条基本逻辑指令、两条步进指令和一百多条功能指令。仅用基本逻辑指令，便可以编制出开关量控制系统的用户程序，满足大多数自动控制系统的控制要求。熟练地掌握各基本逻辑指令的功能和使用方法是本课程的重点。

表12-4给出了FX_{2N}系列PLC全部基本逻辑指令的名称、功能及梯形图符号。有别于其他PLC产品，在三菱FX系列PLC编程手册中输出元件线圈采用椭圆符号，通常不画右母线。

表12-4 FX_{2N}系列PLC基本指令一览表

助记符、名称	功　能	回路表示和可用软元件	助记符、名称	功　能	回路表示和可用软元件
[LD] 取	运算开始 a触点	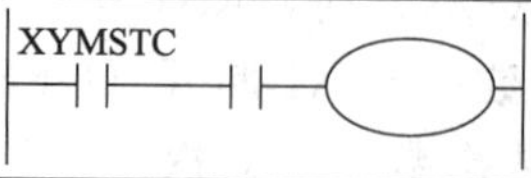 XYMSTC	[AND] 与	串联 a触点	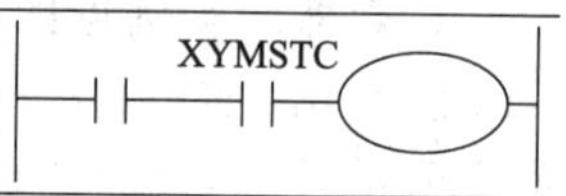 XYMSTC
[LDI] 取反转	运算开始 b触点	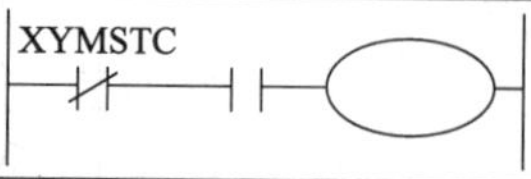 XYMSTC	[ANI] 与反转	串联 b触点	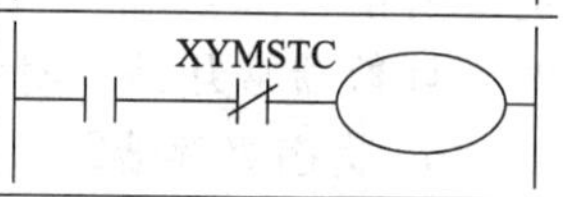 XYMSTC
[LDP]取脉冲 上升沿	上升沿检出 运算开始	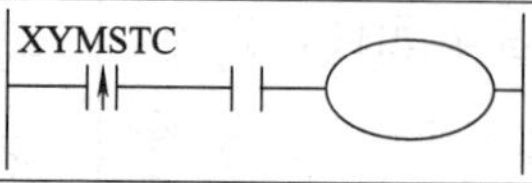 XYMSTC	[ANDP] 与脉冲 上升沿	上升沿检出 串联连接	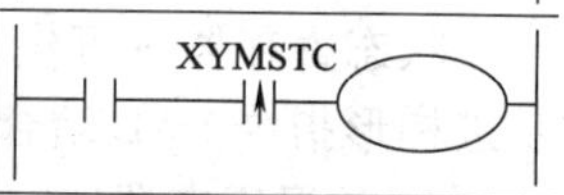 XYMSTC
[LDF]取脉冲 下降沿	下降沿检出 运算开始	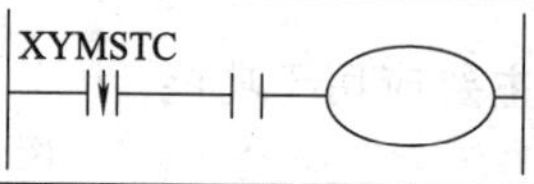 XYMSTC	[ANDF] 与脉冲 下降沿	下降沿检出 串联连接	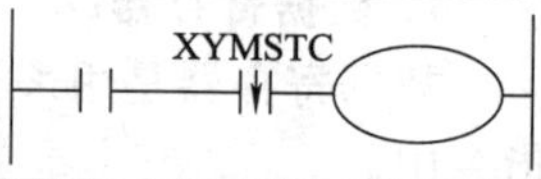 XYMSTC

续表

助记符、名称	功　能	回路表示和可用软元件	助记符、名称	功　能	回路表示和可用软元件
[OR] 或	并联 a触点	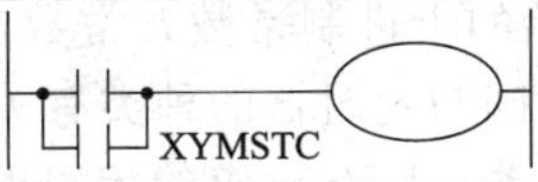 XYMSTC	[PLF] 下降沿脉冲	下降沿检 出指令	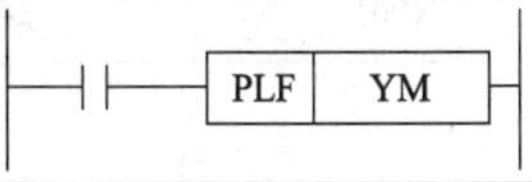 PLF　YM
[ORI] 或反转	并联 b触点	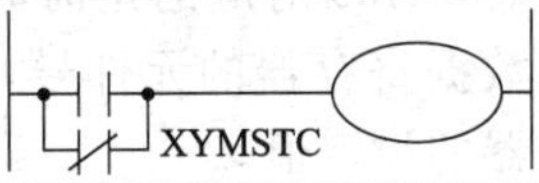 XYMSTC	[MC] 主控	公共串联点 的连接线圈 指令	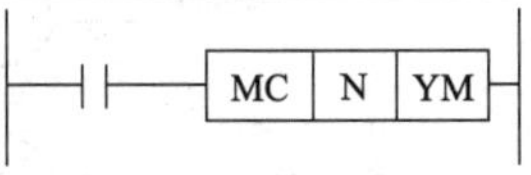 MC　N　YM
[ORP] 或脉冲上升沿	脉冲上升 沿检出 并联连接	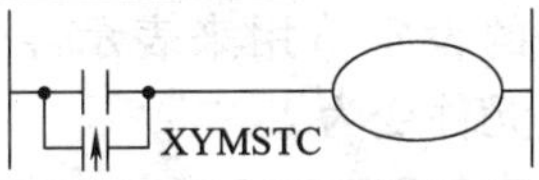 XYMSTC	[MCR] 主控复位	公共串联点 的清除指令	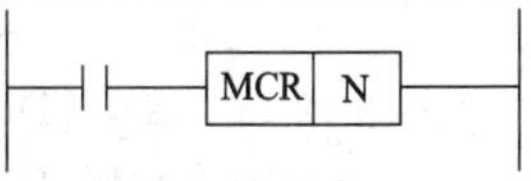 MCR　N
[ORF] 或脉冲下降沿	脉冲下降沿 检出 并联连接	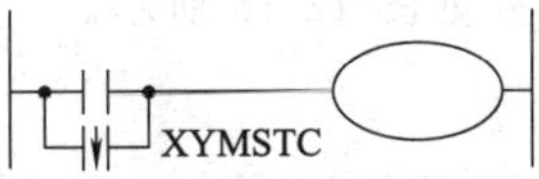 XYMSTC	[MPS] 入栈	运算存储	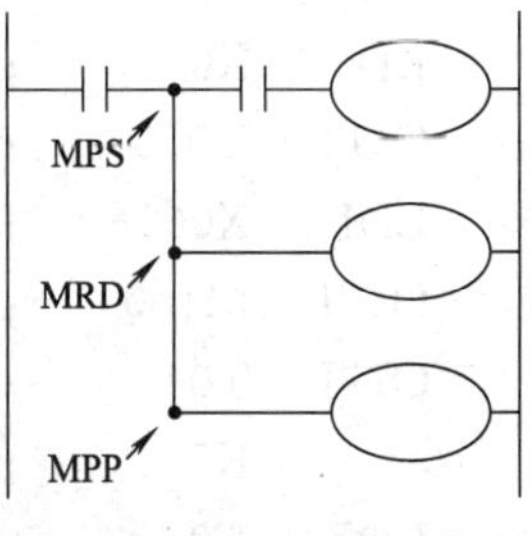 MPS
[ANB] 回路块与	并联回路 块的串联 连接	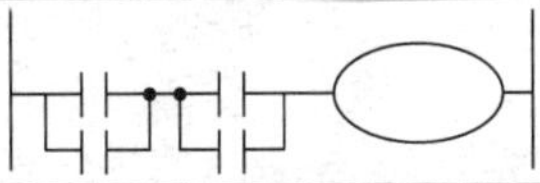	[MRD] 读栈	存储读出	MRD
[ORB] 回路块或	串联回路 块的并联 连接	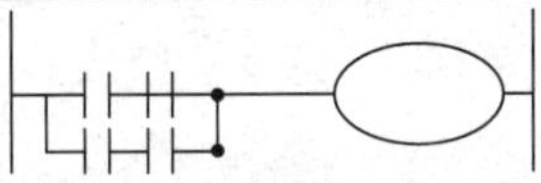	[MPP] 出栈	存储读出 与复位	MPP
[OUT] 输出	线圈驱 动指令	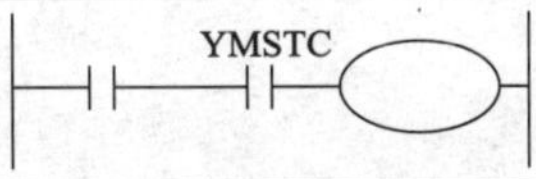 YMSTC	[INV]反转	运算结果 的反转	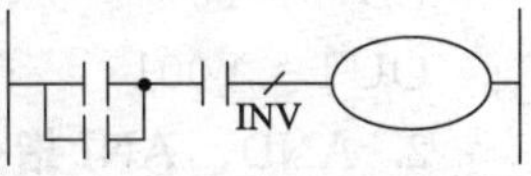 INV
[SET] 置位	线圈接通 保持指令	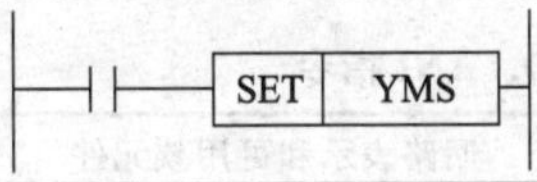 SET　YMS	[NOP] 空操作	无动作	清除流程程序或
[RST] 复位	线圈接通 清除指令	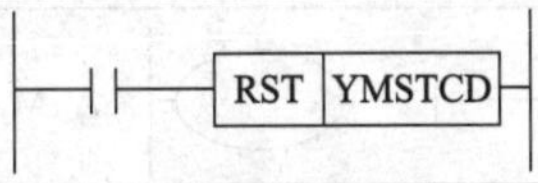 RST　YMSTCD	[END] 结束	顺控程序 结束	顺控顺序结束回到“0”
[PLS] 脉冲	上升沿检 出指令	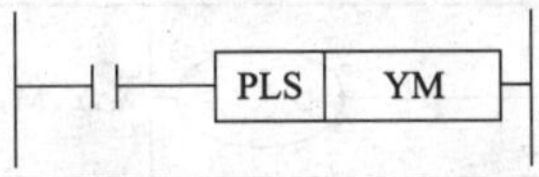 PLS　YM			

注：A（a）触点系指常开（动合）触点，B（b）触点系指常闭（动断）触点，以下类同。

1. LD、LDI、OUT指令（表12-5）

表12-5　LD、LDI、OUT指令

助记符、名称	功　能	回路表示和可用软元件	程序步
LD取	A触点逻辑运算开始	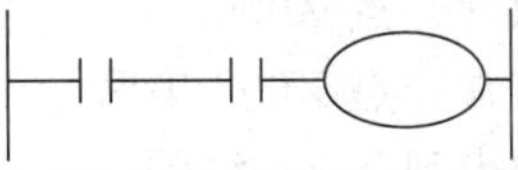 X,Y,M,S,T,C	1
LDI取反	B触点逻辑运算开始	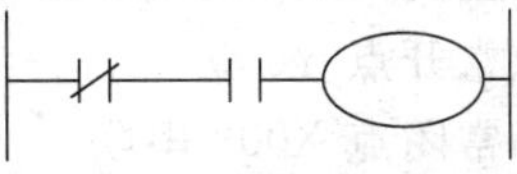 X,Y,M,S,T,C	1
OUT输出	线圈驱动	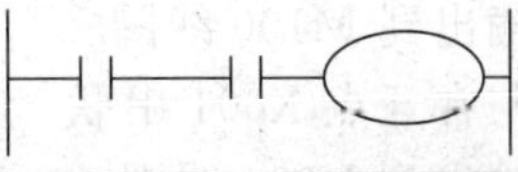 Y,M,S,T,C	Y,M:1S,特M:2 T:3C:3-5

LD与LDI指令对应的触点一般与左侧母线相连，在使用ANB、ORB指令时，用来定义与其他电路串并联的电路的起始触点。

OUT指令不能用于输入继电器X，线圈和输出类指令应放在梯形图的最右边。

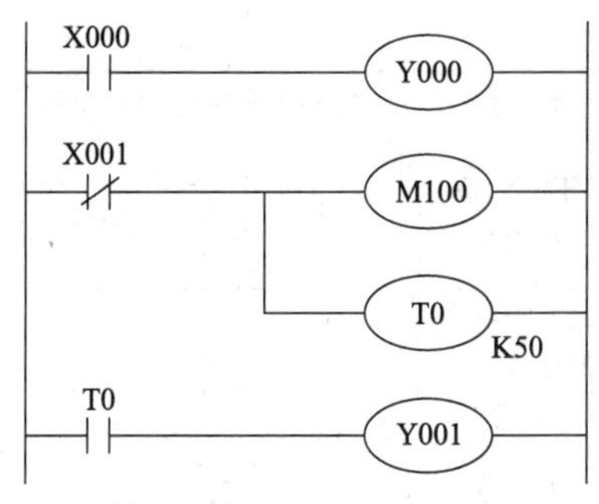

图 12-15 LD，LDI，OUT 指令示例程序

OUT 指令可以连续使用若干次，相当于线圈的并联（图 12-15）。定时器和计数器的 OUT 指令之后应设置以字母 K 开始的十进制常数，常数占一个步序。定时器实际的定时时间与定时器的种类有关，图 12-15 中的 T0 是 100ms 定时器，K50 对应的定时时间为 50×100ms＝5s。也可以指定数据寄存器的元件号，用它里面的数作为定时器和计数器的设定值。

计数器的设定值用来表示经过多少个计数脉冲后，计数器的位元件变为 1。

示例程序如图 12-15 所示。

```
LD    X000   ；取常开点 X000
OUT   Y000   ；输出到 Y000 线圈
LDI   X001   ；取常闭点 X001
OUT   M100   ；输出到 M100 线圈
OUT   T0     ；输出到 TO 线圈
      K50    ；定时常数 50（5s）
LD    T0     ；取常开点 T0
OUT   Y001   ；输出到 Y001
```

2. AND、ANI 指令（表 12-6）

表 12-6 AND、ANI 指令

助记符、名称	功　能	回路表示和可用软元件	程序步
AND 与	A 触点串联连接	X,Y,M,S,T,C	1
ANI 与非	B 触点串联连接	X,Y,M,S,T,C	1

单个触点与左边的电路串联时，使用 AND 或 ANI 指令，串联触点的个数没有限制。在图 12-16 中，指令“OUT Ml00”之后通过 T1 的触点去驱动 Y004，称为连续输出。只要按正确的次序设计电路，可以重复使用连续输出。

示例程序如图 12-16 所示。

```
LD    X000   ；取常开点 X000
AND   X002   ；与常开点 X002 串联
OUT   Y000   ；输出到 Y000 线圈
LD    Y000   ；取常开点 Y000
ANI   X003   ；与常闭点 X003 串联
OUT   M100   ；输出到 M100 线圈
AND   X001   ；与常开点 X001 串联
OUT   Y004   ；输出到 Y004 线圈
```

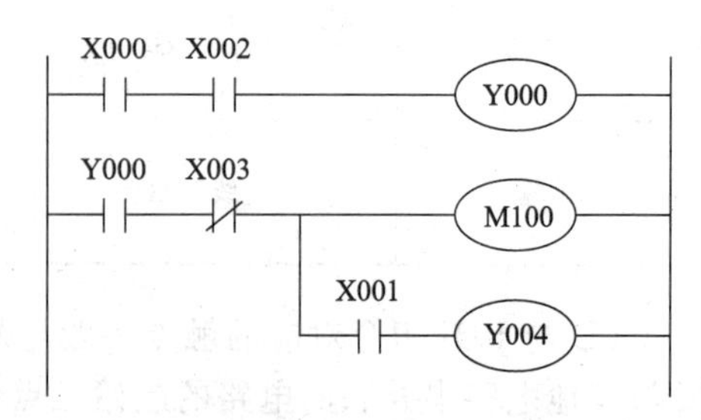

图 12-16 AND，ANI 指令示例程序

3. OR、ORI 指令（表12-7）

OR 和 ORI 用于单个触点与前面电路的并联，并联触点的左端接到该指令所在的电路块的起始点

表 12-7　OR、ORI 指令

助记符、名称	功　能	回路表示和可用软元件	程序步
OR 或	A 触点并联连接	X,Y,M,S,T,C	1
ORI 或非	B 触点并联连接	X,Y,M,S,T,C	1

(LD 点) 上，右端与前一条指令对应的触点的右端相连。OR 和 ORI 指令总是将单个触点并联到它前面已经连接好的电路的两端，以图 12-17 中的 M110 的常闭触点为例，它前面的 4 条指令已经将 4 个触点串并联为一个整体，因此指令“ORI M110”对应的常闭触点并联到该电路的两端。

示例程序如图 12-17 所示。

LD	X001	；取常开点 X001
OR	X003	；与常开点 X003 并联
ORI	M101	；与常闭点 M101 并联
OUT	Y000	；输出到 Y000 线圈
LDI	Y000	；取常闭点 Y000
AND	X007	；与常开点 X007 串联
OR	M100	；与常开点 M100 并联
ANI	X010	；与常闭点 X010 串联
ORI	M110	；与常闭点 M110 并联
OUT	M100	；输出到 M100 线圈

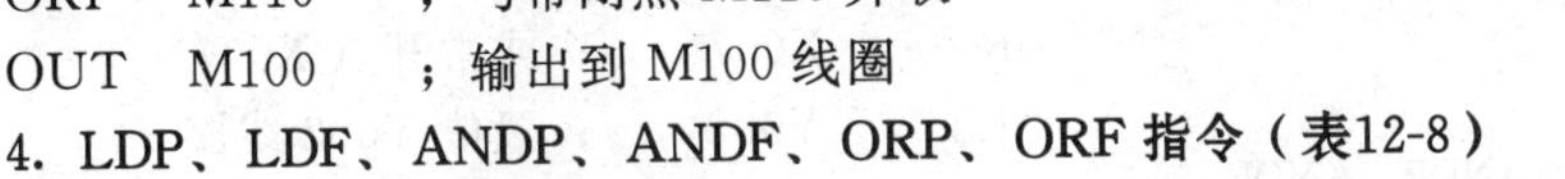

图 12-17　OR，ORI 指令示例程序

4. LDP、LDF、ANDP、ANDF、ORP、ORF 指令（表12-8）

表 12-8　LDP、LDF、ANDP、ANDF、ORP、ORF 指令

助记符、名称	功　能	回路表示和可用软元件	程序步
LDP 取脉冲上升沿	上升沿检出运算开始	X,Y,M,S,T,C	2
LDF 取脉冲下降沿	下降沿检出运算开始	X,Y,M,S,T,C	2
ANDP 与脉冲上升沿	上升沿检出串联连接	X,Y,M,S,T,C	2
ANDF 与脉冲下降沿	下降沿检出串联连接	X,Y,M,S,T,C	2
ORP 或脉冲上升沿	上升沿检出并列连接	X,Y,M,S,T,C	2

续表

助记符、名称	功　能	回路表示和可用软元件	程序步
ORF 或脉冲下降沿	下降沿检出并列连接	X,Y,M,S,T,C	2

LDP、ANDP 和 ORP 是用来检测上升沿的触点指令，触点的中间有一个向上的箭头，对应的触点仅在指定位元件波形的上升沿（由 OFF 变为 ON）时接通一个扫描周期。

LDF、ANDF 和 ORF 是用来检测下降沿的触点指令，触点的中间有一个向下的箭头，对应的触点仅在指定位元件波形的下降沿（由 ON 变为 OFF）时接通一个扫描周期。

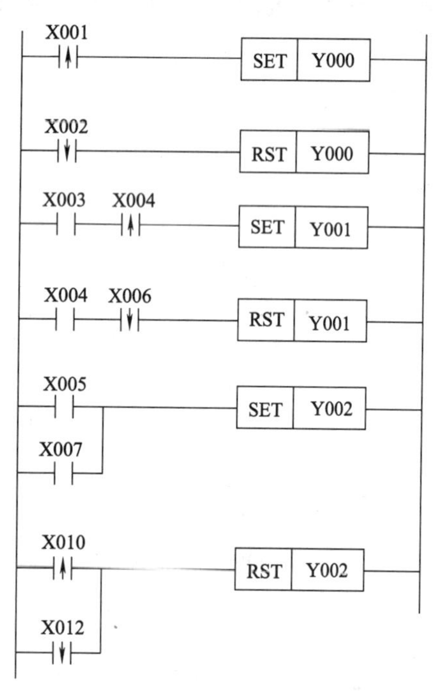

图 12-18　LDP、LDF、ANDP、ANDF、ORP、ORF 指令示例程序

示例程序如图 12-18 所示。

```
LDP    X001    ；取 X001 脉冲上升沿
SET    Y000    ；置位 Y000 线圈
LDF    X002    ；取 X002 脉冲下降沿
RST    Y000    ；复位 Y000 线圈
LD     X003    ；取常开点 X003
ANDP   X004    ；与 X004 脉冲上升沿
SET    Y001    ；置位 Y001 线圈
LD     X004    ：取常开点 X004
ANDF   X006    ；与 X006 脉冲下降沿
RST    Y001    ；复位 Y001 线圈
LD     X005    ；取常开点 X005
0R     X007    ；或常开点 X007
SET    Y002    ；置位 Y002 线圈
LDP    X010    ；取 X010 脉冲上升沿
ORF    X012    ；或 X012 脉冲下降沿
RST    Y002    ；复位 Y002 线圈
```

5. ORB、ANB 指令（表12-9）

表 12-9　ORB、ANB 指令

助记符、名称	功　能	回路表示和可用软元件	程序步
ORB 回路块或	串联回路块的并联连接	软元件：无	1
ANB 回路块与	并联回路块的串联连接	软元件：无	1

ORB 指令将多触点电路块（一般是串联电路块）与前面的电路块并联，它不带元件号，相当于电路块间右侧的一段垂直连线。要并联的电路块的起始触点使用 LD 或 LDI 指令，完成了电路块的内部连接后，用 ORB 指令将它前面已经连接好的两块电路并联。

ANB 指令将多触点电路块（一般是并联电路块）与前面的电路块串联，它不带元件号。ANB 指令相当于两个电路块之间的串联连线，该点也可以视为它右边的电路块的 LD 点。要串联的电路块的起始触点使用 LD 或 LDI 指令，完成了两个电路块的内部连接后，用 ANB 指令将它前面已经连接好的两块电路串联。

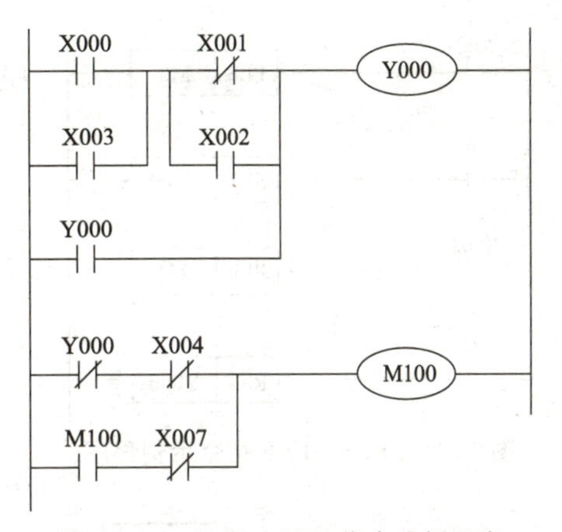

图 12-19　ANB，ORB 指令示例程序

示例程序如图 12-19 所示。

```
LD   X000    ；取常开点 X000
OR   X003    ；与常开点 X003 并联
LDI  X001    ；取常闭点 X001
OR   X002    ；与常开点 X002 并联
ANB          ；两块电路串联
OR   Y000    ；与常开点 Y000 并联
OUT  Y000    ；输出到 Y000 线圈
LDI  Y000    ；取常闭点 Y000
ANI  X004    ；与常闭点 X004 串联
LD   M100    ；取常开点 M100
ANI  X007    ；与常闭点 X007 串联
ORB          ；两块电路并联
OUT  M100    ；输出到 M100 线圈
```

6. PLS、PLF 指令（表12-10）

表 12-10　PLS、PLF 指令

助记符、名称	功　能	回路表示和可用软元件	程序步
PLS 脉冲	上升沿微分输出	PLS Y,M　除特殊的M以外	1
PLF 下降沿脉冲	下降沿微分输出	PLS Y,M　除特殊的M以外	1

脉冲输出指令分为上升沿脉冲输出指令 PLS 和下降沿脉冲输出指令 PLF。所有的输出脉冲都是正向脉冲，即从“OFF”到“ON”再到“OFF”。该脉冲的宽度是一个程序的扫描周期，也就是在执行该指令的下一个程序扫描周期内，该元件为“ON”状态，这个周期过去之后，又要恢复成原来的“OFF”状态。

PLS 指令是当驱动逻辑是上升沿（“OFF”到“ON”）时发出正向脉冲信号：而 PLF 指令是当驱动逻辑是下降沿（“ON”到“OFF”）时发出正向脉冲信号。

需要注意的是，脉冲输出的脉冲宽度，只有一个扫描周期的长度，因此对于继电器输出 R 型的 PLC 来说，这个脉冲一般都输出不了。就是说，程序的确是执行了脉冲输出动作，但由于继电器的动作响应较慢，未等到闭合动作结束，扫描时间已经过去，又要断开了。因此在输出负载上可能检测不到脉冲输出。

对特殊功能辅助继电器不能使用脉冲输出指令。

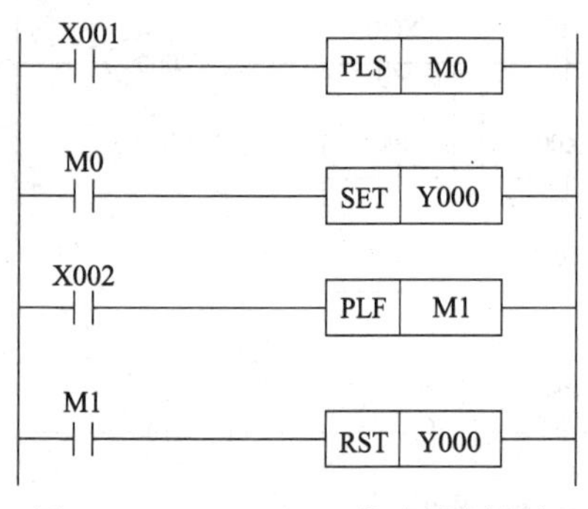

图 12-20　PLS、PLF 指令示例程序

示例程序如图 12-20 所示，图 12-21 是示例程序时序关系。

```
LD   X001  ；取常开点 X001
PLS  M0    ；脉冲输出到 M0 线圈
LD   M0    ；取常开点 M0
SET  Y000  ；置位 Y000 线圈
LD   X002  ；取常开点 X002
PLF  M1    ；下降沿脉冲输出到 M1 线圈
LD   M1    ；取常开点 M1
RST  Y000  ；复位 Y000 线圈
```

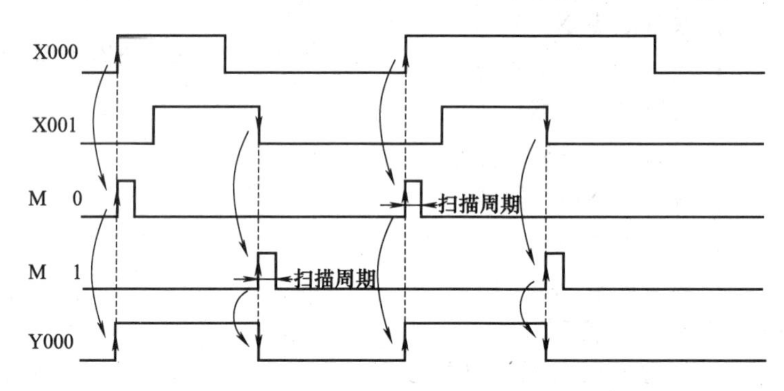

图 12-21　PLS、PLF 指令示例程序时序关系

7. MPS、MRD、MPP 指令（表12-11）

表 12-11　MPS、MRD、MPP 指令

助记符、名称	功　能	回路表示和可用软元件	程序步
MPS 入栈	暂存当前逻辑运算结果	MPS	1
MRD 读栈	读当前逻辑运算结果	MRD	1
MPP 出栈	读后消除当前逻辑运算结果	MPP	1

MPS、MRD 和 MPP 指令分别是入栈、读栈和出栈指令，它们用于多重输出电路。

前面介绍的所有指令都没有存储过程，逻辑运算的结果直接输出。但是有些逻辑关系的运算并不能在一个逻辑运算过程中结束，需要将中间结果存储起来，将来用到时再取出来，这就是所谓的多重输出。

堆栈就是一段存储区域，堆栈中数据的存取有“先入后出”的特点。PLC 的堆栈深度为 11 层，也就是说最多可以连续入栈 11 次。

MPS 指令用于储存电路中有分支处的逻辑运算结果，以便以后处理有线圈的支路时可以调用该运算结果。使用一次 MPS 指令，当时的逻辑运算结果压入堆栈的第一层，堆栈中原来的数据依次向下一层推移。入栈操作是存入，堆栈指针负责指明数据存入的地址。编程者可以不考虑数据具体存在什么地方，每存入一个数据，堆栈的指针就自动加一，指向下一个存储数据的地址。

MRD 指令读取存储在堆栈最上层的电路中分支点处的运算结果，将下一个触点强制性地连接在该点。读数后堆栈内的数据不会上下移动。

MPP 指令弹出（调用并去掉）存储在堆栈最上层的电路中分支点对应的运算结果。将下一触点连接在该点，并从堆栈中去掉该点的运算结果。使用 MPP 指令时，堆栈中各层的数据向上移动一层，最上层的数据在读出后从栈内消失。

堆栈可以嵌套使用，最多 11 层。图 12-22 所示示例程序使用了两层栈。

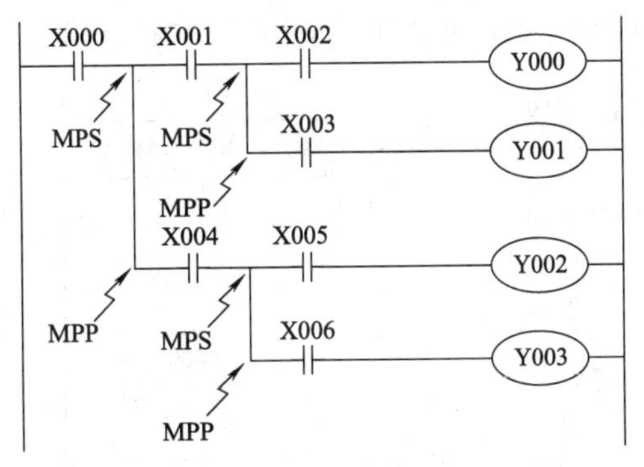

图 12-22　两层栈示例程序

```
LD    X000
MPS         ；第一层入栈
AND   X001
MPS         ；第二层入栈
AND   X002
OUT   Y000
MPP         ；第二层出栈
AND   X003
OUT   Y001
MPP         ；第一层出栈
AND   X004
MPS         ；第一层入栈
AND   X005
OUT   Y002
MPP         ；第一层出栈
AND   X006
OUT   Y003
```

8. MC、MCR 指令（表12-12）

表 12-12　MC、MCR 指令

助记符、名称	功　能	回路表示和可用软元件	程序步
MC 主控	公共串联触点的连接	MC N YM M除特殊辅助继电器以外	3
MCR 主控复位	公共串联触点的清除	MCR N	2

MC：主控指令，或公共触点串联连接指令，用于表示主控区的开始。MC 指令只能用于输出继电器 Y 和辅助继电器 M（不包括特殊辅助继电器）。

MCR：主控指令 MC 的复位指令，用来表示主控区的结束。

在编程时，经常会遇到许多线圈同时受一个或一组触点控制的情况，如果在每个线圈的控制电路中都串入同样的触点，将占用很多存储单元，主控指令可以解决这一问题。使用主控指令的触点称为主控触点，它在梯形图中与一般的触点垂直：主控触点是控制一组电路的总开关。

与主控触点相连的触点必须用 LD 或 LDI 指令，换句话说，执行 MC 指令后，母线移到主控触点的后面去了，MCR 使左侧母线（LD 点）回到原来的位置。

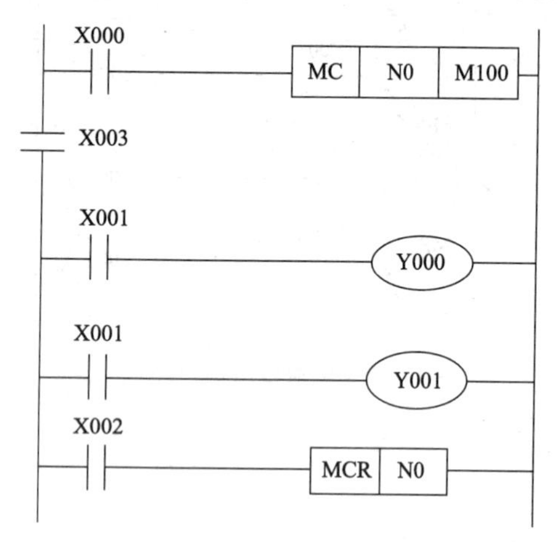

图 12-23　MC，MCR 指令示例程序

示例程序如图 12-23 所示。

LD　　X000　　；取常开点 X000
MC　　N0　　；第 0 层主控开始
M100　　；主控线圈 M100
LD　　X001　　；取常开点 X001
OUT　　Y000　　；输出到 Y000 线圈
LD　　X002　　；取常开点 X002
OUT　　Y001　　；输出到 Y001 线圈
MCR　　N0　　；主控结束

当输入 X000 闭合时，M100＝ON，执行从 MC 到 MCR 之间的程序。当输入 X000 断开时，M100＝OFF，不执行从 MC 到 MCR 之间的程序，这部分程序中的非积算定时器、计数器和用 OUT 指令驱动的元件复位；而积算定时器、计数器和用 SET/RST 指令驱动的元件保持当前状态。MC 指令可以嵌套使用，嵌套级 N 的编号按 0～7 顺次增大，返回时用 MCR 指令从大到小逐级解除。特殊功能辅助寄存器不能用做 MC 指令的操作元件。

9. INV 指令（表 12-13）

表 12-13　INV 指令

助记符、名称	功　能	回路表示和可用软元件	程序步
INV 取反	运算结果的反转	软元件：无	1

INV 指令在梯形图中用一条 45°短斜线表示，它将执行该指令之前的运算结果取反，运算结果为 0 将它变为 1，运算结果为 1 则变为 0。在图 12-24 所示示例程序中，如果 X000 为 ON，则 Y000 为 OFF；反之则 Y000 为 ON。INV 指令也可以用于 LDP、LDF、ANDP 等脉冲触点指令。

LD　　X000　　；取常开点 X000
INV　　；取反
OUT　　Y000　　；输出到 Y000 线圈
END　　；程序结束

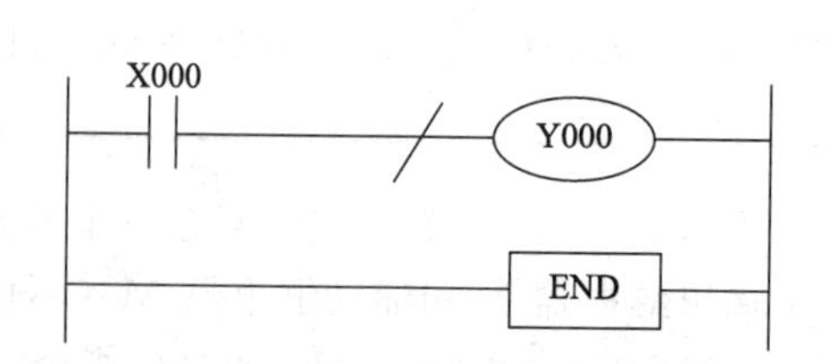

图 12-24　INV 指令示例程序

10. SET、RST 指令（表12-14）

SET：置位指令，使操作保持 ON 的指令。

RST：复位指令，使操作保持 OFF 的指令。

SET 指令用于 Y、M 和 S，RST 指令可以用于复位 Y、M、S、T、C，或将字元件 D、V 和 Z 清零。

表 12-14　SET、RST 指令

助记符、名称	功　能	回路表示和可用软元件	程序步
SET 置位	动作保持	RST　Y,M,S	Y,M　:1 S,特殊 M　:2 T,C　:2 D,V,Z,特殊 D :3
RST 复位	消除动作保持，当前值及寄存器清零	RST　Y,M,S,T,C,D,V,Z	

对同一编程元件，可以多次使用 SET 和 RST 指令，最后一次执行的指令将决定当前的状态。RST 指令可以将数据寄存器 D、变址寄存器 Z 和 V 的内容清零，RST 指令还用来复位积算定时器 T246～T255 和计数器。

SET、RST 指令的功能与数字电路中 R-S 触发器的功能相似，SET 与 RST 指令之间可以插入其他程序。如果它们之间没有别的程序，后一条指令有效。

在任何情况下，RST 指令都优先执行。计数器处于复位状态时，输入的计数脉冲不起作用。如果不希望计数器和积算定时器具有断电保持功能，可以在用户程序开始运行时用初始化脉冲 M8002 将它们复位。

示例程序如图 12-25 所示。该程序可实现电机正反转控制。

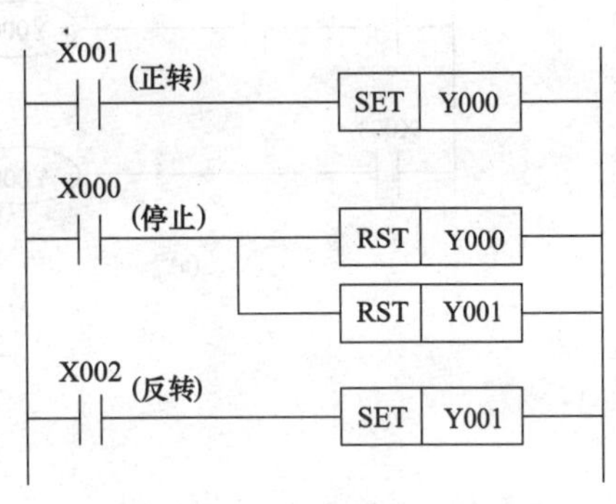

图 12-25　SET，RST 指令示例程序

```
LD     X001    ；取常开点 X001
SET    Y000    ；置位 Y000 线圈
LD     X000    ；取常开点 X000
RST    Y000    ；复位 Y000 线圈
RST    Y001    ；复位 Y001 线圈
LD     X002    ；取常开点 X002
SET    Y001    ；置位 Y001 线圈
```

11. NOP 指令

NOP 指令在程序中占一个步序，但实际上该指令并不进行任何有意义的操作。一般可以用于下述几种情况：

① 留出一定的空间，待用；

② 将某些接点或电路短路；

③ 切断某些电路；

④ 变换部分电路。

虽然 NOP 指令有上述种种用途，但建议尽量不要使用。使用带来的便利一般都少于其带来的麻烦。NOP 指令使用不当会导致程序出错或不是设计者的编程意图。上述所有用途都可以用编程器的插入、删除功能方便地实现。

实际上，一个未进行过任何编程的新的 PLC 的程序存储器中的所有内容，全部都是 NOP。执行了程序全清操作后的程序存储器中也是 NOP。

12. END 指令

END 指令是伪指令，其功能是通知汇编器，所编制的应用程序到此为止。后面的内容不是程序了，因此 END 指令一定是放在整个程序的最后。由于一个干净的程序存储器的内容都是 NOP，而 NOP 也是指令，因此若无 END 指令作标志，则 CPU 会将整个程序存储器空间中的指令（包括 NOP）都执行一遍才进行下一个扫描周期。如果都是 NOP 指令，只是占用了大量的时间，若有其他内容，则程序必然出错。因此，必须在程序的最后放置 END 指令。程序在执行到 END 指令之后，就进行输出处理，然后开始一个新的输入周期。

利用 END 指令的这个特点，在调试程序时可以按程序的内容分段插入 END 指令，待 END 指令前面的所有程序都无误后，再将 END 删去。这样一段一段地将全部程序调试完毕。这样做的好处是可以将问题的出现范围缩小，便于查找和更正。

二、编程注意事项

1. 双线圈输出

如果在同一个程序中，同一元件的线圈使用了两次或多次，称为双线圈输出。对于输出继电器来说，在扫描周期结束时，真正输出的是最后一个 Y000 的线圈的状态，见图 12-26（a）。

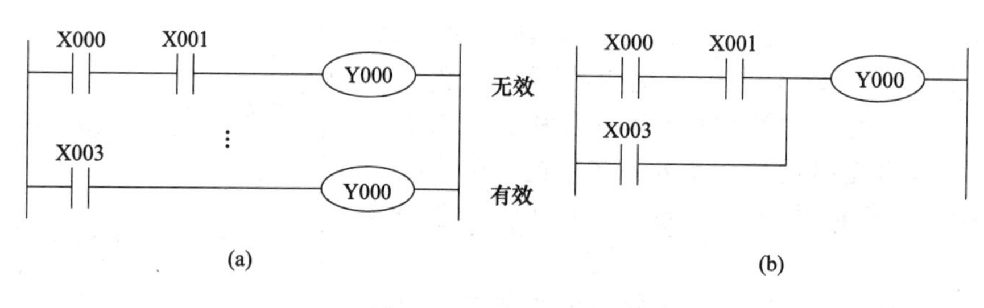

图 12-26　双线圈输出

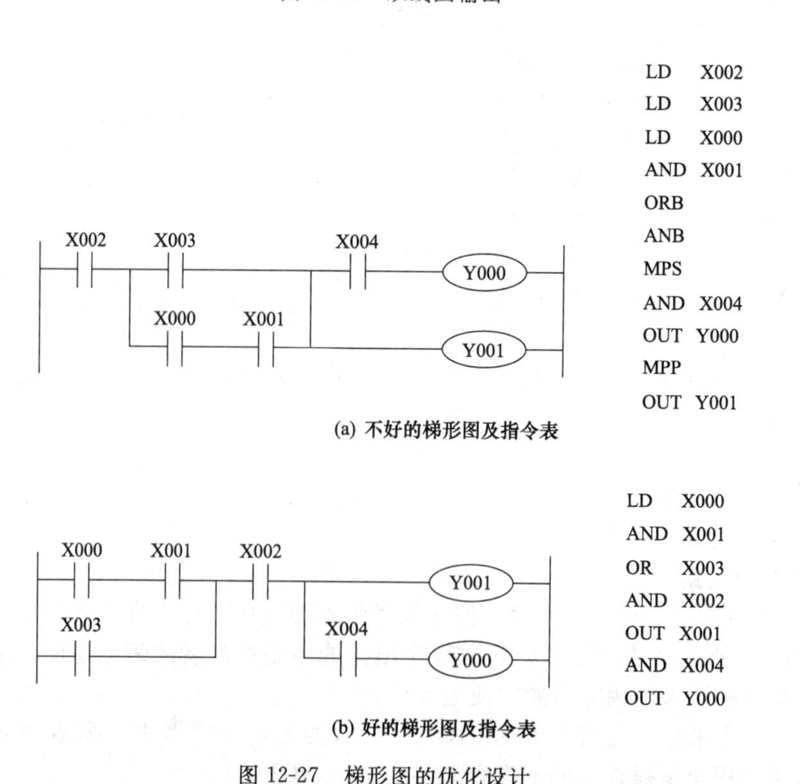

图 12-27　梯形图的优化设计

Y000 线圈的通断状态除了对外部负载起作用外，通过它的触点，还可能对程序中其他元件的状态产生影响。图 12-26（a）中两个 Y000 线圈所在的电路将梯形图划分为 3 个区域。因为 PLC 是循环执行程序的，最上面和最下面的区域中 Y000 的状态相同。如果两个线圈的通断状态相反，不同区域中 Y000 的触点的状态也是相反的，可能使程序运行异常。为避免因双线圈引起的输出继电器快速振荡的异常现象。可以将图 12-26（a）双线圈输出改为图 12-26（b）。

2. 程序的优化设计

在设计并联电路时，应将单个触点的支路放在下面；设计串联电路时，应将单个触点放在右边，否则将多使用一条指令（见图 12-27）。

建议在有输出线圈的并联电路中，将单个线圈放在上面，如将图 12-27（a）的电路改为图 12-27（b）的电路，可以避免使用入栈指令 MPS 和出栈指令 MPP。

3. 编程元件的位置

输出类元件（例如 OUT、MC、SET、RST、PLS、PLF 和大多数功能指令）应放在梯形图的最右边，它们不能直接与左侧母线相连。有的指令（例如 END 和 MCR 指令）不能用触点驱动，必须直接与左侧母线或临时母线相连。

第三节　三相异步电动机的 PLC 控制

工程实际中的 PLC 控制系统总是比较复杂的，作为其中的基本环节，三相异步电动机的几种典型控制回路常见于 PLC 控制系统中。以下是三相异步电动机点动-长动、正转-反转、顺序启动、星形-三角形启动等四种常见 PLC 控制电路及实用程序。每一种电路均给出了与之对应的继电器接触器控制电路，两种电路中的所有按钮及输出接触器均采用相同的代号，以方便读者对照理解。

一、三相异步电动机点动-长动控制回路

1. 点动-长动控制电路接线图

图 12-28（a）是三相异步电动机点动-长动 PLC 控制 I/O 接线图，图 12-28（b）是与之对应的继电器接触器控制电路

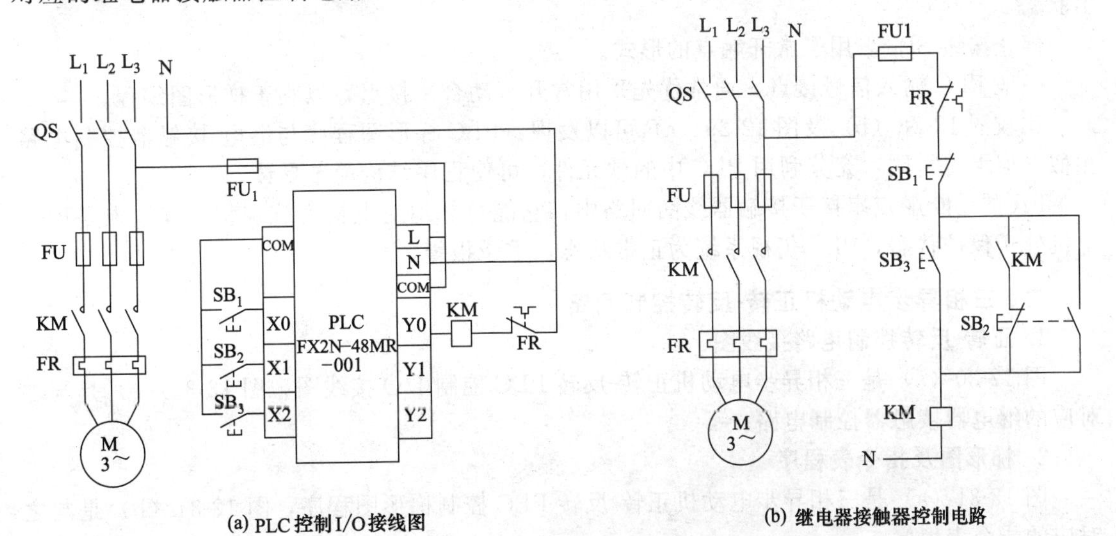

图 12-28　点动-长动控制电路接线图

2. 梯形图及指令表程序

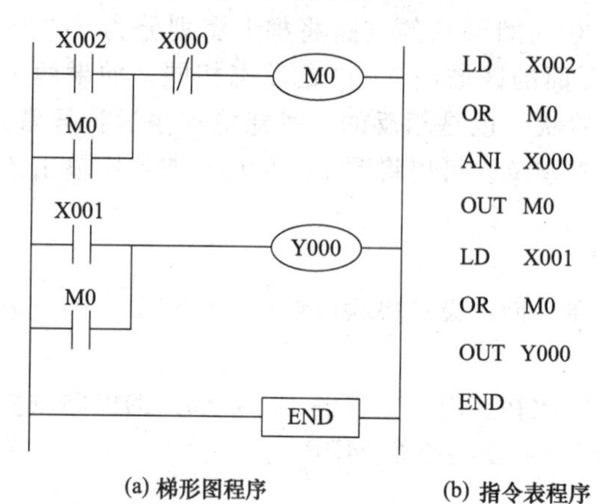

图 12-29 三相异步电动机点动-长动 PLC 控制程序

图 12-29（a）是三相异步电动机点动-长动 PLC 控制梯形图程序，图 12-29（b）是与之对应的指令表程序。

3. 编程元件的地址分配

输入输出继电器地址分配如表 12-15 所示。

4. 操作要求

① 在停止状态，按下点动按钮 SB_2，电机运转，松开 SB_2，电机停止。

② 在停止状态，按下长动按钮 SB_3，电机运转，松开 SB_3，电机仍保持运转。

③ 按停止按钮 SB_1，电机停转。

5. 简要说明

表 12-15 输入输出继电器的地址分配

编程元件	I/O端子	电路器件	作用
输入继电器	X000	SB_1	停止按钮
	X001	SB_2	点动按钮
	X002	SB_3	长动按钮
输出继电器	Y000	KM	接触器线圈
辅助继电器	M0	—	长动自锁控制
其他电器	—	FR	过载保护

程序中用到了通用辅助继电器 M0，其作用与继电-接触器控制电路中的中间继电器极为相似。它没有输入与输出端子，但能在程序执行过程中完成中间逻辑变量的运算转换。本例中，M0 将长动控制的状态与点动控制信号 X001 相或后再控制 Y000 的输出状态。

停止按钮 SB_1 采用了常开触点的形式。

一般 PLC 输入信号接点，通常优先采用常开（动合）接点，以利于梯形图编程。

比较图 12-28（b）及图 12-29（a）可以发现：PLC 梯形图程序与继电-接触器控制电路相似，但无需雷同，充分利用 PLC 中的软元件，可使程序结构简单易读。

FR 的动断触点串接于接触器线圈回路中，它能可靠地对电机实施保护，其缺点是即使电机处于保护状态，PLC 仍视系统为正常状态，不予报警。

二、三相异步电动机正转-反转控制回路

1. 正转-反转控制电路接线图

图 12-30（a）是三相异步电动机正转-反转 PLC 控制 I/O 接线图，图 12-30（b）是与之对应的继电器接触器控制电路。

2. 梯形图及指令表程序

图 12-31（a）是三相异步电动机正转-反转 PLC 控制梯形图程序，图 12-31（b）是与之对应的指令表程序。

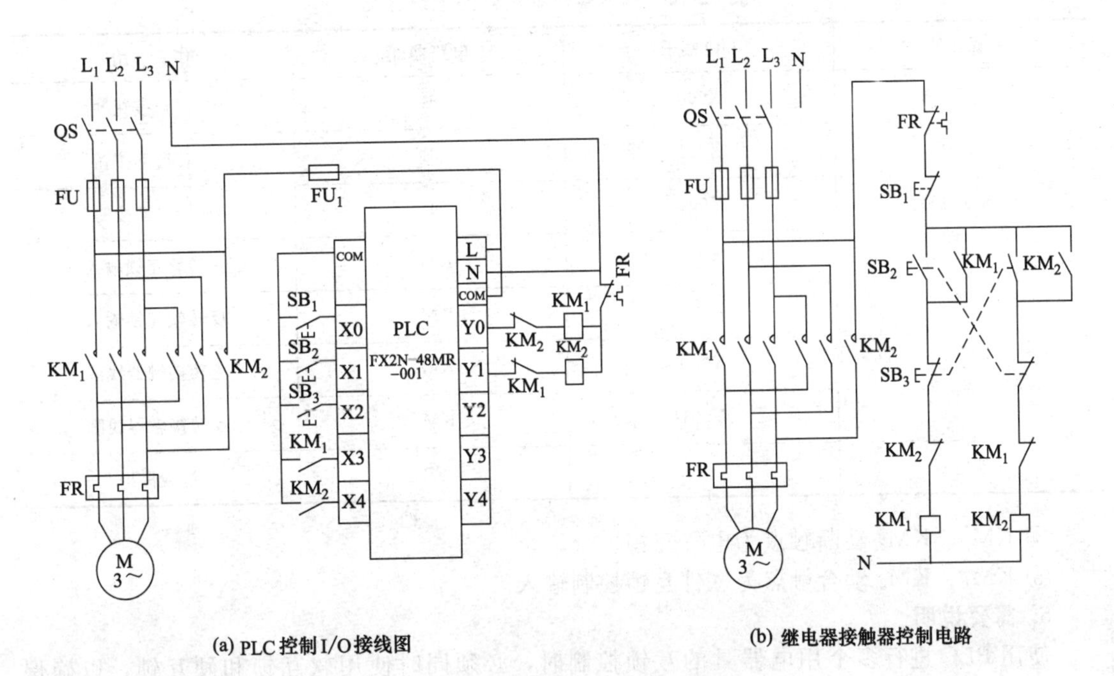

图 12-30　正转-反转控制电路接线图

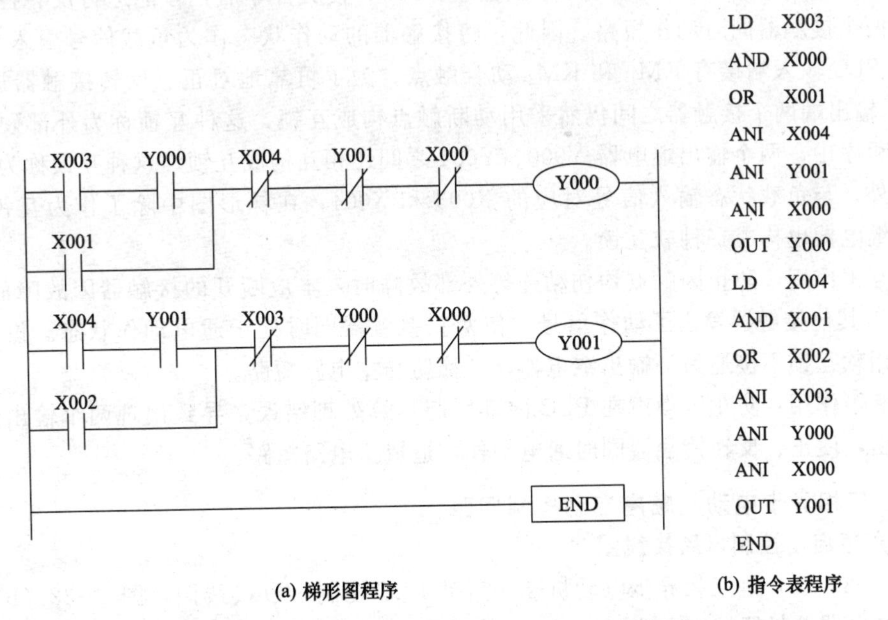

图 12-31　三相异步电动机正转-反转 PLC 控制程序

3. 编程元件的地址分配

输入输出继电器地址分配如表 12-16 所示。

4. 操作要求

① 在停止或反转状态，按 SB_2，电机正转。

② 在停止或正转状态，按 SB_3，电机反转。

③ 按 SB_1，电机停转。

表 12-16　输入输出继电器的地址分配

编程元件	I/O 端子	电路器件	作　用
输入继电器	X000	SB_1	停止按钮
	X001	SB_2	正转启动按钮
	X002	SB_3	反转启动按钮
	X003	KM_1	正转软互锁输入
	X004	KM_2	反转软互锁输入
输出继电器	Y000	KM_1	正转接触器线圈
	Y001	KM_2	反转接触器线圈
其他电器	—	FR	过载保护

④ KM_1、KM_2 动断触点为电气互锁。

⑤ KM_1、KM_2 动合触点为软件互锁控制输入。

5. 简要说明

使用 PLC 进行多个用电器具的互锁控制时，必须同时使用软互锁和硬互锁，以确保安全。

电路中电动机由正转过渡到反转必须先按 SB_1，使其停车后，才能进行反转控制，这样可防止两个接触器同时动作短路。因此，将接触器的动作状态作为负载信号引入 PLC 输入端，在 PLC 输入端接有 KM_1 和 KM_2 动合触点。为了可靠地对正、反转接触器进行互锁，在 PLC 输出端两个接触器之间仍然采用动断触点构成互锁，这种互锁称为外部硬互锁。在梯形图程序中，两个输出继电器 Y000、Y001 之间还相互构成互锁，这种互锁称为内部软互锁。此外，与负载状态输入信号对应的 X003 和 X004，在梯形图中除了作为互锁条件外，对输出继电器也构成一种软互锁。

软互锁作用：防止因触点灼伤粘连等外部故障时，本应断开的接触器因故障而未断开，PLC 又对其他接触器发出了动作信号，使两只接触器同时处于通电动作状态。设置软互锁后，利用软互锁不接通另一输出继电器，从而防止主电路短路。

硬互锁作用：防止因噪声在 PLC 内部引起运算处理错误，导致出现两个输出继电器同时有输出，使正、反转接触器同时通电动作，造成主电路短路。

三、三相异步电动机顺序启动控制回路

1. 顺序启动控制电路接线图

图 12-32（a）是三相异步电动机顺序启动 PLC 控制 I/O 接线图，图 12-32（b）是与之对应的继电器接触器控制电路

2. 梯形图及指令表程序

图 12-33（a）是三相异步电动机顺序启动 PLC 控制梯形图程序，图 12-33（b）是与之对应的指令表程序。

3. 编程元件的地址分配

① 输入输出继电器地址分配如表 12-17 所示。

② 其他编程元件地址分配如表 12-18 所示。

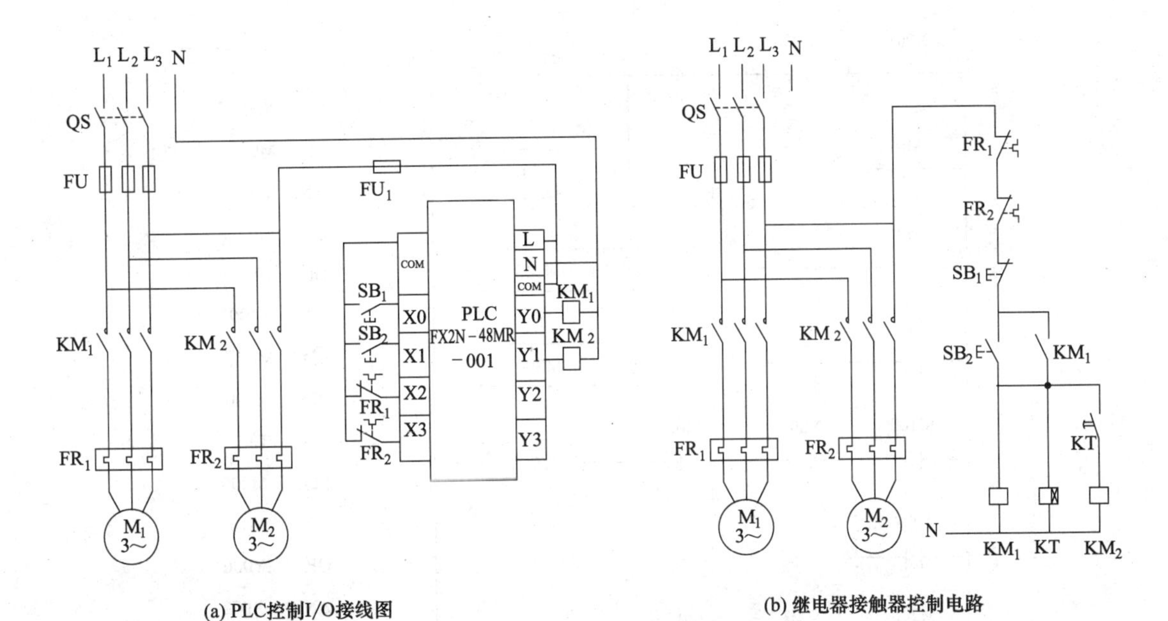

图 12-32　顺序启动控制电路接线图

表 12-17　输入输出继电器的地址分配

编程元件	I/O 端子	电路器件	作　用
输入继电器	X000	SB_1	停止按钮
	X001	SB_2	启动按钮
	X002	FR_1	热继电器动断触点
	X003	FR_2	热继电器动断触点
输出继电器	Y000	KM_1	接触器线圈
	Y001	KM_2	接触器线圈

表 12-18　其他编程元件的地址分配

编 程 元 件	编 程 地 址	K 值	作　用
辅助继电器	M0	—	启动自锁
	M100	—	Y000 的启动控制
	M200	—	Y001 的启动控制
定时器（100ms 通用型）	T0	100	顺序时间设定(10s)

4. 操作要求

① 在停止状态，按 SB_2，电机 M_1 启动并保持运转，T0 开始计时。

② 计时时间到，启动电机 M_2。

③ 按 SB_1，两台电机同时停转。

5. 简要说明

热过载继电器多采用动断触点。FR_1、FR_2 对应的两个输入常开触点 X002 及 X003 串联于 Y000 及 Y001 的输出回路中，类似于“启—保—停”电路中的停止按钮，所以当 FR_1 或 FR_2 动作时，将使对应的输出回路停止工作。

采用动断触点作为 PLC 输入回路接点时，触点动作则相应输入继电器置“0”，反之为

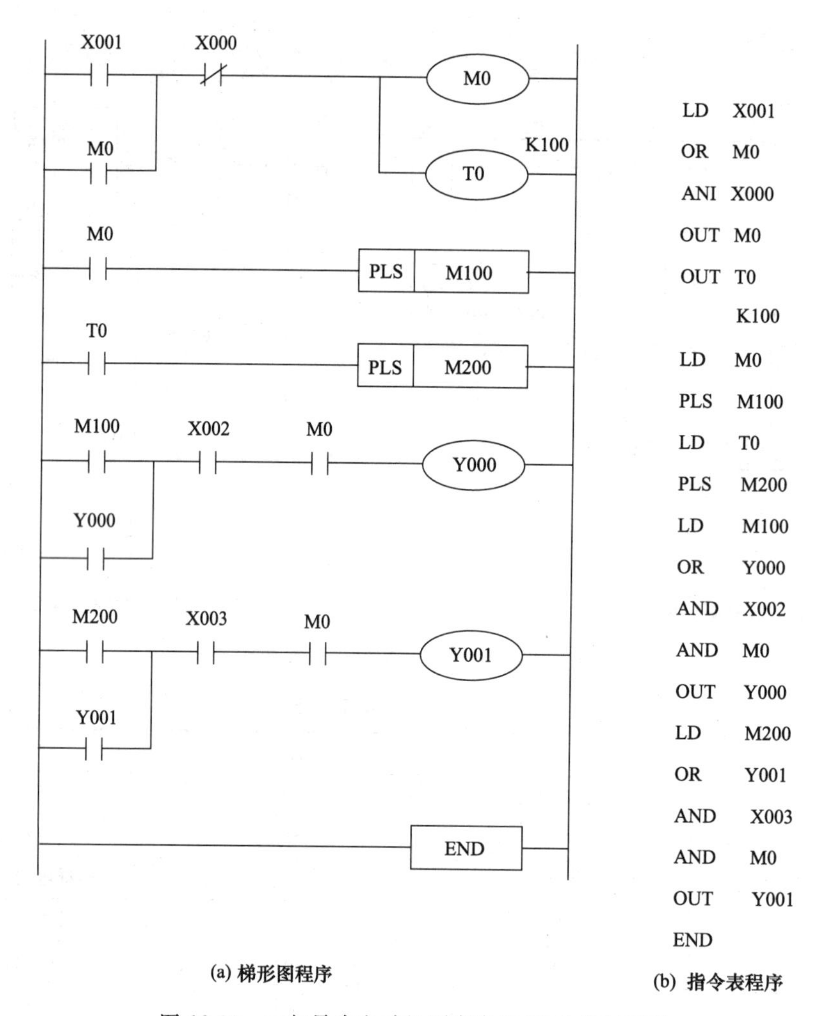

图 12-33 三相异步电动机顺序启动 PLC 控制程序

“1”。用于 PLC“启—保—停”控制程序中的梯形图样式，与继电-接触器控制电路样式正好相反，编程时应特别注意。

Y000 及 Y001 的启动，由 M100 及 M200 的脉冲输出信号进行控制。

显然，当该电路中只有一台电机因过载停止工作时，另外一台电机的工作状态将不会受到影响。但排除故障后，需按下 SB_1 使系统完全复位后，再次启动。

需要说明的是：在图 12-32（b）所示继电器接触器顺序启动控制电路中，FR_1、FR_2 的两个常开触点串联在整个控制回路中，所以当 FR_1 或 FR_2 其中一个动作时，将使两台电机全部停止工作。这与图 12-32（a）所示 PLC 顺序启动控制逻辑是有所区别的。如果需要，当然可以对 PLC 顺序启动的控制程序进行修改。

顺序控制电路通常用于并联运行的两台大功率电机，采用顺序启动控制回路，可减缓过大的启动冲击电流。不同的应用场合下，应根据具体情况采用合理的应用程序。

四、三相异步电动机星形-三角形启动控制回路

1. 星形-三角形（Y/△）启动控制电路接线图

图 12-34（a）是三相异步电动机 PLC 星形-三角形启动控制 I/O 接线图，图 12-34（b）是与之对应的继电器接触器控制电路。

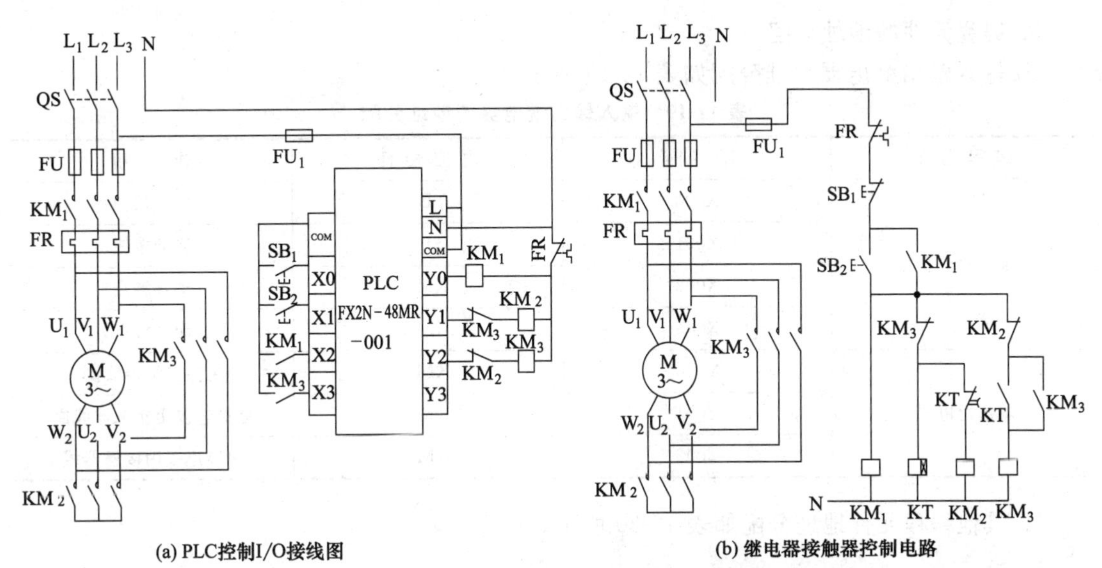

图 12-34　星形-三角形启动控制电路接线图

2. 梯形图及指令表程序

图 12-35（a）是三相异步电动机星形-三角形启动 PLC 控制梯形图程序，图 12-35（b）是与之对应的指令表程序。

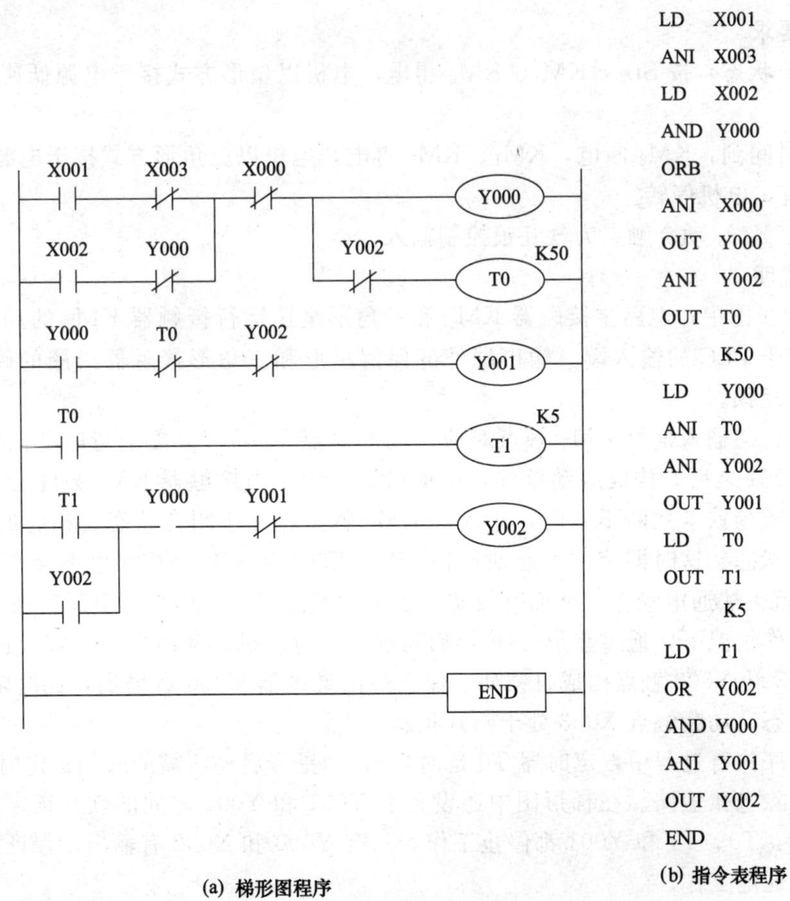

图 12-35　三相异步电动机星形-三角形启动 PLC 控制程序

3. 编程元件的地址分配

① 输入输出继电器地址分配如表 12-19 所示。

表 12-19 输入输出继电器的地址分配

编程元件	I/O端子	电路器件	作 用
输入继电器	X000	SB_1	停止按钮
	X001	SB_2	启动按钮
	X002	KM_2	动合触点
	X003	KM_3	动合触点
输出继电器	Y000	KM_1	主控接触器线圈
	Y001	KM_2	星形连接用接触器线圈
	Y002	KM_3	三角形连接用接触器线圈

② 其他编程元件地址分配如表 12-20 所示。

表 12-20 其他编程元件的地址分配

编程元件	编程地址	K值	作 用
定时器（100ms 通用型）	T0	50	星形连接时间设定(5s)
	T1	5	消除电弧短路时间设定(0.5s)

4. 操作要求

① 在停止状态，按 SB_2，KM_1、KM_2 得电，电机以星形方式接于电源低速运转并开始计时。

② 计时时间到，KM_2 断电，KM_1、KM_3 得电，电机以三角形方式接于电源高速运转。

③ 按 SB_1，电机停转。

④ KM_2、KM_3 动合触点为软互锁控制输入。

5. 简要说明

在 I/O 配线图中，电路主接触器 KM_1 和三角形全压运行接触器 KM_3 的动合触点，作为负载信号接于 PLC 的输入端。输出端外部保留星形和三角形接触器线圈的硬互锁环节，程序中另设软互锁。

梯形图中，与输入信号 KM_3 触点对应的动断触点 X003，串接于与启动按钮 SB_2 对应的动合触点 X001 之后，构成启动条件，也称启动自锁。当接触器 KM_3 发生故障，例如主触点灼伤粘连或衔铁卡死断不开时，输入端 KM_3 触点就处于闭合状态，相应的 X003 常闭触点则为断开状态。这时即使按下启动按钮 SB_2（X001 闭合），Y000 也不会有输出，作为负载的 KM_1 就无法通电动作，从而有效防止了电动机出现三角形直接全压启动。

在正常工作情况下，通过星形-三角形启动程序在电动机启动结束后，转入正常运转时，梯形图中 X002 和 Y000 触点构成自锁环节保证输出继电器 Y000 有输出，此时输入端 KM_3 触点为闭合状态，动断触点 X003 处于断开状态。

在上述程序执行过程中，定时器 T0 延时 5 s，为星形启动所需的时间；定时器 T1 延时 0.5s，用以消除电弧短路。在梯形图中还设置了 Y001 和 Y002 之间的软互锁，电动机在全压正常运行时，T0、T1 和 Y001 都停止工作，只有 Y000 和 Y002 有输出，保证外电路只有 KM_1 和 KM_3 通电工作。

按图 12-34 (a) 所示接线图，将所有电器元件安装在一块绝缘板上，即构成图 12-36 所示三相异步电动机Y/△启动 PLC 控制电路板。低压电器选型时，KM_1 可选用 CJX2-1210 或 CJX2-2510 等型号。由于系统中 KM_2 使用了一个常闭触点，该接触器应选择 CJX2-1201 或 CJX2-2501 等型号。KM_3 既有常闭触点，又有常开触点，应加装一个 F4-11 型的辅助触头组。

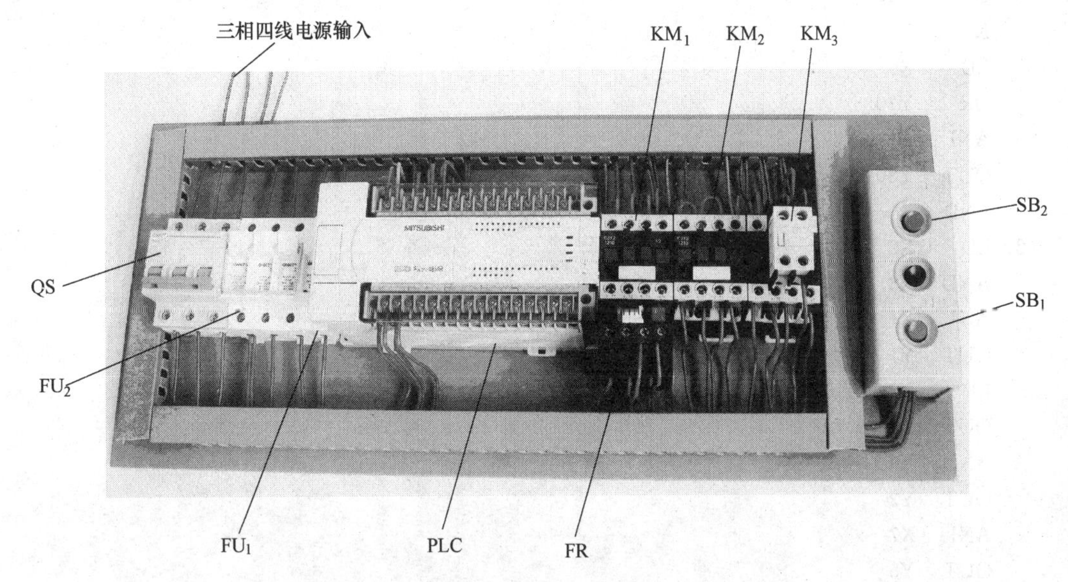

图 12-36 三相异步电动机Y/△启动 PLC 控制电路板

思考题与习题

一、选择题

1. 输入继电器 X 的功能是______。

(a) 接受外来的主令信号或传感器检测信号；

(b) 对外部负载输出信号；

(c) 不接受外部信号，也不对外部负载输出信号

2. 输出继电器 Y 的功能是______。

(a) 接受外来的主令信号或传感器检测信号；

(b) 对外部负载输出信号；

(c) 不接受外来信号，也不对外部负载输出信号

3. 当计数器 C 输入一个复位信号，则 C 将常数值 K 复位至______。

(a) 0 值； (b) 不变； (c) 设定值

4. FX_{2N}的 16 位计数器 C0-C99 是采用______计数的。

(a) 加法； (b) 减法； (c) 双向

5. ORB 指令用于______两条或两条以上支路。

(a) 并联； (b) 串联； (c) 混联

二、问答题

6. 简述图 12-5 所示 PLC 等效电路图中各部分的作用。

7. 手持式编程器是怎样与 PLC 连接的？

8. 可编程序控制器的顺序扫描可分为哪几个阶段执行？

9. FX_{2N}系列 PLC 辅助继电器有几种？各有什么特点？

三、综合题

10. FX_{2N}系列 PLC 中 T00-T199 单个计时器的最大延时为多少？如再配上一个计数器可延时多长？请

画出梯形图。

11. 试将下列指令表写成梯形图。

(1)
```
LD   Y30
ANI  X0
OUT  T150
K    5
LD   X0
OR   Y30
ANI  T150
OUT  Y30
END
```

(2)
```
LD   X2
AND  X3
ANI  X4
OUT  Y1
LD   X5
OUT  Y0
AND  X6
OUT  Y2
ANI  X7
OUT  Y5
END
```

(3)
```
LD   X0
OR   M8002
RST  C0
LD   X1
AND  M8012
OUT  C0
K    600
LD   C0
OUT  Y1
END
```

(4)
```
LD   X0
OR   Y0
ANI  Y2
OUT  Y0
LD   Y0
OR   Y1
OUT  Y1
OUT  T150
K    30
LD   T150
OUT  Y2
END
```

12. 设计一个三路抢答器程序。

13. 试绘出控制三台电动机（$M_1 \rightarrow M_2 \rightarrow M_3$）顺序启动，顺序停止（$M_3 \rightarrow M_2 \rightarrow M_1$）的梯形图。

第十三章　液压传动基础

学习目标　通过本章的学习，掌握液压传动的基础知识：主要包括静压力的概念和帕斯卡定律、液压传动原理及其基本参数、液压系统的组成及特点等内容。掌握液压传动各基本参数。

第一节　液压传动概述

液压技术是研究怎样利用液体作为工作介质来传递能量和进行控制的一种工程技术，液压传动主要是利用液体的压力能来传递能量，又叫静压传动。

液压传动具有形小而力大、易实现无级调速和远程控制等特点，在各个工业部门都有广泛的应用，也是塑料成型用的注射机、液压机以及层压机等不可缺少的组成部分。

一、静压力和帕斯卡定律

将液体密闭在图 13-1 所示的容器内，活塞上面加重物，液体内部就会产生反作用力，此力就是液体的静压力。液体在单位面积上所承受的作用力叫压力强度 p（工程上简称为压力），即

$$p=\frac{W}{A}$$

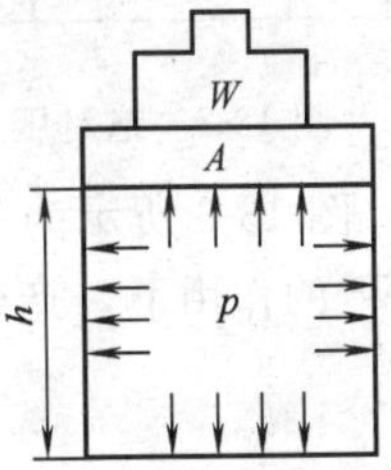

图 13-1　压力容器

式中　p——压力，在 SI 制中，单位为 Pa（帕）或 N/m^2；

W——重物的重量，N；

A——活塞的截面积，m^2。

液体为了保持其静止状态，静压力具有下列特性。

① 静止液体中的任何一点，其各方向的压力均相等。

② 液体静压力是一种纯粹的压应力，其作用方向与承压面的法线重合。

如果液体中各点的压力是不均匀的，则液体在某点上的压力即由该点的压力极限值决定。

液体中的静压力主要是由液体表面承受外力或其自重作用而产生的。液体自重所产生的压力与液面深度成正比，而与容器的截面积无关。

即

$$p=\frac{Ah\gamma}{A}=\gamma h=\rho g h$$

式中　γ——重度（即单位体积的液体重量），N/m^3；

ρ——密度（即单位体积的液体质量），kg/m^3；

g——重力加速度，N/kg；

h——液面的深度或油柱的高度，m。

在液压传动中，一般油柱的高度不大，所以，液体自重所产生的压力可以忽略不计。

压力值可以从不同的基准算起，故有不同的表示方法。如果以理想的没有气体存在的完全真空为零算起，该压力值称为绝对压力（见图 13-2）。

凡以一个工程大气压为零算起的压力值为相对压力（计算压力），液压传动中一般都

用相对压力表示。

压力的单位及其他非法定计量单位的换算关系为

$$1\text{MPa}=1\times10^{3}\text{kPa}=1\times10^{6}\text{Pa}$$

$$1\text{at(工程大气压)}=1\text{kgf/cm}^{2}=9.8\times10^{4}\text{Pa}$$

$$1\text{mH}_2\text{O(米水柱)}=9.8\times10^{3}\text{Pa}$$

$$1\text{mmHg(毫米汞柱)}=1.33\times10^{2}\text{Pa}$$

$$1\text{bar}=10^{5}\text{Pa}=10\text{N/cm}^{2}\approx1.02\text{kgf/cm}^{2}$$

在密闭容器中静压力的传递是按帕斯卡定律进行的，所谓帕斯卡定律即**在相互连通而充满液体的若干容器内，若某处受到外力的作用而产生静压力时，则该压力将通过液体传递到各个连通器内，且压力值处处相等。**

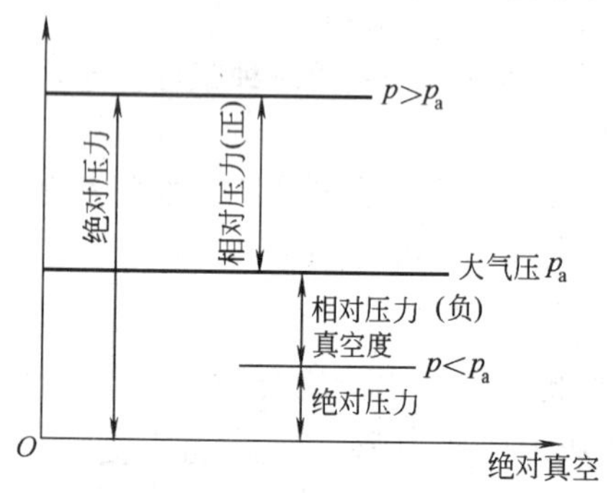

图 13-2　绝对压力和相对压力

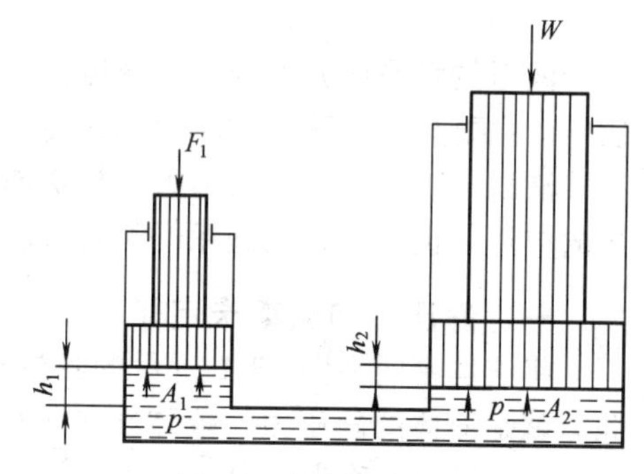

图 13-3　帕斯卡定律

图 13-3 所示为一连通器。在驱动力 F_1 的作用下，液体表面产生压力 p_1；大活塞在负载 W 的作用下，产生压力 p_2。根据帕斯卡定律得

$$p_1=p_2=p$$

因而有

$$\frac{F_1}{A_1}=\frac{W}{A_2}$$

或

$$\frac{W}{F_1}=\frac{A_2}{A_1}=k$$

式中　A_1——小活塞的作用面积；

A_2——大活塞的作用面积。

若 $k\gg1$ 时，只需要较小的驱动力就能承受很大的负载，故这是一种力的放大机构，其放大倍数为 k 值。

若 A_2 一定时，p_2 与负载 W 成正比，即**液压系统内部的压力大小取决于负载大小**。但是，实际上随着负载无限增加，容器内的压力不会趋于无穷大。这是由于压力升高时，密封处可能漏油；容器及管道等也可能破裂；同时还受到驱动力大小的限制，这三个因素就决定了容器内压力所能达到的极限值。

二、液压传动原理及其基本参数

帕斯卡定律仅仅说明了密闭的液压系统内静压力是如何建立及传递的，实际上，即使像油压千斤顶那样的简单液压系统，也还需从运动的观点来分析，才能更深刻地理解它。

图 13-4 所示为油压千斤顶的工作原理，它是由手动液压泵（能源）和单作用柱塞缸（执行机构）等组成。

提起手柄使小活塞向上移动，小活塞下端油腔容积增大，形成局部真空，这时单向阀 4

打开，通过吸油管 5 从油箱 12 中吸油，用力压下手柄，小活塞下移，小活塞下腔压力升高，单向阀 4 关闭，单向阀 7 打开，下腔的油液经管道 6 输入大缸体 9 的下腔，迫使大活塞 8 向上移动，顶起重物。再次提起手柄吸油时，举升缸下腔的压力油将力图倒流入手动泵内，但此时单向阀 7 自动关闭，使油液不能倒流，从而保证了重物不会自行下落。不断地往复扳动手柄，就能不断地把油液压入举升缸下腔，使重物逐渐升起。如果打开截止阀 11，举升腔下腔的油液通过管道 10、阀 11 流回油箱，大活塞在重物和自重作用下向下移动，回到原始位置。

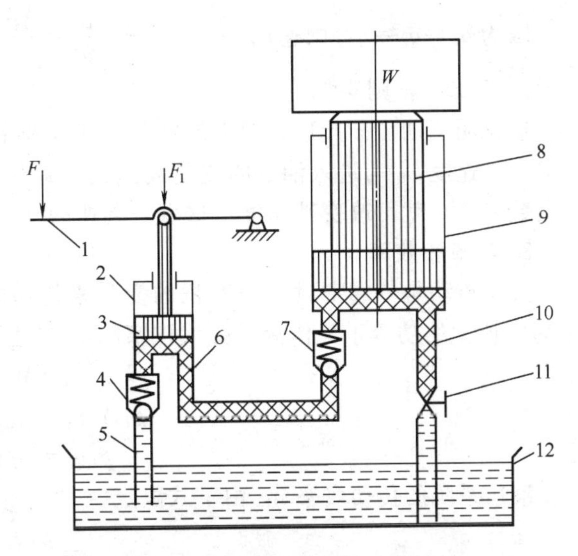

图 13-4 油压千斤顶的工作原理

1—手柄；2—小液压缸；3—小活塞；4,7—单向阀；5,6,10—油管；8—大活塞；9—大液压缸；11—截止阀；12—油箱

综上所述，无论是液压泵或液压缸都是利用密封的工作容积变化来进行能量转换的，即液压泵是将机械能转换成液压能，相反，液压缸是将液压能转换成机械能，这就是容积式液压传动的本质。

描述液压传动过程有下列基本参数。

1. 压力和负载

由帕斯卡定律知：油压千斤顶中油的压力取决于负载。但是，只有在下述条件下油压千斤顶的压力传递过程才符合帕斯卡定律，即油液是不可压缩的；连接泵与大柱塞的通道很短、油液的流速也不大（则从泵到大柱塞由于油液的黏性所引起的压力降可以忽略不计）；而且也不考虑油柱高度的影响。此时，驱动力通过小柱塞而作用在液面上的压力才与负载通过大柱塞而作用在液面上的压力相等，且在该液压系统中的压力处处相等，即

$$p=\frac{F_1}{A_1}=\frac{W}{A_2}$$

2. 速度和流量

油压千斤顶是一个充满油液的密闭容器，如果泵、液压缸和通道等密封良好，即油液不会向外泄漏；且泵、液压缸和通道等都是不变形的刚体；油液不可压缩等，那么，泵输出的油量应该全部进入大柱塞缸。这样，泵小柱塞向下移动所产生的容积变化值等于大柱塞向上移动所改变的容积数值（见图 13-3），即

$$A_1h_1=A_2h_2$$

同理，泵小柱塞下降的平均速度 v_1 和大柱塞上升的平均速度 v_2 与柱塞截面积成反比，即

$$A_1v_1=A_2v_2$$

A_1v_1 及 A_2v_2 分别表示单位时间内泵排出的油液容积和进入大柱塞缸的油液容积，该物理量称容积流率（工程上简称为流量），分别用 q_1 及 q_2 表示，即

$$q_1=A_1v_1$$
$$q_2=A_2v_2$$

因为 $q_1=q_2=q$，则速比 $$\phi=\frac{v_2}{v_1}=\frac{A_1}{A_2}=\frac{1}{k}$$

由于 $k>1$，则 $\phi<1$。

这说明了油压千斤顶在增力的同时，速度要下降。若 A_2 一定时，执行机构（这里指大柱塞）的速度 v_2 与进入油缸的流量成正比，调节进入大柱塞缸的流量（与手动液压泵的往复次数有关）就可改变其速度，这就是调速的基本原理。

3. 功率和效率

液压传动是依靠密封工作容积的变化来传递能量的。在理想条件下，液压泵小柱塞以 v_1 向下所做的功等于工作液压缸大柱塞以 v_2 向上所做的功，即

$$F_1v_1=Wv_2$$

或
$$p_1A_1v_1=p_2A_2v_2$$

故
$$p_1q_1=p_2q_2$$

液压系统的传动效率 η，由下式决定

$$\eta=\frac{p_2q_2}{p_1q_1}$$

当 $p_1=p_2$，$q_1=q_2$ 时，$\eta=100\%$。这是一种理想状态，实际上是办不到的。

在实际的液压传动系统中，不可避免地存在着三种损失，即压力损失、容积损失和机械损失，相应的液压系统的总效率可用这三种效率的乘积来表示，即

$$\eta_{总}=\eta_{压}\eta_{容}\eta_{机}<100\%$$

式中 $\eta_{压}$——压力效率；

$\eta_{容}$——容积效率；

$\eta_{机}$——机械效率。

在液压系统的各个元件中所产生的能量损失是不一样的：液压泵及液压缸中主要是机械损失和容积损失；控制阀及管路中主要是压力损失和容积损失。损失的所有能量均转化为热量而使油温升高。

三、液压系统的组成

现以塑料机械的液压系统（见图 13-5）为例进行说明。

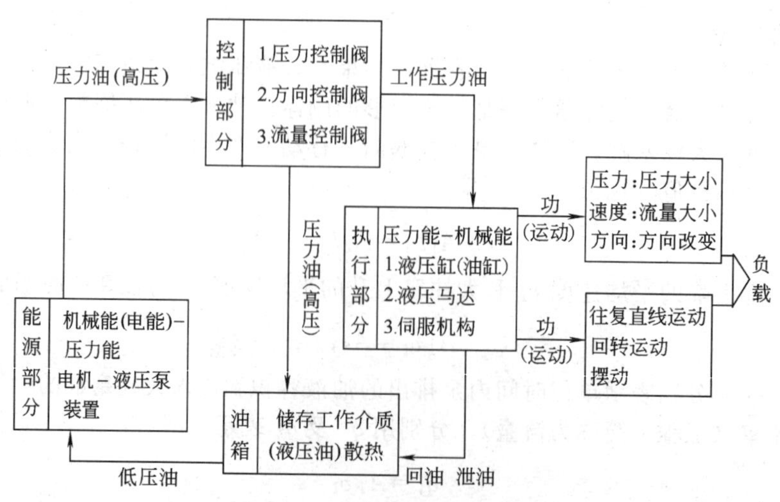

图 13-5 塑料机械的液压系统

1. 能源部分

即动力部分。现以塑料挤出机（见图 13-6）为例加以说明。它由电机⑤和液压泵③组成，它将原动机（电机）输出的机械（电）能转换成油液的压力能，向液压系统提供压力油。

2. 执行部分

包括液压缸和液压马达等，它的作用是将油液的压力能转换成机械能，带动负载做功并输出某种运动。图 13-6 中的液压缸⑨通过压力油将塑料熔融料从喷嘴挤出，输出往复直线运动。

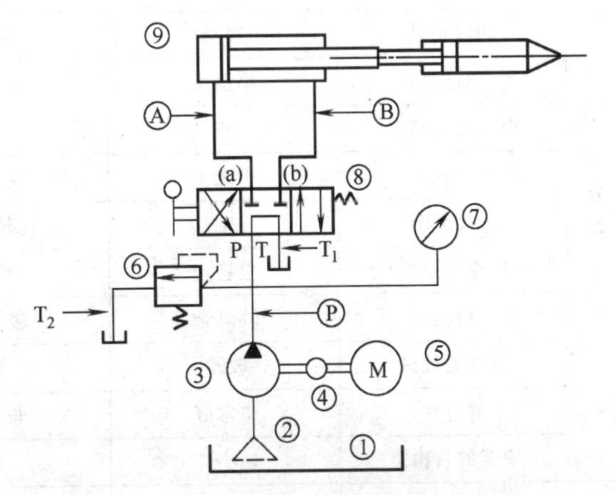

图 13-6 塑料挤出机液压系统

3. 控制部分

包括各种阀类，用以控制液压系统的压力、流量（速度）和液流方向，以保证执行机构以一定的力（或扭矩）克服负载力（或扭矩），并按要求的速度完成预期的工作运动。如图 13-6 中的⑥、⑧便是控制元件。

4. 辅助装置部分

包括油管、管接头、油箱、滤油器、蓄能器和压力表以及密封等。起连接、储油、过滤、储存压力能、测量油压及密封等的作用。如图 13-6 中的油箱①、滤油器②、压力表⑦以及管路 T_1、T_2、Ⓐ、Ⓑ等。

5. 传动介质

包括矿物油（液压油）和液压液（难燃工作油）等，起传递能量（工作介质）和润滑作用。

四、液压传动的特点

众多塑料机械部分或全部采用液压传动方式，是因为液压传动方式虽不十全十美，但它与机械、电气电子和气动传动方式相比优点突出。

① 从结构上看，其单位质量的输出功率和单位尺寸输出功率在四大类传动方式中是最好的，它有很大的力矩惯量比，在传递相同功率的情况下，液压传动装置的体积最小、质量最小，惯性小，结构紧凑、布局灵活，传递的功率大，容易获得很大的作用力或扭矩，以直接推动工作机械。现在世界上最大的塑料注射机的注射量可达近 200kg，锁模力达万吨，能一次成型出一辆汽车的车厢，如果这种巨型注塑机不采用液压传动方式，可能是无法想象的。

② 从工作性能上看，采用液压传动方式，速度、扭矩、功率均可无级调节，动作响应性快，能迅速换向和变速，调速范围也宽（最高可达 2 000 ：1）；动作快速性好，控制、调节比较简单，操纵比较方便、省力，便于与电气控制相配合，以及与 CPU（计算机）的连接，便于实现自动化和复杂的自动工作循环。

这些优点刚好满足了注塑机合模时快慢合模速比较大和速度转换迅速等要求，以及注射、预塑等工艺方面的要求。

③ 从使用维护上看，由于采用的工作介质对元件具有良好的润滑性，使用寿命相对较长；另外，也易于实现过载保护和保压，安全可靠。塑料制品在成型时，模具需保压，注射需保压，采用液压传动方式时，能较容易地满足这些工艺上的需求（见表 13-1）。

表 13-1 各种传动方式特性比较

特性参数		传动方式			
		机械方式	电气电子方式	液压方式	气动方式
传动系统	出力/质量	非常小	非常小	很大	小
	出力/尺寸	非常小	小	很大	比较大
	直线运动	容易	困难	容易	容易
	回转运动	容易	容易	比较难	比较难
	驱动力	小至大	小至大	中至极大	小至中
	驱动力的调节	难	难	容易	容易
	驱动速度	小至大	中至大	小至中	小至大
	速度调节	难	比较容易	非常容易	容易
	速度稳定性	很稳定	稳定	稳定	低速难
	结构	较复杂	较复杂	较复杂	简单
	过载的处理	较难	难	较易	易
	响应性	非常好	非常好	好	好
	安装的自由度	小	中	大	极大
传动系统	停电对策	较难	难	可	可
	保养维修	简单	要技术	要技术	简单
控制系统	与 CPU 的连接	难	容易	容易	难
	信号的变换	难	很容易	比较难	容易
	运算的种类	小	很大	小	中
	运算速度	大	极大	中	中
	运算方式	模拟(数字)	数字模拟	模拟(数字)	数字(模拟)
	防爆性	良	需防爆对策	良	非常好
	温度影响	小	大	中	小
	湿度影响	小	大	小	注意
	耐振动性	一般	差	一般	一般
	控制的自由度	小	非常大	小	大
	购入价格	便宜	中等	稍贵	便宜

④ 元件易于实现系列化、标准化、通用化，便于设计、制造和使用维修。

⑤ 液压技术的可塑性和可变性很强，可增加柔性生产的柔度，很容易对生产程序进行改变和调整（例如叠加阀系统），液压元件相对来说制造成本并不算高，综合考虑，还是比较经济的。

⑥ 液压易与电子（微机）等新技术相结合，构成“机-电-液-光”一体化，这为塑机机械设备的发展与创新提供了有利的保障。

当然，任何事物都是一分为二的，液压也不例外，液压传动方式也有下述缺点。

① 液压传动因有相对运动表面，运动部位必然存在间隙，间隙的存在不可避免地存在泄漏，若不注意，泄漏油液粘在制品上便成为次品。

② 油液流动过程中存在沿程损失、局部损失和泄漏损失，传动效率较低，容易产生油液温升，且不适宜远距离传动。

③ 在高温或低温下，采用液压传动有一定困难。

④ 为防止漏油以及为满足某些性能上的要求，液压元件制造精度要求高，这给使用与维修保养带来一定困难；同时对工作介质的污染有严格要求，更增加了管理难度。

⑤ 发生故障不易检查，特别是液压技术不太普及的单位，往往有因几个简单故障不能排除而被迫停机的现象。

⑥ 液压设备维修需要依赖经验，培训液压技术人员的时间较长。液压元件和液压系统的设计制造、调整和维修都需要较高的技术水平。

第二节　液　压　油

合理地选择液压用油，对提高液压传动性能、延长液压元件和液压油的使用寿命，都有重要的意义。

1. 矿油型液压油的分类及特点

矿油型液压油是以石油的精炼物为基础，加入各种添加剂调制而成的，在 ISO 6743/4 (GB/T 76312—82) 分类中的 HH、HL、HM、HR、HV、HG 型液压油均属矿油型液压油，这类油的品种多、成本较低、需要量大、使用范围广，目前约占液压介质总量的 85% 左右。以下介绍它们的特性及使用范围。

(1) HH 液压油　是一种不含任何添加剂的精制矿物油。这种油虽列入分类当中，但因其稳定性差，易起泡，使用周期短，故在液压系统中不宜使用。

(2) HL 液压油　是由精制深度较高的中性基础油加入抗氧化、防锈添加剂调制而成的，属防锈抗氧化油，防锈、消泡和抗乳化等性能方面均优于 HH 油，具有减少磨损、降低温升、防止锈蚀的作用，且其使用寿命较 HH 高一倍以上。可用于低液压系统和机床主轴箱、齿轮箱或类似机械设备中，HL 油在中国已被定为机械油的升级换代产品。

(3) HM 液压油　是从 HL 防锈、抗氧化油基础上发展而来的。随着液压系统向高压、高速方向的发展。HL 油难以满足液压泵对工作介质抗磨性能的要求，所以发展了 HM 型抗磨液压油。HM 油的配制比较复杂，除添加防锈、抗氧剂以外，还要加油性和极压抗磨剂、金属钝化剂和消泡剂等。国际上抗磨液压油已广泛应用在各类低、中、高压液压系统及中等负荷机械的润滑部位。

(4) HR 液压油　是在 HL 油基础上添加黏度指数添加剂而成，该油黏度随温度变化的比率较小。适用于环境温度变化较大的低压系统及轻负荷机械的润滑部位。

(5) HG 液压油　是在 HM 油基础上添加抗黏滑剂（油性剂或减摩剂），该油不仅具有良好的防锈、抗氧化、抗磨性能，而且具有良好的抗黏滑性，在低速下防爬行效果好，是一种既具有液压油的一般性能，又具有导轨油性能的多功能润滑油，目前的液压导轨油属这一类。对于液压及导轨润滑为同一油路系统的精密机床，宜采用 HG 油。

(6) HV 及 HS 液压油　均属宽温度下使用的低温液压油，都具有低倾点（油液在试验条件下，冷却到能够流动的最低温度）、优良的抗磨性、低温流动性和低温泵送性，且黏度指数均大于 130。但是 HV 油的低温性能稍逊于 HS 油，HS 油的成本高于 HV 油。HV 油主要适用于寒冷地区，HS 油适用于严寒地区。

关于液压及润滑油的黏度分级标准，按照 ISO 规定，采用 40℃ 时油液的运动黏度(m^2/s)的某一中心值作为油液黏度牌号，共分为 10、15、22、32、46、68、100、150 共 8 个黏度等级。

2. 难燃液压液的分类及特点

矿油型液压油有许多优点，但其主要缺点是易燃、污染环境。在接近明火、温热源或其他易发生火灾的地方，使用矿油型液压油时有着火的危险。因此，要改用难燃液压液。根据 ISO 6743/4 关于液压液的分类，下面依次介绍各类难燃液。

(1) HFA（高水基液、HWBF 或 HWCF） 目前主要有三种类型。

① HFAE（高水基乳化液）。由 95%的水与 5%含精制矿物油（或其他类型油类）及多种添加剂（包括乳化剂、防锈剂、防霉剂、消泡剂等）的浓缩液混合而成，形成以水为连续相、油为分散相的水包油乳化液，呈乳白色。它的润滑性、过滤性、乳化稳定性等均较差，不宜作液压系统工作介质，在国内煤矿液压支架中被广泛使用。

② HFAS（高水基合成液）。不含油，由 95%的水和 5%含有多种水溶性添加剂（包括抗磨、防锈、防霉、防氧化、气相防蚀剂等）的浓缩液混合而成。过滤性好，抗磨性优于 HFAE，适用于低压液压系统。

③ HFAM（高水基微乳化液）。由 95%的水和 5%含有高级润滑油与多种添加剂（含油性和极压添加剂）的浓缩液混合而成。它与 HFAE 的主要区别是：其中的油以非常微小粒子（2μm 以下）的形式分散在水中。半透明，兼有 HFAEHE 和 HFAS 的优点，其抗磨性、过滤性、稳定性均较好。适用于中低压液压系统。

(2) HFB（油包水乳化液） 由 40%的水和 60%的精制矿物油，再加入乳化剂、防锈剂、抗磨剂、抗氧剂、防霉剂等调制而成的以油为连续相、水为分散相的油包水乳化液。呈乳白色。由于 HFB 中 60%体积的矿物油是连续相，所以具有矿物油的一些基本优点，其润滑性、防锈蚀性等均较好（优于 HFA 和 HFC），与矿物油相容的金属材料（镁，铅除外）、橡胶密封材料（聚氨酯除外）也与 HFB 相容，具有较好的抗燃性、价格较低、无毒无味等优点。在冶金、轧钢、煤矿的中低压液压系统中应用较多。HFB 的缺点是乳化稳定性差（油水易分离），过滤性差，剪切稳定性差，其黏度随含水量增加而增大。

(3) HFC（水-乙二醇） 含有 35%～55%的水，其余为能溶于水的乙二醇、丙二醇或其聚合物，以及水溶性的增黏、抗磨、防锈、消泡等添加剂。其为透明溶液，具有良好的抗燃性、抗低温流动性（凝点低，可在−20～50℃ 的温度范围内使用）以及黏温特性（黏度指数 140～170），稳定性好，使用寿命较长，应用较多，在有些国家 HFC 已成为难燃液压液中的主流；HFC 的主要缺点是：抗磨性能差；与锌、锡、镁、镉、铝、聚氨酯及普通耐油涂料等均不相容；汽化压力高，易产生汽蚀；与矿油型液压油混合后易生油泥；黏度随含水量减少而显著增加；废液不易处理。

(4) HFD（无水合成液） 是一种以化学合成液体为基础的无水液压液。HFDR 系磷酸酯，HFDS 系氯化烃，HFDT 系前两者的混合物，HFDU 系指其他成分的无水合成液。应用较多的是磷酸酯。

磷酸酯液压液是在磷酸酯中加入抗氧剂、抗腐蚀剂、酸性吸收剂、消泡剂等调制而成，有的还混合有氯化烃或合成烃，但不能与一般矿物油互溶，其优点是具有良好的润滑性、抗燃性（自燃温度可高达近 600℃）及抗氧化性，挥发性低，对大多数金属不腐蚀，使用温度范围较广（−6～65℃）。适用于有防燃性要求的高温高压系统。磷酸酯的缺点是价格贵（为液压油的 5～8 倍）；不能用一般的耐油橡胶和耐油涂料，需要氟橡胶（最佳）、丁基胶、乙丙胶、聚四氟乙烯、环氧树脂漆等；混入水分时会发生水解，生成磷酸使金属腐蚀；对环境污染严重；有刺激性气味和轻度毒性。

由于难燃液在润滑性、防锈蚀性、稳定性、产生气穴、汽蚀、黏度等方面都存在不同程度的问题，原有的适用于矿物油的液压元件和系统并不能完全适用于难燃液，而必须采取改进措施。

① 将原有元件和系统从材料到结构进行适当改进，使其与所选用的难燃液相容，然后降低参数（包括压力、转速、入口真空度等）使用。

② 研制适用于各类难燃液的专用液压元件。

3. 液压油的选用

一般根据液压系统对于工作介质性能的变化要求和工作、环境条件选用的液压油品种，当品种确定后，主要考虑液压油的黏度。根据液压油的黏度等级，再选择液压的牌号。在确定油液黏度时，应考虑下列因素。

(1) 工作压力　液压系统压力较高时，泄漏问题较为突出，此时应选择黏度较大的油液。反之，则应选择黏度较小的油液。

(2) 工作速度　液压系统中工作部件运动速度较高时，油液的流速也高，压力损失较大，此时应选择黏度较小的油液。反之，则选择黏度大的油液。

(3) 环境温度　环境温度较高时宜选用黏度较大的液压油。

在液压系统的所有元件中，以液压泵的转速最高，承受的压力最大，且温升高，工作时间最长。因此，常根据液压泵的类型及其要求来选择液压油的黏度。各种液压泵工作介质的黏度范围及推荐用油见表 13-2。

表 13-2　各种液压泵工作介质的黏度范围及推荐用油

<table>
<tr><th rowspan="2">名　称</th><th colspan="2">运动黏度/$10^{-6}m^2 \cdot s^{-1}$</th><th rowspan="2">工作压力/MPa</th><th rowspan="2">工作温度/℃</th><th rowspan="2">推荐用油</th></tr>
<tr><th>允许</th><th>最佳</th></tr>
<tr><td rowspan="4">叶片泵(1200r/m)
叶片泵(1800r/m)</td><td rowspan="4">16～220
20～220</td><td rowspan="4">26～54
25～54</td><td rowspan="2">7</td><td>5～40</td><td>L-HH32,L-HH46</td></tr>
<tr><td>40～80</td><td>L-HH46,L-HH68</td></tr>
<tr><td rowspan="2">14 以上</td><td>5～40</td><td>L-HL32,L-HL46</td></tr>
<tr><td>40～80</td><td>L-HL46,L-HL68</td></tr>
<tr><td rowspan="6">齿轮泵</td><td rowspan="6">4～220</td><td rowspan="6">25～54</td><td rowspan="2">12.5 以下</td><td>5～40</td><td>L-HL32,L-HL46</td></tr>
<tr><td>40～80</td><td>L-HL46,L-HL68</td></tr>
<tr><td rowspan="2">10～20</td><td>5～40</td><td>L-HL46,L-HL68</td></tr>
<tr><td>40～80</td><td>L-HM46,L-HM68</td></tr>
<tr><td rowspan="2">16～32</td><td>5～40</td><td>L-HM32,L-HM68</td></tr>
<tr><td>40～80</td><td>L-HM46,L-HM68</td></tr>
<tr><td rowspan="4">径向柱塞泵
轴向柱塞泵</td><td rowspan="4">10～65
4～76</td><td rowspan="4">16～48
16～47</td><td rowspan="2">14～35</td><td>5～40</td><td>L-HM32,L-HM46</td></tr>
<tr><td>40～80</td><td>L-HM46,L-HM68</td></tr>
<tr><td rowspan="2">35 以上</td><td>5～40</td><td>L-HM32,L-HM68</td></tr>
<tr><td>40～80</td><td>L-HM68,L-HM100</td></tr>
<tr><td rowspan="2">螺杆泵</td><td rowspan="2">19～49</td><td rowspan="2"></td><td rowspan="2">10.5 以上</td><td>5～40</td><td>L-HL32,L-HL46</td></tr>
<tr><td>40～80</td><td>L-HL46,L-HL68</td></tr>
</table>

思考题与习题

1. 简述液压传动的优缺点。
2. 液体静压力有什么特点？
3. 什么是绝对压力？什么是相对压力？
4. 帕斯卡定律有何实际意义？
5. 在液压系统中，压力取决于什么？速度取决于什么？
6. 在液压系统中有哪些损失？
7. 液压系统由哪几个部分组成？
8. 常用液压油有哪些类别？选用液压油时主要考虑哪些因素？

第十四章　液压元件

学习目标　通过本章的学习，掌握各种常见液压泵和液压马达、液压缸、液压控制阀的分类、结构、工作原理、主要参数、图形符号、特点、选用及维护，掌握液压辅助元件的分类、结构、工作原理及图形符号。

第一节　液压泵和液压马达

液压泵是液压系统中的动力元件，按其结构形式不同可分为叶片泵、齿轮泵、柱塞泵、螺杆泵等；按其输出流量能否改变，又可分为定量泵和变量泵；按其工作压力不同还可分为低压泵、中压泵、中高压泵和高压泵等；按输出液流的方向，又有单向泵和双向泵之分。

液压马达（常称油马达）是将液体的压力能转换为旋转运动机械能的液压执行元件。液压马达输入液压功率，输出旋转运动机械功率。其结构有叶片马达、齿轮马达、柱塞马达等。其图形符号与液压泵相似，但表示油流方向的黑三角应指向圆心。

常用液压泵及液压马达的图形符号如图 14-1 所示。

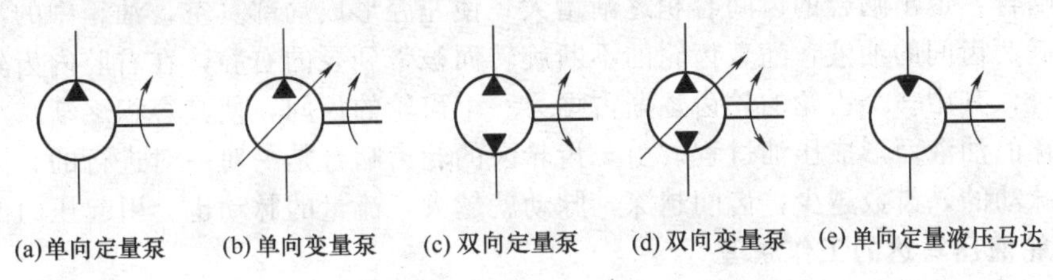

图 14-1　液压泵及液压马达的图形符号

一、齿轮泵及齿轮液压马达

齿轮泵的结构简单、工作可靠、制造维护方便，应用较广。但是，它的流量和压力脉动大，噪声也较大，流量一般不能调节。

齿轮泵根据其啮合特征可分为内啮合、外啮合、直齿和斜齿等形式，常见的是外啮合的直齿齿轮泵。齿轮泵的最大工作压力一般为 20～175kgf/cm^2（1kgf/cm^2＝9.8×10^{4}N/m^2），个别的内啮合齿轮泵可达 300kgf/cm^2。压力低于 5kgf/cm^2 的齿轮泵一般用于润滑及冷却系统。

1. 齿轮泵的结构和工作原理

齿轮泵的结构形式很多，以下介绍最大工作压力为 25kgf/cm^2 的 CB-B 型齿轮泵的结构和工作原理。

(1) CB-B 型齿轮泵的结构　如图 14-2 所示，泵的壳体由前盖 3、泵体 2、后盖 1 组成。一对齿数相同的直齿渐开线齿轮 6 装在泵体中，主动齿轮用键固定在长轴 4 上，从动齿轮用键固定在短轴 5 上，四个滚针轴承 7 分别装在前后盖上。油液通过齿轮端面与前后盖平面之间的间隙润滑滚针轴承，然后通过泄油孔 8、9，短轴中心孔及小孔与低压腔相通。为了防止油液向外泄漏，用两个压盖及密封圈密封。为使有关的零件正确地装配在一起，采用两个圆柱销定位，然后用 6 个螺钉拧紧。在泵体的两个端面上各开有卸荷槽 10，使侧面间隙泄漏的油可通过卸荷槽流回吸油腔，并减小螺钉的拉力。后盖上有进、出油口，分别与吸油管

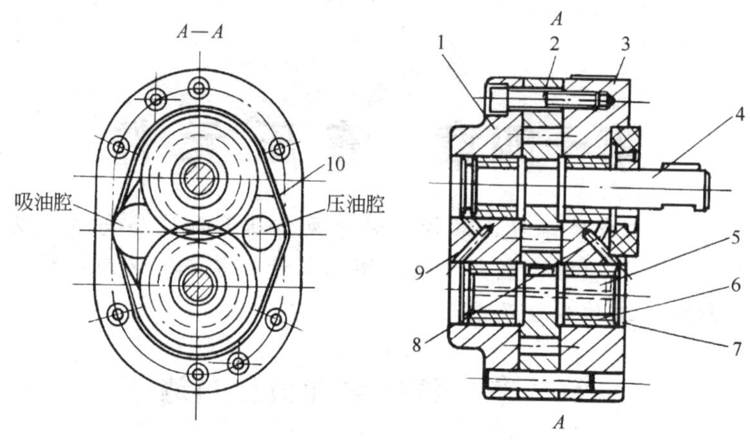

图 14-2　CB-B 型齿轮泵结构

1—后盖；2—泵体；3—前盖；4—长轴；5—短轴；6—齿轮；7—滚针轴承；8,9—泄油孔；10—卸荷槽

及排油管相连。

(2) 工作原理　齿轮泵靠一对齿轮和泵体内孔之间的间隙、齿轮端面和前后盖侧面间的间隙以及相互啮合的轮齿，沿齿宽的接触线而将泵壳内的空间严格分成左右两个互不相通的密封工作空间（见图 14-3）。

当电动机带动主动齿轮按顺时针方向旋转时，由于相互啮合的每一对轮齿运动到左腔而逐渐退出啮合，退出啮合的齿间容积逐渐增大，使左腔形成局部真空，油箱中的油液被吸入该腔。充满两齿间的油液，随着齿轮的不断旋转而被带到泵的右腔，在右腔内齿轮的轮齿顺次进入啮合，其中一个齿轮的轮齿逐渐占据另一个齿轮的齿间，使其容积逐渐减小，并挤压其中所储存的油液而形成压油过程。由于齿轮泵的轮齿啮合是一对一对进行的，因此，其瞬时流量是脉动的，齿数越少，齿间越深，脉动就越大，流量的脉动也会引起压力的波动。

2. 齿轮液压马达的工作原理

图 14-4 中 c 为两轮齿的啮合点，全齿高为 h，齿宽为 B，啮合点到两个齿轮齿根的距离分别为 a 及 b，当压力油通入齿轮液压马达时，压力油就对齿面施加作用力（如图 14-4 中箭头所示，凡齿面两边受力平衡的部分均未用箭头表示），在两个相互啮合的齿面上，油压作用面积总有一个差值 $(h-a)B$ 和 $(h-b)B$，这样，就有不平衡的液压力作用于两个齿轮的齿面上，构成了驱动力矩，迫使齿轮按图示方向旋转，随着齿轮的转动，油液被带到低压腔排出。

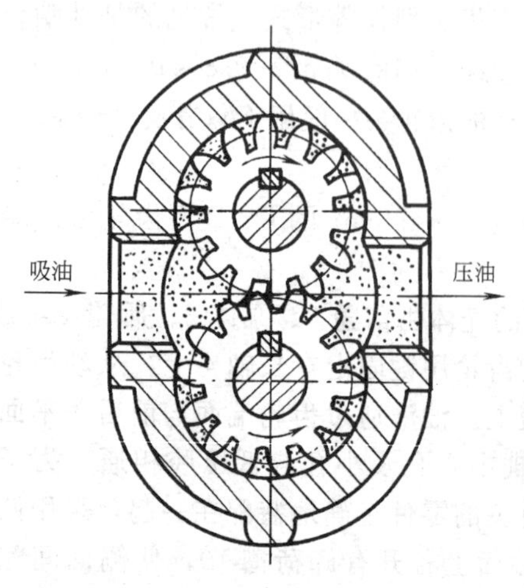

图 14-3　齿轮泵工作原理

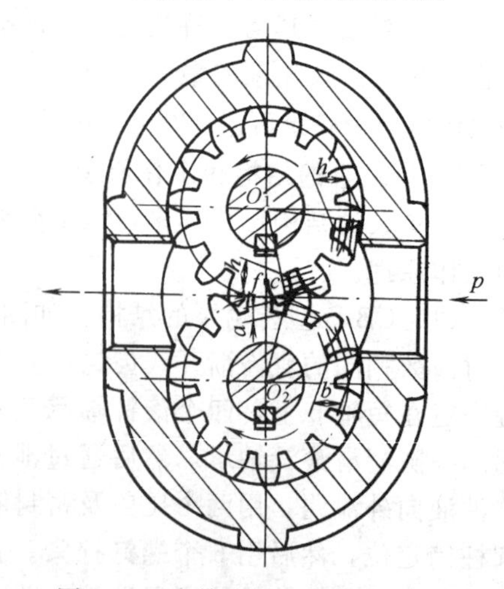

图 14-4　齿轮液压马达的工作原理

齿轮液压马达由于密封性较差，容积效率较低，所以输入的油压不能很高，也不能产生较大的扭矩，并且由于 a、b 值随着啮合点的改变而变化，所以它的瞬时扭矩和转速也随之脉动。齿轮液压马达的平均扭矩和转速的计算公式和其他的容积式液压马达相同，也是一种高转速低扭矩的液压马达。

二、叶片泵及叶片液压马达

叶片泵结构紧凑，外形尺寸小，流量均匀，噪声小，寿命长，目前在中压系统中应用很广。叶片泵根据每转吸、压油的次数和轴承上受径向液压力的情况，分为单作用不平衡型和双作用平衡型两种。单作用叶片泵一般压力不太高（20～70kgf/cm^2），多为变量泵。双作用叶片泵一般是定量泵，工作压力约为 63～140kgf/cm^2（1kgf/cm^2＝9.8×10^{4}N/m^2），塑料机械中常用后者。

1. 双作用叶片泵的结构和工作原理

（1）YB 型双作用叶片泵的结构　这种泵的额定工作压力为 63kgf/cm^2，流量为 4～200L/min，是单级双作用叶片泵，其结构如图 14-5 所示。

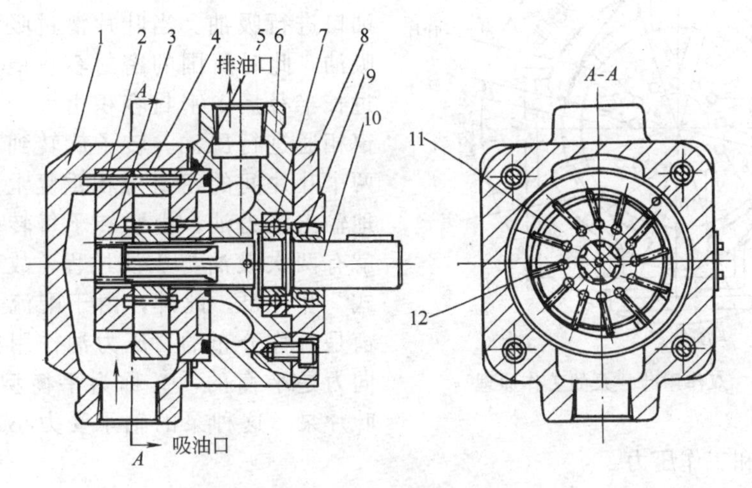

图 14-5　YB 型双作用叶片泵的结构

1—左泵体；2,5—配流盘；3—滚针轴承；4—定子；6—右泵体；7—滚珠轴承；8—盖板；9—密封圈；10—轴；11—转子；12—叶片

叶片泵的心脏零件是定子 4、配流盘 2、5 及转子 11、叶片 12，它们均安装在左泵体 1 内，转子的宽度比定子略小，由传动轴 10 通过花键带动，左右配流盘通过四个大螺钉紧紧地压在定子的两侧面上，并用圆柱销将定子 4，配流盘 2、5 进行定位，转子上均匀地开有 12 条或 16 条槽（不是径向开设的），叶片能在槽内自由地滑动，但它们之间的间隙不能过大。这样，转子、叶片、定子和左右配流盘所包围的空间就构成了密封的工作容积。

左右配流盘上开有对称分布的两个吸油窗口和两个压油窗口，如图 14-6（a）所示。

传动轴是由安装在配流盘上的滚针轴承 3 及安装在右泵体 6 上的滚珠轴承 7 来支承的。用来防止向外泄漏的密封圈 9 安装在盖板 8 和轴 10 之间，盖板用四个小螺钉固定在右泵体上，左右泵体用四个大螺钉连接。

（2）工作原理　叶片泵的工作原理是依靠叶片间的容积变化来实现吸油和压油的。

叶片泵定子的内表面近似于椭圆形，由四段圆弧（长、短半径）和四段工作曲线（或过渡曲线）光滑连接而成，如图 14-6（b）所示。转子的外表面、定子的内表面及两端面的配流盘组成环形空间，并以叶片将其分割成若干个小容积（与叶片数相同），如图 14-7 所示。

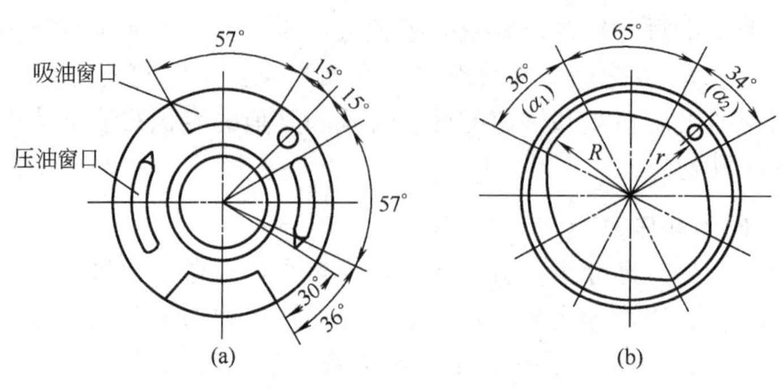

图 14-6 YB 型叶片泵的配流盘和定子

当电动机带动转子逆时针旋转时，叶片在离心力和槽底的液压力（叶片槽底部通过配流盘与压油腔相通）作用下紧贴在定子环的内表面上。当叶片从 1-2 转到 2-3 位置时，两叶片间容积逐渐由小变大，并与吸油窗相通，从吸油口进行吸油。当叶片滑过吸油窗时，停止吸油，此时所围的密封容积最大；当叶片转过长半径后，密封容积由大变小，并与压油窗相通进行压油。转子旋转到下半圈时，每两个叶片间的密封容积重复上述过程，连续地输出压力油。由于转子每转一圈，叶片间就有两次吸油与压油过程，故称为“双作用式”叶片泵。此外，由于配流盘的吸、压油窗是对称分布的，压力油作用在轴承上的径向力是平衡的，又称为平衡型（或卸荷式）叶片泵。这种泵的轴承受力小，有利于提高泵的使用寿命和工作压力。

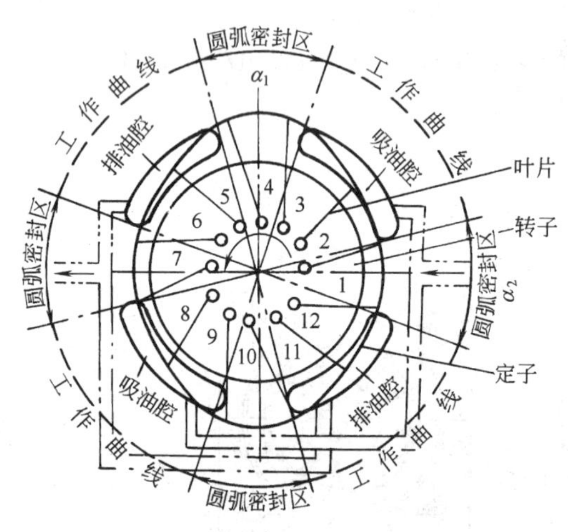

图 14-7 双作用叶片泵的工作原理

2. 叶片液压马达

双作用叶片液压马达的结构如图 14-8 所示，其结构和双作用叶片泵比较，有如下特点。

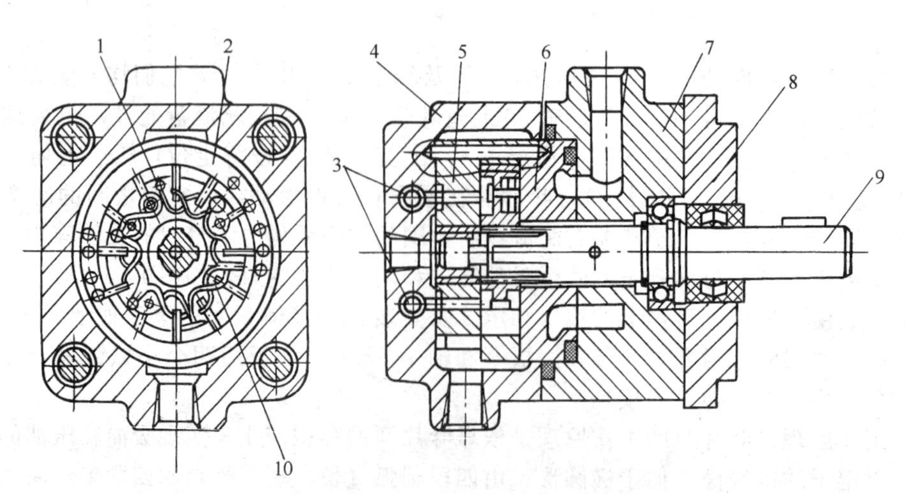

图 14-8 双作用叶片液压马达的结构

1—转子；2—定子；3—单向阀；4，7—壳体；5，6—配流盘；8—前盖；9—轴；10—扭力弹簧

① 液压马达要考虑能够正反转，故叶片是径向放置的，且进、出油口的通径相同。液压泵一般是单向旋转的。

② 转子两侧面开有环形槽，其中安有燕式弹簧（扭力弹簧），它使叶片始终压向定子，以保证液压马达启动时高、低压腔互不相通。

③ 为了获得较高的容积效率，工作时叶片底部仍要通入高压油。为此，在液压马达壳体上安有两个单向阀，以便在进、出口互换时叶片底部始终通高压油。

④ 液压马达壳体上设有单独的泄油口，将漏油引出，而不能像泵那样实行内部回油。这是由于液压马达的排油压力高于大气压，如果回油背压较高而采用内部回油，将使输出轴的油封遭到破坏而引起外泄漏。

叶片式液压马达的工作原理如图 14-9 所示。位于进油腔中的叶片 4、8 因其两侧均作用着压力油，因此不产生扭矩。但位于进、出油腔之间的叶片 3、5，其一个侧面作用着高压油，另一侧面作用着低压油，同时叶片 5 伸出的面积大于叶片 3 的伸出面积，因此，使转子产生顺时针旋转的扭矩。

同理，叶片 1 也使转子产生顺时针的扭矩，两者之和即为液压马达的输出扭矩。它的瞬时扭矩是变化的。

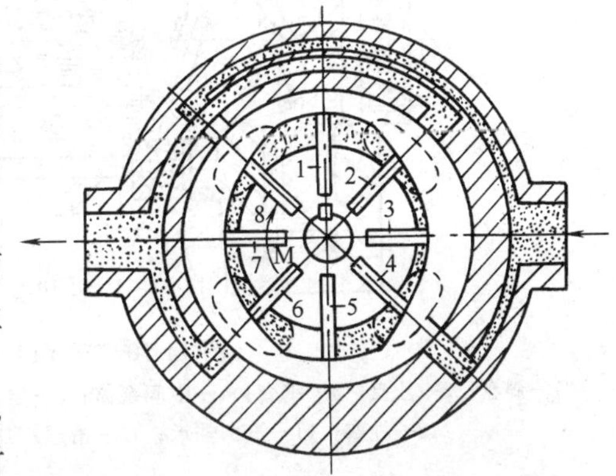

图 14-9 叶片式液压马达的工作原理

这样，通过液压马达，油液的压力就能转变为机械能。如果改变压力油的输入方向，液压马达就会反转。

液压马达通常是带负载启动的，为了获得较大的启动扭矩，要求其具有较高的机械效率。

叶片式液压马达的特点是体积小、重量轻、反应灵敏、允许的换向频率高。但由于泄漏较大，故负载变化或低速时不稳定。目前国内大量生产的叶片式液压马达，其工作压力较低（一般为 $5.88\times10^6 N/m^2$），扭矩不超过 7.2kgf·m(1kgf·m=9.8N·m)，转速范围为100～2000r/min。

叶片式液压马达是一种高转速、低扭矩的液压马达，可用于小型塑料注射机的预塑装置及其他场合。

三、轴向柱塞泵及轴向柱塞液压马达

轴向柱塞泵可分为直轴（斜盘）式和弯轴（摆缸）式两类，它们在采用对称结构的配流盘时，都可作为高速液压马达使用。

CY14-1 型轴向柱塞泵属于直轴式轴向柱塞泵，其最大工作压力为 $320kgf/cm^2$。

1. SCY14-1 型轴向柱塞泵的结构和工作原理

图 14-10 所示为 SCY14-1 型轴向柱塞泵的结构，是由泵的本体和变量机构两部分组成的。

(1) 泵的本体部分　中间泵体 4 和前泵体 8 组成泵的壳体；缸体 6、柱塞 10、配流盘 7 及斜盘 1 组成泵的工作部分，并装在泵体中，通过传动轴 9 带动缸体转动。

缸体（见图 14-11）上有七个轴向孔，其中装有七个柱塞；缸体中部的花键孔与传动轴相连；其外部镶有钢套 3，作为滚珠轴承 11 的内圈。缸体在定心弹簧 5 的作用下压在配流盘上，使缸体端面 A 与配流盘紧密接触。另外，通过压盘 2 使滑履 12 与斜盘 1 紧密接触，保证在启动时有可靠的端面密封及一定的自吸能力。

配流盘（见图 14-12）上开有两个油窗口，用来向柱塞孔配油，配流盘装在前泵体的端

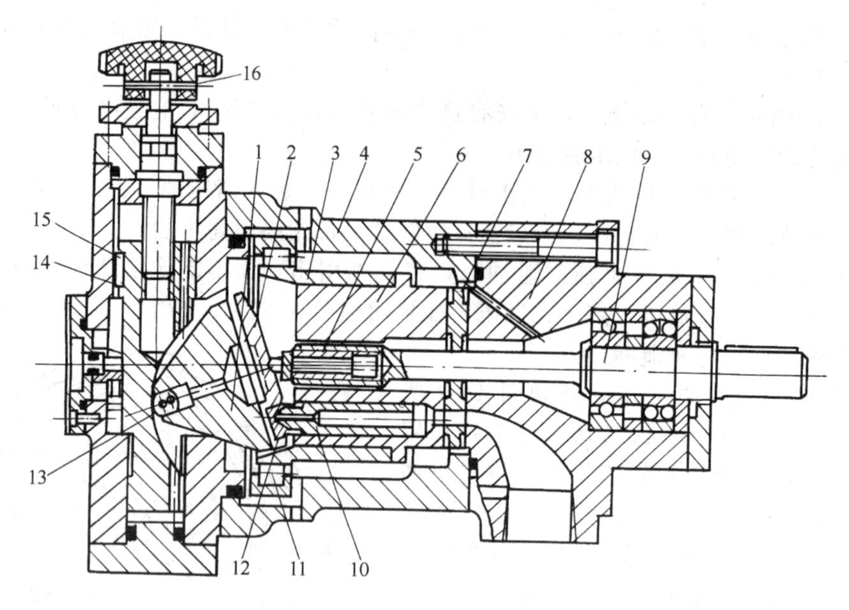

图 14-10　SCY14-1 型轴向柱塞泵的结构

1—斜盘；2—压盘；3—钢套；4—中间泵体；5—定心弹簧；6—缸体；7—配流盘；8—前泵体；9—传动轴；10—柱塞；11—滚珠轴承；12—滑履；13—销轴；14—活塞；15—导向键；16—手轮

面上，通过定位销定位。若要求缸体反转，需将配流盘翻转 180°。配流盘密封区上的五个盲孔用来储存油液，在缸体端面和配流盘之间起润滑作用。配流盘上的固定节流孔通过前泵体上的沟槽与排油腔相通，用来消除工作容积由低压腔向高压腔过渡时所产生的困油现象。

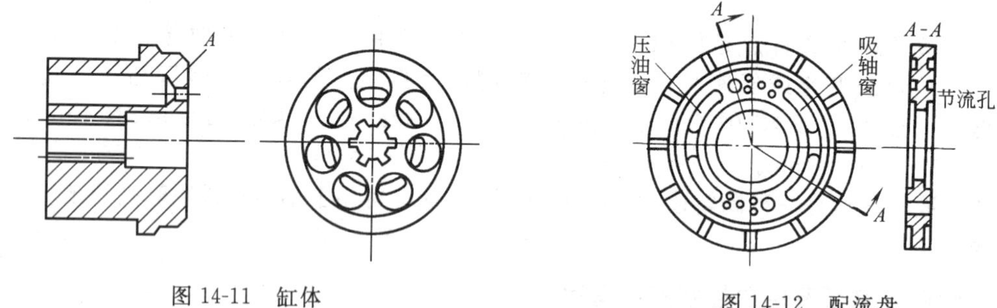

图 14-11　缸体

图 14-12　配流盘

柱塞头部装有滑履 12，可绕柱塞球头转动。通过柱塞滑履中心孔将压力油引至滑履的端面，这样既可以平衡柱塞底部的油液压力，又可在滑履与斜盘间形成油膜，减小滑履与斜盘的磨损。

斜盘装在调节机构的壳体上，并以销轴 13 为支承，可绕钢球中心转动，以此改变斜盘与缸体的倾角。由于柱塞工作时会产生弯矩，对缸体形成倾覆力矩，故这种直轴式柱塞泵的倾角一般不大于 20°。

（2）变量机构　变量机构的形式很多，图 14-10 所示为手动变量机构。活塞 14 由于导向键 15 的作用不能转动，只能上下移动，通过销轴 13 将斜盘与活塞连在一起。当调节手轮 16 使活塞上下移动时，斜盘倾角改变（只能空载调节），倾角为零时无压力油输出。

（3）工作原理　轴向柱塞泵的工作原理也是靠密封容积变化来工作的，但因结构不同其容积变化的方式也不一样。

柱塞、缸体孔及配流盘构成密封的工作容积。斜盘相对缸体有一倾角。柱塞在定心弹簧的作用下始终压向斜盘。当缸体旋转时，柱塞相对缸体孔作相对运动，这就引起工作容积的变化。位于吸油腔处的柱塞向外运动，进行吸油；位于压油腔处的柱塞向里运动，进行压油。位于吸、压油腔之间的密封区时，柱塞孔与两腔都不相通，保证高、低压腔分离。这样当传动轴带动缸体不断旋转时，就实现了吸压油过程。

2. CY 型轴向柱塞式液压马达

由于 CY 型泵的配流盘是对称结构，故可作液压马达使用，即当通入高压油后，轴旋转并产生扭矩。

从图 14-13 知，处在进油腔的柱塞受到液压力的作用，斜盘对柱塞有反作用力 N，它垂直于斜盘平面，并通过球头中心。力 N 可分解为轴向分力 P 及切向分力 T，力 P 沿着柱塞轴线并和柱塞所承受的液压力平衡；力 T 垂直于柱塞轴线并相对缸体中心 O 产生一个力矩，因此，处在进油腔的所有柱塞相对中心所产生的力矩之和，就是液压马达输出的扭矩。

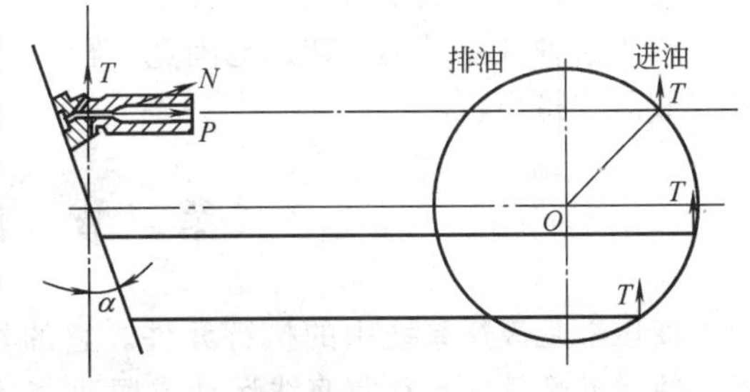

图 14-13　轴向柱塞式液压马达原理图

一般的轴向柱塞式液压马达，虽然工作压力较高，但因其排量较小，输出扭矩一般不大，此外，轴向柱塞式液压马达的容积效率一般较高，可在较低的转速下稳定地工作。

3. 轴向柱塞式低速大扭矩液压马达

低速大扭矩液压马达的共同特征是排量大，工作压力高。排量的大小是由液压马达的内部几何参数决定的，工作压力也不能过高，否则密封困难，容积效率也会降低。

低速大扭矩液压马达的种类较多。目前国内大型塑料注射机上使用的 DZM 型低速大扭矩液压马达是一种双斜盘轴向柱塞式结构（见图 14-14），它的工作原理如下。

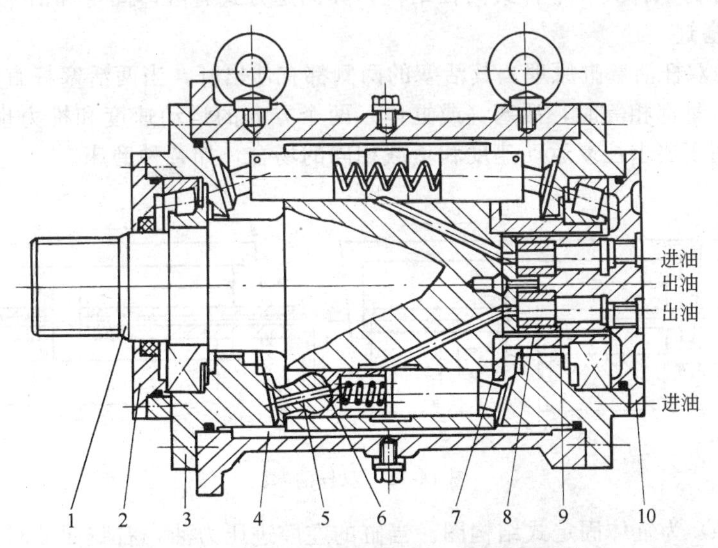

图 14-14　EMD11-45 型轴向柱塞式液压马达

1—转子；2—压盖；3—斜盘；4—壳体；5—连杆；6—柱塞；7—配流盘；8—芯管；9—套筒；10—接油盖

在双斜盘液压马达的每个柱塞孔内，沿轴向对称地布置有两个柱塞。转子轴有 11 个柱塞孔，每个柱塞以连杆滑履支承在斜盘上。两个斜盘均用螺钉固定在外壳上，转子以两套圆锥滚子轴承分别支承于两个斜盘的孔内。柱塞孔的油道与浮动式配液压盘相通，压力油从配流盘进入柱塞缸孔内，推动两个柱塞同时向两端运动，柱塞的推力在连杆的球铰上产生一个切向力，推动连杆沿斜盘的斜面滑行，并使转子轴旋转而输出扭矩，其轴向分力可以互相平衡。

该液压马达的排量较大，并采用了静压浮动配流盘，容积效率较高。这种液压马达的结构紧凑、体积小、重量轻，低速稳定性好，转速范围较宽。

国内生产和试制这种液压马达的单位不少，其工作压力为 160～320kgf/cm^2(1kgf/cm^2＝9.8×10^{4}N/m^2)，排量为 0.352～17.5L/r，扭矩为 100～8 550kgf·m(1kgf·m＝9.8N·m)，转速在 0～700r/min 范围内。

由于这种液压马达的转速范围宽，径向尺寸较小，可用于大、中型塑料注射机的预塑装置或液压式挤出机。

第二节　液　压　缸

液压缸是液压系统中的执行元件。它的作用是将液体的压力能转变为运动部件的机械能，使运动部件实现往复直线运动或摆动。

一、液压缸的分类和特点

液压缸按结构特点的不同可分为活塞缸、柱塞缸和摆动缸三类。活塞缸和柱塞缸用以实现直线运动，输出推力和速度；摆动缸用以实现小于 360°的转动，输出转矩和角速度。液压缸按其作用方式不同可分为单作用式和双作用式两种。单作用式液压缸中液压力只能使活塞（或柱塞）单方向运动，反方向运动必须靠外力（如弹簧力或自重等）实现；双作用式液压缸可由液压力实现两个方向的运动。

二、活塞缸

活塞缸可分为双杆式和单杆式两种结构，其固定方式有缸体固定和活塞杆固定两种。

1. 双杆活塞缸

图 14-15 为双杆活塞缸原理。其活塞的两侧都有伸出杆，当两活塞杆直径相同，缸两腔的供油压力和流量都相等时，活塞（或缸体）两个方向的运动速度和推力也都相等。因此，这种液压缸常用于要求往复运动速度和负载相同的场合，如各种磨床。

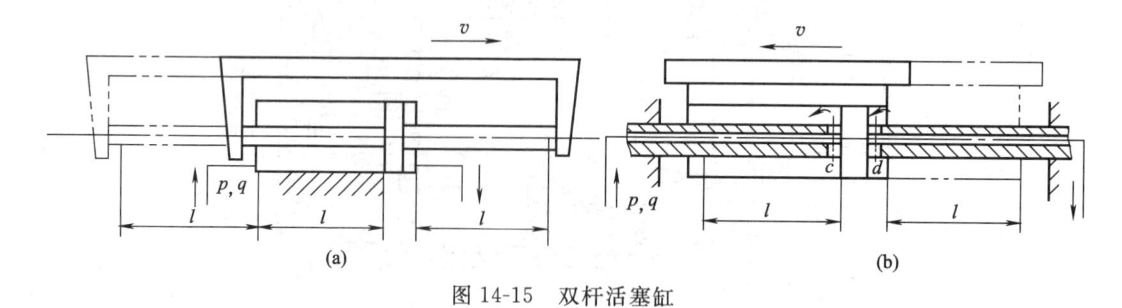

图 14-15　双杆活塞缸

图 14-15（a）为缸体固定式结构图。当缸的左腔进压力油，右腔回油时，活塞带动工作台向右移动；反之，右腔进压力油，左腔回油时，活塞带动工作台向左移动。工作台的运动范围略大于缸有效长度的三倍，一般用于小型设备的液压系统。

图 14-15（b）为活塞固定式结构图。液压油经空心活塞杆的中心孔及其活塞处的径向孔 c、d 进、出液压缸。当缸的左腔进压力油，右腔回油时，缸体带动工作台向左移动；反之，右腔进压力油，左腔回油时，缸体带动工作台向右移动。其运动范围略大于缸有效行程

的两倍，常用于行程长的大、中型设备的液压系统。

双杆活塞缸的推力和速度可按下式计算

$$F=Ap=\frac{\pi}{4}(D^2-d^2)p \tag{14-1}$$

$$v=\frac{q}{A}=\frac{4q}{\pi(D^2-d^2)} \tag{14-2}$$

式中　A——液压缸有效工作面积；

F——液压缸的推力；

v——活塞（或缸体）的运动速度；

p——进油压力；

q——进入液压缸的流量；

D——液压缸内径；

d——活塞杆直径。

2. 单杆活塞缸

图 14-16 为单杆活塞缸原理。其活塞的一侧有伸出杆，两腔的有效工作面积不相等。当向缸两腔分别供油，且供油压力和流量相同时，活塞（或缸体）在两个方向的推力和运动速度不相等。

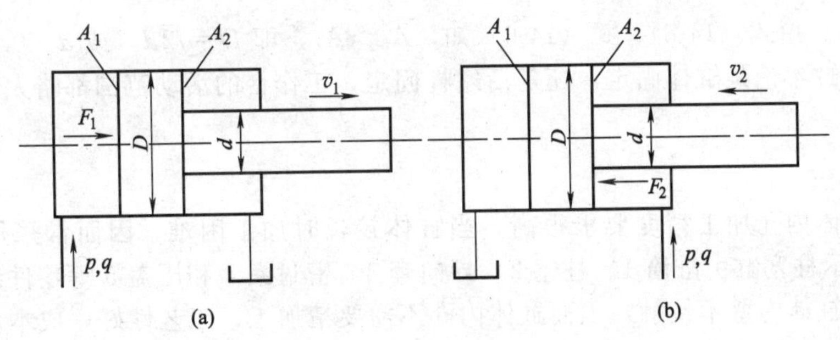

图 14-16　单杆活塞缸

当无杆腔进压力油、有杆腔回油［图 14-16（a）］时，活塞推力 F_1 和运动速度 v_1 分别为

$$F_1=A_1p=\frac{\pi}{4}D^2p \tag{14-3}$$

$$v_1=\frac{q}{A_1}=\frac{4q}{\pi D^2} \tag{14-4}$$

当有杆腔进压力油、无杆腔回油［图 14-16（b）］时，活塞推力 F_2 和运动速度 v_2 分别为

$$F_2=A_2p=\frac{\pi}{4}(D^2-d^2)p \tag{14-5}$$

$$v_2=\frac{q}{A_2}=\frac{4q}{\pi(D^2-d^2)} \tag{14-6}$$

式中　A_1——缸无杆腔有效工作面积；

A_2——缸有杆腔有效工作面积。

比较上面公式可知：$v_1<v_2$，$F_1>F_2$。即无杆腔进压力油工作时，推力大，速度低；有杆腔进压力油工作时，推力小，速度高。因此，单杆活塞缸常用于一个方向有较大负载但运行速度较低，另一个方向为空载快速退回运动的设备。例如，各种金属切削机床、压力机、注塑机、起重机的液压系统即常用单杆活塞缸。

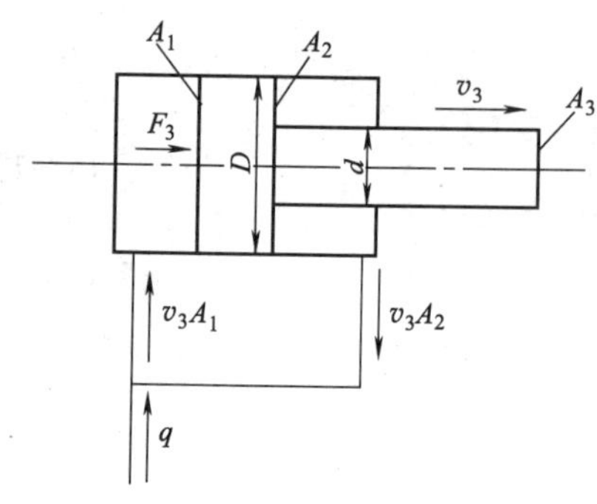

图 14-17 单杆活塞缸的差动连接

单杆活塞缸两腔同时通入压力油时的连接称为差动连接。如图 14-17 所示，由于无杆腔工作面积比有杆腔工作面积大，活塞向右的推力大于向左的推力，故其向右移动。

差动连接时，活塞的推力 F_3 为

$$F_3=A_1p-A_2p=A_3p=\frac{\pi d^2}{4}p \tag{14-7}$$

若活塞的速度为 v_3，则无杆腔的进油量为 v_3A_1，有杆腔的出油量为 v_3A_2，因而有下式

$$v_3A_1=q+v_3A_2$$

故

$$v_3=\frac{q}{A_1-A_2}=\frac{q}{A_3}=\frac{4q}{\pi d^2} \tag{14-8}$$

比较式（14-4）、式（14-8）可知，$v_3>v_1$；比较式（14-3）、式（14-7）可知，$F_3<F_1$。这说明单杆活塞缸差动连接时能使运动部件获得较高的速度和较小的推力。因此，**单杆活塞缸常用在需要实现“快进（差动连接）→工进（无杆腔进压力油）→快退（有杆腔进压力油）”工作循环**的组合机床等设备的液压系统中。这时，通常要求“快进”和“快退”的速度相等，即 $v_3=v_2$。由式（14-8）、式（14-6）知，$A_3>A_2$，即 $D=\sqrt{2}d$（或 $d=0.71D$）。

单杆活塞缸不论是缸体固定，还是活塞杆固定，工作台的活动范围都略大于缸有效行程的两倍。

三、柱塞缸

活塞缸缸体内孔加工精度要求很高，当缸体较长时加工困难，因而常采用柱塞缸。图 14-18（a）所示柱塞缸由缸筒 1、柱塞 2、导向套 3、密封圈 4 和压盖 5 等零件组成。柱塞由套 3 导向，与缸体内壁不接触，因而缸体内孔不需要精加工，工艺性好，成本低。

柱塞端面受压，为了能输出较大的推力，柱塞一般较粗、较重。水平安装时易产生单边磨损，故柱塞缸适宜于垂直安装使用。当其水平安装时，为防止柱塞因自重而下垂，常制成空心柱塞并设置支承套和托架。

柱塞缸只能实现单向运动，它的回程需借自重（立式缸）或其他外力（如弹簧力）来实现。在龙门刨床、导轨磨床、大型拉床等大行程设备的液压系统中，为了使工作台得到双向运动，柱塞缸常成对使用，如图 14-18（b）所示。

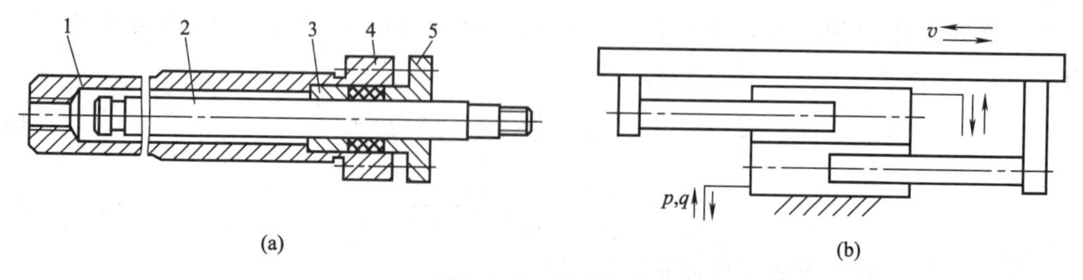

图 14-18 柱塞缸

1—缸筒；2—柱塞；3—导向套；4—密封圈；5—压盖

四、其他液压缸

1. 增压缸

增压缸能将输入的低压油转变为高压油，供液压系统中的某一支油路使用。它由大、小

直径分别为 D 和 d 的复合缸筒及有特殊结构的复合活塞等件组成，如图 14-19 所示。

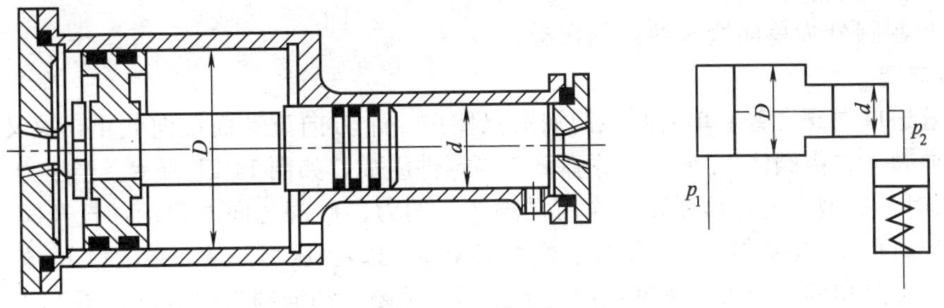

图 14-19　增压缸

若输入增压缸大端油的压力为 p_1，由小端输出油的压力为 p_2，且不计摩擦阻力。则根据力学平衡关系有

$$\frac{\pi}{4}D^2 p_1=\frac{\pi}{4}d^2 p_2$$

故

$$p_2=\frac{D^2}{d^2}p_1 \tag{14-9}$$

式中　D^2/d^2——增压比。

由式（14-9）可知，当 $D=2d$ 时，$p_2=4p_1$，即可增压 4 倍。

应该指出，增压缸只能将高压端输出油通入其他液压缸以获取大的推力，其本身不能直接作为执行元件。所以安装时应尽量使它靠近执行元件。

增压缸常用于压铸机、造型机、注塑机等设备的液压系统中。

2. 充液式快速液压缸

为了提高机器的生产率，需要增大活塞的空程速度，一般采用两种办法：一种是加大输入流量；另一种办法是减小活塞的有效工作面积。一般活塞式液压缸，在减小面积的同时会使液压推力下降。对于快速液压缸是通过减小空程时的有效工作面积来取得高速，但在行程终端时可得到较大的液压推力，这种快速液压缸必须配上充液系统对液压缸工作腔进行充液才能实现。

图 14-20 所示为快速缸，它是由柱塞液压缸 1 和活塞液压缸 2 组合而成的。

工作原理：当油口①通入压力油后，活塞 2 快速前进，此时腔 A 内产生真空，油口②从油箱内吸油，进行充液。油口③与油箱接通，进行回油。当活塞接近终止位置时，负载增加，充液停止，压力油从油口②进入腔 A，转入低速工作行程，而得到很大的液压力。这种液压缸开始时为快速、低压行程；然后是低速、高压行程，同样也得到两种速度和两种压力。

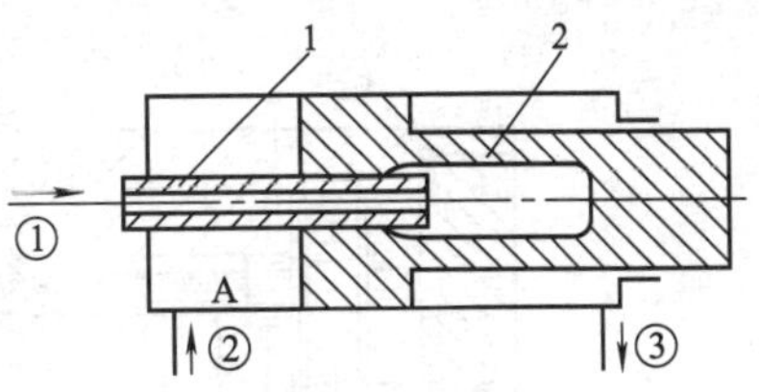

图 14-20　快速缸示意

1—柱塞液压缸；2—活塞液压缸

第三节　液压控制元件

液压系统的控制元件是各类液压阀。液压阀既不进行能量的转换，也不做功，只对液流的流动方向、压力和流量进行预期的控制，使之满足系统的需要。按其功用，液压阀可分为方向阀、压力阀和流量阀三大类，每一类又有很多种。各种阀的功用、形状虽然不同，但在结构上都由阀体、阀芯、弹簧和操纵机构等组成。

一、方向控制阀

方向控制阀分为单向阀和换向阀两类。

1. 单向阀

(1) 普通单向阀　普通单向阀控制油液只能按一个方向流动而反向截止，故又称止回阀，也简称单向阀。它由阀体1、阀芯2、弹簧3等零件组成，如图14-21所示。当压力油从左端油口 P_1 流入时，油液推力克服弹簧3作用在阀芯上的力，使阀芯向右移动，打开阀口，并通过阀芯上的径向孔a、轴向孔b，从阀体右端油口 P_2 流出。当压力油从右端油口 P_2 流入时，液压力和弹簧力方向相同，使阀芯压紧在阀座上，阀口关闭，油液则无法通过。图14-21 (a) 为管式单向阀，图14-21 (b) 为板式单向阀，图14-21 (c) 为普通单向阀的职能符号。

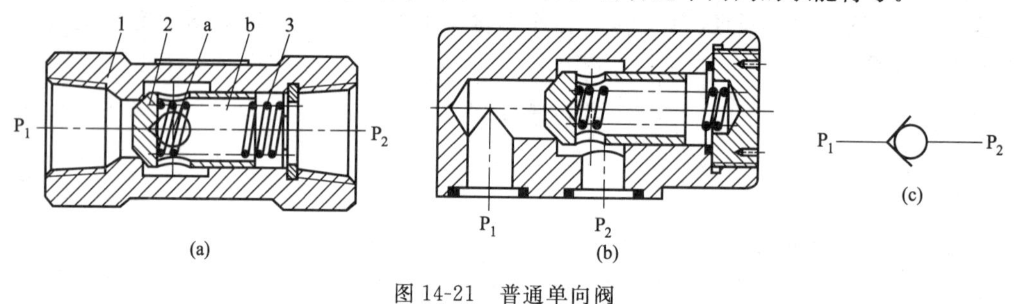

图14-21　普通单向阀

1—阀体；2—阀芯；3—弹簧

对单向阀的主要性能要求是；油液通过时压力损失要小，反向截止时密封性要好。单向阀的弹簧很弱小，仅用于将阀芯顶压在阀座上，故阀的开启压力仅有0.035～0.1MPa。若将弹簧换为硬弹簧，使其开启压力达到0.2～0.6MPa，则可将其作为背压阀用。

(2) 液控单向阀　图14-22 (a) 所示为液控单向阀。它与普通单向阀相比，在结构上增加了控制油腔a、控制活塞1及控制油口K。当控制油口通以一定压力的压力油时，推动活塞1使锥阀芯2右移，阀即保持开启状态，使单向阀也可以反方向通过油流。为了减小控制活塞移动的阻力，控制活塞制成台阶状并设一外泄油口L。控制油的压力不应低于油路压力的30%～50%。

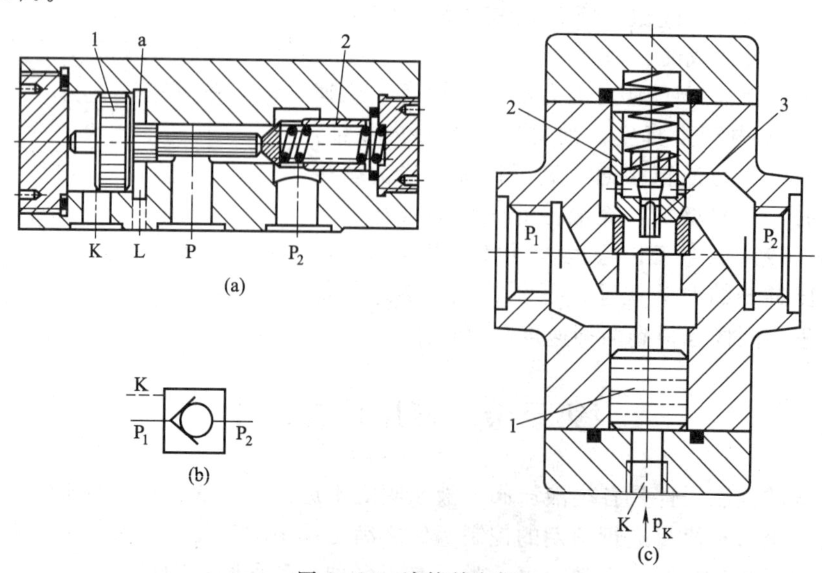

图14-22　液控单向阀

1—控制活塞；2—锥阀芯；3—卸荷阀芯

当 P_2 处油腔压力较高时，顶开锥阀所需要的控制压力可能很高。为了减少控制油口 K 的开启压力，在锥阀内部可增加一个卸荷阀芯 3［图 14-22（c）］。在控制活塞 1 顶起锥阀芯 2 之前，先顶起卸荷阀芯 3，使上下腔油液经卸荷阀芯上的缺口沟通，锥阀上腔 P_2 的压力油泄到下腔，压力降低。此时控制活塞便可以较小的力将锥阀芯顶起，使 P_1 和 P_2 两腔完全连通。这样，液控单向阀用较低的控制油压即可控制有较高油压的主油路。液压压力机的液压系统常采用这种有卸压阀芯的液控单向阀使主缸卸压后再反向退回。

液控单向阀具有良好的单向密封性，常用于执行元件需要长时间保压、锁紧的情况，也常用于防止立式液压缸停止运动时因自重而下滑以及速度换接回路中。这种阀也称液压锁。

2. 换向阀

换向阀的作用是利用阀芯位置的改变，改变阀体上各油口的连通或断开状态，从而控制油路连通、断开或改变方向。

（1）换向阀的分类及图形符号　按阀的操纵方式不同，换向阀可分为手动、机动、电磁动、液动、电液动换向阀，其操纵符号如图 14-23 所示。

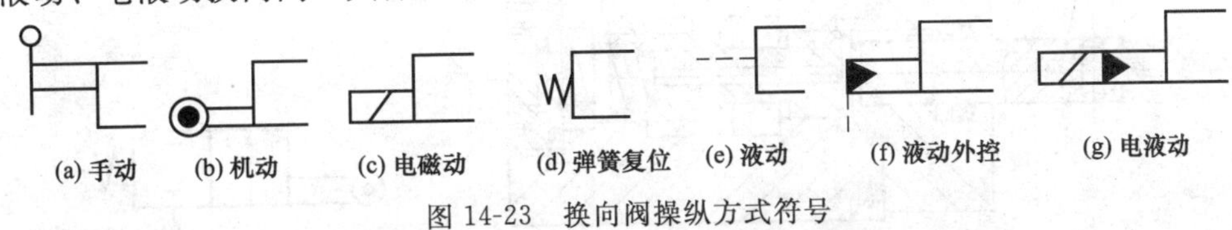

图 14-23　换向阀操纵方式符号

按阀芯位置数不同，换向阀可分为二位、三位、多位换向阀；按阀体上主油路进、出油口数目不同，又可分为二通、三通、四通、五通等。换向阀位和通的符号、相应的结构原理见表 14-1。

表 14-1　换向阀的结构原理及图形符号

名称	结构原理图	图形符号	名称	结构原理图	图形符号
二位二通阀	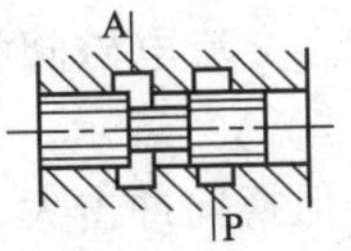 A P	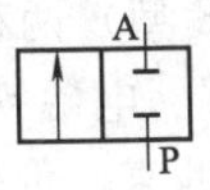 A P	二位五通阀	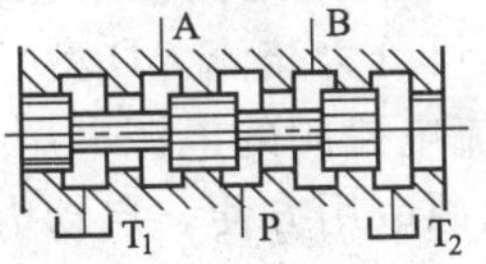 A B T_1 P T_2	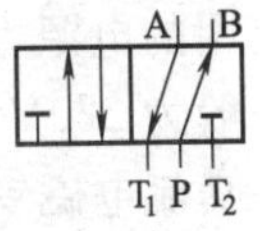 A B T_1 P T_2
二位三通阀	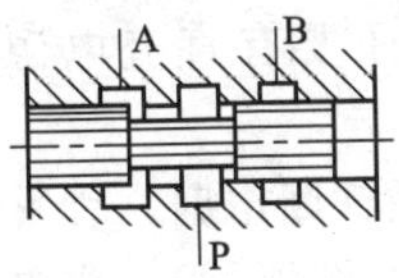 A B P	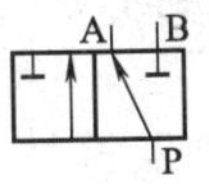 A B P	三位四通阀	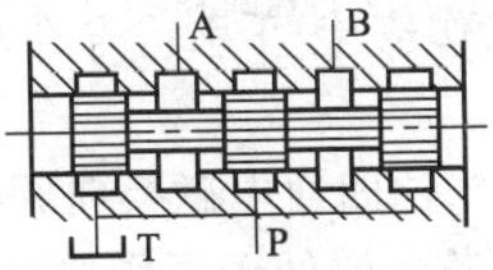 A B T P	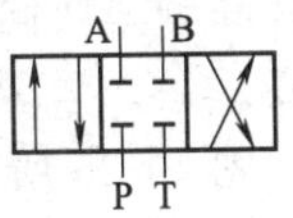 A B P T
二位四通阀	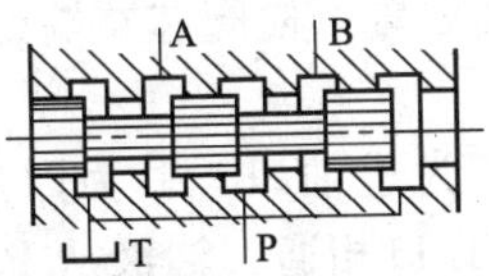 A B T P	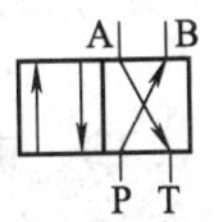 A B P T	三位五通阀	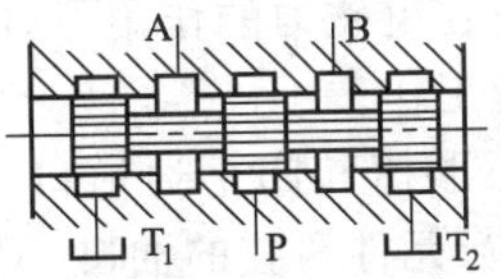 A B T_1 P T_2	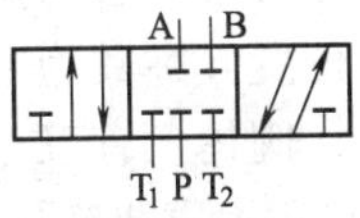 A B T_1 P T_2

表中图形符号所表达的意义如下。

① 方格数即“位”数，三格即三位。

② 箭头“↗”表示两油口连通，但不表示流向。止通符号“⊥”表示油口不通流。在一个方格内，箭头“↗”或“⊥”符号与方格的交点数为油口的通路数，即“通”数。

③ 控制方式和复位弹簧的符号应画在方格的两端。

④ P 表示压力油的进口，T 表示与油箱连通的回油口，A 和 B 表示连接其他工作油路的油口。

⑤ 三位阀的中格及二位阀侧面画有弹簧的那一方格为常态位。在液压原理图中，换向阀的符号与油路的连接一般应画在常态位上。二位二通阀有常开型（常态位置两油口连通）和常闭型（常态位置两油口不连通），应注意区别。

（2）几种常用的换向阀

① 机动换向阀　机动换向阀又称行程阀。它利用安装在运动部件上的挡块或凸轮，压阀芯端部的滚轮使阀芯移动，从而使油路换向。这种阀通常为二位阀，并且用弹簧复位。图 14-24 所示为二位二通机动换向阀。在图示位置，阀芯 2 在弹簧作用下处于左位，P 与 A 不连通；当运动部件上的挡块压住滚轮 1 使阀芯移至右位时，油口 P 与 A 连通。

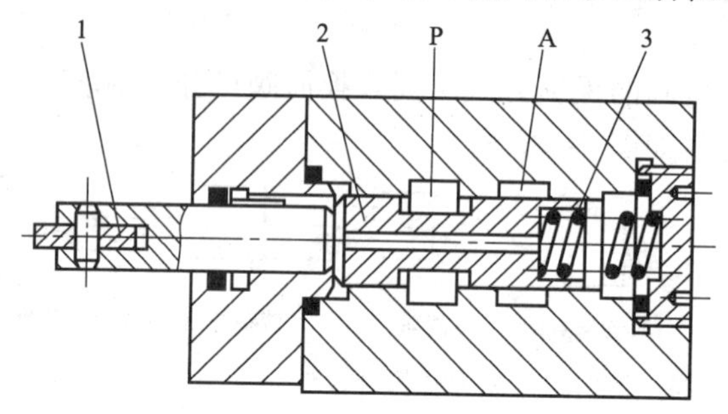

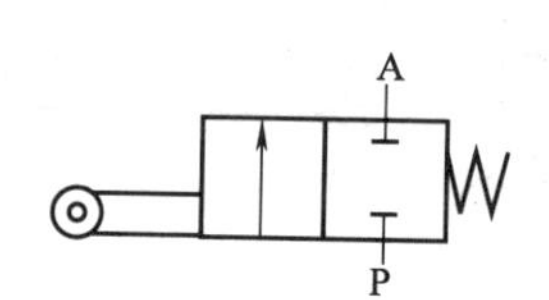

图 14-24　机动换向阀
1—滚轮；2—阀芯；3—弹簧

机动换向阀结构简单，换向时阀口逐渐关闭或打开，故换向平稳、可靠、位置精度高。常用于控制运动部件的行程，或快、慢速度的转换。其缺点是它必须安装在运动部件附近，一般油管较长。

② 电磁换向阀　它利用电磁铁来操纵阀芯移动，以实现油液流动方向的变换。按电磁铁使用的电源性质，可分为交流（D 型）和直流（E 型）两种电磁阀。交流电磁阀的电源电压一般为 220V，直流电磁阀的电源电压一般为 24V。电磁铁用代号“YA”表示。

交流电磁铁的电源取用方便，启动力大，换向迅速、价格便宜，但换向冲击大、动作频繁或滑阀卡住时易烧坏线圈，所以寿命短，可靠性较差。直流电磁铁体积小、换向冲击小。允许高频率换向，工作安全可靠，寿命较长，但换向动作较慢，还要有直流电源，费用较高。

图 14-25 所示为二位四通电磁换向阀的工作原理及符号。当电磁铁断电时，弹簧力使阀芯处于左端位置，阀芯右端处于工作位置，称其为右位工作（如符号图所示）；当电磁铁通电时处于吸合状态，在电磁力的作用下，阀芯克服弹簧力移到右端位置，使阀芯左端处于工作位置，称其为左位工作。

阀体上有五个环形槽和四个通道口（P，A，B，T)，其中 P 为进油口，T 为回油口，A、B 为通往液压执行元件两腔的油口。当阀右位工作时，P 口和 B 口相通，油液从 P 流向 B，记作 P—B：同时，A 口和 T 口相通，回油是 A—T。当阀左位工作时，变换了各油口的接通，使进油 P—A，回油 B—T。

电磁换向阀正是利用电磁铁的吸合与放松使阀芯从一个工作位置变换到另一个工作位置，接通不同的油口，切换了油路，达到了改变液压执行元件运动方向的目的。

图 14-26 为三位四通电磁换向阀的结构原理和图形符号。从图上可以看出，阀芯的两端都有一根弹簧，而在阀体的两端各有一只电磁铁，该阀在两电磁铁都不通电的情况下，阀芯

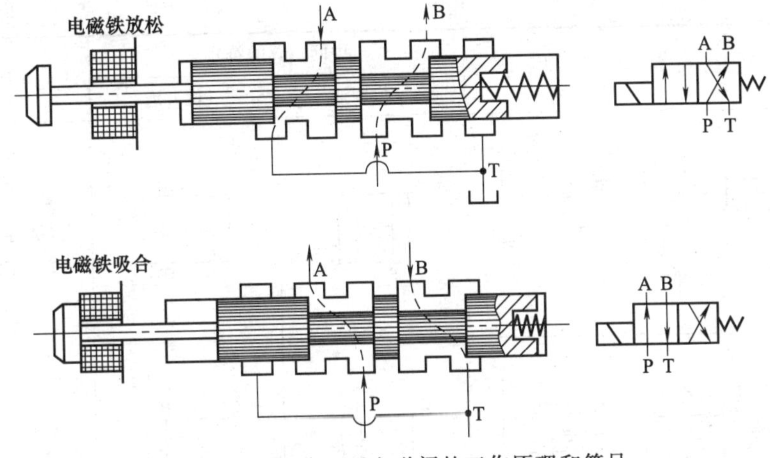

图 14-25　二位四通电磁阀的工作原理和符号

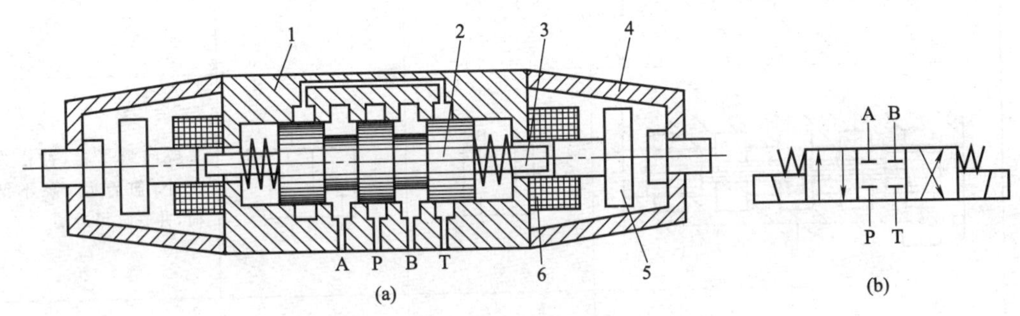

图 14-26　三位四通电磁阀的结构原理和符号

1—阀体；2—阀芯；3—推杆；4—罩壳；5—衔铁；6—线圈

只受弹簧作用，处于中间位置（即常态位置）。

当左端电磁铁通电，右端电磁铁不通电时，阀芯右移，阀左位工作，这时进油 P—A，回油 B—T。当右端电磁铁通电，左端电磁铁断电时，阀芯左移，阀右位工作，这时进油 P—B，回油 A—T。当左、右电磁铁都断电时，阀芯在两端弹簧作用下，恢复到中间位置（称为中位）。此时 P、T、A、B 四油口互不相通。

由上述可知，三位阀比二位阀多了一个工作位置，即中间位置。这个位置的各油口有各种不同的连通方式，会产生各种不同的性能特点，通常称为中位机能或滑阀机能。

表 14-2 中列出了五种常用中位机能三位换向阀的结构简图和中位符号。结构简图中为四通阀，若将阀体两端的沉割槽由 T_1 和 T_2 两个回油口分别回油，四通阀即成为五通阀。

表 14-2　三位换向阀的中位机能

机能型式	结构简图	中间位置的符号		作用、机能特点
		三位四通	三位五通	
O	A B T P	A B P T	A B T_1 P T_2	换向精度高，但有冲击，缸被锁紧，泵不卸荷，并联缸可运动

续表

机能型式	结构简图	中间位置的符号		作用、机能特点
		三位四通	三位五通	
H	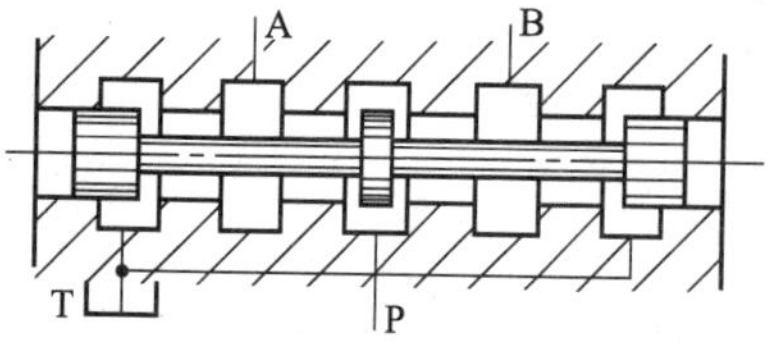	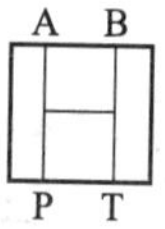	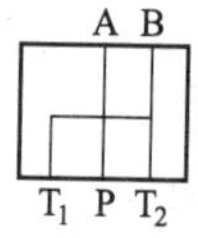	换向平稳，但冲击力大，缸浮动，泵卸荷，其他缸不能并联使用
Y	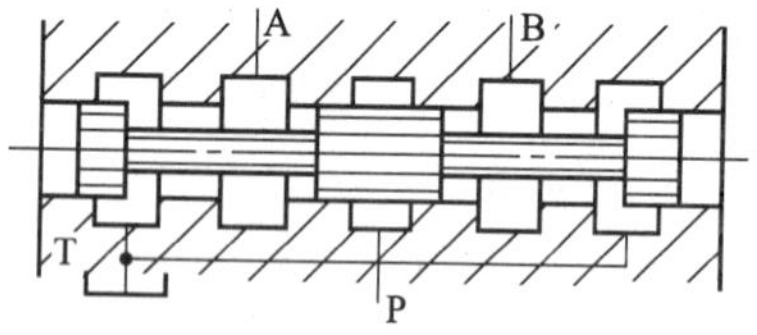	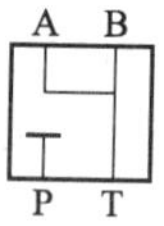	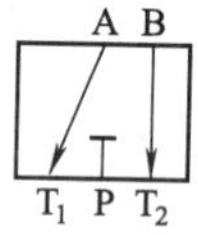	换向较平稳，冲击力较大，缸浮动，泵不卸荷，并联缸可运动
P	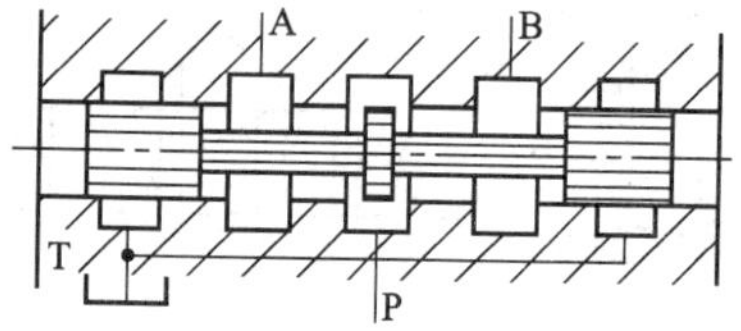	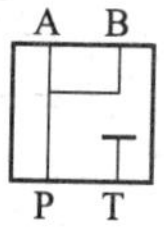	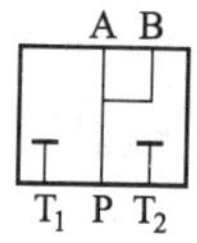	换向最平稳，冲击力较小，缸浮动，泵不卸荷，并联缸可运动
M	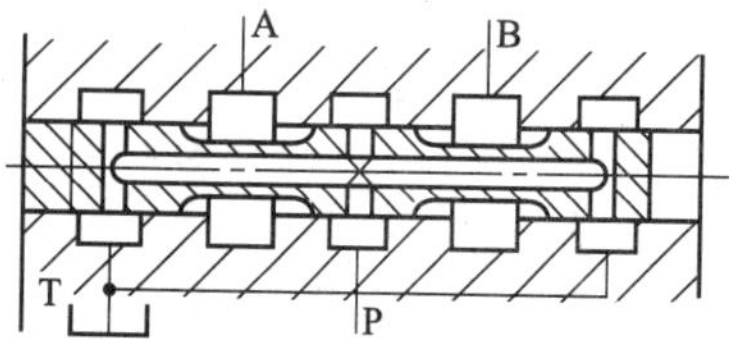	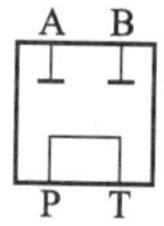	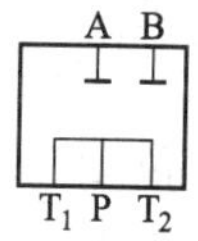	换向精度高，但有冲击，缸被锁紧，泵卸荷，其他缸不能并联使用

此外还有 J、C、K 等多种型式中位机能的三位阀，必要时可由液压设计手册中查找。

③ 液动换向阀　电磁换向阀布置灵活，易实现程序控制，但受电磁铁尺寸限制，难以用于切换大流量油路。当阀的通径大于 10mm 时常用压力油操纵阀芯换位。这种利用控制油路的压力油推动阀芯改变位置的阀，即为液动换向阀。

图 14-27 为三位四通液动换向阀。当其两端控制油口 K_1 和 K_2 均不通入压力油时，阀芯在两端弹簧的作用下处于中位；当 K_1 进压力油，K_2 接油箱时，阀芯移至右端，其通油状态为 K_1 通 A，B 通 T；反之，K_2 进压力油，K_1 接油箱时，阀芯移至左端，其通油状态为 P 通 B，A 通 T。

液动换向阀经常与机动换向阀或电磁换向阀组合成机液换向阀或电液换向阀，实现自动换向或大流量主油路换向。

④ 电液换向阀　电液换向阀是由电磁换向阀和液动换向阀组成的复合阀。电磁换向阀为先导阀，它用以改变控制油路的方向；液动换向阀为主阀，它用以改变主油路的方向。这种阀的优点是可用反应灵敏的小规格电磁阀方便地控制大流量的液动阀换向。

图 14-28 为三位四通电液换向阀的结构简图、图形符号和简化符号。当电磁换向阀的两电磁铁均不通电时（图示位置），电磁阀芯在两端弹簧力作用下处于中位。这时液动换向阀芯两端的油经两个小节流阀及电磁换向阀的通路与油箱（T）连通，因而它也在两端弹簧的

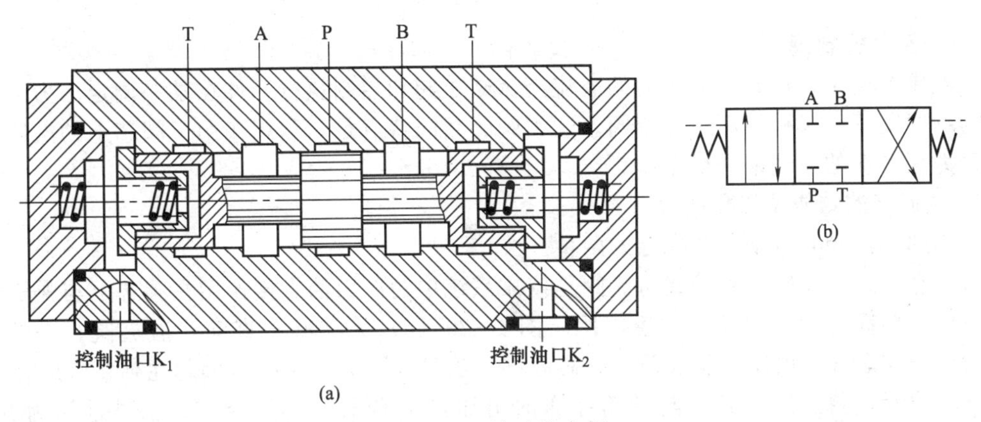

图 14 27　液动换向阀

作用下处于中位，主油路中，A、B、P、T 油口均不相通。当左端电磁铁通电时，电磁阀芯移至右端，由 P 口进入的压力油经电磁阀油路及左端单向阀进入液动换向阀的左端油腔，而液动换向阀右端的油则可经右节流阀及电磁阀上的通道与油箱连通，液动换向阀芯即在左端液压推力的作用下移至右端，即液动换向阀左位工作。其主油路的通油状态为 P 通 A，B 通 T；反之，当右端电磁铁通电时，电磁阀芯移至左端时，液动换向阀右端进压力油，左端经左节流阀通油箱，阀芯移至左端，即液动换向阀右位工作。其通油状态为 P 通 B，A 通 T。液动换向阀的换向时间可由两端节流阀调整，因而可使换向平稳，无冲击。

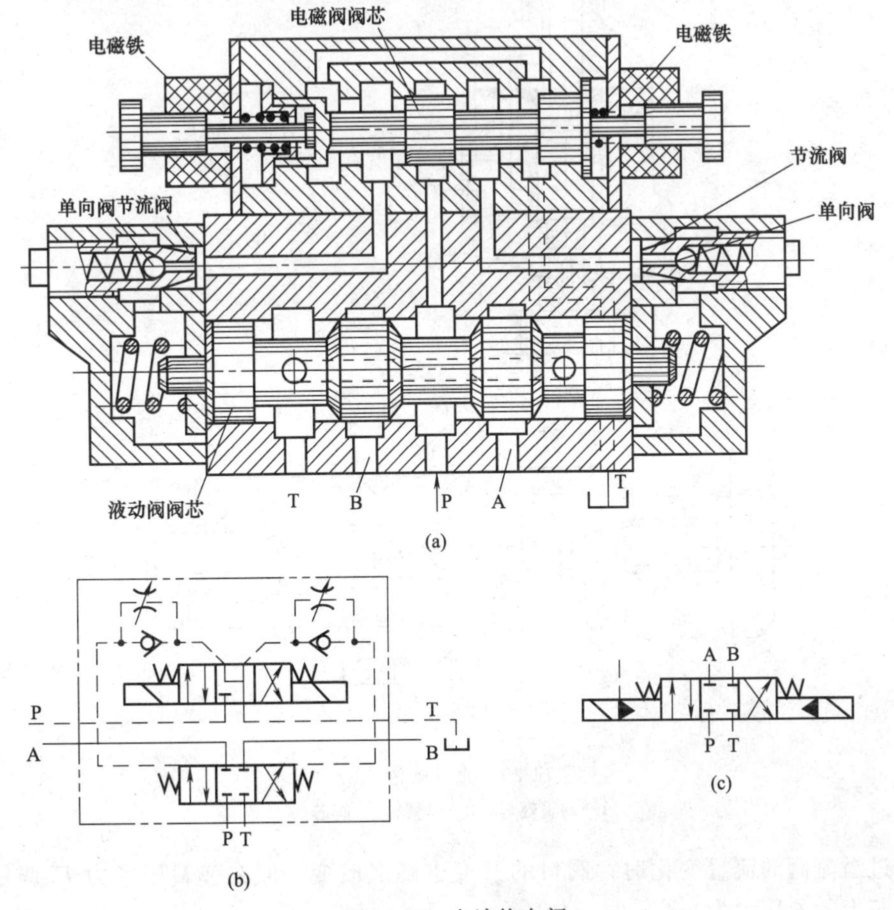

图 14-28　电液换向阀

二、压力控制阀

在液压系统中，控制液体压力的溢流阀、减压阀和控制执行元件在某一调定压力下产生动作的顺序阀等，统称为压力控制阀。这类阀的共同特点是，利用作用于阀芯上的液体压力和弹簧力相平衡的原理来进行工作。

1. 溢流阀的结构及工作原理

常用的溢流阀有直动式和先导式两种。

（1）直动式溢流阀　直动式溢流阀是依靠系统中的压力油直接作用在阀芯上与弹簧力相平衡，以控制阀芯的启闭动作的溢流阀。图 14-29（a）为一低压直动式溢流阀。进油口 P 的压力油经阀芯 3 上的阻尼孔 a 通入阀芯底部，当进油压力较小时，阀芯在弹簧 2 的作用下处于下端位置，将进油口 P 和与油箱连通的出油口 T 隔开，即不溢流。当进油压力升高，阀芯所受的油压推力超过弹簧的压紧力 F_s 时，阀芯抬起，将油口 P 和 T 连通，使多余的油液排回油箱，即溢流。阻尼孔 a 的作用是减小油压的脉动，提高阀工作的平稳性。弹簧的压紧力可通过调整螺母 1 调整。

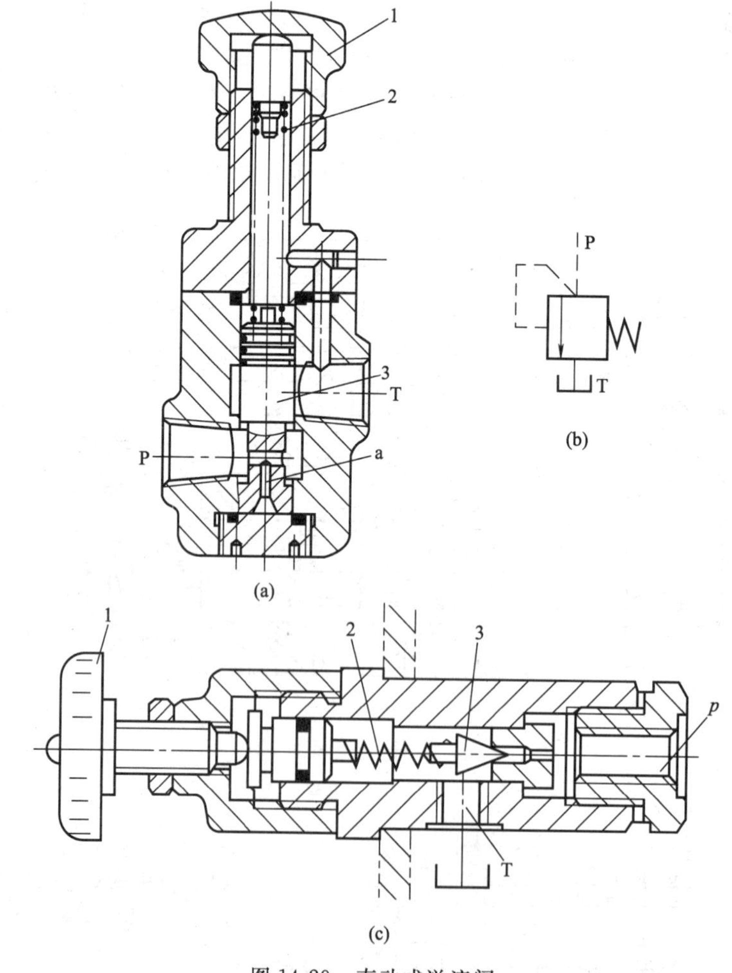

图 14-29　直动式溢流阀

1—调整螺母；2—弹簧；3—阀芯

当通过溢流阀的流量变化时，阀口的开度也随之改变，但在弹簧压紧力 F_s 调好以后，作用于阀芯上的液压力为

$$p=F_{s}/A$$

式中　A——阀芯的有效作用面积。

因而，当不考虑阀芯自重、摩擦力和液动力的影响时，可以认为溢流阀进口处的压力 p 基本保持为定值。故调整弹簧的压紧力 F_{s}，也就调整了溢流阀的工作压力 p。

若用直动式溢流阀控制较高压力或较大流量时，需用刚度较大的硬弹簧，结构尺寸也将较大，调节困难，油的压力和流量的波动也较大。因此，直动式溢流阀一般只用于低压小流量系统，或作为先导阀使用，图 14-29（c）所示锥阀芯直动式溢流阀即常作为先导式溢流阀的先导阀用。中、高压系统常采用先导式溢流阀。

（2）先导式溢流阀　先导式溢流阀由先导阀和主阀两部分组成。图 14-30（a）、（b）分别为高压、中压先导式溢流阀的结构简图。其先导阀是一个小规格锥阀芯直动式溢流阀，其主阀的阀芯 5 上开有阻尼小孔 e。在它们的阀体上还加工了孔道 a、b、c、d。

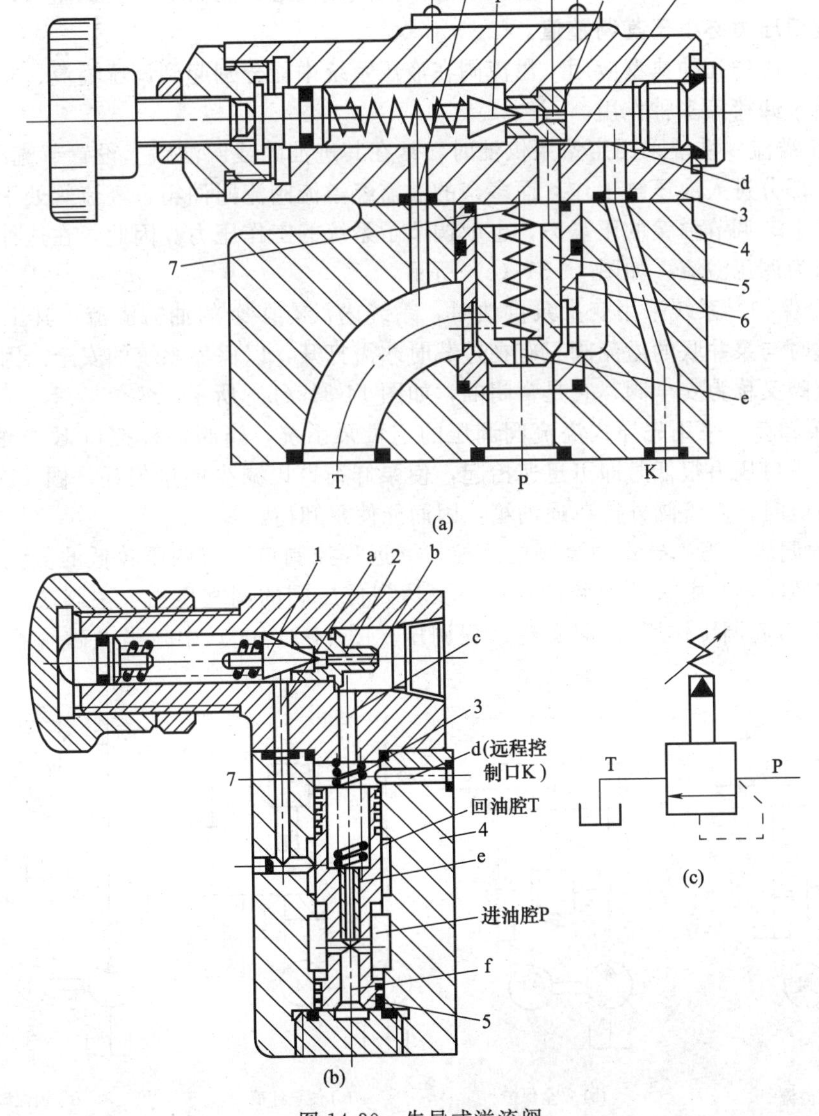

图 14-30　先导式溢流阀

1—先导阀芯；2—先导阀座；3—先导阀体；4—主阀体；5—主阀芯；6—主阀套；7—主阀弹簧

油液从进油口 P 进入，经阻尼孔 e 及孔道 c 到达先导阀的进油腔（在一般情况下，外控口 K 是堵塞的）。当进油口压力低于先导阀弹簧调定压力时，先导阀关闭，阀内无油液流动，主阀芯上、下腔油压相等，因而它被主阀弹簧抵住在主阀下端，主阀关闭，阀不溢流。当进油口 P 的压力升高时，先导阀进油腔油压也升高，直至达到先导阀弹簧的调定压力时，先导阀被打开，主阀芯上腔油经先导阀口及阀体上的孔道 a，由回油口 T 流回油箱。主阀芯下腔油液则经阻尼小孔 e 流动，由于小孔阻尼大，使主阀芯两端产生压力差，主阀芯便在此压差作用下克服其弹簧力上抬，主阀进、回油口连通，达到溢流和稳压的目的。调节先导阀的手轮，便可调整溢流阀的工作压力。更换先导阀的弹簧（刚度不同的弹簧），便可得到不同的调压范围。

这种结构的阀，其主阀芯是利用压差作用开启的，主阀芯弹簧很弱小，因而即使压力较高，流量较大，其结构尺寸仍较紧凑、小巧，且压力和流量的波动也比直动式小。但其灵敏度不如直动式溢流阀。

溢流阀稳定进油口压力，正常溢流状态下的溢流阀进口压力等于其调整值，关闭状态下的溢流阀进口压力必小于其调整值。

（3）溢流阀的几种典型应用　溢流阀在液压系统中能分别起到调压溢流、安全保护、远程调压、使泵卸荷等多种作用。

① 调压溢流　系统采用定量泵供油时，常在其进油路或回油路上设置节流阀或调速阀，使泵油的一部分进入液压缸工作，而多余的油需经溢流阀流回油箱，溢流阀处于其调定压力下的常开状态。调节弹簧的压紧力，也就调节了系统的工作压力。因此，在这种情况下溢流阀的作用即为调压溢流，如图 14-31（a）所示。

② 安全保护　系统采用变量泵供油时，系统内没有多余的油需溢流，其工作压力由负载决定。这时与泵并联的溢流阀只有在过载时才需打开，以保障系统的安全。因此，这种系统中的溢流阀又称为安全阀，它是常闭的，如图 14-31（b）所示。

③ 使泵卸荷　采用先导式溢流阀调压的定量泵系统，当阀的外控口 K 与油箱连通时，其主阀芯在进口压力很低时即可迅速抬起，使泵卸荷，以减少能量损耗。图 14-31（c）中，当电磁铁通电时，溢流阀外控口通油箱，因而能使泵卸荷。

④ 远程调压　当先导式溢流阀的外控口（远程控制口）与调压较低的溢流阀（或远程调压阀）连通时，其主阀芯上腔的油压只要达到低压阀的调整压力，主阀芯即可抬起溢流（其先导阀不再起调压作用），即实现远程调压。图 14-31（d）中，当电磁阀不通电右位工

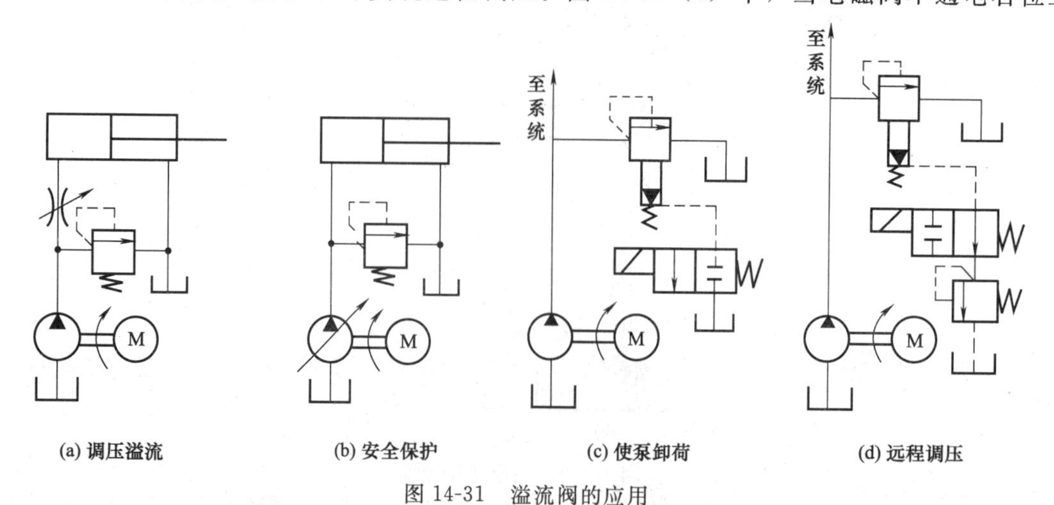

图 14-31　溢流阀的应用

作时，将先导溢流阀的外控口与低压调压阀连通，实现远程调压。

2. 顺序阀的工作原理与结构特点

顺序阀是利用油路中压力的变化控制阀口启闭，以实现执行元件顺序动作的液压元件。其结构与溢流阀类同，也分为直动式和先导式两种。一般先导式用于压力较高的场合。

图 14-32（a）所示为直动式顺序阀的结构。它由螺堵 1、下阀盖 2、控制活塞 3、阀体 4、阀芯 5、弹簧 6 等零件组成。当其进油口的油压低于弹簧 6 的调定压力时，控制活塞 3 下端油液向上的推力小，阀芯 5 处于最下端位置，阀口关闭，油液不能通过顺序阀流出。当进油口油压达到弹簧调定压力时，阀芯 5 抬起，阀口开启，压力油即可从顺序阀的出口流出，使阀之后的油路工作。这种顺序阀利用其进油口压力控制，称为普通顺序阀（也称为内控式顺序阀），其图形符号如图 14-32（b）所示。由于阀出油口接压力油路，因此其上端弹簧处的泄油口必须另接一油管通油箱。这种连接方式称为外泄。

若将下阀盖 2 相对于阀体转过 90°或 180°，将螺堵 1 拆下，在该处接控制油管并通入控制油，则阀的启闭便可由外供控制油控制。这时即成为液控顺序阀，其图形符号如图 14-32（c）所示。若再将上阀盖 7 转过 180°，使泄油口处的小孔 a 与阀体上的小孔 b 连通，将泄油口用螺堵封住，并使顺序阀的出油口与油箱连通，则顺序阀就成为卸荷阀。其泄漏油可由阀的出油口流回油箱，这种连接方式称为内泄。卸荷阀的图形符号如图 14-32（d）所示。

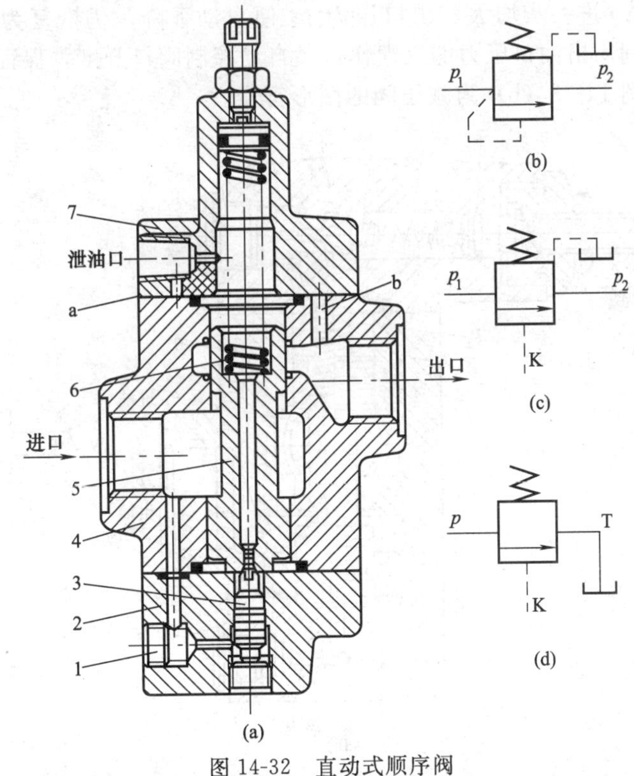

图 14-32　直动式顺序阀

1—螺堵；2—下阀盖；3—控制活塞；4—阀体；5—阀芯；6—弹簧；7—上阀盖

顺序阀常与单向阀组合成单向顺序阀、液控单向阀等使用。直动式顺序阀设置控制活塞的目的是缩小阀芯受油压作用的面积，以便采用较软的弹簧来提高阀的压力-流量特性。直动式顺序阀的最高工作压力一般在 8MPa 以下。先导式顺序阀其主阀弹簧的刚度可以很小，故可省去阀芯下面的控制柱塞，不仅启闭特性好，且工作压力也可大大提高。

普通顺序阀控制开启压力、关闭状态下的顺序阀入口压力必定小于其调整值，通流状态

下的顺序阀，入口压力必大于或等于其调整值，出口压力则取决于负载。

液控顺序阀开启与否只与控制口油压有关，而与主油路进出油口油压无关。

3. 减压阀的工作原理与结构特点

减压阀是利用油液流过缝隙时产生压降的原理，使系统某一支油路获得比系统压力低而平稳的压力油的液压控制阀。减压阀也有直动式和先导式两种。直动式很少单独使用，先导式则应用较多。

图 14-33 所示为先导式减压阀，它由先导阀与主阀组成。油压为 p_1 的压力油，由主阀的进油口流入，经减压阀口 h 后由出油口流出，其压力为 p_2。出口油液经阀体 7 和下阀盖 8 上的孔道 a、b 及主阀芯 6 上的阻尼孔 c 流入主阀芯上腔 d 及先导阀右腔 e。当出口压力 p_2 低于先导阀弹簧的调定压力时，先导阀呈关闭状态，主阀芯上、下腔油压相等，它在主阀弹簧力作用下处于最下端位置（图示位置）。这时减压阀口 h 开度最大，不起减压作用，其进、出口油压基本相等。当 p_2 达到先导阀弹簧调定压力时，先导阀开启，主阀芯上腔油经先导阀流回油箱 T，下腔油经阻尼孔向上流动，使阀芯两端产生压力差。主阀芯在此压差作用下向上抬起关小减压阀口 h，阀口压降 Δp 增加。由于出口压力为调定压力 p_2，因而其进口压力 p_1 值会升高，即 $p_1=p_2+\Delta p$（或 $p_2=p_1-\Delta p$），阀起到了减压作用。这时若由于负载增大或进口压力向上波动而使 p_2 增大，在 p_2 大于弹簧调定值的瞬时，主阀芯立即上移，使开口 h 迅速减小，Δp 进一步增大，出口压力 p_2 便自动下降，仍恢复为原来的调定值。由此可见，减压阀能利用出油口压力的反馈作用，自动控制阀口开度，保证出口压力基本上为弹簧调定的压力。图 14-33（b）为减压阀的图形符号。

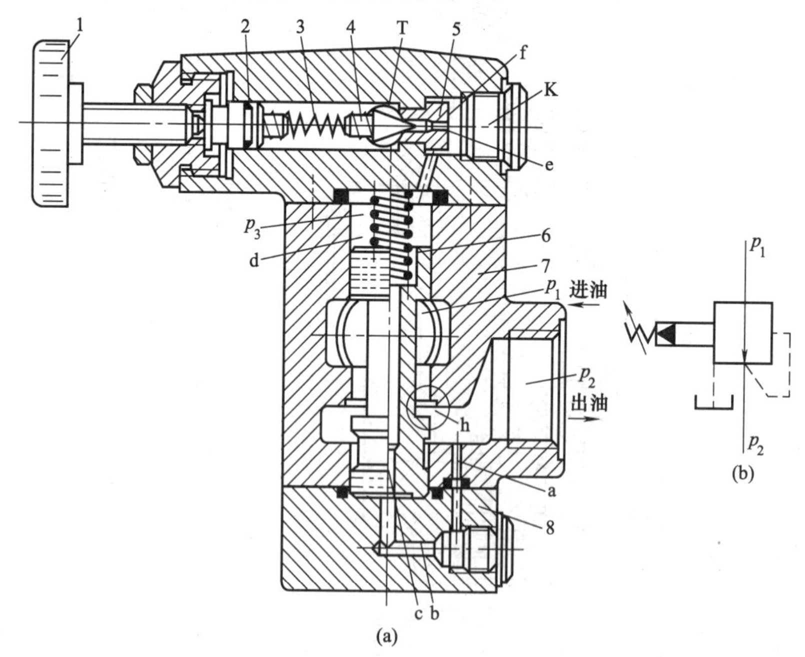

图 14-33　先导式减压阀

1—调压手轮；2—密封圈；3—弹簧；4—先导阀芯；5—阀座；6—主阀芯；7—主阀体；8—阀盖

减压阀的阀口为常开型，其泄油口必须由单独设置的油管通往油箱，且泄油管不能插入油箱液面以下，以免造成背压，使泄油不畅，影响阀的正常工作。

当阀的外控口 K 接一远程调压阀，且远程调压阀的调定压力低于减压阀的调定压力时，可以实现二级减压。

减压阀稳定出口压力，当减压阀出口处负载较轻时，油流直通，减压阀不减压，当负载不断增加时，减压阀出口压力被限定为其调整值。

三、流量控制阀

流量控制阀用来控制液压系统中液体的流量。其基本原理是：改变阀芯与阀体的相对位置以改变液体的通流截面积。流量阀多用于调速系统，常见的有节流阀、调速阀等。

1. 节流阀

节流阀是利用阀内节流口的大小产生液阻来改变流量的控制阀。一般用节流阀控制液压执行元件低速运行，所以阀内的通流截面很小，故可用通用流量方程来表明其流量

$$q=kA\Delta p^{m} \tag{14-10}$$

式中　q——通过节流口的流量；

A——节流口的通流面积；

Δp——节流口两端的压力差，$\Delta p=p_1-p_2$；

m——与节流口形状有关的特性指数，一般 $m=0.5\sim1$，薄刃孔节流口 $m=0.5$；细长孔（$l/d\geqslant4$，l、d 为孔长和孔径）节流口 $m=1$；

k——与节流口形状、油液性质（如黏度）等有关的系数。

当节流小孔的孔口形式为薄壁孔时，不仅孔两端的压差对流量影响较小，而且温度对流量没有影响；此外，薄壁孔不容易堵塞，容易获得较稳定的小流量。节流阀尽管有多种孔口形式，其本质是改变通流截面积的薄壁孔。图 14-34 所示为节流阀的结构原理和符号。其孔口形式为阀芯下端的轴向三角槽式节流口。油液从 P_1 流入，经节流孔口从 P_2 流出。调节阀芯的轴向位置就可改变阀的通流截面积，从而调节通过阀的流量。

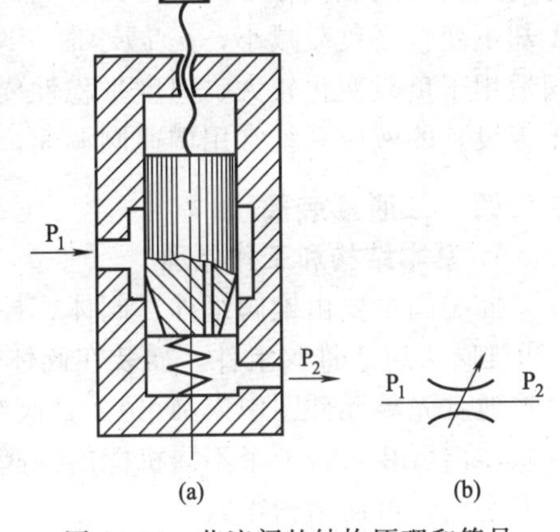

图 14-34　节流阀的结构原理和符号

节流阀的速度稳定性较差，多用于对速度稳定性要求不高的场合。

2. 调速阀

调速阀是由定差减压阀与节流阀串联而成的组合阀。节流阀用来调节通过的流量，定差减压阀则自动补偿负载变化的影响，使节流阀前后的压差为定值，消除了负载变化对流量的影响。

图 14-35 所示为调速阀的工作原理、图形符号和简化符号。图中定差减压阀 1 与节流阀 2 串联。若减压阀进口压力为 p_1，出口压力为 p_2，节流阀出口压力为 p_3，则减压阀 a 腔、b 腔油压为 p_2，c 腔油压为 p_3。若减压阀 a、b、c 腔有效工作面积分别为 A_1、A_2、A，则 $A=A_1+A_2$。节流阀出口的压力 p_3 由执行元件的负载决定。

当减压阀阀芯在其弹簧力 F_s、油液压力 p_2 和 p_3 的作用下处于某一平衡位置时，则有

$$p_2A_1+p_2A_2=p_3A+F_s$$

即

$$p_2-p_3=\frac{F_s}{A}$$

由于弹簧刚度较低，且工作过程中减压阀阀芯位移很小，可以认为 F_s 基本不变。故节流阀两端的压差 $\Delta p=p_2-p_3$ 也基本保持不变。因此，当节流阀通流面积 A_r 不变时，通过它的流量 q（$q=kA\Delta p^m$）为定值。也就是说，无论负载如何变化，只要节流阀通流面积不变，液压缸的速度也会保持恒定值。例如，当负载增加，使 p_3 增大的瞬间，减压阀右腔推

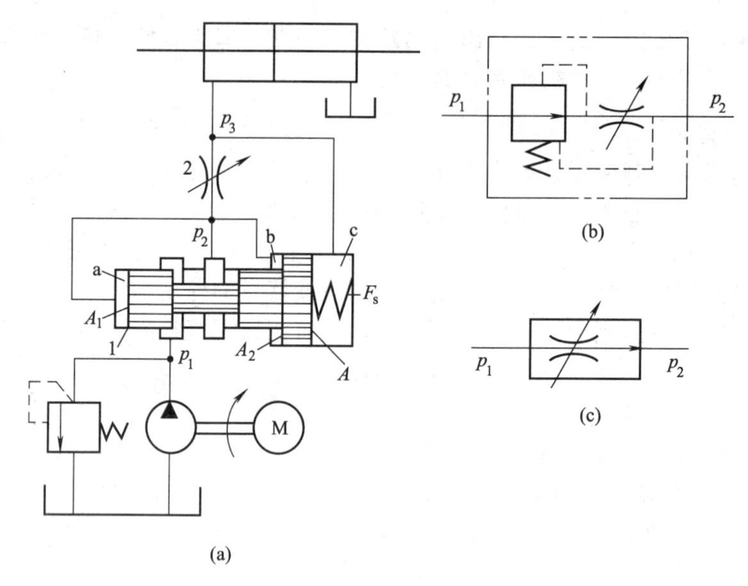

图 14-35 调速阀的工作原理

1—减压阀；2—节流阀

力增大，其阀芯左移，阀口开大，阀口液阻减小，使 p_2 也增大，p_2 与 p_3 的差值 $\Delta p=F_s/A$ 却不变。当负载减小，p_3 减小时，减压阀芯右移，p_2 也减小，其差值也不变，因此调速阀适用于负载变化较大、速度平稳性要求较高的液压系统。例如，各类组合机床、车床、铣床等设备的液压系统常用调速阀调速。

四、二通插装阀

1. 基本结构和工作原理

插装阀主要由锥阀组件、阀体、控制盖板及先导元件组成。图 14-36 中，阀套 2、弹簧 3 和锥阀 4 组成锥阀组件，插装在阀体 5 的孔内。上面的盖板 1 上设有控制油路与其先导元件连通（先导元件图中未画出）。锥阀组件上配置不同的盖板就能实现各种不同的功能。同一阀体内可装入若干个不同机能的锥阀组件，加相应的盖板和控制元件组成所需要的液压回路或系统，可使结构很紧凑。

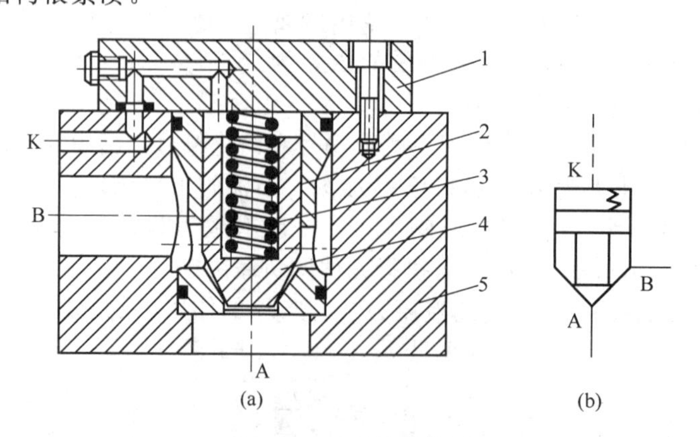

图 14-36 插装式锥阀

1—控制盖板；2—阀套；3—弹簧；4—锥阀；5—阀体

从工作原理讲，插装阀是一个液控单向阀。图 14-36 中，A、B 为主油路通口，K 为控制油口。设 A、B、K 油口所通油腔的油液压力及有效工作面积分别为 p_A、p_B、p_K 和 A_1、

A_2、A_K（$A_1+A_2=A_K$），弹簧的作用力为 F_s，且不考虑锥阀的质量、液动力和摩擦力等的影响，则当 $p_A A_1+p_B A_2<F_s+p_K A_K$ 时，锥阀闭合，A、B 油口不通；当 $p_A A_1+p_B A_2>F_s+p_K A_K$ 时，锥阀打开，油路 A、B 连通。由此可知，当 p_A、p_B 一定时，改变控制油腔 K 的油压 p_K，可以控制 A、B 油路的通断。当控制油口中 K 接通油箱时，$p_K=0$，锥阀下部的液压力超过弹簧力时，锥阀即打开，使油路 A、B 连通。这时若 $p_A>p_B$，则油由 A 流向 B；若 $p_A<p_B$，则油由 B 流向 A。当 $p_K\geqslant p_A$，$p_K\geqslant p_B$ 时，锥阀关闭，A、B 不通。

插装阀锥阀芯的端部可开阻尼孔或节流三角槽，也可以制成圆柱形。插装式锥阀可用作方向控制阀、压力控制阀和流量控制阀。

2. 插装式锥阀用作方向控制阀

(1) 用作单向阀和液控单向阀　将插装锥阀的 A 或 B 油口与控制油口 K 连通时，即成为单向阀。图 14-37 (a) 中，A 与 K 连通，故当 $p_A>p_B$ 时，锥阀关闭，A 与 B 不通；当 $p_A<p_B$ 时，锥阀开启，油液由 B 流向 A。在图 14-37 (b) 中，B 与 K 连通，当 $p_A<p_B$ 时，锥阀关闭，A 与 B 不通；当 $p_A>p_B$ 时，锥阀开启，油液由 A 流向 B。锥阀下面的符号为可以替代的普通液压阀符号。

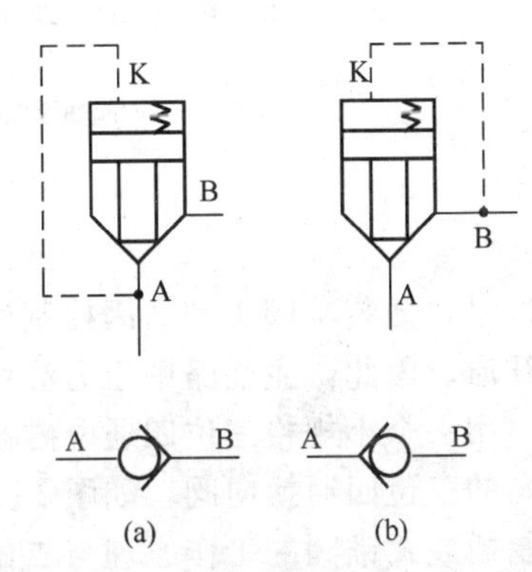

图 14-37　插装式锥阀用作单向阀

在控制盖板上接一个二位三通液动换向阀，用以控制插装锥阀控制腔的通油状态，即成为液控单向阀，如图 14-38 所示。当换向阀的控制油口不通压力油，换向阀为左位（图示位置）时，油液只能由 A 流向 B；当换向阀的控制油口通入压力油，换向阀为右位时，锥阀上腔与油箱连通，因而油液也可由 B 流向 A。锥阀下面的符号为可以替代的普通液压阀符号。

(2) 用作换向阀　用小规格二位三通电磁换向阀来转换控制腔 K 的通油状态，即成为能通过高压大流量的二位二通换向阀，如图 14-39 所示。当电磁换向阀为左位（图示状态）时，油液只能由 B 流向 A；当电磁阀通电换为右位时，K 与油箱连通，油液也可由 A 流向 B。

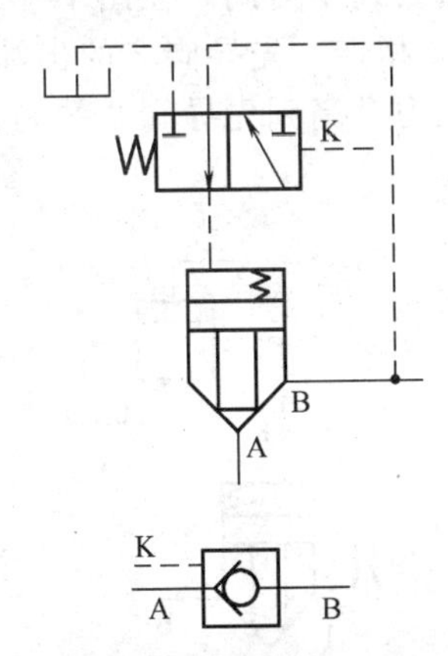

图 14-38　插装式锥阀用作液控单向阀

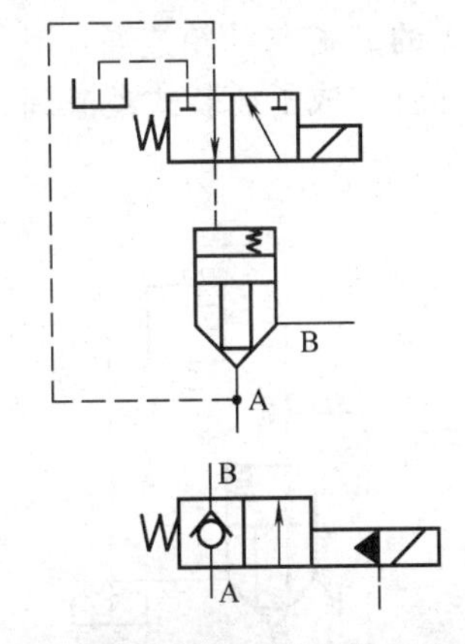

图 14-39　插装式锥阀用作二位二通换向阀

用小规格二位四通电磁换向阀控制四个插装式锥阀的启闭，来实现高压大流量主油路的换向，即可构成二位四通换向阀，如图 14-40 (a) 所示。当电磁阀不通电（图示位置）时，插装锥阀 1 和 3 因控制油腔通油箱而开启，插装锥阀 2 和 4 因控制油腔通入压力油而关闭。因此，主油路中压力油由 P 经阀 3 进入 B，回油由 A 经阀 1 流回油箱 T；当电磁阀通电换为

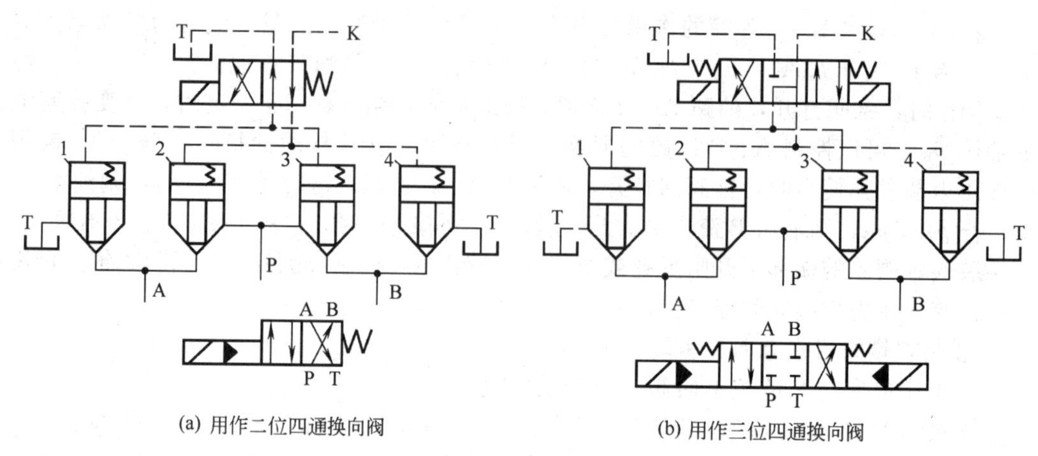

图 14-40 插装式锥阀用作四通换向阀

1，2，3，4—插装式锥阀

左位时，插装锥阀 1 和 3 因控制油腔通入压力油而关闭，插装锥阀 2 和 4 因控制油腔通油箱而开启。因此，主油路中压力油由 P 经阀 2 进入 A，回油由 B 经阀 4 流回油箱 T。

用一个小规格三位四通电磁换向阀和四个插装锥阀可组成一个能控制高压大流量主油路换向的三位四通换向阀，如图 14-40（b）所示。该组阀中，三位四通电磁阀左位和右位时控制插装式锥阀的工作原理与二位四通阀相同。其中位时的通油状态由三位四通电磁阀的中位机能决定。图例中，电磁阀中位时，四个插装锥阀的控制油腔均通压力油，因此，均为关闭状态，故主换向阀的中位机能为 O 型。

改变电磁换向阀的中位机能，可改变插装换向阀的中位机能。改变先导电磁阀的个数，也可使插装换向阀的工作位置数得到改变。

3. 插装式锥阀用作压力控制阀

对插装式锥阀的控制油腔 K 的油液进行压力控制，即可构成各种压力控制阀，以控制高压大流量液压系统的工作压力，其结构原理如图 14-41 所示。用直动式溢流阀作为先导阀来控制插装式主阀，在不同的油路连接下便构成不同的插装式压力阀。在图 14-41（a）中，插装锥阀 1 的 B 腔与油箱连通，其控制油腔 K 与先导阀 2 相连，先导阀 2 的出油口与油箱相连，这样就构成了插装式溢流阀。即当插装锥阀 A 腔压力升高到先导阀 2 的调定压力时，

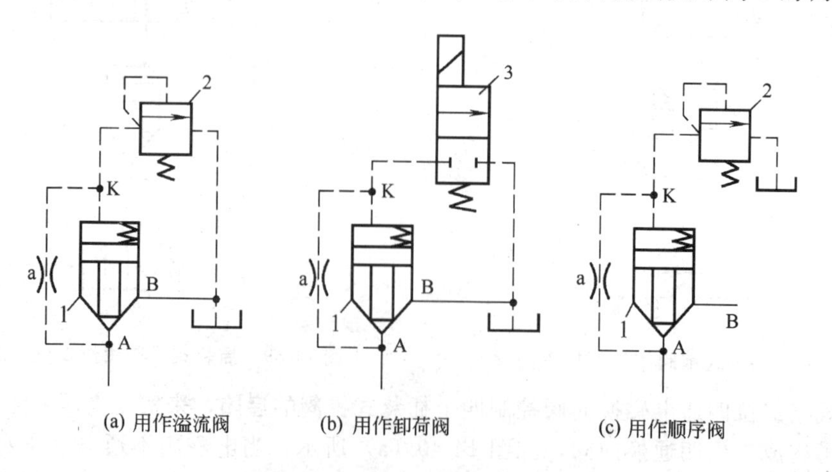

图 14-41 插装式锥阀用作压力阀

1—锥阀；2—溢流阀；3—电磁阀

先导阀打开油液流过主阀芯阻尼孔 a 时，造成两端压力差，使主阀芯抬起，A 腔压力油便经主阀开口由 B 溢回油箱，实现稳压溢流。在图 14-41（b）中，插装锥阀 1 的 B 腔通油箱，控制油腔 K 接二位二通电磁换向阀 3，即构成了插装式卸荷阀。当电磁阀 3 通电，使锥阀控制腔 K 接通油箱时，锥阀芯抬起，A 腔油便在很低油压下流回油箱，实现卸荷。在图 14-41（c）中，插装锥阀 1 的 B 腔接压力油路，控制油腔 K 接先导阀 2，便构成插装式顺序阀。即当 A 腔压力达到先导阀的调定压力时，先导阀打开，控制腔油液经先导阀流回油箱，油液流过主阀芯阻尼孔 a，造成主阀两端压差，使主阀芯抬起，A 腔压力油便经主阀开口由 B 流入阀后的压力油路。

此外，若以比例溢流阀作先导阀代替图 14-41（a）中直动式溢流阀，则可构成插装式比例溢流阀。若主阀采用油口常开的圆锥阀芯可构成插装式减压阀。

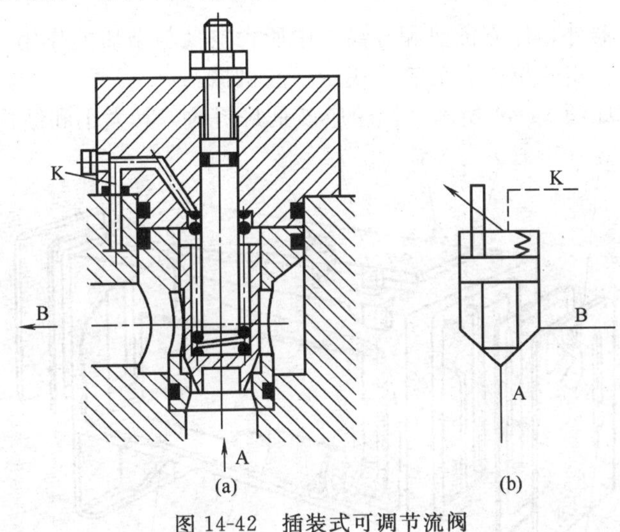

图 14-42 插装式可调节流阀

4. 插装式锥阀用作流量控制阀

在插装锥阀的盖板上，增加阀芯行程调节装置，调节阀芯开口的大小，就构成了一个插装式可调节流阀，如图 14-42 所示。这种插装阀的锥阀芯上开有三角槽，用以调节流量。若在插装节流阀前串联一差压式减压阀，就可组成插装调速阀。若用比例电磁铁取代插装节流阀的手调装置，即可组成插装比例节流阀。不过在高压大流量系统中，为减少能量损失，提高效率，仍应采用容积调速。

第四节 液压辅助元件

一、滤油器

液压系统的可靠性始于正确地管理油液，其中，油液中含有杂质是液压系统发生故障的重要原因之一，因此，油液的过滤是很重要的。

为了保证油液清洁，液压系统中都安装有滤油器。滤油器根据需要可安装在吸油口、压力管路或回油路上，并根据它在油路中的安装部位选用相应的滤油器。

滤油器的过滤精度（以 μm 为单位）是指能滤下杂质颗粒的大小，并常用每英寸多少目表示，如 80μm（200 目/in），100μm（150 目/in），180μm（100 目/in）。过滤精度 80～180μm 作为吸油口用的粗滤器，过滤精度 10～50μm 作为压力管路或回油路用的精滤器。过滤精度越高，通油时的阻力也越大。

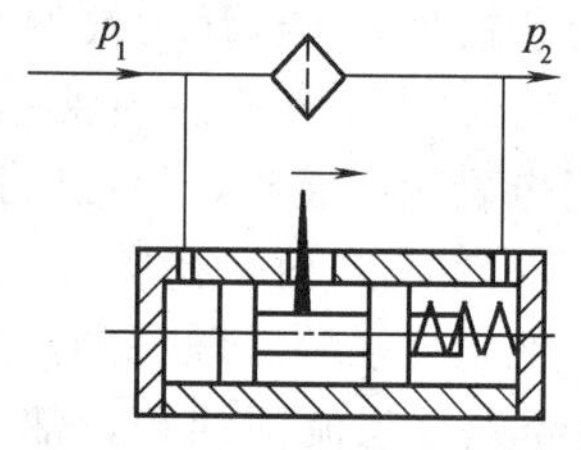

图 14-43 滑阀式指示装置

常用的滤油器以其滤芯形式分类，有网式、线隙式、纸质式、烧结式和磁性式等。目前微孔塑料滤油器也有应用。1976年中国已制定了 10μm、180μm 的网式、线隙式、纸质滤油器新系列，其中线隙式、纸质滤油器有的带有堵塞指示发信装置。滤油器的堵塞指示装置有滑阀式及磁力式等，滑阀式是一种压差发信指示装置，如图 14-43 所示。它与滤芯是并联的，当滤芯堵塞时，滤芯前后造成的压力差作用在滑阀上，克服弹簧力使指针移动而发出信号，信号指示有直接指示或电器发信指示等。

二、油箱与热交换器

1. 油箱

油箱除作为储油器外，还有散热和分离油中所含空气与杂质的作用。有充压油箱和不充压油箱，前者多用于行走式机械，后者常用于一般机械。

油箱的典型结构如图 14-44 所示。油箱应该是封闭的，其大小和结构特点如下。

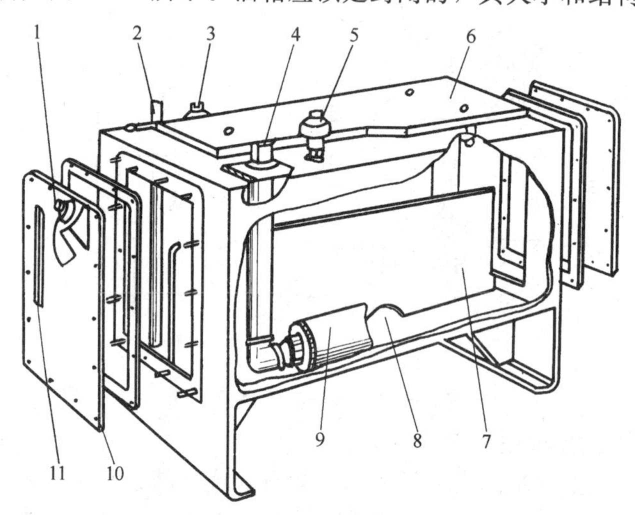

图 14-44 油箱的典型结构

1—注油口；2—回油管；3—泄油管；4—液压泵吸油管；5—空气滤清器孔；6—安装板；7—挡板；8—放油塞；9—滤油器；10—侧板；11—油位计

① 油箱的容量大小主要由工作循环导致油温的上升程度而定。通常为油泵每分钟流量的 3～10 倍。油箱容量超过 2000L 时，要采取适当的防火措施。

② 油箱注油口要装滤油网，平时加以封闭。透气孔上应装有空气滤清器，为了不使油面变化时油箱内部造成负压，空气滤清器的容量约为液压泵流量的 2 倍。

③ 油箱盖用钢板焊接或铸造而成，为了安装液压泵和电机，油箱要有一定的强度、刚度和安装面积。

④ 油箱内部用挡板将液压泵吸入端和回油端隔开，有助于放出气泡和油的冷却，并能使一部分杂质沉淀。

⑤ 为了防止吸空和混入空气，液压泵的吸油管和回油管应安在油面以下，距箱底 2 倍管径左右。回油管末端加工成 45°斜面，斜面要朝着油箱侧壁，以利于散热，也不至于剧烈地扰动油面。阀类泄油管要在油面以上，不要插入油中，防止产生背压，影响阀的动作。但液压泵或液压缸的泄油管要插入油中，避免空气吸入。

⑥ 油箱内表面不允许生锈。如采用石油基液压油可在油箱内表面涂一层防锈漆。此外，

还应安有油面指示器、测量油温用的温度计等。需要时应设有加热或冷却用的热交换装置。

2. 热交换器

油温在55℃以上时，应该设置冷却器，它可使液压油区保持在30～50℃的范围。冷却器按冷却介质可分为风冷式及水冷式两种，前者常用于行走式机械。冷却器的种类较多。图14-45所示为管式油冷却器。油从右侧上部c孔进入，在水管3外部流过，三块隔板2用来增加油循环路线的长度，改善热交换效果，并使油从左侧上部b孔流出。冷却水从右端d孔流入，由多根紫铜管的内部通过，从左端a孔流出。油冷却器一般应串联在总的回油路中或在溢流阀的溢流管路中。

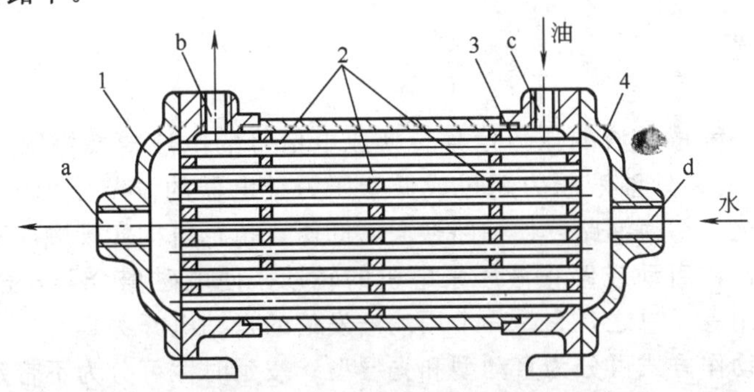

图 14-45　管式油冷却器

1,4—盖；2—隔板；3—水管；a,d—出、进水口；b,c—出、进油口

需要油温保持稳定的液压装置或者为了避免低温启动液压泵，应该采用加热器。电加热器的功率应控制在3.5W/cm^{2}以下。为了避免局部过热，加热器一般安装在滤油器旁边，利用液压泵来使油循环，并严格控制吸油口的温度。

三、蓄能器

蓄能器是储存和释放液体压力能的装置，可作为辅助的动力源及消除泵的脉动或回路冲击压力的缓冲器等用。

蓄能器种类很多，下面介绍两种气压式蓄能器。

1. 活塞式蓄能器

图14-46所示的活塞式蓄能器是一种利用压缩气体来储存能量的容器，用活塞将油和氮气分开，活塞随着蓄能器中的油量变化而移动，蓄能器内的气体相应地进行压缩或膨胀，建立起油压与气压的平衡。这种蓄能器的特点是油气隔离，工作可靠，但反应不灵敏，主要用作辅助的动力源。

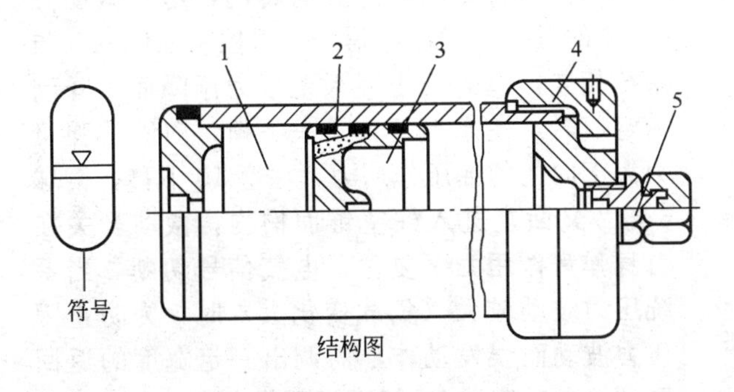

图 14-46　活塞式蓄能器

1—油腔；2—活塞；3—充气腔；4—盖；5—充气阀

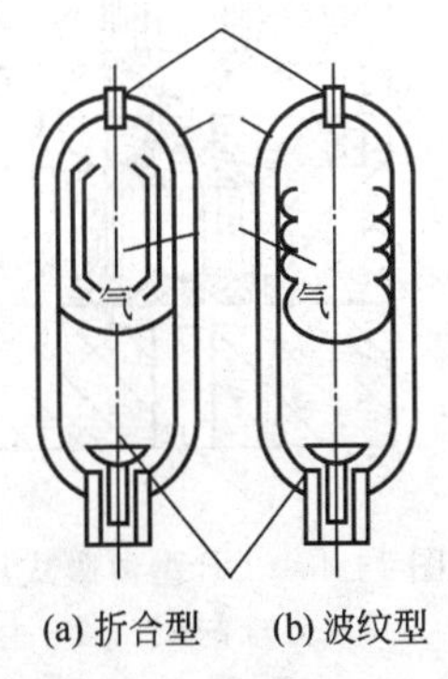

图 14-47　气囊式蓄能器

2. 气囊式蓄能器

图 14-47 所示蓄能器的原理与活塞式相似，是由两端为半球形的圆筒壳体、耐油橡胶制成的胶囊袋、充气阀等构成的。胶囊袋固定在容器内顶部，并由充气阀事先充入氮气，其充气容量应小于整个蓄能器容量的三分之一，充气压力一般为最低工作压力的 60%～70%。

为了防止油液全部排出时囊袋胀出容器外部，下部设有弹簧支撑的提升阀减振器。这种蓄能器惯性小，反应灵敏，尺寸小，重量轻，但壳体和胶囊袋制造比较困难，其中纵向折合型的容量大，适于蓄能；波纹型适用于缓冲，但这两种胶囊寿命均不长，已由无折合型代替。

四、压力继电器

1. 简介

压力继电器是一种将油液的压力信号转换成电信号的电液转换控制元件（液电转换开关）。当液压系统中的某处油液压力超过或低于压力继电器的调节压力时，即发出电信号，使电磁铁通电或断电，切换油路，使油路换向、卸压，执行机构实现顺序动作；或者使继电器、电磁离合器动作，启动或停止液压泵电机的转动，使电磁离合器开合，使系统停止工作，起安全保护作用等。总之，它是一个用油液发信的自动电开关。

压力继电器按动作方式可分为直动型和先导型；按延时性可分为不带延时调节和带延时调节的；按动作值的调节方式可分为弹簧调节型和开关位置调节型。

各种压力继电器，尽管类型不同，原理只有一个，即靠液体压力与弹簧力的平衡，使柱塞或杠杆产生一定的位移，将电气开关接通或断开。

2. 工作原理

下面以 DP 型薄膜式压力继电器说明其工作原理。

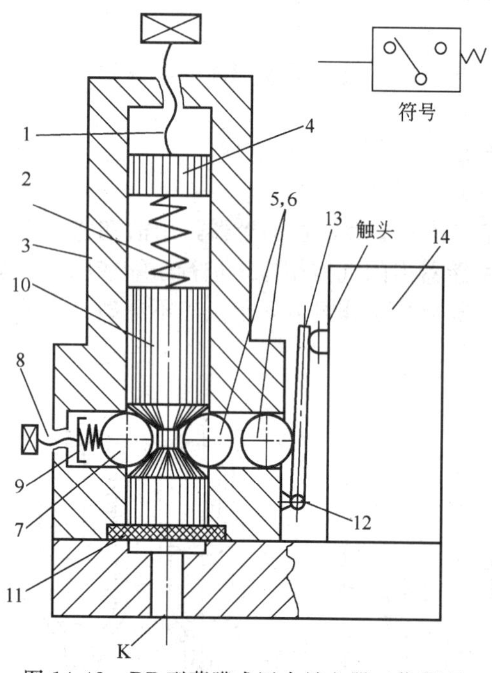

图 14-48 DP 型薄膜式压力继电器工作原理

1— 压力调节螺钉；2—主调压弹簧；3—阀盖；4—弹簧座；5～7—钢球；8—副调节螺钉；9—副弹簧；10—柱塞（阀芯）；11—橡胶薄膜；12—销轴；13—杠杆；14—微动开关

DP 型薄膜式压力继电器属中低压压力继电器，有分板式和管式两种，图 14-48 所示为其工作原理：控制油口 K 和液压系统油路相连。当作用在橡胶薄膜 11 上的控制油口 K 的压力达到一定数值（大小由压力调节螺钉 1 调定）时，柱塞 10 被因压力油的作用而向上鼓起的橡胶薄膜 11 的推动而向上移动，压缩弹簧 2 使柱塞 10 维持在某一平衡位置，柱塞锥面将钢球 6（两个）和钢球 7 往外推，钢球 6 推动杠杆 13 绕销轴 12 顺时针方向转动，压下微动开关 14 的触头，发出电信号。当控制油口 K（与系统相连）中的压力因系统压力压降而下降到一定值时，柱塞上下力失去平衡，向下的弹簧力大于向上的油压作用力，柱塞 10 下移，钢球 6 与 7 又回复进入柱塞锥面槽内，微动开关在自身弹簧作用力下复位，电气信号切断。当系统压力波动较大（负载变化大）时，为防止因压力波动而误发动作，需调出一定宽度的返回区间（灵敏度）。返回区间调节太小，即过于灵敏，容易误发动作。调节螺钉 8、弹簧 9 和钢球 7 就是起这个作用的。钢球 7 在弹簧 9 的作用下会对柱塞 10 产生一定的摩擦力。柱塞上升（使微动开关闭合）时，摩擦力与液压作用力的方向相反；柱塞下降（微动开关断开）时，摩擦力与液压作用力的方向相同。因此，使微动开关断开时的压力比使它闭合时的压力低。用调节螺钉 8 调节弹簧 9 的作用力，可以改变微动开关闭合和断开之间的压力差值。

思考题与习题

1. 简述齿轮泵、叶片泵和轴向柱塞泵的工作原理。

2. 流量脉动是怎么产生的？有什么危害？

3. 怎么调节轴向柱塞泵的输出流量？

4. 齿轮马达与齿轮泵在结构上有什么差别？

5. 习题 14-5 图中 $D=50$mm，$d=35$mm，液压泵供油压力为 2.5MPa，流量 10L/min，求差动连接的运动速度和推力。

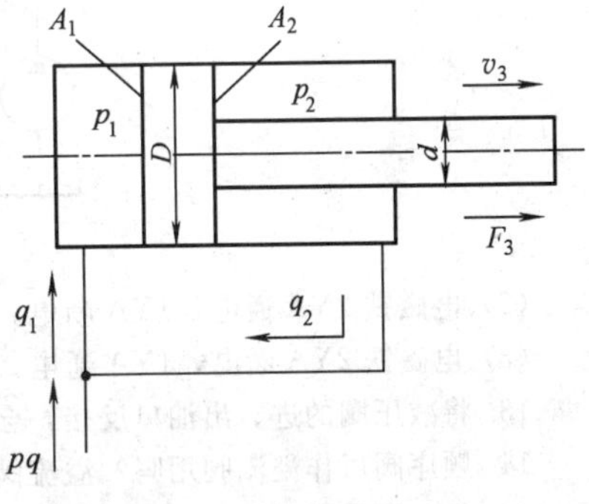

习题 14-5 图

6. 画出下列各种名称的方向阀的图形符号：

(1) 二位四通电磁换向阀；

(2) 二位二通行程换向阀（常开）；

(3) 二位三通液动换向阀；

(4) 液控单向阀；

(5) 三位四通 M 型机能电液换向阀；

(6) 三位四通 Y 型机能电磁换向阀。

7. 试用若干个二位二通电磁换向阀组成使液压缸换向的回路，并画出其原理图。

8. 习题 14-8 图所示回路能实现快进（差动连接）→慢进→快退→停止并卸荷的工作循环，试列出其电磁铁动作表（通电用“+”，断电用“−”）。

9. 直动式溢流阀的阻尼孔起什么作用？如果它被堵塞将会出现什么现象？如果弹簧腔不与回油腔接，会出现什么现象？

10. 若把先导式溢流阀的遥控口当成泄漏口接油箱，这时液压系统将会产生什么问题？

11. 如习题 14-11 图所示，一先导式溢流阀遥控口和二位二通电磁阀之间的管路上接一压力表，试确定在不同工况时，压力表所指示的压力值：

(1) 二位二通电磁阀断电，溢流阀无溢流；

(2) 二位二通电磁阀断电，溢流阀有溢流；

(3) 二位二通电磁阀通电。

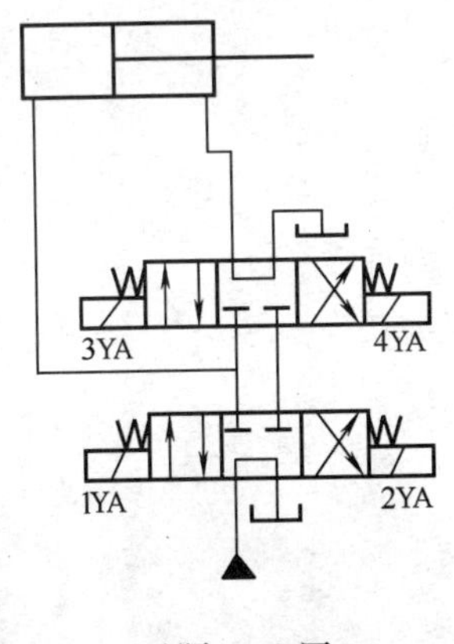

习题 14-8 图

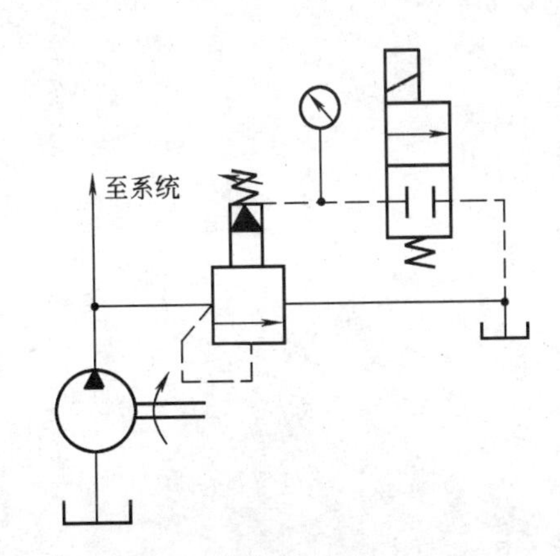

习题 14-11 图

12. 试确定习题 14-12 图所示回路（各阀的调定压力注在阀的一侧）在下列情况下，液压泵的最大出口压力：

(1) 全部电磁铁断电；

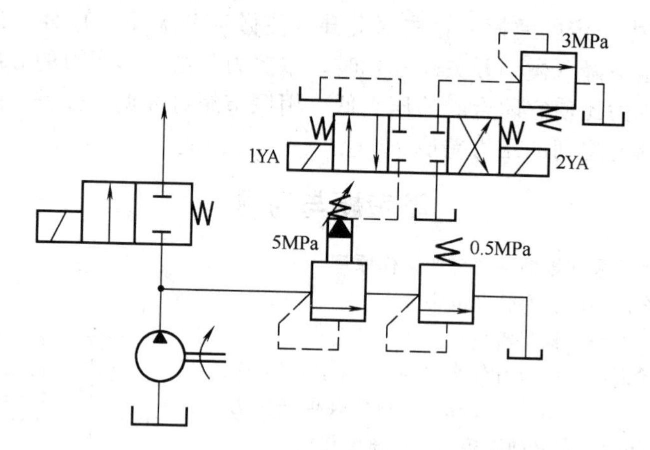

习题 14-12 图

(2) 电磁铁 2YA 通电，1YA 断电；

(3) 电磁铁 2YA 断电，1YA 通电。

13. 将减压阀的进、出油口反接，会出现什么情况？(分进油压力高于和低于调定压力两种情况讨论)

14. 顺序阀可作溢流阀用吗？溢流阀可作顺序阀用吗？

15. 简述换向阀常用中位机能的特点。

16. 调速三位四通阀的速度稳定性为什么优于节流阀？

第十五章　液压基本回路

学习目标　通过本章的学习，掌握常见压力控制回路、速度控制回路、方向控制回路的组成、原理及故障分析和排除方法，掌握多缸并联时的顺序动作回路和电液联锁安全回路的组成原理。

第一节　压力控制回路

压力控制回路是利用各种压力控制阀来控制液压系统压力的回路，可用来实现调压（稳压）、减压、增压、多级压力控制、卸荷、保压等控制，以满足系统中各执行元件在力或转矩上的要求。

一、调压回路

1. 压力设定回路

为了控制泵的出口压力，采用了图 15-1 所示的压力设定回路。当回路压力上升到超过溢流阀的设定压力时，液压泵从溢流阀将油溢去一部分到油箱，以维持由溢流阀设定的压力。

2. 多级调压回路

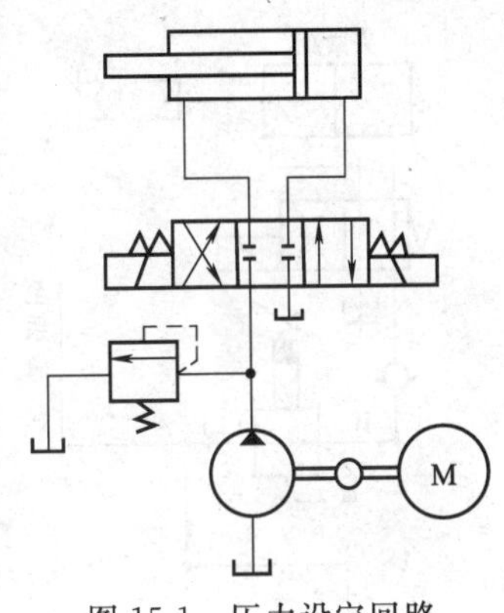

图 15-1　压力设定回路

图 15-2 所示为多级调压及卸荷回路，回路中先导式溢流阀 1 与溢流阀 2～4 的调定压力不同，且阀 1 调压最高。阀 2～4 进油口均与阀 1 的外控口相连，且分别由电磁换向阀 6、7 控制出口。电磁阀 5 进油口与阀 1 外控口相连，出口与油箱相连。当系统工作时若仅电磁铁 1YA 通电，则系统获得由阀 1 调定的最高工作压力；若仅 1YA、2YA 通电，则系统可得到由阀 2 调定的工作压力；若仅 1YA 和 3YA 通电，则得到阀 3 调定的压力；若仅 1YA 和 4YA 通电，则得到由阀 4 调定的工作压力。当 1YA 不通电时，阀 1 的外控口与油箱连通，使液压泵卸荷。这种多级调压及卸荷回路，除阀 1 以外的控制阀，由于通过的流量很小（仅为控油路流量），因此可用小规格的阀，结构尺寸较小。注塑机液压系统常采用这种回路。

二、减压回路

在液压系统中，当某个执行元件或某一支油路所需要的工作压力低于系统的工作压力，或要求有较稳定的工作压力时，可采用减压回路。如控制油路、夹紧油路、润滑油路中的工作压力常需低于主油路的压力，因而常采用减压回路。

图 15-3 是夹紧机构中常用的减压回路。回路中串联一个减压阀，使夹紧缸能获得较低而又稳定的夹紧力。减压阀的出口压力可以从 0.5MPa 至溢流阀的调定压力范围内调节，当系统压力有波动时，减压阀出口压力可稳定不变。图中单向阀的作用是当主系统压力下降到低于减压阀调定压力（如主油路中液压缸快速运动）时，防止油倒流，起到短时保压作用，使夹紧缸的夹紧力在短时间内保持不变。为了确保安全，夹紧回路中常采用带定位的二位四通电磁换向阀，或采用失电夹紧的二位四通电磁换向阀换向，防止在电路出现故障时松开工

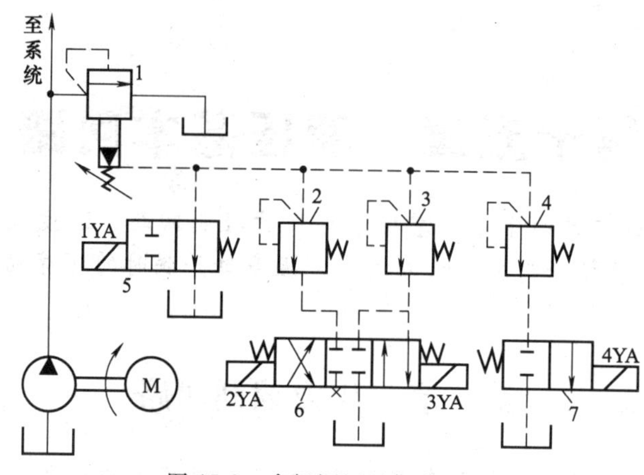

图 15-2　多级调压及卸荷回路

1—先导式溢流阀；2～4—溢流阀；5,7—二位换向阀；6—三位换向阀

件出事故。

为使减压回路可靠地工作，其减压阀的最高调定压力应比系统调定压力低一定的数值。例如，中压系统约低 0.5MPa，中高压系统约低 1MPa，否则减压阀不能正常工作。当减压支路的执行元件需要调速时，节流元件应安装在减压阀出口的油路上，以免减压阀工作时，其先导阀泄油影响执行元件的速度。

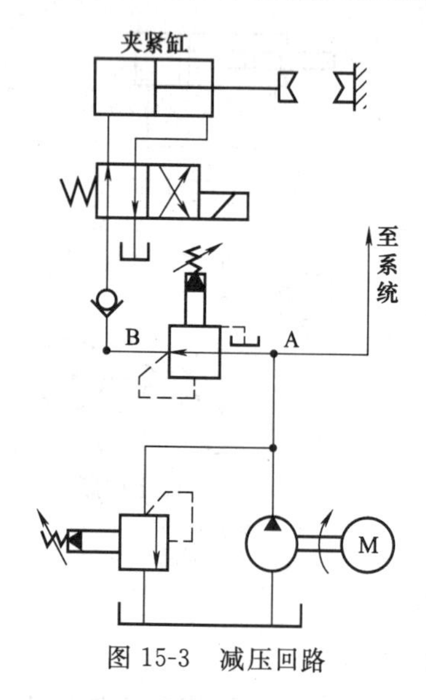

图 15-3　减压回路

三、卸荷回路

液压执行元件停止运动后，如停止时间较长，为了节省能量消耗，减少系统发热，应使液压泵在无压力或很小压力下运转，这就是泵的卸荷。使液压泵处于卸荷状态的液压回路称为卸荷回路。

常见的卸荷方式有换向阀卸荷、先导式溢流阀卸荷等。

1. 使用三位四通换向阀中位机能卸荷

图 15-4（a）所示为三位四通换向阀的卸荷回路。换向阀的左位和右位可以使液压缸往复运动。当换向阀处于中位时，泵输出的油液经换向阀直接流回油箱，液压泵处于卸荷状态。这种卸荷方法比较简单。

2. 利用二位二通换向阀卸荷

图 15-4（b）所示为二位二通换向阀的卸荷回路。二位二通阀并联在泵出口的油路上。当液压执行元件停止运动后，二位二通电磁阀通电使其右位工作，这时，泵输出的油液通过它流回油箱，使泵卸荷。

3. 使用卸荷阀的卸荷回路

图 15-5 所示为用于注塑机合模机构中的卸荷回路，系统由一个双联泵①供油。当液压缸②低载快速前进时，低压大容量泵（L）和高压小容量泵（H）同时向缸②供油；当接触模具后负载增大，缸②压力上升到卸荷阀③调定的压力时，控制油使卸荷阀打开，泵（L）卸荷处于无载荷运转，单向阀在高压泵（H）的压力油作用下关闭，缸②仅由泵（H）供油。

4. 保压-卸荷回路

在图 15-6 所示夹紧机构液压缸的保压-卸荷回路中，采用了压力继电器和蓄能器。当三位

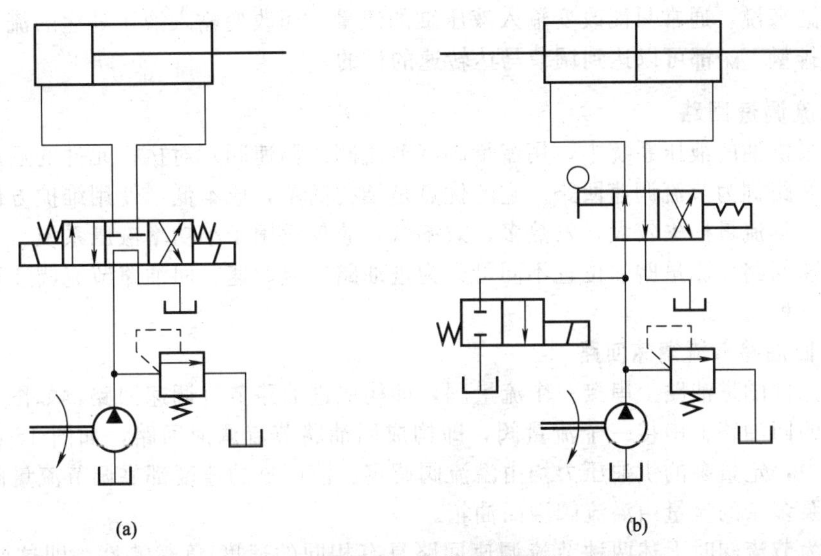

图 15-4　卸荷回路

四通电磁换向阀左位工作时，液压泵向蓄能器和夹紧缸左腔供油，并推动活塞杆向左移动。在夹紧工件时系统压力升高，当压力达到压力继电器的开启压力时，表示工件已被夹牢，蓄能器已储备了足够的压力油。这时压力继电器发出电信号，使二位电磁换向阀通电，控制溢流阀使泵卸荷。此时单向阀关闭，液压缸若有泄漏，油压下降则可由蓄能器补油保压。当夹紧缸压力下降到压力继电器的闭合压力时，压力继电器自动复位，又使二位电磁阀断电，液压泵重新向夹紧缸和蓄能器供油。这种回路用于夹紧工件持续时间较长时，可明显地减少功率损耗。

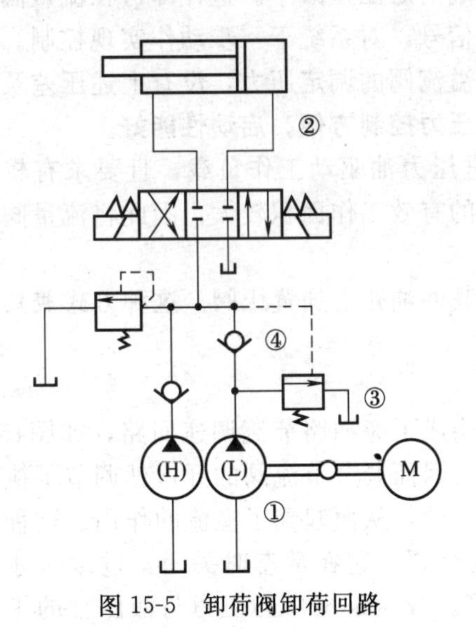

图 15-5　卸荷阀卸荷回路

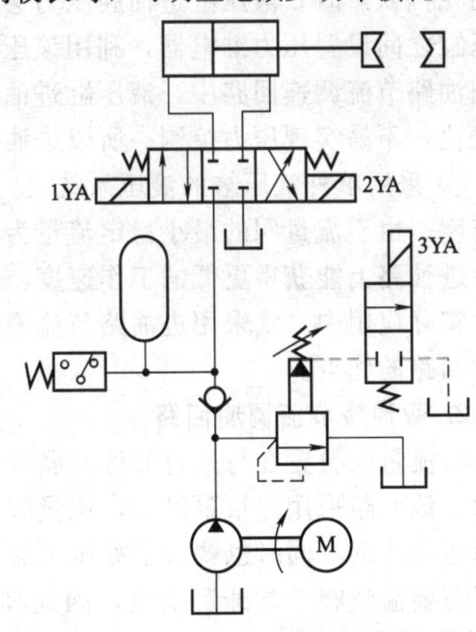

图 15-6　用压力继电器的保压-卸荷回路

第二节　速度控制回路

速度控制回路是用以控制或变换液压执行元件运动速度的回路。它包括调速回路、速度换接回路和快速运动回路等。

改变输入液压缸的流量 q 或改变液压缸的有效工作面积 A，可以改变液压缸运动的速度。对液压缸来说，通常只能改变输入液压缸的流量。而改变输入液压马达的流量 q 或改变液压马达的排量 V_M 都可以达到调节马达转速的目的。

一、节流调速回路

在定量泵供油的液压系统中，用流量阀（节流阀或调速阀）对执行元件的运动速度进行调节，这种回路称为节流调速回路。它的优点是结构简单，成本低，使用维护方便。缺点是有节流损失，且流量损失较大，发热多，效率低，故仅适用于小功率液压系统。

节流调速回路按流量阀的位置不同可分为进油路节流调速、回油路节流调速和旁油路节流调速回路三种。

1. 进、回油路节流调速回路

在执行元件的进油路上串接一个流量阀，即构成进油路节流调速回路，如图 15-7 所示。在执行元件的回油路上串接一个流量阀，即构成回油路节流调速回路，如图 15-8 所示。在这两种回路中，定量泵的供油压力均由溢流阀调定。液压缸的速度都靠调节流量阀开口的大小来控制，泵多余的流量由溢流阀溢回油箱。

流量阀为节流阀时上述两种节流调速回路具有相同的速度-负载特性，即这两种回路执行元件的速度随其负载而变化的关系完全相同。但进、回油路节流调速回路有如下不同点。

① 回油路节流调速回路，其流量阀能使液压缸的回油腔形成背压，使液压缸（或活塞）运动平稳且能承受一定的负值负载（负载方向与液压力方向相同的负载为负值负载）。即**回油节流调速回路负载适应性强**。

② 进油路节流调速回路，其流量阀设置在液压缸与液压泵之间，可有效防止启动时的前冲现象。此外，流量阀正常工作时前后有一定的压力差，当运动部件行至终点停止（例如碰到死挡铁）时，液压缸进油腔压力会升高，使流量阀前后压差减小。这样即可在流量阀和液压缸之间设置压力继电器，利用该压力变化发出电信号，对系统下一步动作实现控制。而在回油路节流调速回路中，液压缸进油腔的压力等于溢流阀的调定压力，没有上述压差及压力变化，不易实现压力控制。所以**进油节流调速回路压力控制方便，启动性能好**。

③ 采用单杆液压缸的液压系统，一般为无杆腔进压力油驱动工作负载，且要求有较低的速度。由于流量阀的最小稳定流量为定值，无杆腔的有效工作面积较大，因此将流量阀设置在进油路上能获得更低的工作速度。

实际应用中，常采用进油路节流调速回路，并在其回油路上加背压阀。这种方式兼具了两种回路的优点。

2. 旁油路节流调速回路

将流量阀设置在与执行元件并联的旁油路上，即构成了旁油路节流调速回路，如图15-9所示。该回路采用定量泵供油，流量阀的出口接油箱，因而调节节流阀的开口就调节了执行件的运动速度，同时也调节了液压泵流回油箱流量的多少，从而起到了溢流的作用。这种回路不需要溢流阀“常开”溢流，因此其溢流阀实为安全阀。它在常态时关闭，过载时才打开。其调定压力为液压缸最大工作压力的 1.1～1.2 倍。液压泵出口的压力与液压缸的工作压力相等，直接随负载的变化而改变，不为定值。流量阀进、出口的压差也等于液压缸进油腔的压力（流量阀出口压力可视为零）。

旁油路节流调速回路中液压缸的工作压力随外负载变化而改变，功率利用较为合理，效率比前两种回路高，但速度的稳定性更差。

采用节流阀的三种节流调速回路，速度稳定性都较差。若用调速阀代替节流阀接入上述回路，其液压执行元件速度稳定性会得到很大改善。

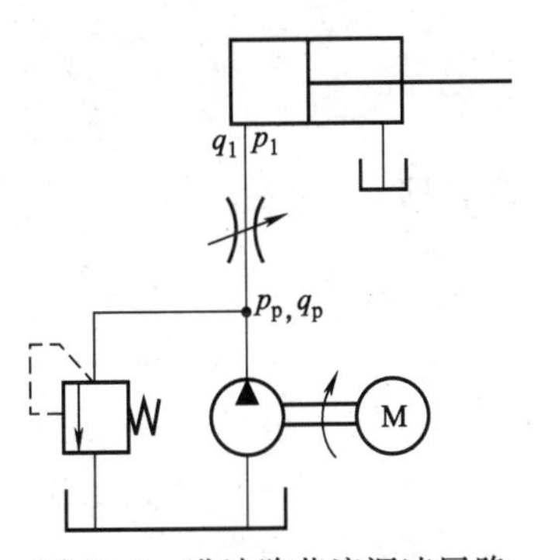

图 15-7　进油路节流调速回路

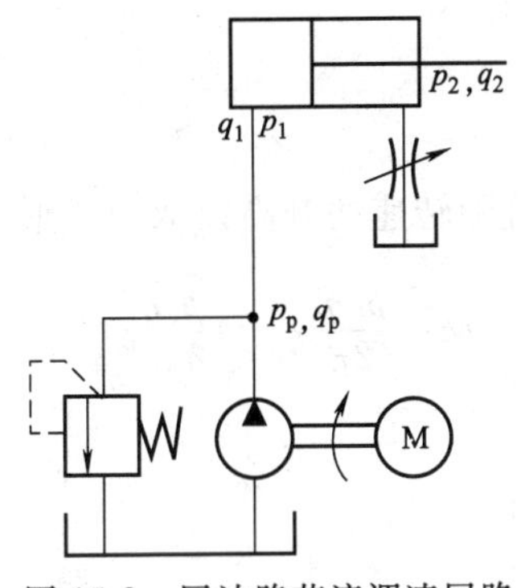

图 15-8　回油路节流调速回路

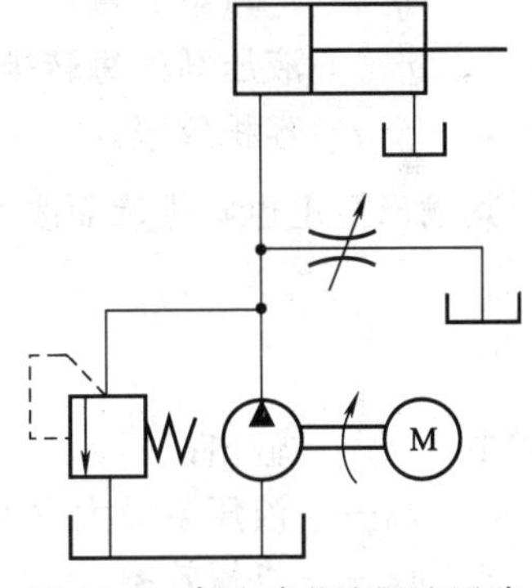

图 15-9　旁油路节流调速回路

二、容积式调速回路

节流调速具有结构简单、工作可靠、成本低的特点，但其效率较低、发热大、节流特性曲线较软，一般适用于功率不大的液压系统中，而容积式调速回路则与此相反。

容积式调速回路根据液压泵和液动机的特点，有不同的组合形式，如变量泵与定量液动机（液压缸或液压马达）、定量泵与变排量液压马达、变量泵与变排量液压马达三种组合形式。这种回路不但可以构成开式回路（液压泵从油箱吸油，而从液动机出口将油液排回油箱），还可构成闭式回路（油液从液动机出口直接排回液压泵吸油口，但为了补偿泄漏等需要有一个容量较小的辅助液压泵和油箱）。后者体积小，空气及杂质不易进入，系统性能好，但冷却条件差，油液过滤要求高，结构较复杂，常用于行走式液压机械或流量很大的系统中，塑料机械中很少用。

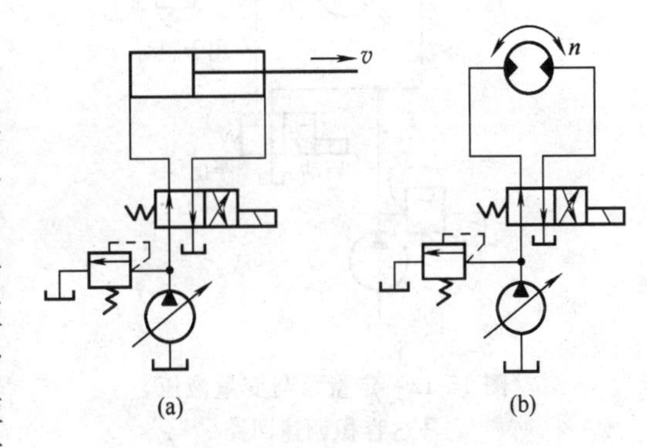

图 15-10　变量泵容积式调速回路

1. 变量泵与定量液动机容积调速回路

图 15-10 所示为变量泵容积式调速回路。液动机的速度 v 或转速 n 取决于变量泵的流量，其最低速度受到液动机漏损的影响。液动机的推力 F 或扭矩 M 与液压泵供油压力成正比，而供油压力由溢流阀限定。因此，在各种速度下液动机所能产生的最大推力或最大扭矩是不变的；而功率随着流量的增加而增大。这种回路称为等推力或等扭矩调速，其特性曲线如图 15-11 所示。它的特点是调速范围大，效率高，发热小，其速度基本上不受负载大小的影响，可用于塑料挤出机的主传动，代替交流整流子电机无级调速。

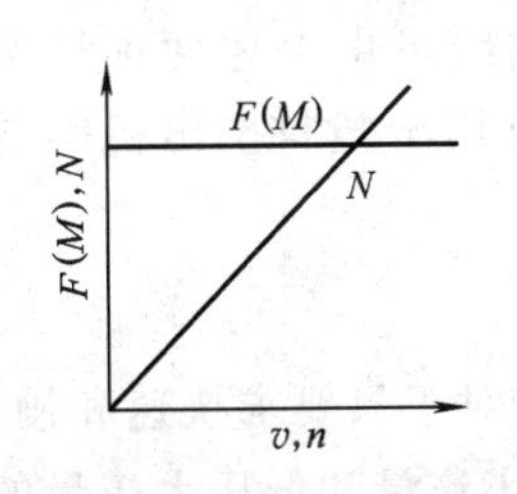

图 15-11　变量泵容积式调速回路的特性曲线

2. 定量泵与变量液压马达容积调速回路

在图 15-12 中，由于液压泵流量是固定不变的，仅依靠改变液压马达的排量来调速，即

$$n=\frac{q}{q'}\eta_{容}$$

式中　n——液压马达转数；

q——定量泵流量；

q'——液压马达每转排量；

$\eta_{容}$——容积效率。

故其输出扭矩也随排量而改变，且随转速的升高以双曲线形式下降，即

$$M=\frac{p_0 q'}{2\pi}\eta_{机}=\frac{p_0 q}{2\pi n}\eta_{总}$$

式中　M——输出扭矩；

p_0——液压泵最大供油压力；

$\eta_{机}$——机械效率。

液压泵的最大供油压力 p_0 由溢流阀限定，并保持不变，所以，液压泵的输出功率 N 是不变的，这是一种等功率调速回路，其特性曲线如图 15-13 所示。

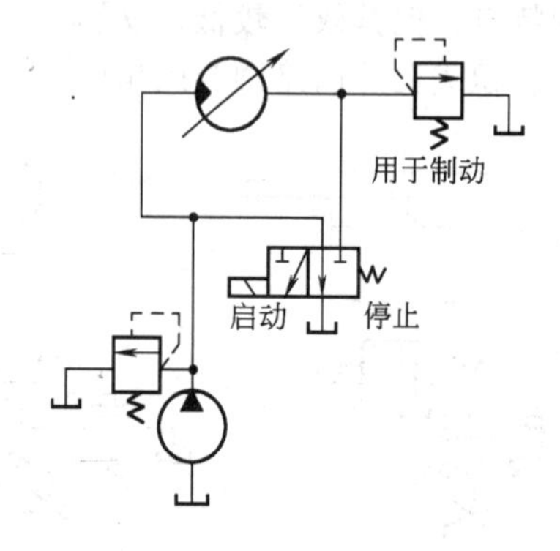

图 15-12　定量泵与变量液压马达容积调速回路

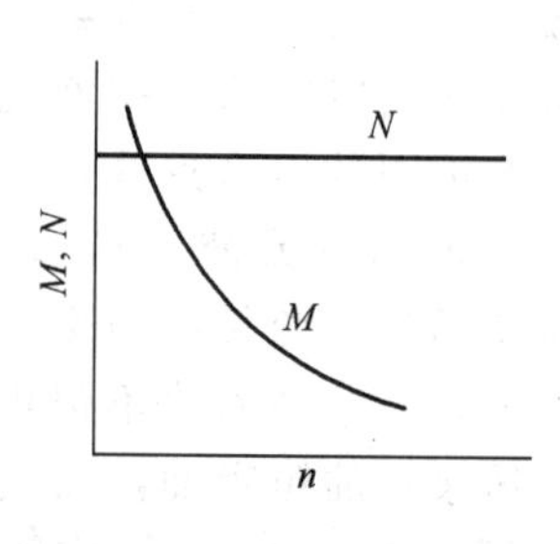

图 15-13　定量泵与变量液压马达容积调速的特性

由于高速时输出扭矩较小，一般调速范围不大，约为 4 左右。这种特性适用于薄膜卷取装置之类的要求，随着卷绕滚直径的增大，通过伺服机构使液压马达的转速减慢，保持薄膜线速度和张力恒定。

3. 变量泵与变量液压马达容积调速回路

这是上述两种回路的组合（见图 15-14），改变液压泵流量或液压马达排量，均可改变液压马达的转速，这就扩大了调速范围。通常低速段用调节变量泵来变速（等扭矩调速）；高速段用调节液压马达的排量来变速（等功率调速）。若反过来使用，则高速段功率太小，一般不用。回路中的最高压力由溢流阀限定。其特性曲线可由上述两种情况推出，如图15-15所示，与直流电动机的调速特性相似。这种回路可用于塑料挤出机等的主传动。

三、有级容积调速回路

容积式无级调速回路虽然有很多优点，但结构复杂，成本高。对于只要求快速和慢速，且速比很大的情况不一定合理。图 15-16 是用于液压缸要求有高压小流量和低压大流量的双联泵有级调速回路。液压泵 1 为高压小流量泵，其流量应略大于最大工进速度所需要的流量，其流量与泵 1 流量之和应等于液压系统快速运动所需要的流量，其工作压力由溢流阀 5 调定。泵 2 为低压大流量泵（两泵的流量也可相等），其工作压力应低于液控顺序阀 3 的调定压力。

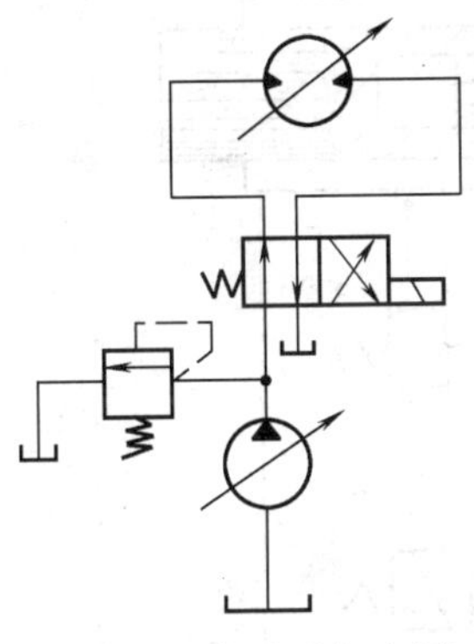

图 15-14 变量泵与变量液压马达容积调速回路

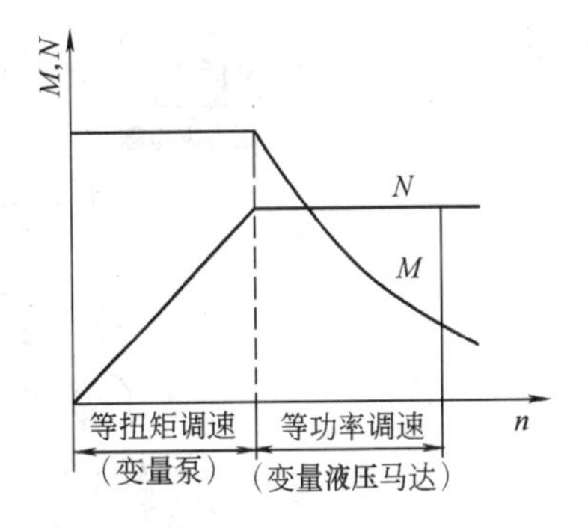

图 15-15 变量泵与变量液压马达容积调速的特性

空载时，液压系统的压力低于液控顺序阀 3 的调定压力，阀 3 关闭，泵 2 输出的油液经单向阀 4 与泵 1 输出的油液汇集在一起进入液压缸，从而实现快速运动。当系统工作进给承受负载时，系统压力升高至大于阀 3 的调定压力，阀 3 打开，单向阀 4 关闭，泵 2 的油经阀 3 流回油箱，泵 2 处于卸荷状态。此时系统仅由小泵 1 供油，实现慢速工作进给，其工作压力由阀 5 调节。

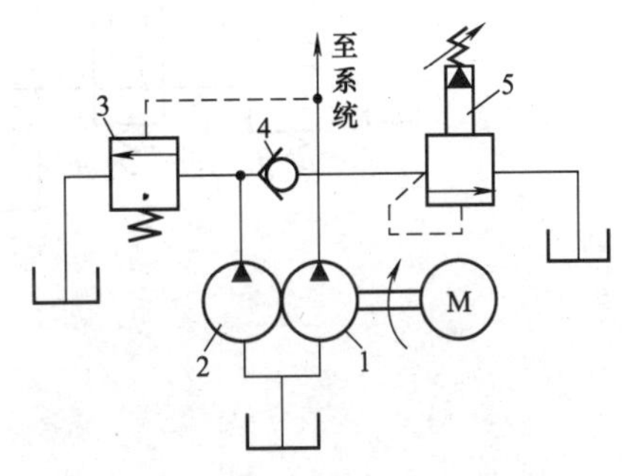

图 15-16 双泵供油的快速运动回路
1,2—双联泵；3—卸荷阀（液控顺序阀）；4—单向阀；5—溢流阀

这种有级容积调速回路功率利用合理，效率较高，常用在快慢速差值较大的组合机床、注射机等设备的液压系统中。

四、充液式快速回路

图 15-17 是用于塑料注射机合模装置充液式快速回路的示例，其中采取了防止回程卸压时可能产生的液压冲击和振动的措施，还附有保护模具的措施。

快速前进时，电磁铁 1YA 得电，主电液阀 1 换向，压力油从 P 口经 A 口及单向背压阀 2 进入快速液压缸的柱塞内，将工作活塞迅速推动，液压缸左腔形成真空，从液控单向阀（或叫充液阀）进行充液（从油箱内吸油）。合模时工作活塞遭到较大的阻力负载，使系统压力升高，压力继电器随之动作，促使二位四通电液阀 3 的电磁铁 3YA 通电，压力油由支路经单向阀 5 和二位四通电液阀 3 进入液压缸左腔，充液阀自动关闭，转入慢速高压合模，并达到所需的合模力。在此过程中，液压缸是二次动作，开始时低压快速，然后高压慢速。

回程时，首先 3YA 失电，液压缸左腔内的压力油经阀 3 的节流元件进行卸压，然后，1YA 失电，2YA 得电，主电液阀 1 换向，压力油经 B 口，一方面进入液压缸右腔；另一方面顶开充液阀，使液压缸左腔大量回油，工作活塞随之退回。为了防止回程时产生液压冲击和振动，回油时快速小缸内具有一定的背压，其大小由阀 2 调节。

二通阀 6 和溢流阀 7 用于试合模动作时防止模具内有金属等异物可能损坏模具。电磁铁 4YA 是由限位开关来控制的，即模具尚未接触时，模具内如有异物，系统压力会急剧升高，溢流阀 7 溢流，则合模停止并报警。若无异物，模具刚接触就撞及限位开关，使 4YA 得电，切断通往阀 7 的通路。显然，阀 7 需用灵敏度高的单级溢流阀。

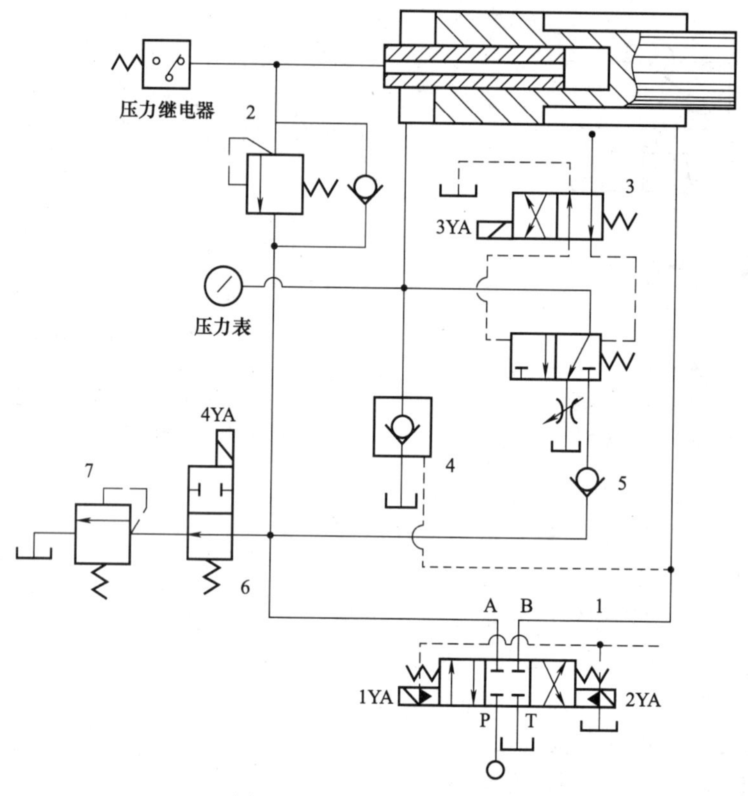

图 15-17 充液式快速回路

1—主电液阀；2—单向背压阀；3—二位四通电液阀；4—液控单向阀；5—单向阀；6—二位二通电磁阀；7—溢流阀

第三节 多缸工作控制回路

液压系统中，一个油源往往要驱动多个液压缸或液压马达工作。系统工作时，要求这些执行元件或顺序动作，或同步动作，或防止互相干扰，因而需要实现这些要求的各种多缸工作控制回路。

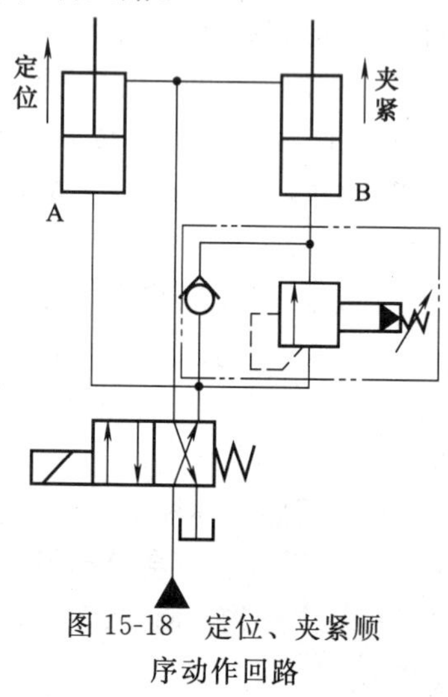

图 15-18 定位、夹紧顺序动作回路

一、顺序动作回路

顺序动作回路的功用是使多缸液压系统中的各液压缸按规定的顺序动作。它可分为行程控制和压力控制两大类。行程控制是通过行程阀或行程开关实现顺序动作，压力控制则通过顺序阀或压力继电器实现多缸顺序动作。

1. 用顺序阀的顺序动作回路

图 15-18 为机床夹具上用顺序阀实现工件先定位后夹紧的顺序动作回路。当电磁阀为通电状态断电时，压力油先进入定位缸 A 的下腔，缸上腔回油，活塞向上抬起，使定位销进入工件定位孔实现定位。这时由于压力低于顺序阀的调定压力，因而压力油不能进入夹紧缸 B 下腔，工件不能夹紧。当定位缸活塞停止运动，油路压力升高至顺序阀的调定压力时，顺序阀开启，压力油进入夹紧缸 B 下腔，

缸上腔回油，夹紧缸活塞抬起，将工件夹紧。实现了先定位后夹紧的顺序要求。当电磁阀再通电时，压力油同时进入定位缸、夹紧缸上腔，两缸下腔回油（夹紧缸经单向阀回油），使工件松开并拔出定位销。

顺序阀的调整压力应高于先动作缸的最高工作压力，以保证动作顺序可靠。中压系统一般要高 0.5～0.8MPa。

2. 用行程开关控制的顺序动作回路

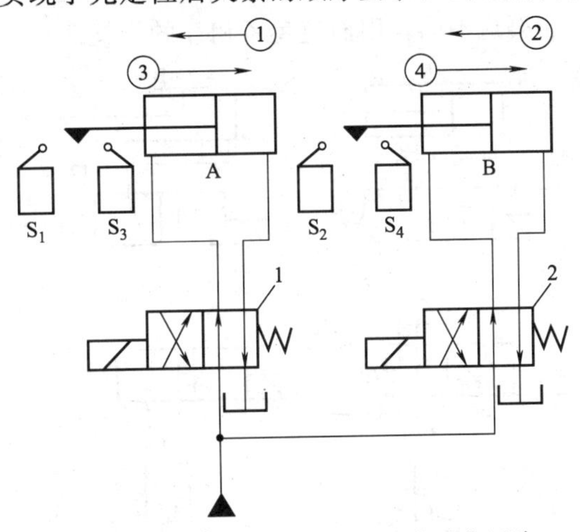

图 15-19　用行程开关控制的顺序动作回路

图 15-19 为用行程开关控制电磁换向阀 1、2 的通电顺序来实现 A、B 两液压缸按①②③④顺序动作的回路。在图示状态下，电磁阀 1、2 均不通电，两液压缸的活塞均处于右端位置。当电磁阀 1 通电时，压力油进入 A 缸的右腔，其左腔回油，活塞左移实现动作①；当 A 缸工作部件上的挡块碰到行程开关 S_1 时，S_1 发信号使电磁阀 2 通电换为左位工作。这时压力油进入 B 缸右腔，缸左腔回油，活塞左移实现动作②；当 B 缸工作部件上的挡块碰到行程开关 S_2 时，S_2 发信号使电磁阀 1 断电换为右位工作。这时压力油进入 B 缸左腔，其右腔回油，活塞右移实现动作③；当 A 缸工作部件上的挡块碰到行程开关 S_3 时，S_3 发信号使电磁阀 2 断电换为右位工作。这时压力油又进入 B 缸左腔，其右腔回油，活塞右移实现动作④。当 B 缸工作部件上的挡块碰到行程开关 S_4 时，S_4 又可发信号使电磁阀 1 通电，开始下一个工作循环。

这种回路的优点是控制灵活方便，其动作顺序更换容易，液压系统简单，易实现自动控制。但顺序转换时有冲击声，位置精度与工作部件的速度和质量有关，而可靠性则由电气元件的质量决定。

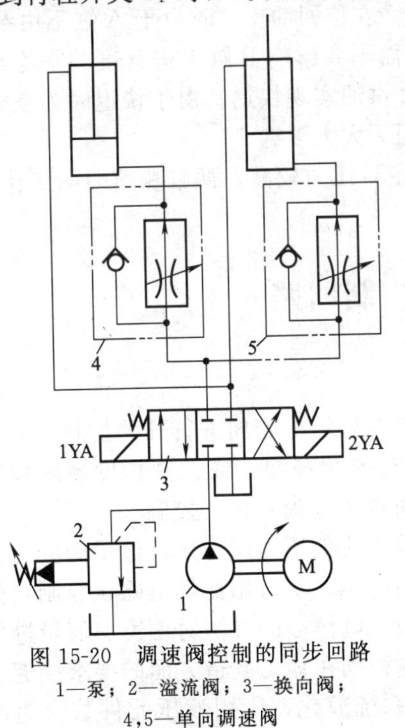

图 15-20　调速阀控制的同步回路
1—泵；2—溢流阀；3—换向阀；
4,5—单向调速阀

二、同步回路

使两个或多个液压缸在运动中保持相同速度或相同位移的回路，称为同步回路。例如龙门刨床的横梁，轧钢机的液压系统均需同步运动回路。

图 15-20 为用两个单向调速阀控制并联液压缸的同步回路。图中两个调速阀可分别调节进入两个并联液压缸下腔的流量，使两缸活塞向上伸出的速度相等。这种回路可用于两缸有效工作面积相等时，也可以用于两缸有效工作面积不相等时。其结构简单，使用方便，且可以调速。其缺点是受调速阀性能差异等影响，不易保证位置同步，常用于同步精度要求不太高的系统中。

三、多缸快慢速互不干扰回路

在一泵多缸的液压系统中，往往会出现由于一个液压缸转为快速运动的瞬时，吸入相当大的流量而造成系统压力的下降，影响其他液压缸工作的平稳性。因此，在速度平稳性要求较高的多缸系统中，常采用快慢速互不干扰回路。

图 15-21 为采用双泵分别供油的快慢速互不干扰回路。液压缸 A、B 均需完成“快进—工进—快退”自动工作循环，且要求工进速度平稳。该油路的特点是：两缸的“快进”和

“快退”均由低压大流量泵 2 供油，两缸的“工进”均由高压小流量泵 1 供油。快速和慢速供油渠道不同，因而避免了相互的干扰。

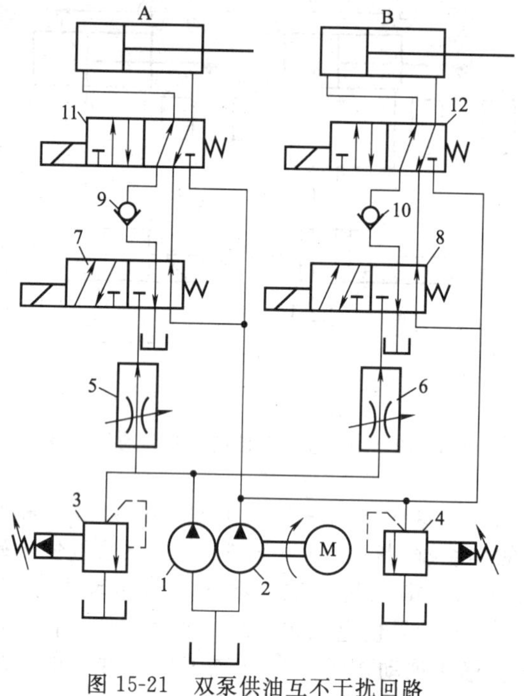

图 15-21　双泵供油互不干扰回路

1,2—双联泵；3,4—溢流阀；5,6—调速阀；7,8,11,12—电磁换向阀；9,10—单向阀

图示位置电磁换向阀 7、8、11、12 均不通电，液压缸 A、B 活塞均处于左端位置。当阀 11、阀 12 通电左位工作时，泵 2 供油，压力油经阀 7、阀 11 与 B 缸两腔连通，使 A 缸活塞差动快进；同时泵 2 压力油经阀 8、阀 12 与 B 缸两腔连通，使 B 缸活塞差动快进。当阀 7、阀 8 通电左位工作，阀 11、阀 12 断电换为右位时，液压泵 2 的油路被封闭不能进入液压缸 A、B。泵 1 供油，压力油经调速阀 5、换向阀 7 左位、单向阀 9、换向阀 11 右位进入 A 缸左腔，A 缸右腔经阀 11 右位、阀 7 左位回油，且缸活塞实现工进，同时泵 1 压力油经调速阀 6、换向阀 8 左位、单向阀 10、换向阀 12 右位进入 B 缸左腔，B 缸右腔经阀 12 右位、阀 8 左位回油，B 缸活塞实现工进。这时若 A 缸工进完毕，使阀 7、阀 11 均通电换为左位，则 A 缸换为泵 2 供油快退。其油路为：泵 2 油经阀 11 左位进入 A 缸右腔，A 缸左腔经阀 11 左位、阀 7 左位回油。这时由于 A 缸不由泵 1 供油，因而不会影响 B 缸工进速度的平稳性。当 B 缸工进结束，阀 8、阀 12 均通电换为左位，也由泵 2 供油实现快退。由于快退时为空载，对速度的平稳性要求不高，故 B 缸转为快退时对 A 缸快退无太大影响。

两缸工进时的工作压力由泵 1 出口处的溢流阀 3 调定，压力较高；两缸快速时的工作压力由泵 2 出口处的溢流阀 4 限定，压力较低。

第四节　比例阀及比例控制回路

一、比例阀

普通液压阀只能对液流的压力、流量进行定值控制，对液流的方向进行开关控制。而当工作机构的动作要求对其液压系统的压力、流量参数进行连续控制，或控制精度要求较高时，则不能满足要求。这时就需要用电液比例控制阀（简称比例阀）进行控制。

大多数比例阀具有类似普通液压阀的结构特征，可分为比例压力阀、比例流量阀和比例方向阀三大类。它与普通液压阀的主要区别在于，其阀芯的运动是采用比例电磁铁控制，使输出的压力或流量与输入的电流成正比。所以可用改变输入电信号的方法对压力、流量进行连续控制。有的阀还兼有控制流量大小和方向的功能。这种阀在加工制造方面的要求接近于普通阀，但其性能却大为提高。比例阀的采用能使液压系统简化，所用液压元件数大为减少，且使其可用计算机控制，自动化程度可明显提高。

比例阀常用直流比例电磁铁控制，电磁铁的前端都附有位移传感器（或称差动变压器）。它的作用是检测比例电磁铁的行程，并向放大器发出反馈信号。电放大器将输入信号与反馈信号比较后再向电磁铁发出纠正信号，以补偿误差，保证阀有准确的输出参数。因此它的输出压力和流量可以不受负载变化的影响。

二、比例控制回路

1. 比例压力控制回路

图 15-22 为利用比例溢流阀调压的多级调压回路。图中 1 为比例溢流阀，2 为电子放大器。改变输入电流 I，即可控制系统的工作压力。它比利用普通溢流阀的多级调压回路所用液压元件数量少，回路简单，且能对系统压力进行连续控制。电液比例溢流阀在注塑机等液压系统中应用极为广泛。

图 15-23 为利用比例减压阀的减压回路。它可通过改变输入电流的大小来改变减压阀出口的压力，即改变夹紧缸的工作压力，从而得到最佳夹紧效果。

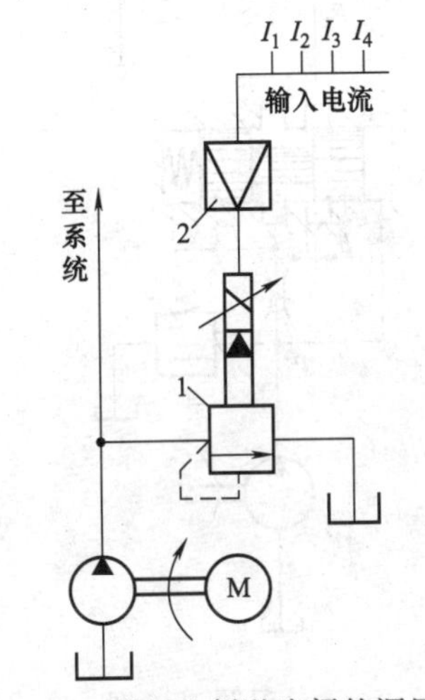

图 15-22　利用比例溢流阀的调压回路
1—比例溢流阀；2—电子放大器

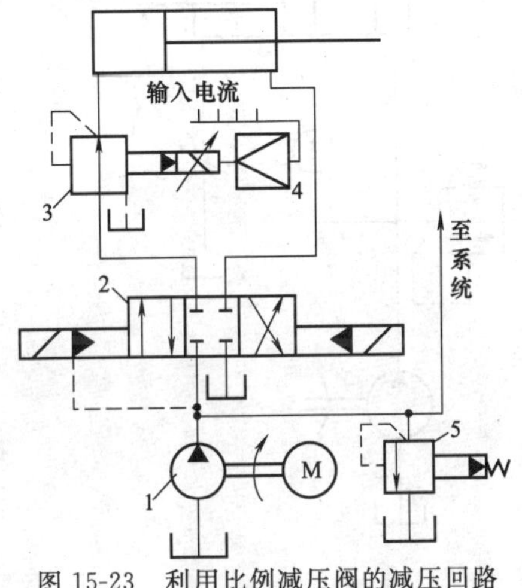

图 15-23　利用比例减压阀的减压回路
1—泵；2—电液换向阀；3—比例减压阀；4—电子放大器；5—溢流阀

2. 比例流量控制回路

用比例电磁铁取代节流阀或调速阀的手动调速装置，便成为比例节流阀或比例调速阀。它能用电信号控制油液流量，使其与压力和温度的变化无关。它也分为直动式和先导式两种。受比例电磁铁推力的限制，直动式比例流量阀适用作通径不大于 10mm 的小规格阀。当通径大于 10mm 时，常采用先导式比例流量阀。它用小规格比例电磁铁带动小规格先导阀，再利用先导阀的输出放大作用来控制流量大的主节流阀或调速阀，因此能用于压力较高的大流量油路的控制。

图 15-24 为采用比例调速阀的调速回路。改变比例调速阀输入电流即可使液压缸获得所需要的运动速度。用该回路向进给液压缸的调速回路供油，采用相应的控制电路，可以使行进中的缸体部件在任意时刻都能得到理想的进给速度。

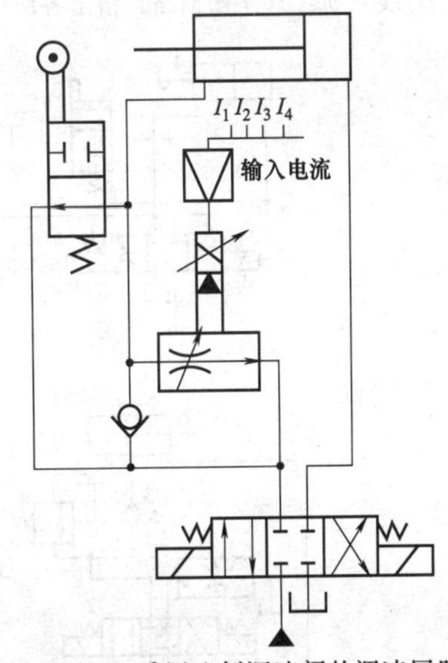

图 15-24　采用比例调速阀的调速回路

思考题与习题

1. 什么是节流调速、容积调速？各有什么特点？

2. 为什么要调整系统压力？有哪些调压回路？
3. 卸荷回路都采用什么方法？
4. 快速运动回路有哪几种？
5. 在习题 15-5 图所示回路中，已知 $D=100\text{mm}$，活塞杆直径 $d=70\text{mm}$，负载$F_L=25000\text{N}$。
(1) 为使节流阀前后压差为 0.3MPa，溢流量的调定压力应取何值？
(2) 上述调定压力不变，当负载 F_L 降为 15000N 时，活塞的运动速度将怎样变化？

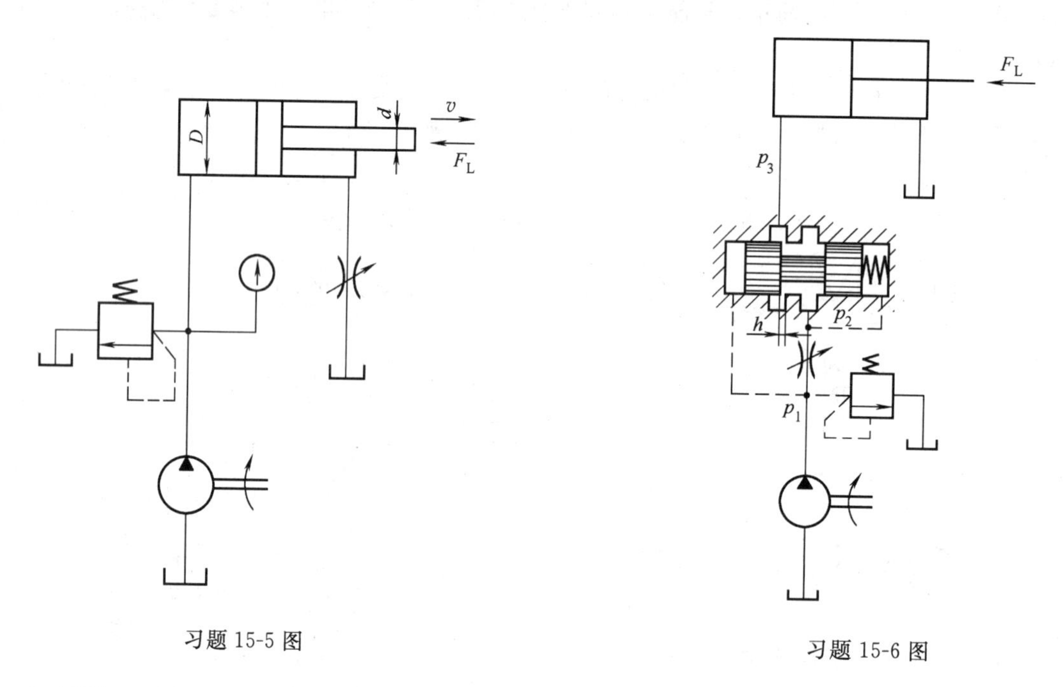

习题 15-5 图

习题 15-6 图

6. 习题 15-6 图所示为采用先节流后减压的调速阀，试分析其工作原理。
7. 读懂习题 15-7 图油路，指出各图中有哪一种或几种基本回路。并简要说明工作原理。

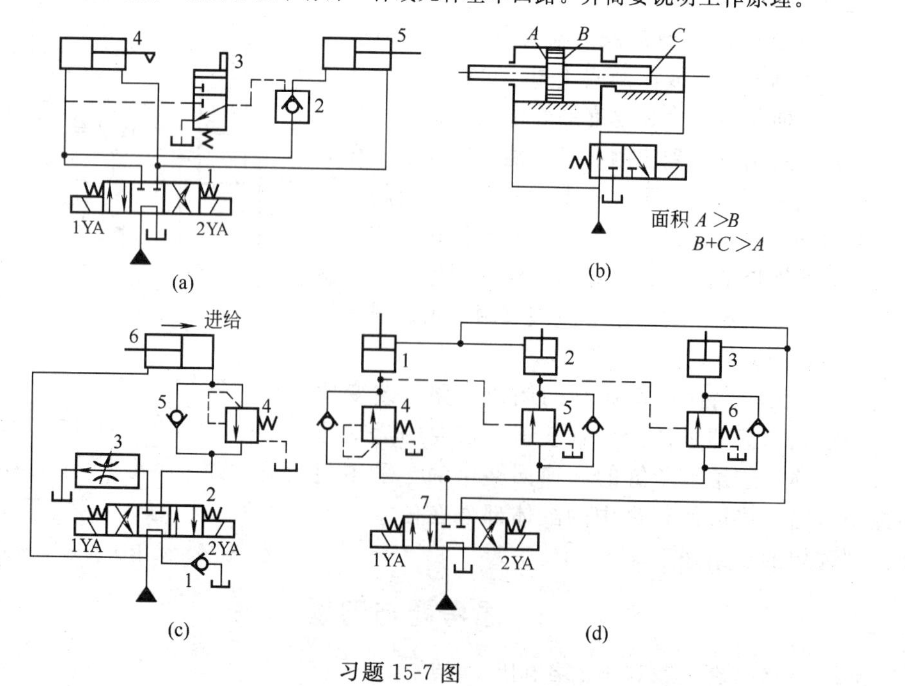

习题 15-7 图

8. 习题 15-8 图所示是使用液控单向阀的平衡回路，读懂油路并说明节流阀的作用。

9. 习题 15-9 图所示是一种顺序动作回路，说明其顺序动作靠什么元件来实现?

10. 读懂习题 15-10 图油路，编写电磁铁动作顺序表并说明液控单向阀的作用。

11. 习题 15-11 图所示为一液压机液压系统。其动作循环是：快进—慢进—保压—快退—停止。大直径液压缸 1 为主缸，小直径液压缸 2 则为实现快速运动的辅助缸。试根据动作循环要求进行阅读，写出循环中各阶段油流流通情况，并说明下列液压元件在系统中所起的作用：

(1) 单向阀 5；(2) 顺序阀 3；(3) 节流阀 4；(4) 压力继电器 7；(5) 液控单向阀 6。

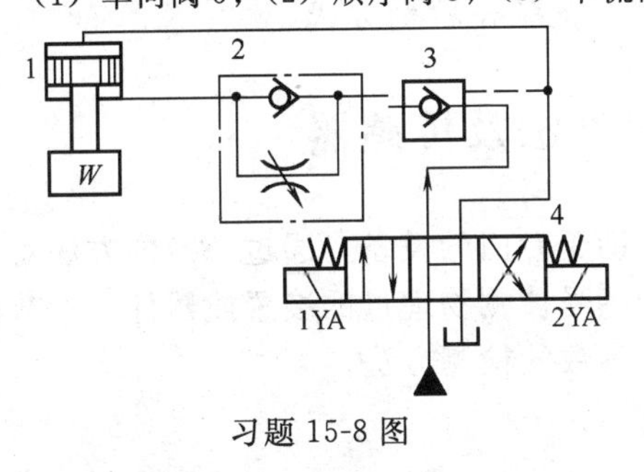

习题 15-8 图

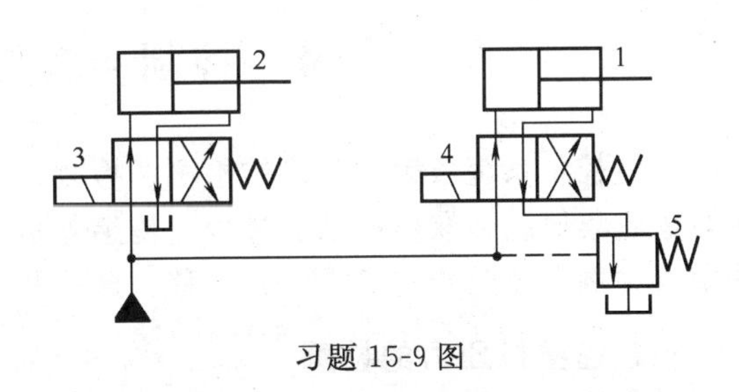

习题 15-9 图

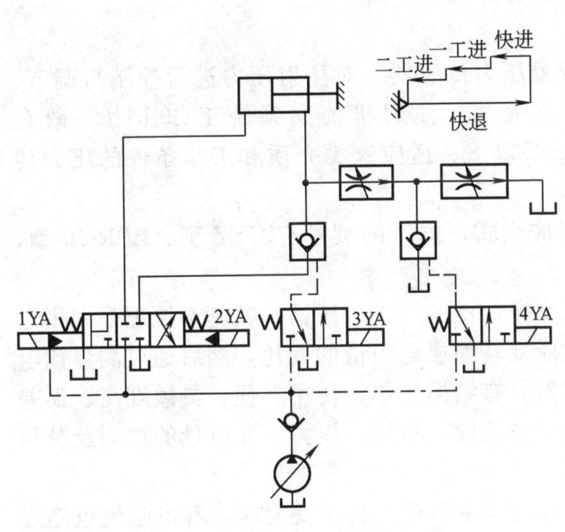

习题 15-10 图

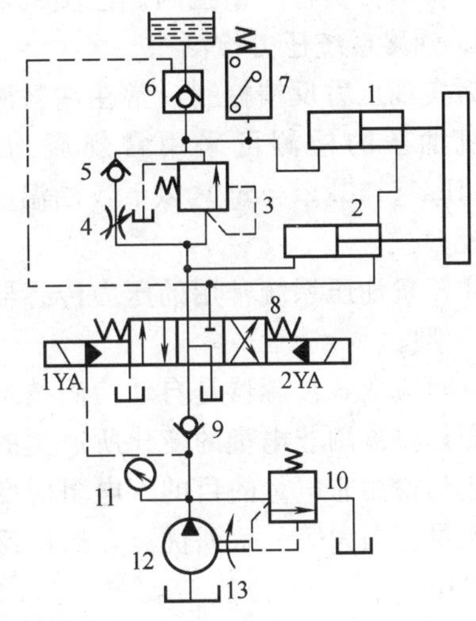

习题 15-11 图

1—主缸；2—辅助缸；3—液控顺序阀；4—节流阀；5—单向阀；6—液控单向阀；7—压力继电器；8—三位四通电液动换向阀；9—单向阀；10—安全阀；11—压力表；12—定量泵；13—油箱

第十六章　典型机电控制系统及其应用

学习目标　通过介绍各种机电控制系统实例，掌握控制信号的检测及其应用系统各种参数的自动控制等，了解注塑机的常见机、电、液联合控制方式。

第一节　控制参数的检测方法及传感器

机电控制系统依赖于准确的检测。检测是人们借助于专门的设备，通过一定的方法对被测对象收集信息、取得数据的过程。传感器是一种能感受被测物理量的装置或器件，本节以注塑机为例，简要介绍了压力、位移、扭矩及温度等参数的检测方法。

一、注塑机压力的检测

由注塑机的自动控制与调节系统可知，在系统控制中必须对注塑机有关部位的压力与位移进行检测，实行反馈控制。注塑机常检测的压力有三个方面。

1. 油路系统压力检测

为实现压力反馈控制，常在注射液压缸设置压力传感器，对注射压力进行控制与调节。注塑机油压的检测可采用常规压力传感器来完成，注塑机油路系统工作压力一般在15.7MPa（160kgf/cm²）以下，油温一般在55℃以下。适应这类介质和工作条件的压力传感器较多。

注塑机油压系统常用的压力传感器有电阻应变式，国产的型号有CYZ型、BPR-10型、GYY-1型。

电阻应变式传感器是自动检测技术中用途十分广泛的一类传感器，其基本原理是利用电阻应变片将被测非电量的变化所产生的应力或应变转换成电阻值的变化，然后通过测量该电阻值达到检测非电量的目的。电阻应变式传感器具有结构简单、使用方便、灵敏度高、误差小、测量范围大等一系列优点，被广泛用于力、加速度、扭矩、压力等非电量的检测及其科学实验中。

（1）电阻应变效应　金属或半导体材料在外力作用下产生机械变形时，其电阻值也随之发生变化的现象，称为电阻应变效应。材料单位长度的变形称为应变。根据电阻应变效应，可将应变片粘贴在被测试件或弹性元件的表面，在外力作用下，应变片将会随同被测试件或弹性元件一起变形，其电阻值发生变化。通过测量应变片电阻值的变化就可测出被测非电量的大小。下面以金属丝应变片为例分析电阻应变片的工作原理。

（2）基本工作原理　设有一长度为 l、半径为 r、电阻率为 ρ 的金属丝，其电阻值 R 为

$$R=\rho l/s=\rho l/\pi r^2 \tag{16-1}$$

当金属丝在轴线方向受到拉力 F 作用时，式（16-1）中的 ρ、r、l 都将发生变化，即长度伸长 $\mathrm{d}l$，半径缩小 $\mathrm{d}r$，电阻率也因金属晶格发生变形而变化 $\mathrm{d}R$，这些量的变化使金属丝的电阻值也有相应的变化 $\mathrm{d}R$。$\mathrm{d}R$ 值可按下式求取

$$\mathrm{d}R/R=K_0\mathring{a}_1 \tag{16-2}$$

式中　K_0——电阻应变灵敏系数；

$\mathring{a}_1$——电阻的轴向应变。

式（16-2）表达了金属电阻丝在外力作用下电阻值的相对变化量与应变之间的转换关系，是表示应变片将被测力引起的应变转换为电阻参数变化的基本理论依据。式（16-2）是在拉伸情况下得出的，但也适用于压缩情况。

应变灵敏系数 K_0 表示单位应变所引起的电阻相对变化量，其值受以下两方面因素影响：一是由材料几何尺寸发生变化所引起的；二是材料发生变形时，晶格结构变化所引起的。对于金属材料来讲，以前一因素为主，而对于半导体材料，则以后一因素为主。对于大多数金属电阻材料，在其弹性范围内，无论是拉伸还是压缩，K_0 是一个常数，一般在 1.6～3.6 之间。

实验证明，电阻应变片的电阻相对变化量 $\Delta R/R$（ΔR 很小时相对变化量就写成 dR/R）与 $\mathring{a}_1$ 的关系在很大范围内是线性的。严格来讲，由于试件与应变片之间存在胶体的传递变形失真等影响，所以应变片与试件这两者的应变实际上是稍有差异的。

图 16-1 所示的 CYZ 压力传感器由敏感部分和放大部分组成。敏感部分主要包括应变筒和 ϕ0.05mm 的卡玛丝，应变筒外壁涂有薄绝缘层，绕有 4 组卡玛丝，构成电桥。当应变间无压力时，电桥处于平衡状态，无信号输出，当有压力时，空心部分发生径向位移，使外壁两组卡玛丝阻值发生变化，实心部分是用于补偿用的卡玛丝，其阻值不变。电桥处于不平衡时便有输出，最大压力为 24.3MPa 时，电桥输出约 15mV，电桥后部配有直流放大器，输出可达 5V±0.1V。

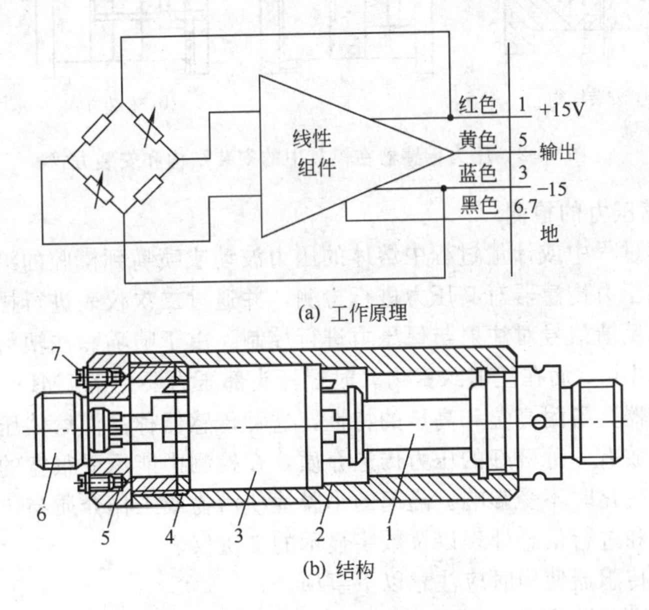

(a) 工作原理

(b) 结构

图 16-1　CYZ 压力传感器绕线原理

1—应变筒组件；2—外壳；3—放大器组件；4—压圈；
5—插头座；6—电缆座；7—螺钉

这类压力传感器装在注塑机油路系统中，并匹配二次仪表就可以实现对压力的动态测量和控制。

2. 模腔压力检测

模腔压力检测是将压力传感器置入模腔中，检测充模熔体的压力通过二次仪表并与油路系统压力检测相配合，实现对模腔压力的反馈控制。还可通过 CRT 显示或打印输出模腔压力曲线，以描述充模过程，也可以用来作为注射压力与保压压力控制的反馈信号，或通过CRT显示对系统压力进行监测。模腔压力检测是由专用的模腔压力传感器来完成的。这类传感器一般要能经受住39MPa（400kgf/cm²）以上的压力和150℃以上的熔体温度。而且尺寸较小，考虑在模具上安装方便可行，模腔压力传感器在模具上安装的位置一定要正确且配合要紧密适度，不产生预应力，还要与熔体直接接触，要防止溢料。

图16-2（a）所示为压力传感器在模具中的安装结构，其中1为间接测量的安装形式，熔体的压力是经过中间杆才传递到压力传感器上的；2为直接测量的形式，熔体压力是直接作用在传感器上的。图16-2（b）所示为不同压力传感器在模具中的安置方式。考虑传感器在模具上安装空间和信号引线的限制，生产有特殊的结构形式。在距离头部的半圆凸台为受力点，弹性板上的弹簧片在模具孔中起张紧固定作用，在弹性板内侧贴有应变丝，并组成测量电桥。当受力点接受外力时，弹性板发生变形，使电桥平衡受到破坏而发生信号输出。

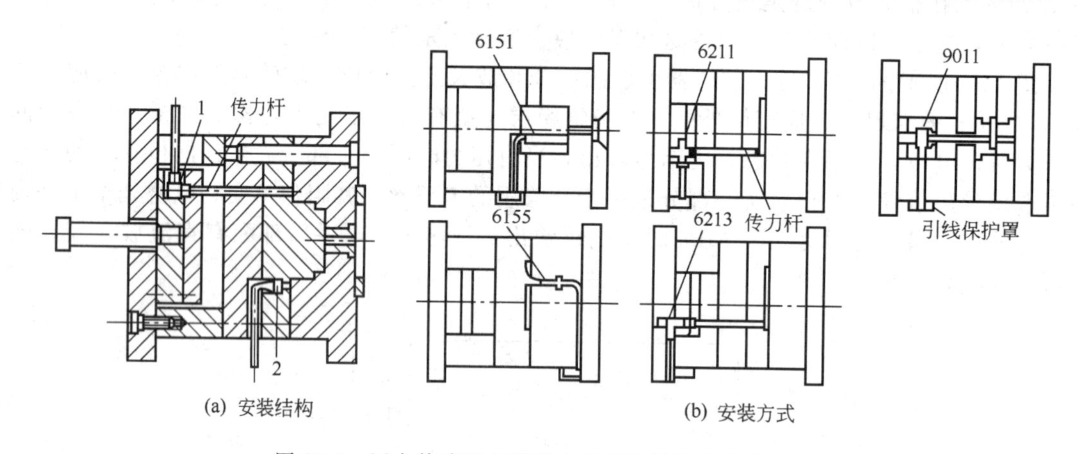

(a) 安装结构 (b) 安装方式

图16-2 压力传感器在模具中的安装结构和安装方式

3. 料筒与喷嘴压力的检测

为了观察充模过程中或计量过程中熔体的压力波动或喷嘴到模腔的沿程压力损失，常在料筒及喷嘴处安装压力传感器对其压力进行检测，并通过二次仪表进行描述；也可以以喷嘴压力检测信号作出反馈信号对注射与保压力进行控制。由于喷嘴和注塑料筒中的熔体温度很高，有时要300℃以上，而在注射致密物料时螺杆头部压力要到177MPa（1800kgf/cm²）以上，这就要求传感器具备耐高温和高压的特性，这种传感器称高温熔体压力传感器。

此类传感器内放有一种极好的压力传递介质，在检测中能承受很宽的温度范围，并保持稳定性在温度瞬间变化时不受影响。隆起的小膜片使污物或工作介质与传感器隔开，并匹配有专用的模拟线路和进行信息处理以及数字显示的二次仪表。

高温熔体压力传感器使用时应注意以下事项。

① 传感器的安装部位原则上和熔体的流向无关，但是最好装在熔体畅流的部位，装在死角处会影响测量精度。

② 传感器膜片的安装和料筒或喷嘴孔的内壁平齐，否则容易产生“死料”，影响传感器的灵敏度。传感器安装时应在定位台肩面上垫上0.5～1mm厚的软铝或紫铜垫圈以防熔体泄漏。

③ 在设备检修或传感器损坏而需要卸下时，必须使熔体压力降至为零，图16-3所示为喷嘴压力传感器的安装结构，传感器在喷嘴的径向有定位台阶，在d处应紧密配合。为防止溢料在台阶处应加紫铜垫密封，而且压力传感头不要突出喷嘴口的表面。

二、注塑机的位移检测

注塑机为了实现多级控制必须对位置进行较精确的检测。常检测的对象有螺杆位置、注射座位置、启闭模位置及顶出位置。这种对位移检测的元件俗称位移传感器，能将各种执行元件的位移量转变成精确的电信号，通过二次仪表与设定位移信号进行比较，实现多级切换。

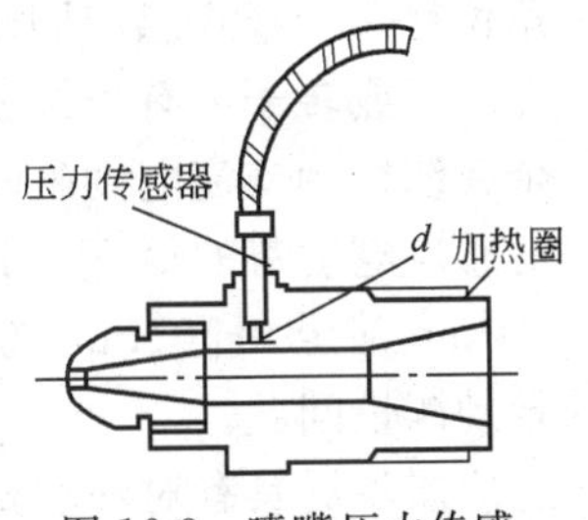

图 16-3 喷嘴压力传感器的安装结构

目前注塑机上常用的位移传感器有差动变压器、感应同步器和磁栅传感器等检测元件。

1. 差动变压器式传感器

差动变压器式传感器简称差动变压器，能实现被测非电量与线圈互感之间的转换。差动变压器的结构形式主要有变气隙型、变面积型和螺管型三大类。螺管型传感器主要由线圈与铁芯组成，线圈的电感与铁芯插入线圈的深度有关。与其他两类结构的差动变压器相比较，螺管型差动变压器的优点是测量范围大，自由行程可任意安排，制造装配较方便，因而应用广泛。主要不足是其灵敏度较低。以下仅介绍螺管型差动变压器。

螺管型差动变压器的线圈由一次线圈和二次线圈组成，并且二次线圈是由两个结构、参数完全相同的线圈反极性串联而成，二次线圈的输出电压为两个线圈的电压之差，故有差动变压器之称。螺管型差动变压器的结构特点则由其线圈的排列方式决定。接线圈排列方式的不同，螺管型差动变压器有二段型、三段型、四段型与五段型等多种结构。图 16-4（a）、(b) 所示分别为二段型和三段型的结构。从图中可以看出，对于二段型，其结构特点是一次线圈在内层，两个二次线圈对称分布于外层；对于三段型，其结构特点是单层排列，一次线圈在中间，两个二次线圈分布于两侧。

如图 16-4（c）所示，注塑机常用的 WY-型差动变压器式位移传感器是二段型螺管型差动变压器。这类传感器的量程一般为 5～50cm，灵敏度可高达 0.5～20V/mm，工作温度 －40～85℃。

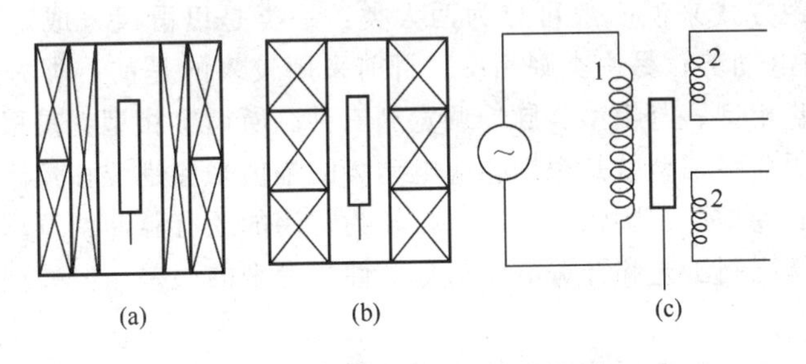

图 16-4 螺管型差动变压器原理

这种传感器的原理与铁芯可动变压器的原理相同，由初级线圈 1、两组次级线圈 2 和插入线圈中心的棒状铁芯以及连接杆、线圈骨架、外壳等部分组成。当铁芯在线圈内移动时，就改变了磁通的空间分布，从而改变了初级线圈之间的互感量。当初级线圈供给一定频率的电压时，线圈所产生的感应电动势随着铁芯位置的不同产生的互感量也不同，次级线圈将产生不同的感应电动势。这样，就把铁芯的位移转变成输出的电压信号，铁芯的位移量与对应的输出电压信号呈线性关系。

2. 感应同步器

感应同步器是利用两个平面绕组的电磁感应原理来检测位移的精密传感器。按其用途不同可分为直线式感应同步器和圆盘式感应同步器两大类。前者用于测量直线位移，后者用于测量角位移。直线式感应同步器由定尺和滑尺组成；圆盘式感应同步器由定子和转子组成。一般在定尺或转子上有连续的印刷绕组，在滑尺或定子上印有两相正弦、余弦绕组。当对正弦、余弦绕组用交流电励磁时，由于电磁感应的作用，在连续绕组上就会产生感应电动势。通过对感应电动势的处理就能精密地测量出直线位移或角位移。它与数显表配合使用，能测出 0.01mm 甚至 0.001mm 的直线位移或 0.5°的角位移，解决了机电控制系统中的长度和角度的自动测量问题。

感应同步器具有对环境要求低、工作可靠、抗干扰强、测量精度很高、维护方便、寿命长、制造工艺较简单等优点，目前已被广泛应用于机电控制系统中。

(1) 结构特点　感应同步器分为直线式和圆盘式两类。直线式感应同步器可设计成标准型、窄型和带型。图 16-5 所示为标准式直线感应同步器标准外形及结构。

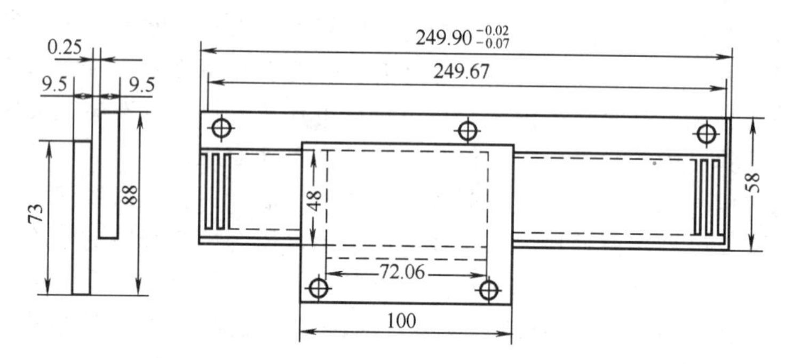

图 16-5　标准式直线感应同步器外形及结构

(2) 工作原理　感应同步器工作时，定尺和滑尺相互平行相对安放，如图 16-5 所示。它们之间保持有一定气隙（0.25mm±0.005mm）。当滑尺的正弦、余弦绕组分别通以一定的正弦、余弦电压激励时，定尺绕组中就会有感应电动势产生，其值是定尺、滑尺相对位置的函数。对于感应同步器组成的检测系统可以采用不同的励磁方式，输出信号也可采用不同的处理方式。从励磁方式来说一般可分为两大类：一类是以滑尺（或定尺）励磁，由定尺（或转子）取出感应电动势；另一类则相反。目前采用较多的是前一类方式。从信号处理方式讲，一般可分为鉴相型、鉴幅型、脉冲调宽型三种。所谓鉴相型就是根据感应电动势的相位来鉴别位移量，所谓鉴幅型就是根据感应电动势的幅值来鉴别位移量。

除了以上介绍的鉴相型、鉴幅型外，现在较为常用的还有脉冲调宽型。其优点是克服了鉴幅型中函数变压器绕制工艺和开关电路的分散性所带来的误差，但处理方式实质上就是鉴幅型处理方式。

位移传感器除用来检测螺杆位置之外，还常用于注塑机的合模机构，用来检测锁模时拉杆的微应变，通过微应变测出锁模力，并对其加以控制。由于拉杆变形很小，所以需微位移传感器。国产微位移传感器有 YHD 型。

三、注塑机的扭矩检测

注塑机为了防止在预塑时“冷启动”：即在温度没有达到塑料指定工艺温度时，就给螺杆转动发出指令，强迫螺杆在低温下转动。这时由于未完全熔化的物料将螺杆抱住，使螺杆产生很大的扭矩，甚至有折断螺杆的危险。在预塑过程中由于工艺温度控制得不好或者螺杆转速过高也会产生超载情况。为克服这些不正常现象，往往在螺杆驱动轴上加装测量扭转变形的传感器元件，如在驱动轴上粘贴应变片；对某些实验注塑机在螺杆与驱动轴之间装上扭矩传感器来监测并进行模拟输出。当检测值超过允许值时就进行报警，或者停机。

图 16-6 所示为扭矩传感器的结构原理，在弹性轴两端固定两个外齿轮，在转子套筒上与弹性轴两个外齿轮的相对位置装有两个内齿轮和永久磁铁；在转子套筒和弹性轴之间装有线圈，线圈固定在机座上。当轴和转子套筒作相对运动时，在每一个检测线圈上就感应出近似于正弦波的电压信号，两个信号之间的相位差，随着加在弹性轴上的扭矩变化成正比例地变化，将这个相位差信号送入转矩转速测量仪中去，经适当处理，就能用数字显示出扭矩和转速的数值。也可以输入给微机进行荧屏显示或打印输出，或进行储存。

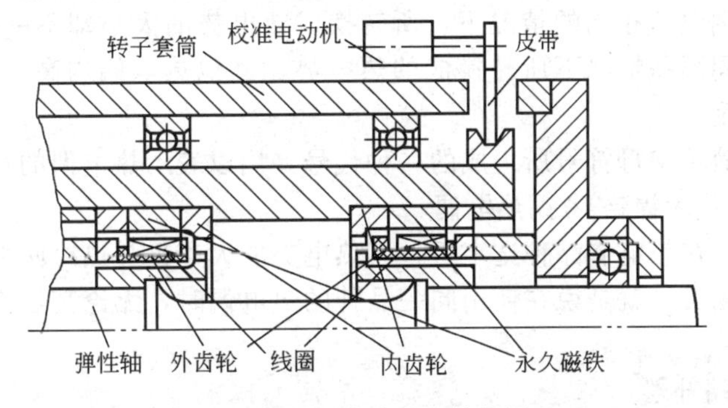

图 16-6　扭矩传感器的结构原理

四、注塑机的温度检测

热电偶传感器能方便地将温度信号转换成电势信号。其性能稳定，结构简单，测量范围广，一般在－180～2800℃之间。尤其在高温范围内，灵敏度要比热电阻高得多，并且热惯性小、反应快，所以应用很广。在中、低温区，灵敏度较低，且参比端温度的变化显得很突出，不易得到补偿，因此，在中、低温区一般不用热电偶对温度进行检测。

1. 热电效应

热电效应是热电偶测温的基本原理，如图 16-7 所示。由两种不同的金属或半导体 A、B 焊接或铰接所形成的热电偶，当其两端温度不同（设 $T>T_0$）时，则在回路中会产生一定的电势，这就是热电效应。若两端温差愈大，则产生的热电势也愈大。

在热电偶回路中，A、B 称为热电极，其两个接点，一个称为工作端 T（热端或测量端），检测时，置于被测温度场中；另一个称为自由端 T_0（冷端或参比端），检测时置于被测温度场之外，且要保持温度的恒定，以保证只检测工作端的温度。热电效应所产生的热电势是由接触电势和温差电势两部分构成的。

2. 热电偶的基本结构与热电势

热电偶是常用的温度检测元件，作用是将被测温度转换成相应的电动势，供测量仪表使用。工业用热电偶是由两种具有不同自由电子密度或热电特性的合金丝 A 和 B 焊接而成，如图 16-7 所示。

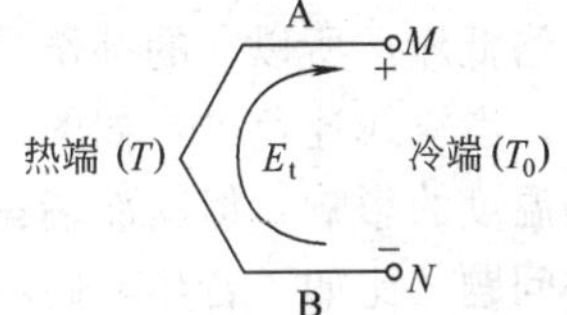

图 16-7　热电偶的图形符号和热电势的极性

焊接端叫工作端，或热端。开口端 M、N 叫自由端，或冷端。热端和冷端所感受的温度分别用 T 和 T_0 表示。若将热端置于加热器中，便会在冷端产生热电势 E_t，其大小不仅与两种材料的自由电子密度有关，还与冷热两端的温度差（$T-T_0$）有关。自由电子密度和温差越大，E_t 越大。当两种材料自由电子密度相同，即 $T=T_0$ 时，热电势为 0。因为热电势是由于冷热两端的温度差所引起的，故又叫温差电势。其方向由两种材料的自由电子密度的相对大小来决定。假定材料 A 的自由电子密度高于材料 B，则热电势的方向为从冷端 N 经内部指向 M，即 M 点为正电位，N 点为负电位。

对于使用者，关心的是热电势的方向和大小，即要注意热电偶冷端引出线的正负极性及其分度表。

3. 热电偶的分类和分度

热电偶按其测温范围的不同分为高温、中温和低温热电偶三种类型。塑料机械的加热温度不高，应使用低温热电偶。热电偶的分度就是列出温度-热电势对照表，即分度表，各类热电偶都有自己的分度表，可以查阅产品目录或使用说明。不同热电偶由于其组成材料的不同，即使在冷热两端温差相同的情况下，所转换成热电势的大小却不一样。镍铬-考铜热电偶价格低廉，在相同温差情况下所转换成的热电势比其他热电偶均高，在 0～600℃的低温范围内常被优先选用。

分度号就是由简单字母符号所组成的一种代号，用以表示热电偶的种类和构成热电偶所用的材料。EA-2 就代表镍铬-考铜热电偶。

需要注意的是：在热电偶品种选定后，其热电势的大小仅与热冷两端的温差有关，而与热电偶的尺寸长短无关，就是说在使用同一品种的热电偶时，无论其规格尺寸如何，均采用同一分度表。

4. 热电偶的冷端补偿

热电偶的分度是以冷端为 0℃作为基准的，或者说表中热电势与温度的对应值是在冷端为 0℃情况下做出的，使用时应该符合这种测试条件。然而在工业生产现场情况下，热电偶冷端不但难于保证为 0℃，而且还要受到各种热辐射等因素的干扰，产生较大的波动，致使测量结果出现很大的误差。为此，必须对冷端温度不为零和波动所造成的影响予以抵消（或补偿）。常用的方法有下列两种。

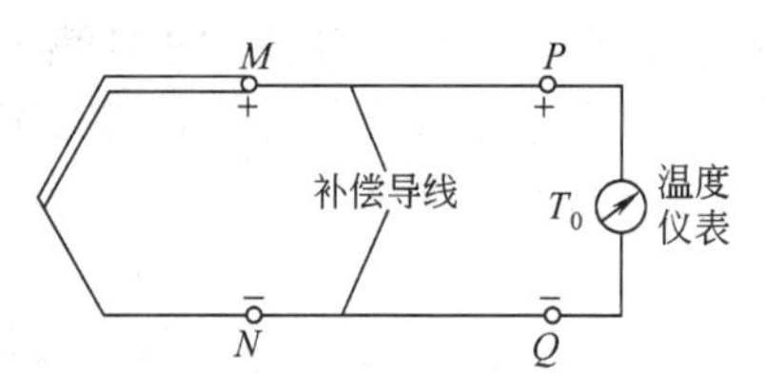

图 16-8 热电偶、补偿导线和测量仪表的连接

（1）补偿导线＋零点校正 即将测量仪表远离热源现场，用两根补偿导线与热电偶冷端 M、N 相连，然后调节仪表机械零点的方法，如图 16-8 所示。

补偿导线是指在 0～100℃的环境温度范围内，其热电特性与相连接的热电偶材料的热电特性相当。由于热电特性相当，连接后不会产生附加的接触电势。PQ 处热电势的大小只和热端与 PQ 处的温差有关，而不再受 MN 处温度波动的干扰，补偿了温度所造成的影响，等效于将热电偶的冷电延长到了 PQ。为叙述方便，以下均称新冷端。不同热电偶要配用与之相应的补偿导线。由于镍铬-考铜价格低廉，所以它的补偿导线就采用镍铬-考铜线。并两两对应相接。即镍铬线连热电偶的正极，考铜线连负极，如图 16-8 所示。经过补偿导线使热电偶冷端延长后，虽然免去了加热现场温度的影响，但新冷端一般来说不可能处于 0℃的环境中，所以仪表读数仍存在一个起始偏差问题。比如，若热电偶热端被测温度的实际值为 200℃，新冷端温度为 25℃时，仪表的读数便只有 200－25＝175℃，出现了 25℃的负偏差。如果要求不太严格，这个偏差可以通过调节仪表指针的起始位置加以消除，即在仪表未工作时就使指针指向新冷端的环温值 25℃，即以 25℃作为标尺的机械零点。这样，测量时指针便从 25℃开始再偏转 175℃，指到 200℃，与实际值相符。当然，没有必要经常调整机械零点。一般来说，一年中随着季节的变化，调整几次就可以了。校零后，在新冷端环温变化不大的情况下，其测量误差是可以允许的。

（2）补偿导线＋零点校正及跟踪补偿 这种方法是在补偿导线与测量仪表之间再串接一个补偿电桥，即冷端补偿器。用以实现在人工校零的基础上，再对环境温度的变化进行自动跟踪补偿，如图 16-9 所示。图中桥臂电阻 R_1、R_2、R_3 是用温度系数很小的锰钢丝绕制而成的标准电阻，阻值为 1Ω，可看成不受温度的影响。R_{Cu} 用一般铜丝绕制而成，其阻值将随温度的变化而变化。它与新冷端装在一起，用以检测环温的变化状态。此电桥有两种规格。一种是在20℃时平衡，0～40℃范围内处于调节状态。使用时只需事先将仪表的机械零点调到20℃即可。这样，当新冷端为20℃时，铜电阻R_{Cu}阻值恰为1Ω，与R_1、R_2、R_3相等，电桥平衡。若以D点作为参考点，则P、W两点电位相等，仪表的读数正好等于实际值。当新冷端温度高于20℃时，虽然热电势减小了，但因电桥铜电阻R_{Cu}的阻值增加，大于1Ω，破坏了电桥的平衡，使P点电位低于W点电位，相当于在P、W间串联了一个附加电势E，其极性为P（－）、W（＋），与热电势方向一致，用以补偿热电势的减少。若新冷端温度低于20℃时，虽然热电势增大了，但因R_{Cu}的减小会引起附加电势的极性为P（＋）、W（－），与热电势方向相反，抵消了热电势的多余部分。这样，无论新冷端温度低于或高于20℃，电桥均能处于自动调节状态，对环温变化引起的测量误差进行自动补偿。但由于R_{Cu}随温度变化的关系不是线性的，这种补偿也只能是相对的，不能完全补偿。

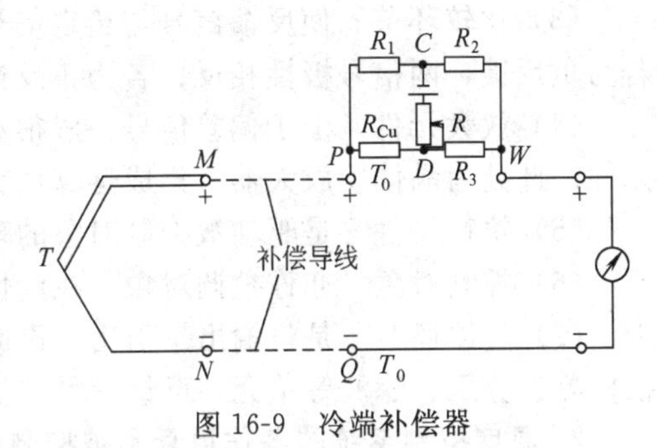

图16-9　冷端补偿器

另一种规格的电桥是在0℃平衡，－20～20℃之间处于调节状态。其过程可参照前述。但不必调节仪表的机械零点。

第二节　温度控制系统

一、温度控制系统的组成及工作原理

温度的控制一般是按照测量、调节操作、目标控制等顺序组成闭合电路进行控制，即要准确地测量出控制对象的温度，找出它与规定温度的误差，修改操作量，使被控制对象的温度维持一定。

1. 温度控制系统的组成

图16-10所示为电炉箱自动恒温控制系统的组成框图，从图中可以看出，该系统作为一个典型的自动控制系统，包括如下几个部分。

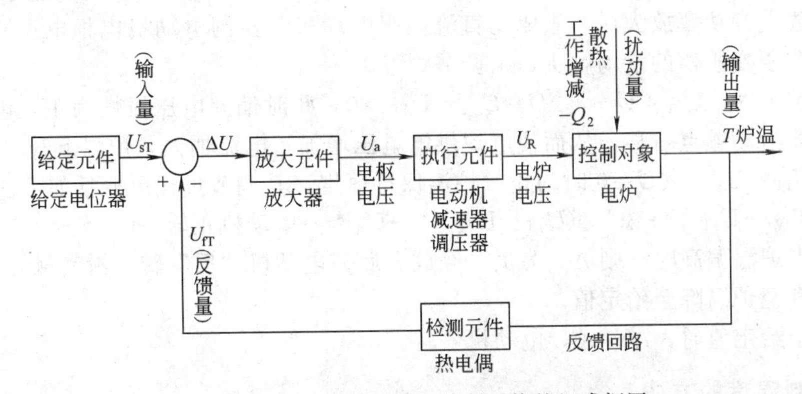

图16-10　电炉箱自动恒温控制系统的组成框图

（1）给定元件　用来调节信号（U_{sT}），以调节输出产量大小。此处为给定电位器。

（2）检测元件　用来检测输出量（如炉温T）的大小，并反馈到输入端。此处为热电偶。

(3) 比较环节　使反馈信号与给定信号进行叠加，信号的极性以“+”或“-”表示。若为负反馈，两信号极性相反；若为正反馈，则极性相同。

(4) 放大元件　由于偏差信号一般很小，所以要经过电压放大及功率放大，以驱动执行元件。此处为晶体管放大器或集成运算放大器。

(5) 执行元件　是驱动被控制对象的环节。此处为伺服电动机、减速器和调压器。

(6) 控制对象　亦称被调对象。在此恒温系统中即为电炉。

(7) 反馈环节　是将输出量引出，再回送到控制部分。一般的闭环系统中，反馈环节包括检测、分压、滤波等单元，反馈信号与输入信号极性相同则为正反馈，相反则为负反馈。

2. 温度控制系统的各作用量和被控制量

图 16-10 所示温度控制系统中所涉及的各作用量和被控制量如下。

(1) 输入量　又称控制量或调节量，通常由给定信号电压构成，或通过检测元件将非电输入量转换成信号电压。如图 16-10 中的给定电压 U_{sT}。

(2) 输出量　又称被控制量或被调量，是被控制对象的输出，也是自动控制的目标。如图 16-10 中炉温 T。

(3) 反馈量　通过检测元件将输出量转变成与给定信号性质相同、数量级相同、数值相近的信号电压（称为“定标信号”）。如图 16-10 中的反馈信号 U_{fT}。

(4) 扰动量　又称干扰或“噪声”，通常指引起输出量发生变化的各种因素。来自系统外部的称为外扰动，例如电动机负载转矩的变化，电网电压的波动，环境温度的变化等。图 16-10 中的炉壁散热、工件增减均可看成是来自系统外部的扰动量。来自系统内部的扰动称为内扰动，如系统元件参数的变化，运放器的零点漂移等。

(5) 中间变量　是指系统各环节之间的作用量，可能是前一环节的输出量，或是后一环节的输入量。如图 16-10 中的 ΔU、U_a、U_R 等就是中间变量。

3. 温度控制系统的工作原理

下面以图 16-11 所示电炉箱恒温控制系统示意图为例，说明温控系统的工作原理。

由于炉壁绝热和增减工件等因素的影响，炉温的变化通常是无法预先确定的。为保持炉温恒定，电炉箱采用了温度负反馈闭环控制系统。由热电偶检测温度，并将炉温转换成电压信号 U_{fT}（毫伏级），然后反馈至输入端与给定电压 U_{sT} 进行比较，由于采用负反馈控制，因此两者极性相反，两者的差值 ΔU 称为偏差电压（$\Delta U=U_{sT}-U_{fT}$）。此偏差电压作为控制电压经电压放大和功率放大后，去驱动直流伺服电动机（控制电动机电枢电压），电动机经减速器带动调压变压器的滑动触头，来调节炉温。

当炉温偏低时，$U_{fT}<U_{sT}$，$\Delta U=U_{sT}-U_{fT}>0$，此时偏差电压极性为正，电动机“正”转，使调压器滑动触点右移，从而使电炉供电电压增加，电流加大，炉温上升，直至炉温升至给定值，$U_{fT}=U_{sT}$，$\Delta U=0$ 时为止，炉温保持恒定，其调节过程可概括如下。

$$T\downarrow \rightarrow U_{fT}\downarrow \rightarrow \Delta U=(U_{sT}-U_{fT})\uparrow \rightarrow U_a\uparrow \rightarrow \text{电动机正转} \rightarrow U_R\uparrow \rightarrow T\uparrow$$

反之，当炉温偏高时，则 ΔU 为负，经放大后使电动机“反”转，滑动触点左移，供电电压减小，直至炉温降至给定值。

炉温处于给定值时，$\Delta U=0$，电动机停转。

二、控制温度的方法

温度控制被广泛应用于工农业生产及日常生活等各个领域，不同的控制对象对温度控制系统的要求差异很大，根据需要，常用的温度控制系统的组成也有多种形式。如果把温控系统中除被控制对象及温度给定环节以外的其他部分称为调节器，那么采用不同控制电路的调节器，其温度调节方法及功能也是不相同的。

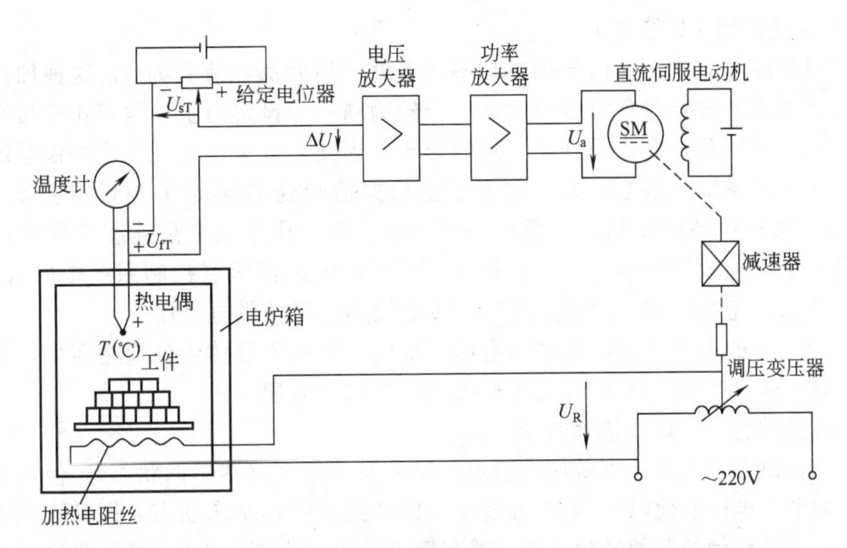

图 16-11　电炉箱恒温控制系统示意图

温度调节方式主要有：手动控制、双位控制（又称开关控制）、时间比例控制、比例控制（P 控制）、比例积分（PI）控制和比例积分微分控制（PID 控制）等。

手动控制是指手动调压变压器或通断加热电源来改变加热有效功率的一种控温方法，由于它不能适应被加热对象对温度变化的要求，且控温精度也很差，故很少采用，目前用得较多的是如下几种方法。

1. 双位控制

双位控制只有开和关两个极限位置，被控温度始终不能稳定在给定值上，而总是在给定值的上下波动，这种控制被称为双位控制。它是自动控制的最简单形式。

双位控制结构简单，容易实现，其特点是当检测装置测得的温度 T 等于 T_0 时（T_0 为设定温度），控制装置立即自动切断加热器电路，停止加热。但由于被加热对象热惯性的存在温度会进一步有所上升，当测得的温度低于设定温度 T_0 时，虽然通过温度控制系统接通了加热电路，进行加热，但由于热惯性的存在，温度在一个短暂的时间内还会下降，然后才能回升。中国早期生产的注射机及挤塑机温度控制系统，大量使用了 XCT101/111/121 等位式温度控制仪，受料筒及热电偶安装位置等因素的影响，其温度波动一般较大，严重时可能有十几度甚至几十度的波动。

2. 时间比例控制

时间比例控制的特点是：当被控对象温度 T 接近设定温度 T_0 时（即进入给定的比例带时），仪表使继电器出现周期性的接通、断开、再接通、再断开的间歇动作，控制加热平均功率，且 T 越接近 T_0，则接通时间（加热时间）越短，断开时间越长，即加热平均功率 $P_{平均}$ 与温度的偏差 $\Delta T = T - T_0$ 成比例。

时间比例控制方式加热回路功率控制元件与位控方式一样，仍较容易，但由于时间比例控制方式在温度接近设定值时能通过继电器间歇工作方式，主动减小平均加热功率，因此，其温度的波动将大大小于位控方式。时间比例控制既易于实现，又有较高的控制精度，因此，被广泛用于各种温度控制场合。以塑料成型加工为例，尽管控制系统经历了继电接触器、PC 控制及微机控制等方式的不断变化，但温度控制调节方式上，仍以时间比例控制方式为主流形式。简单地讲，只要加热元件与供电回路之前采用了接触器通断控制，其调节方式一般为时间比例控制。

3. 比例温度控制（P 控制）

在上述两种控制方式中，由于加热功率或者处于最大值，或者为 0，这种加热功率的突变过程，总是无法使被控对象温度稳定在一个较为精确的设定值上，再者由于接触器的频繁动作，系统的可靠性及寿命也受到了一定的影响，因此，可采用比例温度控制系统。

比例温度控制系统的核心，是控制系统能根据检测到的温度 T 与设定温度 T_0 的差值 $\Delta T(=T-T_0)$按比例地给加热元件提供一个供电电压，由于 ΔT 是连续变化的量，供电电压也必须是一个可连续调节的量，前述图 16-10 所示电炉箱恒温控制系统中的自耦变压器，就能根据温差 ΔT 连续调节滑动触点位置，改变加热电阻丝供电电压。

随着电子技术的飞速发展，各种高电压大电流的功率半导体器件应运而生，且价格也越来越便宜，这些都为加热装置供电电压连续调节提供了方便。

4. 比例积分微分（PID）温度控制

比例温度控制系统能使温度较好地稳定在某一具体值上（热平衡状态），但当某作用量发生变化时（如电源电压变化时），被控温度虽然能达到新的热平衡状态，但是永远回不到原来的给定值上，这是比例控制的致命弱点，即有静差（或称稳态偏差）。如果在比例控制的基础上增加积分控制（I 控制），则可消除其静差，如果在比例积分（PI）控制基础上增加微分控制，则能够提高控制系统抗外界干扰的能力，构成比例积分微分（PID）温度控制系统。

PID 控制系统的控温精度是上述各系统中最高的。

三、常见温度控制装置原理分析

以下通过几种常见的温度控制装置原理分析，可进一步理解各种调节方式的性能特点。

1. 动圈式温度指示调节仪

图 16-12 所示为常用的 XCT 型动圈式温度指示调节仪结构示意，该仪表由测量机构和控制部分构成。

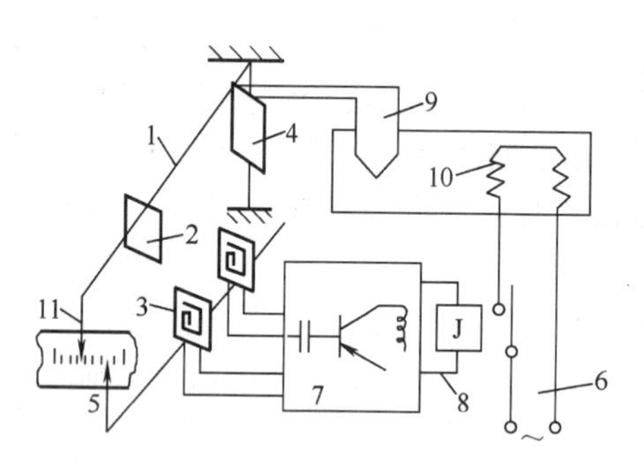

图 16-12　XCT 型动圈式温度指示调节仪结构示意
1—测量指针；2—小铝旗；3—检测线圈；4—可动线圈；5—给定指针；6—加热电源；7—晶体管振荡放大器；8—继电器；9—热电偶；10—电加热器；11—指针

测量机构是一个磁电系表头，可动线圈 4 处于永久磁钢构成的空间磁场中，热电偶 9 产生的毫伏信号使线圈 4 中流过一与之对应的电流，使测量指针 1 随输入信号作相应偏转，于是指针 11 在面板上就指示出温度数值来。

控制部分由给定指针 5、检测线圈 3、加热电源 6、晶体管振荡放大器 7、继电器 8、电加热器 10 组成。

XCT101/111/121 型温控调节仪为双位调节控制型，其温度控制过程如图 16-13 所示。

当测量指针 1 与给定值指针（由面板调节）5 不重合时，即测量值≠给定值，例如，$T<T_0$，指针上的小铝旗 2 处在检测线圈外面，检测线圈有较大电感，高频振荡放大器有振荡电流输出，使继电器 8 吸合，加热电路接通并开始加热，温度逐渐上升。当测量值等于给定值时，继电器触点断开，加热电路断开，温度逐渐下降。当测量值小于给定值时，触点又吸合，如此反复循环，即实现了对加热装置的双位控制。

XCT131 型温度控制仪是时间比例控制型，其晶体管振荡及放大器部分与 XCT101/111/121 型有较大区别。图 16-14 所示为被测温度 T 处于不同位置时，继电器开关动作的变化情况。

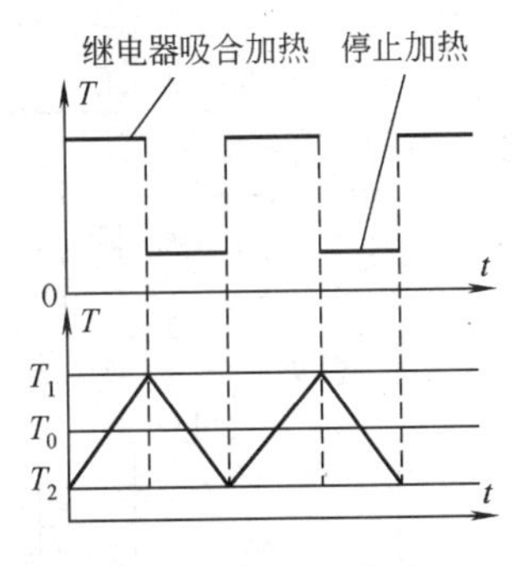

图 16-13　双位控制过程

图 16-14 中 T_0 为给定温度值，$T_1 \sim T_5$ 为不同的指示温度，t_1 为继电器闭合时间，t_2 为继电器断开时间。

当被测温度为 T_1 时，指示温度尚未进入由给定指针所决定的比例带，继电器吸合，系统以最高功率进行连续加热。

当温度升高指示指针进入比例带 T_2、T_3、T_4 等位置时，继电器则按 $\Delta T(=T-T_0)$ 的大小，以一定的时间比例吸、放。

当指针超越比例带进入 T_5 位置时，示温指针受定温指针止挡装置限位，继电器处于释放状态。

需要说明的是，该系统处于 $T_3(=T_0)$ 位置，$t_1=t_2$，即加热时间与停止加热的时间相同时，被控对象并不一定处于热平衡状态，比如系统工艺条件变化，热容量较小时，虽 $t_1=t_2$，但系统温度会继续升高至大于 T_0，而热容量较大时，同理，系统温度会小于 T_0。这就是所谓比例温度控制系统“静差”之所在。实际使用时，应根据情况，将给定指针反向偏离一个位置，以消除静差的影响。

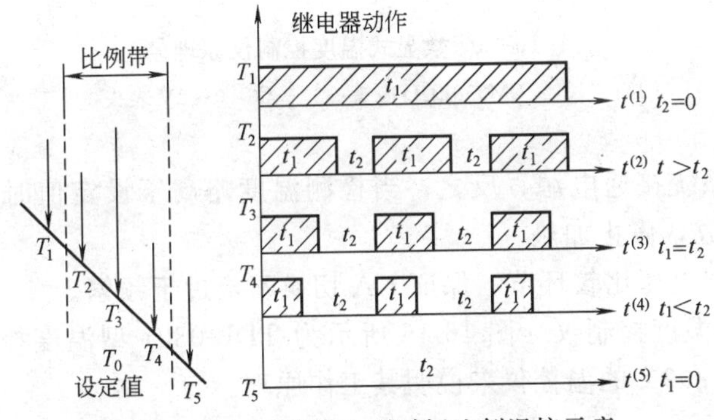

图 16-14　XCT131 型时间比例温控示意

2. 电位差式温度指示调节仪

图 16-15 所示为数显式温度控制仪原理，由于动圈式仪表复杂的机械结构、可靠性、成本等因素使其运用情况受到了很大的局限，目前，已逐渐被电子式温控仪表所取代。下面介绍两款常见的电位差式温度控制器电路。

(1) 数显式电位差式温度控制仪　图 16-15 所示为数显式温度控制仪原理，该温控装置为典型双位控制式调节系统，其组成及工作原理简要分析如下。

① 温度控检测部分。该装置采用了美国 NSC 公司生产的线性温度传感器，测温范围为 $-20 \sim 100$℃，输出电压 $U_o=10t$(mV)，t 为测量温度值，单位为℃。芯片 1 脚接电源正极，3 脚接地，2 脚为输出电压 U_o。如被检测温度在 $0 \sim 100$℃范围内变化时，U_o 输出对应为 $0 \sim 1$V。

② 温度指示部分。温度指示采用了 LCD（液晶显示）三位半数字显示电压表表头，当输入电压为 $0 \sim 1$V 时，对应显示 $0 \sim 100$℃。

③ 温度给定调节。稳压管 VD_1 产生 5.1V 的基准电压，由 IC1 组成的电压跟随器进行电流放大后，提供给 RP_1 及 RP_2 路进行给定电压调节，设定温度时，将开关 S_1 扳向 B 位置，调节 RP_2 使 LCD 显示所需要的控制温度即可，同时设定温度电压值通过 R_3 送到了比较器 IC_2 的同相输入端。

④ 输出控制部分。温度设定后，将 S_1 扳回 A 位置，LCD 表头显示检测到的被控对象实际温度。当检测的温度低于设定温度时，比较器 IC_2 输出低电平，三极管 9013 导通，继

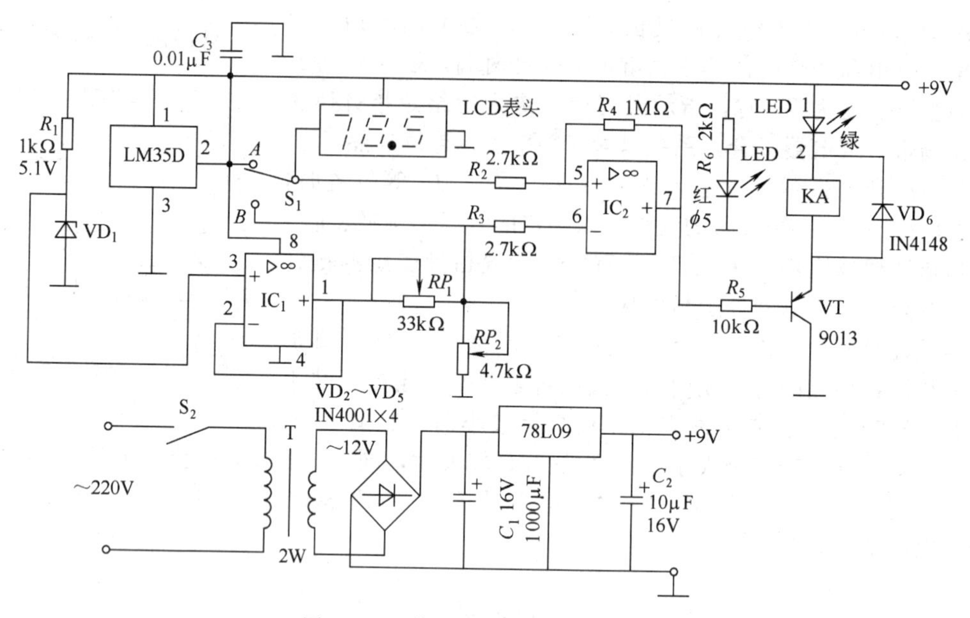

图 16-15　数显式温度控制仪原理

IC_1、IC_2：LM358LCD 表头：$3\frac{1}{2}$位，0～2V 表头

电器 KA 吸合使加热系统接通电源，反之，当检测温度略高于设定值时，IC_2 输出高电平，9013 截止，继电器释放，停止加热。

R_4 及 R_2 组成滞回电压比较环节，保证 KA 切换不至过于频繁。

(2) TDB-0301 型温度控制仪　图 16-16 所示为 TDB-0301 型温度控制器电原理，下面以控温参数范围为 0～399℃的温控仪来说明其工作原理。

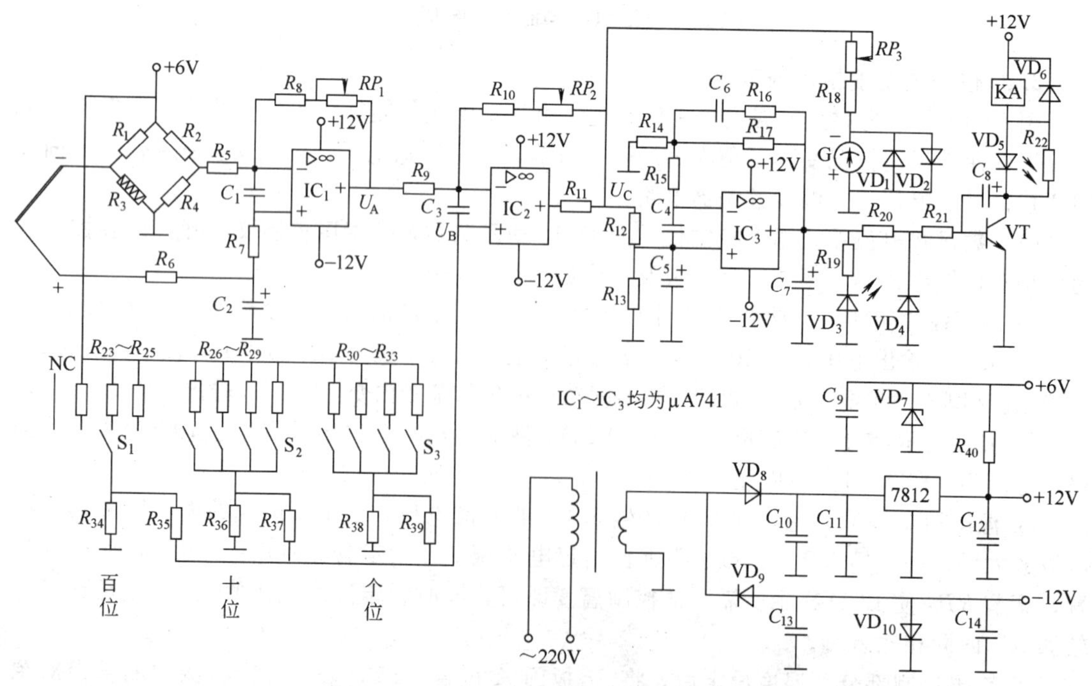

图 16-16　TDB-0301 型温度控制器电原理

S_1、S_2、S_3 三个数字打码开关及其相关电阻分压网络构成温度控制给定调节电路，其中百位 S_1 为一单刀四掷开关，分别对应 0、100℃、200℃及 300℃；十位及个位则采用了 BCD 打码开关，通过调节这三个开关，可将控制温度设定在 0～399℃中的任一位置上。根据 VD_1 稳压参数及分压电阻网络阻值情况输出给定电压 U_B，约为 0～1.2V 左右。

R_1～R_4 及热电偶构成输入检测及冷端补偿回路，R_3 为冷端温度补偿电阻，其补偿原理在本章第二节已详细讨论，此处不再赘述。R_5、R_8、RP_1 及 IC_1 等元件构成同相比例放大电路，对来自热电偶的微弱信号进行放大。根据不同的热电偶分度值，被测温度在 0～399℃范围内变化时，整定 RP_1 位置，使输出电压 U_A 在（与 U_B 对应）0～1.2V 范围内变化。

R_9、RP_2 及 R_{10}、IC_2 等元件构成温度指示放大电路。其电压放大倍数为 100 倍，当被测温度 T 与设定温度 T_0 相差 40℃（约为控制全量程的 1/10）或以上时，$|U_A-U_B|$ 约为 1.2/10=0.12V，IC_2 的输出电压 U_C 被钳位在±12V，检流计 G 则正向满偏（$T-T_0 \geqslant$ 40℃）或反向满偏（$T-T_0 \leqslant$ 40℃）。实际上，该仪表显示装置不能显示实际温度值。而只能显示被测温度与设定温度之差在±40℃以内变化的温差。

IC_3 等构成输出控制电路，当 $U_C>0$ 时，表明 $U_A<U_B$，即 $T<T_0$，IC_3 同相输入端电压高于反相输入端。故输出端输出高电平使 VT 导通，继电器 KA 吸合并加热，反之亦然。

3. 单片机温度控制系统

上述温度控制仪表都是采用继电器作为时间开关对加热功率进行调节，实现温度控制，其控制精度受继电器触点动作频率的限制，波动范围较大。采用单片机构成的温度控制系统，则可方便地实现 P 控制、PI 控制及 PID 控制，大幅度提高了控温精度。图 16-17 所示为单片机温度控制系统原理。

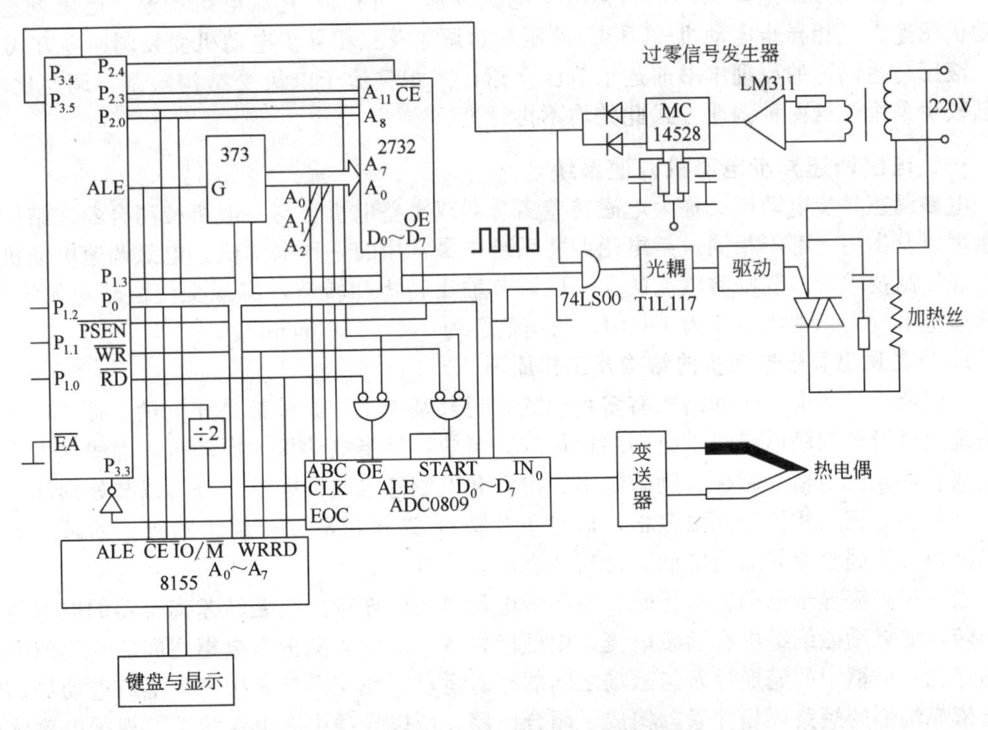

图 16-17　单片机温度控制系统原理

由热电偶检测的温度毫伏信号由变送器处理后送至模/数转换电路 ADC0809，再经数据总线送至单片机 8031 进行判断和运算，得到相应的控制量，再通过 $P_{1.3}$ 口输出，控制加热功率，从而实现对温度的控制。

由于该系统既要能显示、报警、键盘输入，又要能进行控制，单靠8031单片机的接口是不够的，所以键盘及显示电路通过8155扩展芯片与单片机相连。

由$P_{1.3}$口输出的数字脉冲信号，是能够使双向可控硅通断的脉冲信号，其通断周期（毫秒级）远远小于继电器控制方式通断周期（秒级）。确切地说，它类似于前述时间比例控制方式，但从效果上看，完全等同于电压连续调节的加热方式。

LM311及MC14528等元件构成双向可控硅过零触发电路，能有效地保护功率开关元件，并减小加热主回路对单片机控制系统的干扰。

使用不同的计算及处理软件，就可实现不同的温度调节方式。温度的比例（P）控制、比例积分（PI）控制及比例积分微分（PID）控制，大都采用单片机温度控制系统。

第三节　速度控制系统

在为数众多的机电设备系统中，执行机构的运动速度都需要在一定范围内进行调整。按速度调节是否连贯来分，有有级调速和无级调速两大类，汽车行驶速度的挡位控制，普通车床的主轴变速等均属有级调速，有级调速虽然具有结构简单易行，且运行可靠的优势，但受机械传动装置结构的制约，可供选择的输出速度值是十分有限的，很多传动场合必须采用无级变速的方式进行速度调节。

塑料挤出成型设备中螺杆的转速，采用了无级变速的调速方式，通过调节螺杆的转速，总可以找到一个既有较大的挤出产量，又能保证良好塑化效果及制品质量的螺杆转速。挤塑机螺杆变速传动方式主要有：三相整流子电机调速、可控硅-直流电机调速、电磁调速异步电动机调速、三相异步电动机-液压泵-液压马达调速及三相异步电动机变频调速等方式。

液压马达调速的原理本书前述章节已介绍，三相整流子电机受结构限制，调速比较小，现已较少采用，这两种调速方式此处均不再讨论。

一、电磁调速异步电动机调速系统

电磁调速异步电动机又称为电磁转差离合器或滑差电机，与一般机械离合器在结构、工作原理以及作用上都不相同，是电磁调速系统中最常用的一种电动机。电磁调速电动机利用可控硅控制技术，改变励磁电流的大小以调节输出转矩和转速，实现交流恒转矩无级调速。其调速范围较大，常用速比为1∶10，调速范围为120～1200r/min。

1. 电磁调速异步电动机的结构及工作原理

电磁调速异步电动机的结构有多种形式，但其基本工作原理都是相同的。图16-18所示为系统通过滑环向励磁绕组供电的结构形式。图中，异步电动机为原动机，虚线框内为电磁转差离合器，由电枢、磁极、励磁绕组、滑环和电刷等组成。电枢部分可以装笼形导条，也可以是整块铸钢（相当于无限多根笼形导条并联）。磁极依靠励磁绕组励磁。励磁绕组中的直流是由可控硅整流并通过电刷、滑环通入的。

当三相交流异步电动机运行时，与异步电动机同轴连接的电磁转差离合器的电枢与之同速旋转。如果励磁绕组中有励磁电流，则磁极便有了磁性，磁极与电枢之间的空气隙中便有磁场存在。电枢中的笼形导条与磁场之间的相对运动，使笼形导条中产生感应电动势。笼形导条依靠端部的短路环相并联，构成了闭合电路，所以导条中有电流流通。根据电磁感应定律，在磁场中通电导体要受到磁场力的作用，这样，均匀分布在电枢圆周并与轴平行的导条所受的电磁力，反作用于与负载同轴连接的磁极上，使磁极发生旋转运动，从而带动负载转动。电磁转差离合器的这种工作状态称为离合器的“合”。同时根据电磁力定律，通电导体

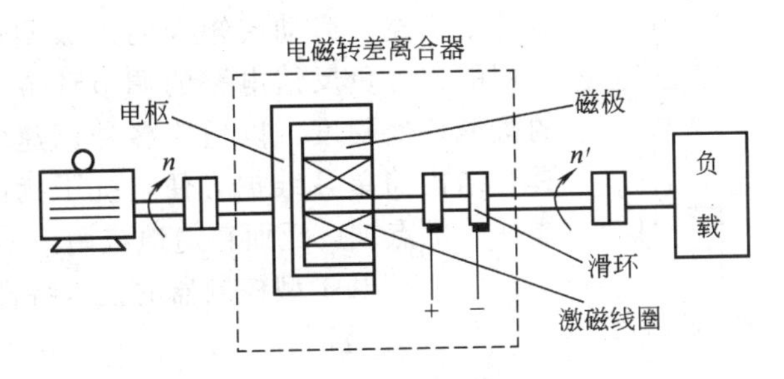

图 16-18 电磁调速异步电动机结构

所在的磁场越强，导体所受的电磁力越大，所作用于磁极上使负载转动并由电磁力产生的电磁转矩（等于电磁力乘以磁极半径）也越大，负载的转速就会加快。磁场的强弱是通过调节励磁电流的大小来改变的，而励磁电流的大小是通过改变可控硅的控制角，以改变加在励磁绕组两端的电压大小来调节的。

显然，电磁转差离合器电磁转矩的产生，是因为电枢与磁极之间有相对运动。如果磁极与电枢转速相同，它们之间没有了相对运动，那么也就没有了导条中的感应电动势和电流，因而也就没有了电磁转矩，负载就失去了使之转动的动力。可见，负载的转速只能低于电动机的转速，这就是电磁转差离合器“转差”的含义。

反之，如果不向励磁绕组中通入直流电流，磁极就没有磁性，空气中就没有磁场，电枢中的笼形导条就不受电磁力的作用，也不可能有反作用在磁极上的电磁转矩。这时，尽管三相异步电动机在旋转，但负载却不旋转。这种工作状态称为电磁转差离合器的“离”。

电磁调速异步电动机以结构简单、成本较低、调速可靠以及维修方便等优点，常常替代交流整流子电动机和直流电动机，也被广泛用作纺织、印染、造纸、印刷、塑料、橡胶和线缆等加工行业的设备拖动。

2. 电磁调速异步电动机的控制系统

电磁调速异步电动机的控制系统具体由交流异步电动机、电磁转差离合器、测速反馈发电机和调速控制器等组成。交流异步电动机的功率是根据电磁转差离合器的功率设计来进行配置的，它要求二者的功率互相匹配。常用的交流异步电动机的功率范围为 0.55～90kW。测速反馈发电机是用来测定电磁调速异步电动机的转速的，它与电磁调速异步电动机输出轴共轴，旋转产生三相中频电压，电压幅值约为 40V，频率可达 200Hz，是系统测量转速和采集速度反馈信号的重要部件。控制器也称调速器，是电磁调速异步电动机控制系统的核心部件，其基本的工作原理如下所述。

当负载或异步电动机的电源电压出现波动而引起负载的转速偏离规定的转速时，它能将来自测速发电机的速度反馈信号与根据规定转速而设定的给定信号进行比较，并将比较后得到的差值信号放大，用放大后的信号去改变可控硅导通的时间，从而使可控硅整流的输出电压平均值发生与上述波动相反的变化。可控硅整流的输出电压加在励磁绕组两端，励磁电流以及由其产生的磁场随可控硅整流的输出电压的变化而相应变化，使负载的转速基本维持恒定。

图 16-19 所示为电磁调速系统电路示意。D 表示三相交流异步电动机，Z 表示电磁转差离合器，F 表示测速反馈发电机，ZTK 表示速度调节控制器，是一种与 JZT 系列电磁调速异步电动机配套的控制设备。

3. ZTK 型系列调速电路

电磁调速系统中，控制器是核心部件，可以通过操作控制器上的给定电位器对系统实现

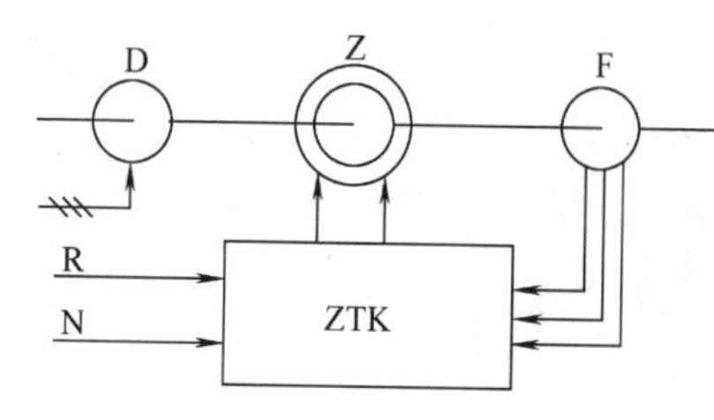

图 16-19 电磁调速系统电路示意

调速范围宽、启动转矩大的无级调速。还可利用控制器采用的速度负反馈电路的调节环节，提高电磁调速系统的机械特性硬度，以适应多种调速的要求。控制器也因具有结构简单，维护方便，抗干扰能力强，温度稳定性能好等优点被广泛而普遍地应用。

(1) ZTK-1 型控制器的技术特性

① 调速范围：

速比 1∶10。

最高转速 120～1200r/min(132～1320r/min)。

② 转速变化率：(机械特性硬度) 不大于 2.5%。

③ 输入电源：交流电压 220V，工频 50Hz。

④ 输出：额定输出最大励磁直流电压不小于 90V，额定输出最大励磁直流电流为 5A。

⑤ 配套电动机容量：0.55～90kW。

⑥ 电源电压变化：(−10～5)%时，转速偏差不大于±2.5%。

(2) ZTK-1 型控制器的电气原理 ZTK 型系列控制器电路方框图如图 16-20 所示。

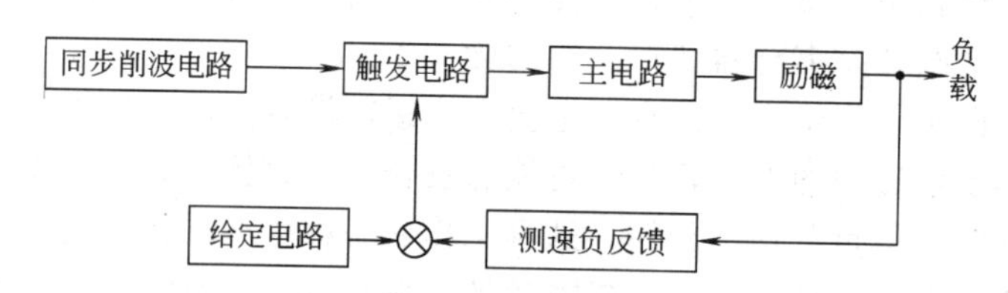

图 16-20 ZTK 型系列控制器电路方框图

图 16-21 所示为 ZTK-1 型控制器电气原理。它由可控硅主电路、给定电路、触发电路以及测速反馈电路等组成。各部分工作原理如下。

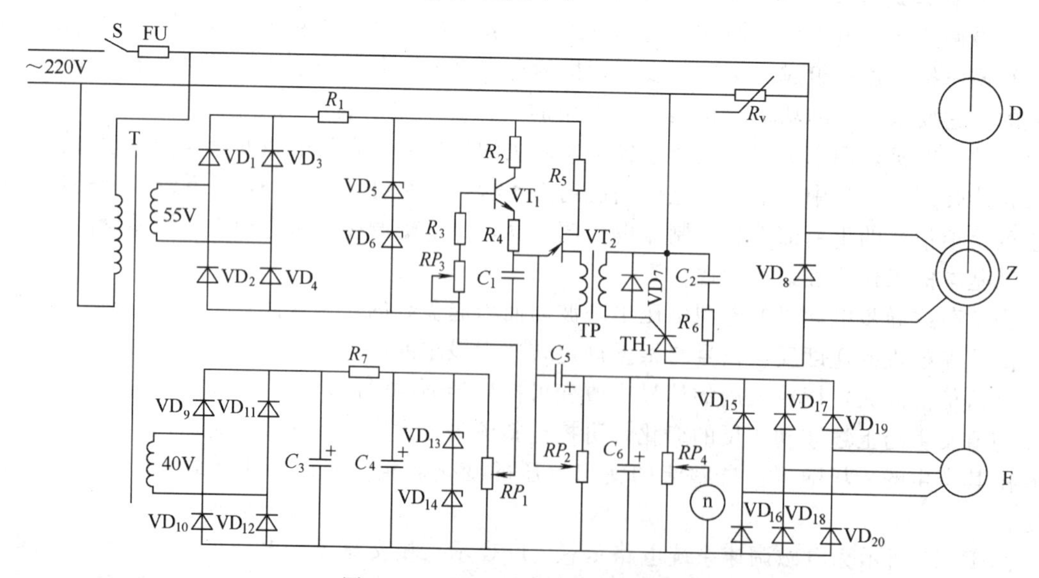

图 16-21 ZTK-1 型控制器电气原理

① 主电路。采用可控硅半波整流电路，VD_8 为续流二极管，由于电磁转差离合器励磁线圈是一个电感性负载，故 VD_8 起到了使工作电流连续的作用。R_v 是压敏电阻，用来抑制

交流侧浪涌过电压。FU 是熔断器，用于主电路过电流保护。R_6 和 C_2 与可控硅并联组成阻容吸收保护电路，作为元件 TH_1 过压保护。

② 给定电路。该电路由变压器 T、整流电路、滤波电路和稳压电路等组成。变压器 T 输出交流电压（40V）作为给定电路的输入电压，该电压经 $VD_9 \sim VD_{12}$ 桥式整流，再经由 C_3、R_7、C_4 组成的 RC 滤波器变为较平直的直流电压。在滤波电路之后引入了由稳压管 VD_{13}、VD_{14} 以及电阻 R_7 组成的稳压电路。电位器 RP_1 的滑动端输出的直流电压是根据负载转速要求而设定的基准电压，即给定电压，调节 RP_1 可调节给定电压的大小，从而控制系统的设定转速。

③ 测速反馈电路。测速发电机 F 输出三相中频电压到控制器的 $VD_{15} \sim VD_{20}$ 进行三相桥式整流，再经电容器 C_6 滤波，其输出反馈电压信号加到电位器 RP_2 两端，最后由中心抽头对信号进行取样或调节。该电压信号随电磁转差离合器的转速变化呈线性变化，作为速度反馈信号与给定信号相比较，其差值进入前置放大器，放大器输出信号的极性与给定电压信号极性相反，起负反馈的作用。n 为转速表，电容器 C_5 为加速电容、起稳定转速的作用。

④ 触发电路。它采用单结晶体管触发电路，其电路简单，工作稳定可靠，温度补偿性能好，受温度影响小，调校方便，移相范围能达到 160°左右。其工作同步电压的形成如下。

变压器 T 输出交流电压 55V 给 $VD_1 \sim VD_4$ 四个二极管进行整流，其整流输出经过限流电阻 R_1，再由 VD_5 和 VD_6 对整流波形进行削波，其输出电压作为触发电路的同步电源。晶体管 VT_1 为前置放大器，并作为触发电路的可变充电电阻，同步削波后的直流电压经过 R_2、VT_1 和 R_4 对 C_1 充电，当电容 C_1 两端的电压 U_{C1} 达到单结晶体管 VT_2 的峰点电压 U_P 时，VT_2 管的 e-b_1 间雪崩导通，电容 C_1 经脉冲变压器 TP 的原边绕组放电。放电完毕，e-b_1 间又恢复高阻状态，电源又对电容 C_1 充电，如此循环反复，于是在脉冲变压器 TP 的两端产生一系列脉冲，以触发可控硅。

XTK-1 型电磁调速控制器由上述电路组成，形成一个具有给定环节和速度负反馈环节的闭环电路。给定电路与测速负反馈电路产生的叠加信号经三极管 VT_1 前置放大器放大，由于 VT_1 相当于一个可变电阻，即恒流源充电电阻，则改变叠加信号的大小，也就改变了 VT_1 的导通程度，也改变了充电时间常数，使得触发电路产生的脉冲发生移相，可控硅控制角也随之变化，从而使输出电压或输出电流发生变化，对电磁转差离合器实现宽范围的无级调速。

二、可控硅——直流电机调速系统

可控硅的工作效率高、控制特性好、反应快速、寿命长、体积小、重量轻、可靠性高、维修容易，再加上技术成熟，因此，可控硅直流调速是各个工业领域应用最为广泛的。以下介绍两种具有典型代表意义的可控硅——直流电机调速系统电路。

1. KZD-Ⅱ型可控硅直流调速系统

KZD-Ⅱ型可控硅直流调速系统，是一个具有电压负反馈和电流正反馈的直流电机调速系统，适用于 4kW 以下直流电动机的无级调速，使用电源为 220V 单相交流电，该装置通常配置 180V 直流电动机或 160V 直流电动机，调速范围为 10∶1。装置主回路采用单相半控桥式可控硅整流电路，电路均为分立元件，常用于要求不太高的小功率（如塑料挤出成型中的牵引辅机）传动调速场合。图 16-22 所示为 KZD-Ⅱ型可控硅直流调速系统组成框图。

图 16-23 所示为 KZD-Ⅱ型可控硅直流调速系统线路，现按主电路→触发电路→控制电路→辅助电路（包括保护、指示、报警）的顺序，依次分述如下。

(1) 主电路　主电路为单相半控桥式整流电路，桥臂上的两个二极管串联排在一侧，这样它们可兼起续流二极管作用（可省去续流二极管）。

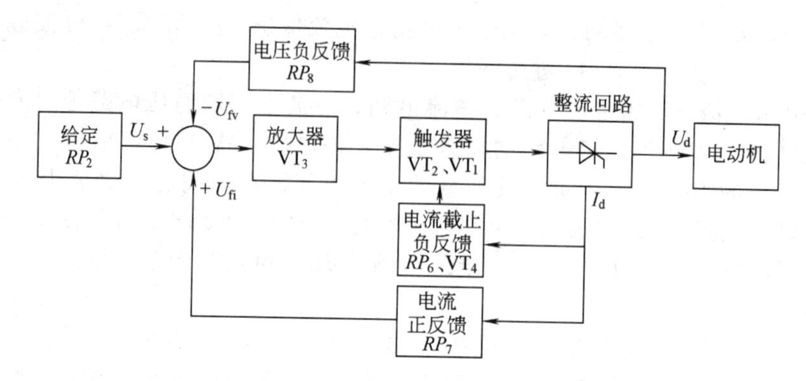

图 16-22　KZD-Ⅱ型可控硅直流调速系统组成框图

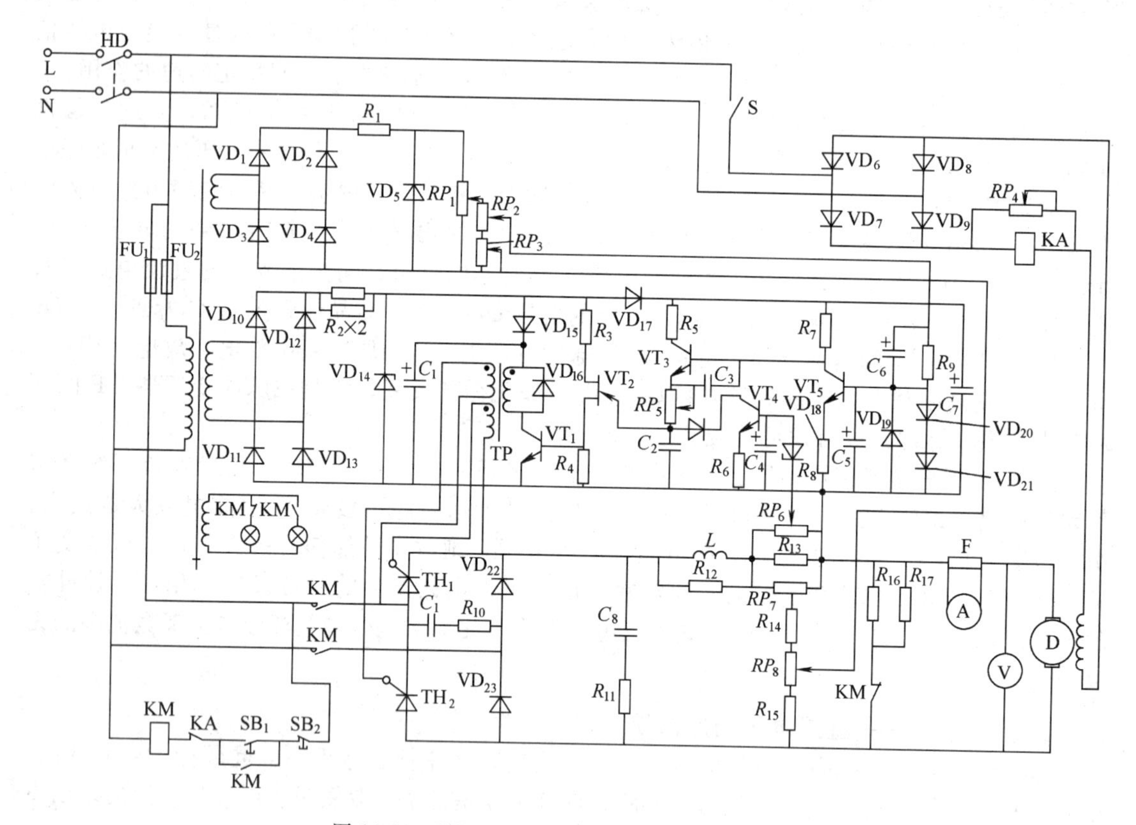

图 16-23　KZD-Ⅱ型可控硅直流调速系统线路

在图 16-23 中，L 为平波电抗器，以使整流电流连续和减小纹波，与它并联一个 R_{12} 电阻的目的，是为了在主电路突然断电时，为 L 提供一个放电回路。电路中的 F 为直流电表的分流器。R_{16}、R_{17} 为能耗制动电阻，通过主电路接触器 KM 的常闭辅助触点后，与电动机电枢并联。当主电路侧断电时，接触器 KM 也断电，则 KM 常闭辅助触点闭合。这时依靠惯性仍在运转的直流电动机处于直流发电机运行状态，利用电动机的电动势向 R_{16}、R_{17} 供电，此时的电枢电流与原先通入的电流正好相反，因此，产生的电磁转矩也将与转向相反，从而形成制动转矩，加快了停车过程。直流电动机的励磁由另一组单相桥式整流电路供电。

（2）触发电路　与上例类似的单结晶体管形式，通过控制晶体管 VT_3 和 VT_5 的导通程度，实现对电容 C_2 充电快慢的控制，来达到触发移相的目的。VT_1 为电压放大，以增大输出脉冲的幅值。VD_{16} 为续流二极管，它的作用是在 VT_1 截止瞬间为脉冲变压器一次侧提供放电通路，避免产生过高电压而损坏 VT_1。电容 C_1 是为增加脉冲的功率和前沿的陡度：在 VT_1 截止时，电源对电容 C_1 充电至整流电压峰值；当 VT_1 突然导通时，则已充了电的 C_1 将经过脉冲变压器和 VT_1 放电，从而增加了输出脉冲的功率和前沿陡度。但设置电容 C_1 后，它将使单结晶体两端同步电压的过零点消失，因此，再增设二极管 VD_{15} 加以隔离。由二极管桥式整流电路和稳压管 VD_{14} 组成的是一个近似矩形的同步电压，但放大器需要一个平稳的直流电压，因此，增设电容器 C_7，对交流成分进行滤波，但 C_7 同样会消除同步电压过零点，同理设置二极管 VD_{17}，以隔离因电容 C_7 对同步电压的影响。

(3) 控制电路　主要是给定信号和反馈信号的综合，如图 16-24 所示。

① 给定电压 U_s 由稳压电源通过电位器 RP_1、RP_2 和 RP_3 供给。其中，RP_1 整定最高给定电压（对应最高转速），RP_3 整定最低电压（对应最低转速），RP_2 为手动调速电位器（一般采用多圈线性电位器），由于 $n \approx U_s/\tilde{a}$，所以调节 U_s，即可调节电动机的转速。

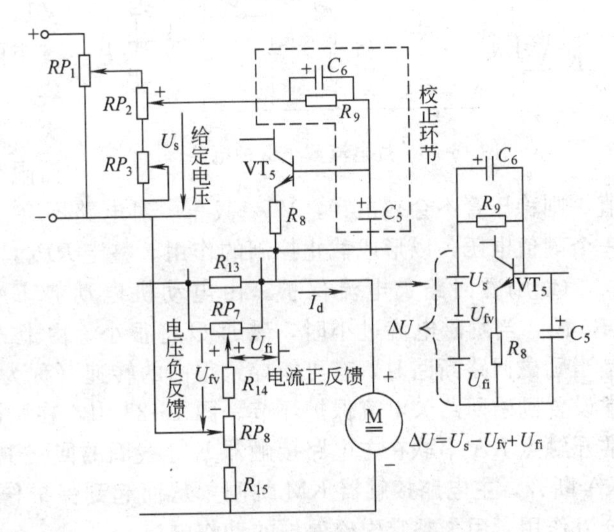

图 16-24　控制信号的综合

② 电压负反馈信号 U_{fv} 由 R_{14}、R_{15} 和电位器 RP_8 分压取出，U_{fv} 与电枢电压 U_d 成正比，$U_{fv} = \tilde{a} U_d$，式中 $\tilde{a}$ 为电压反馈系数。调节 RP_8 即可调节电压反馈量的大小。由于电压信号为负反馈，所以 U_{fv} 与 U_s 极性相反，如图 16-24 所示。在分压电路中，R_{14}（1.5kΩ）电阻为限制 U_{fv} 的下限，R_{15}（15kΩ）电阻则为限制 U_{fv} 的上限。

③ 电流反馈信号 U_{fi} 由电位器 RP_7 分压取出。电枢电流 I_d 主要流过电阻 R_{13}，R_{13} 为一阻值很小（此处为 0.125Ω）、功率足够大（此处为 20W）的电阻。电位器 RP_7 的阻值（此处为 100Ω）较 R_{13} 大得多，所以流经 RP_7 的电流是很小的，RP_7 的功率可较 R_{13} 小得多。由 RP_7 分压取出的电压 U_{fi} 与 $I_d R_{13}$ 成正比，也即 U_{fi} 与电枢电流 I_d 成正比，令 $U_{fi} = \beta I_d$，式中 β 为电流反馈系数。调节 RP_7 即可调节电流反馈量的大小。

④ 信号的综合主要看控制输入端的电压 ΔU 由哪些信号电压构成，由图 16-24 可见，$\Delta U = U_s - U_{fv} + U_{fi}$，其中，$U_s$ 为给定电压，U_{fv} 为电压反馈信号，U_{fi} 为电流反馈信号，其中电压为负反馈，电流为正反馈。图 16-23 中，VD_{20}、VD_{21} 为电压放大输入回路正限幅，以免输入信号幅值过大；VD_{19} 为晶体管 VT_5 的 be 电结反向限幅保护，以免过高反向电压将其击穿。

⑤ 在给定回路中，还串接了一个电阻 R_9 和电容 C_6 并联的组件，它和 VT_5 输入电路中的 C_5、R_8 构成串联校正环节，其中 C_5 为滤波电容，C_6 为加速电容，主要为了增强抗干扰能力和改善系统的动态性能。

(4) 保护电路

① 短路保护。主回路中的熔断器（50A）和控制回路中的熔断器（1A）均为短路保护环节。

② 过电压保护。主电路的交、直流两侧均设有阻容（50Ω 电阻与 2μF 电容）吸收电路，

以吸收浪涌电压。

③ 过电流截止保护。图16-23中电位器RP_6、稳压管VD_{18}和晶体管VT_4构成电流截止负反馈环节。由于直流电动机在启动的瞬间，转速n为零，因此，反电动势$E(=K_e \ddot{O} n)$也为零，此时电枢电流$I_d=\frac{U_d-E}{R_d}=\frac{U_d}{R_d}$，而电枢电阻$R_d$通常是很小的，这样启动电流将很大，会烧坏整流元件和电机，因此，必须采取措施来限制过大电流。电流截止负反馈环节便是限制电流过大的有效措施。现将过电流截止保护环节单独画出，如图16-25所示。

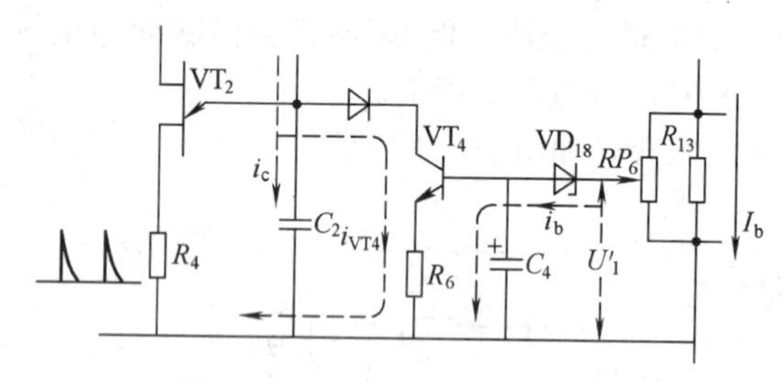

图16-25 过电流截止保护电路

采用电流截止负反馈环节后，若电流超过某允许值，则由电位器R_6取出的电流信号电压U_1'将击穿稳压管VD_{18}，并使晶体管VT_4饱和导通，这样，电容C_2将通过VT_4和电阻R_6（100Ω）旁路放电（i_{VT4}），使电容C_2上电压上升变得十分缓慢，使控制角$\tilde{a}$大为延迟，整流输出电压U_d大为下降，从而限制了过大的电流。若电流小于最大允许值，则稳压管不会被击穿，VT_4截止，对电路不会发生影响。电路中的稳压管主要是提供一个阈值电压，以形成截止控制的作用。整定RP_6，即可整定截止电流的数值。

④ 励磁回路欠电流保护。由电动机电动势$E=K_e\Phi$有：直流电动机的转速$n=E/(K_e\Phi)$，当励磁电流过小时，磁通$\ddot{O}$将很小，由上式可知，电动机的转速将会过高，特别是当励磁回路断路时，有可能导致很高的转速（称为飞车）。为了防止出现这样的情况，通常设置励磁回路欠电流保护环节。图16-23中，在励磁回路中串接了欠电流继电器KA，其常开触点KA串联在主电路接触器KM线圈的回路中。当电流过小时，KA释放，常开触点KA断开，主电路接触器KM跳闸，从而起到保护作用。与KA线圈并联的电位器RP_4起分流作用，用来整定失磁保护的动作电流。

（5）辅助电路。本装置的辅助电路不多，主要提供触发电路的稳压电源、给定电压的稳压电源和电源通、断指示等辅助环节。

2. SJ-45B型挤塑机直流调速系统

在上述直流电机调速系统中，采用电压负反馈及速度正反馈来代替转速负反馈，简化了安装测速发电机的麻烦，使系统简化，但速度的稳定性及速比范围等均不太理想，因此，要求较高的系统中应采用具有速度负反馈环节的控制系统。SJ-45B型挤塑机直流电机无级调速控制系统，就是利用与主电机转轴连接在一起的测速发电机，检测输出转速，再反馈至可控硅触发电路，以实现速度稳定调节的。

图16-26所示为SJ-45B型挤塑机直流调速系统电气原理，现简要分析如下。

（1）主电路　主电路为单相桥式半控整流电路，VD_{17}为续流二极管，RS为电流表A的分流电阻，L为平波电抗器。

励磁绕组由VD_{18}～VD_{21}构成的全波整流电路单独供电。并可经RP_4调节励磁电流，进行恒功率调速。

（2）触发电路　采用由VT_4等元件构成的典型单结晶体管可控硅触发电路，其可控输出触发脉冲经脉冲变压器TP耦合后分别送至可控硅TH_1及TH_2的触发极。

VT_2为恒流充电“可变电阻”，C_5为恒流充电电容。

单结晶体管所需过零梯形同步供电电源，由VD_5～VD_8整流所得脉动直流再经VD_{25}削波后提供。

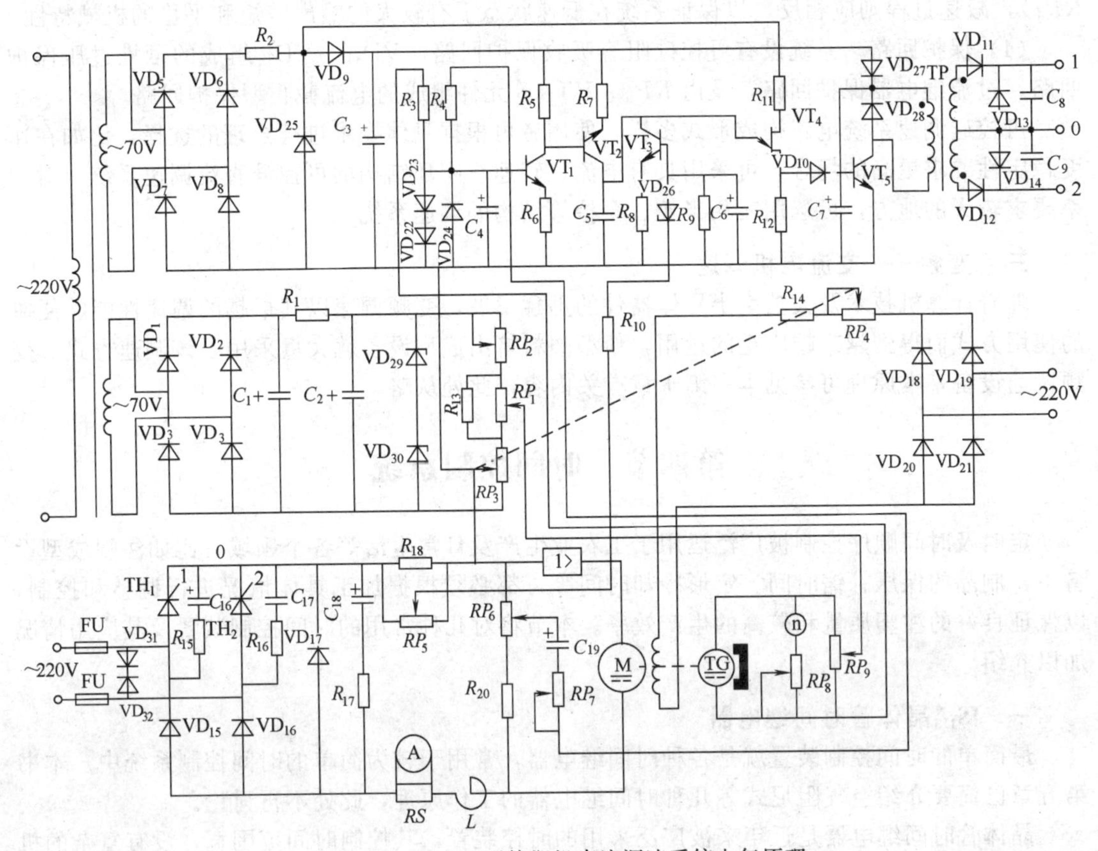

图 16-26　SJ-45B 型挤塑机直流调速系统电气原理

VD_9、C_3 整流滤波后得到线性放大电路所需的平滑直流电压，VD_{27} 及 C_7 的作用能使输出脉冲前沿更加陡直，以使 TH_1 及 TH_2 的触发导通更加可靠。

(3) 控制回路　包括速度给定调节回路及速度负反馈回路。

速度给定回路电源由 70V 交流电源经 VD_1～VD_4 整流，$RC\pi$ 形滤波及 VD_{29}、VD_{30} 稳压后提供。速度给定回路中的给定电流流经 RP_1、RP_2、RP_3 时，在 RP_1 及 RP_3 两动臂之间的电压降即为速度给定电压，如图 16-27 所示，其极性为上正下负。

直流测速发电机 TG 的输出电压一路给转速表 n 提供信号电流，一路通过 RP_9 进行速度取样后，与给定电压反相串联形成控制电压，再送入控制放大器输入管 VT_1 的基极回路。显而易见，给定电压愈高，则 VT_1 导通愈深，恒流充电时间愈短，在电源的一个半波中，由单结晶体管形成的第一个触发脉冲愈提前，输出电压也就愈大，速度也随之提高。

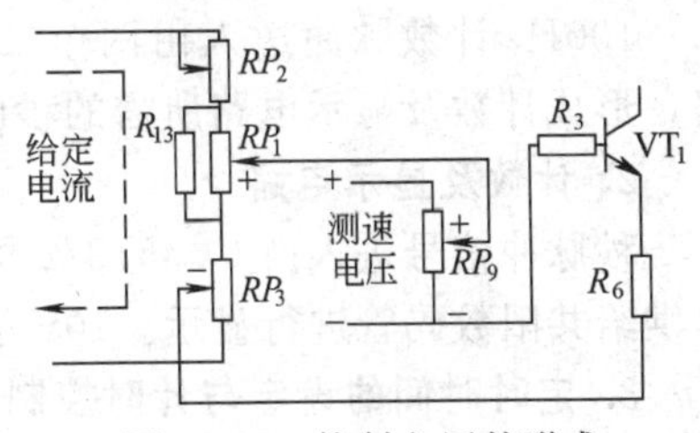

图 16-27　控制电压的形成

需要特别指出的是，RP_4 励磁调速电位器与给定回路中的 RP_3 同轴，其作用在于：当调节 RP_4 进行弱磁升速时，如果没有 RP_3，由于转速的提高，负反馈加强，控制电压将减小，从而影响速度的提高。引入 RP_3 后减小励磁电流的同时，通过 RP_3 增大给定电压，从而使弱磁调节过程中控制电压基本维持不变，实现恒功率调速。

速度调节的加速过程遵循先恒转矩再恒功率的调速顺序（即先调节 RP_1，再调节

RP_4)，减速过程则应相反，以保证系统在低速状态下有较大的输出转矩和平稳的机械特性。

(4) 保护回路　系统设有可控硅阻容吸收保护回路，VD_{31}、VD_{32}组成的硒堆过压保护回路，过流继电器保护回路，及由RP_5、VT_3等元件组成的电流截止型保护回路。

可控硅调速系统电路构成形式多样，使用者可根据具体要求进行合理的选择，比如在速度稳定性要求更高的场合，可采用具有电流、转速双闭环结构的可控硅直流调速系统，对功率要求较大的地方，可选用三相半控、全控等结构的调速系统。

三、变频——交流电机调速

随着计算机技术及大功率半导体器件的迅猛发展，变频调速以其卓越的调速性能、便捷的使用方式而得到越来越广泛的运用，新型塑料挤出成型设备就大量采用了该调速方式。变频调速设备基本原理可参见本书第十章有关内容，此处从略。

第四节　时间控制系统

定时及时间顺序控制被广泛运用于工农业生产及日常生活等各个领域，比如注塑成型设备中，制品的保压补缩时间、定形冷却时间等，都必须根据加工具体情况进行调整和控制，以保证良好的注塑质量和较高的生产效率。本节将对几种常用的时间控制装置及其应用情况加以介绍。

一、JS_{11S}晶体管时间继电器

最简单的时间控制装置就是各种时间继电器，常用于较为简单的时间控制系统中。本书第五章已简要介绍空气阻尼式等几种时间继电器的工作原理，此处不再讨论。

晶体管时间继电器是近年来被广泛采用的时控装置，其控制时间范围宽，没有复杂的机械减速装置，无论从价格和使用性能上都令人十分满意。JS_{11S}是老式时间继电器JS_{11}的替代产品，图16-28所示为JS_{11S}晶体管时间继电器电原理图，现简要分析如下。

1. 时基信号的产生

VD_1及VD_2分别接至电源变压器次级线圈的两端，R_1上将得到100Hz脉动直流信号，C_1容量较小，为防止干扰而设，VD_7为钳位二极管，以限制进入G_2（G_1～G_6为CMOS六反相器）的脉冲幅度。G_2、G_5、R_2、R_3等元件构成施密特脉冲整形电路，其输出作为计数脉冲送入计数电路。

100Hz计数脉冲送入由两个二-十进制计数电路（CC4518/2）串联构成的100分频电路，形成计数及显示电路所需的秒脉冲时基信号。

2. 计数及显示电路

秒脉冲信号进入由CC4518/2构成的秒计数电路计数，其输出BCD码经CC4543译码后提供给共阳数码管进行显示。10S位计数与其级联，其时间控制范围为0～99s。

3. 定时时间的设定与计时控制电路

时间的设定由两个BCD打码开关完成，如要求定时时间为33s，可调整两个打码开关的“＋”、“－”按钮使其与VD_{14}、VD_{15}、VD_{18}、VD_{19}串联的四个开关接通，当计数电路输出为00110011（即十进制的33）时，打码开关公共端为高电平，经G_1、G_2后使100分频电路的控制输入端CP置1，计数电路停止工作。G_3、G_6构成上电复位电路，时间继电器加电时G_6将输出一正脉冲，使分频电路及计数电路均清零。

4. 电源及输出控制电路

由VT_1等元件构成典型的串联稳压电路，为计数电路等提供＋10V直流电源。内部继

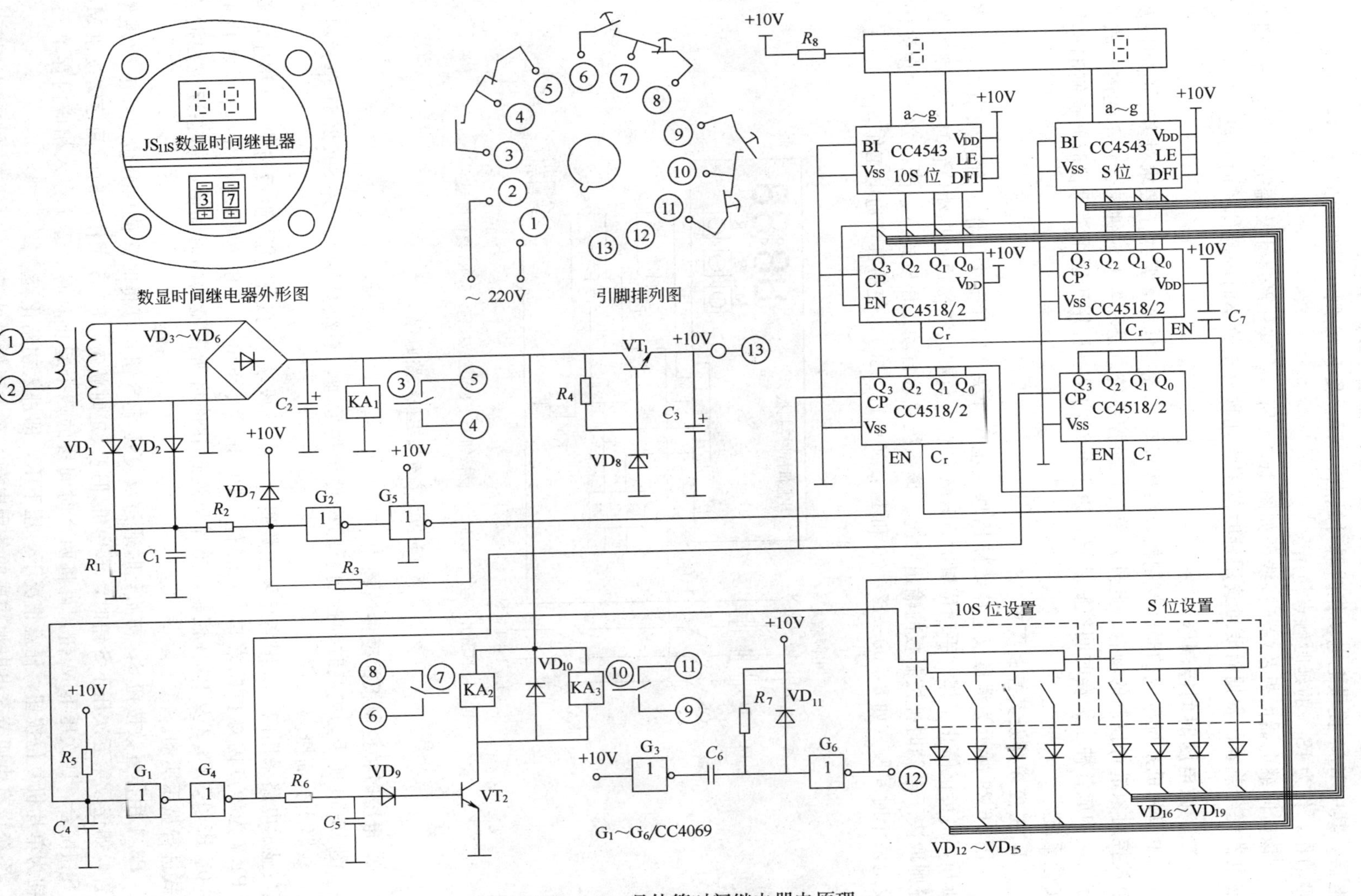

图 16-28 JS11S晶体管时间继电器电原理

电器工作电源则为来自桥式整流电路的非稳压直流电源。KA_1、KA_2、KA_3 均为超小型继电器，其中 KA_1 提供上电动作的瞬时触点；KA_2 及 KA_3 则在计时时间到，G_4 输出高电平时动作，作为 JS_{11S}的延时触点使用。

该时间继电器面板及端子接线图如图 16-28 所示。其外形尺寸及端子功能与 JS_{11} 型时间继电器完全兼容。根据需要可选用延时范围为几秒直至数小时的晶体管时间继电器。

二、微电脑时间控制器

由单片机系统构成的时间控制器，结构简单，成本低廉，常用于要求对多个时间段及多个被控对象进行控制的场合。此外，单片机时控系统总是和实时时钟结合在一起的，故可以方便地构成各种全天候时间控制装置。以下介绍的是一种用于医用消毒仪时间控制的单片机实验系统。

1. 主控线路及其控制要求

图 16-29 所示为消毒仪主控线路原理，主令开关 LS 有三个工作位置，处中位时，KM 断开，消毒仪停止工作；手动位置时，KM 吸合，负载电源接通；自动位置时，负载工作情况则取决于电脑时钟控制板的输出状况。该系统要求自动工作模式下，能在 24h 内预先任意设定两个时间段（如 8：00—12：00 和 14：00—17：30），使消毒仪通电工作。

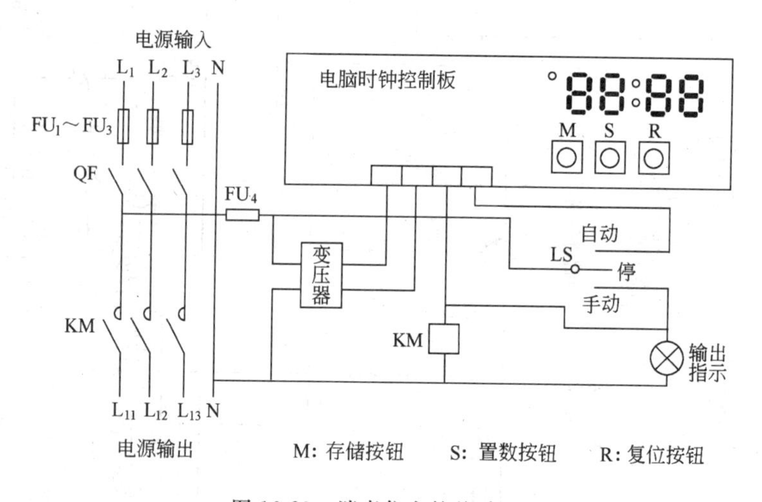

图 16-29　消毒仪主控线路原理

2. 电脑时钟控制板的硬件结构

图 16-30 所示为电脑时钟控制板的硬件结构原理，系统只用了一片 89C2051 单片机构成，线路十分简捷。

显示电路采用四只共阳高亮发光数码管，各笔段端子通过限流电阻后与 P1 口相连，其中 P1.7 为秒点闪烁控制端口。min 位、10min 位、h 位及 10h 位驱动，分别由 P3 口的 P3.0、P3.1、P3.2 及 P3.3 控制。单片机通过软件将所需显示的时间值以动态逐位扫描的方式进行显示驱动。

P3.4 用作置数按钮 S，初始化时通过反复压下 S 钮，可将时间值由分位至 10h 位逐位预置，如连续第五次压下 S 钮时，单片机即进入走时状态。P3.5 用作定时时间存储按钮 M，与 S 钮配合，四次压下 M 钮，可将两个时间段的四个起止时间点逐个存入相应内存单元。R 钮为单片机复位按钮，任意情况下，压下 R，即进入初始化程序。

系统设有由四节充电电池构成的备用电源，正常工作时处于浮充电状态，如遇电网断电时，显示自动消隐，备用电池可维持单片机继续走时，并保持内存中设定的定时时间不至丢

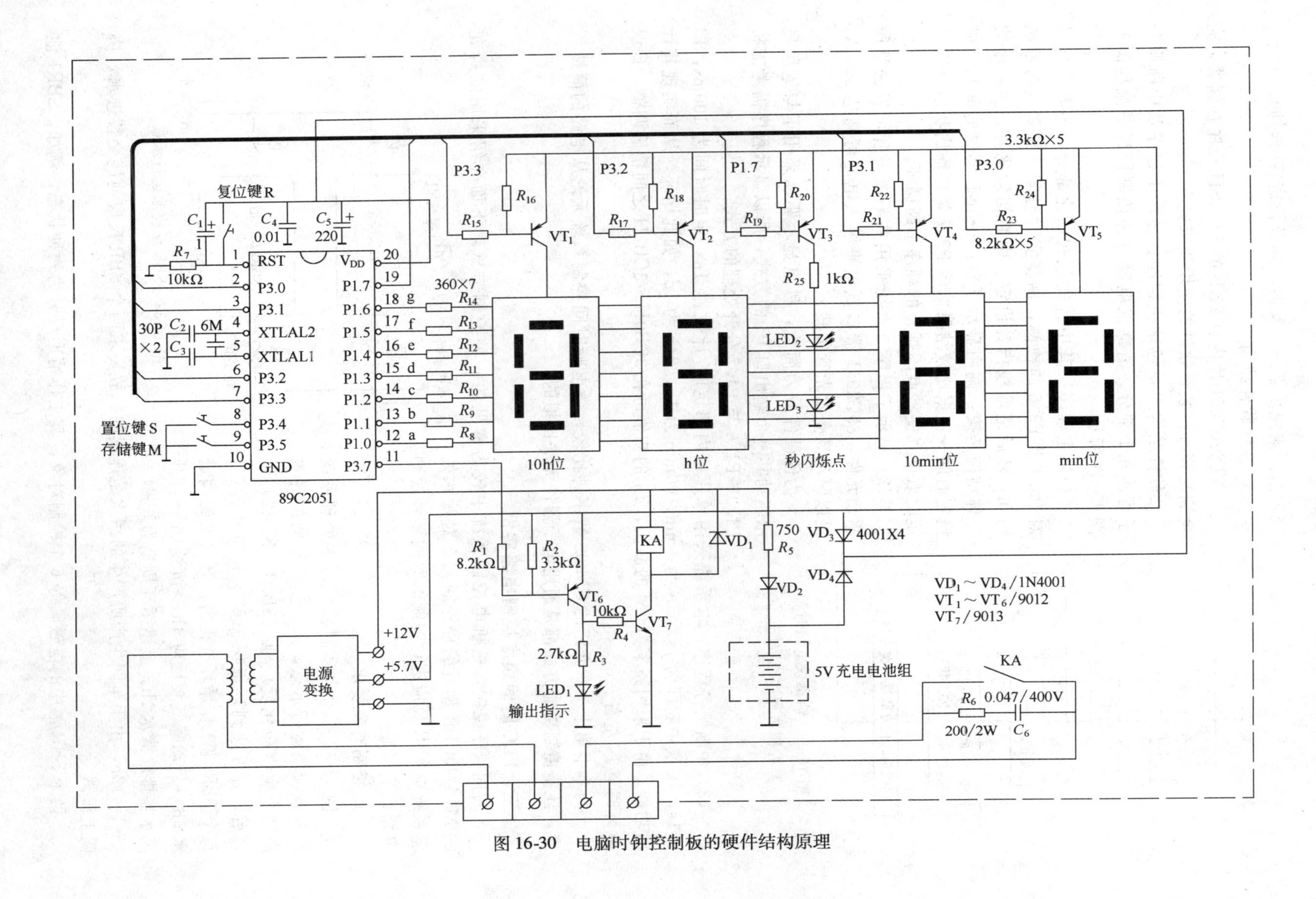

图 16-30 电脑时钟控制板的硬件结构原理

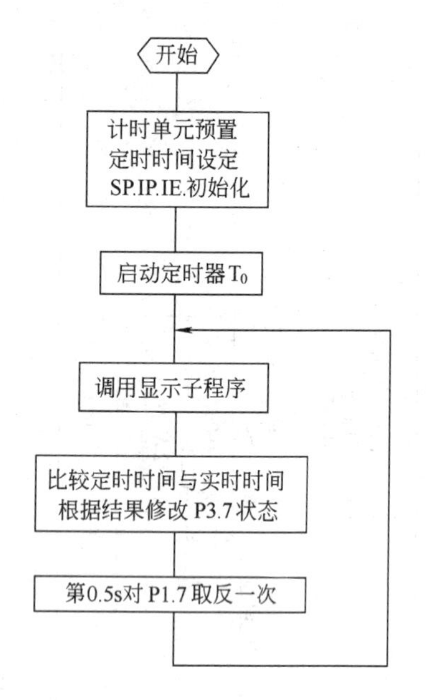

图 16-31 消毒仪电脑时钟控制器程序流程图

失，从而避免重新调整实时时间及设定定时时间。

3. 系统软件结构

AT89C2051 片内有 2KB 的 FLASH 程序存储器，完全满足该时控装置软件的使用要求。

软件结构主要包括主程序、显示子程序及中断服务子程序几个部分。消毒仪电脑时钟控制器程序流程图如图 16-31 所示。

（1）主程序　其中首先是初始化部分，主要是通过对 P3.4 及 P3.5 的检测，调整实时时间及预置定时控制时间，然后是堆栈指针设定、中断初始化等。主程序的主体结构是按：调用显示子程序→比较实时时间与定时设定时间→根据比较结果修改 P3.7 端口输出状态→P1.7 定时取反（使秒点闪烁）的顺序不断循环。

（2）显示子程序　系统采用共阳数码管可省去笔段驱动元件，89C2051 端口低电平灌入电流可高达 20mA，足以驱动高亮发光管负载。

为使硬件最为简化，秒点显示驱动采用了与笔段显示驱动共一个输出口 P1 的方式，所以显示程序需考虑将 P1.0～P1.6 与 P1.7 分开处理的方式。

（3）中断服务程序　本系统采用单片机内部定时/计数器 T_0，定时时间为 100ms，即 0.1s，10 次中断即为 1s，60s 为 1min，60min 为 1h，24h 为 1d，如此循环，从而实现其计时功能。由于采用频率为 6M 的晶振，T_0 的初值可在 3CB0H～3CB7H 之间精确调整，日误差可调至 1s 左右。

与本书第十一章介绍的 CMOS 数字钟比较，微电脑时间控制系统无论从电路的简捷程度，还是控制功能方面都是通用电子器件无法比拟的。

三、PLC 时间顺序控制电路实例

时间顺序控制，是机电控制系统中较为常见的一种控制方式，下面介绍采用欧姆龙 CPM1A-40CDR 型可编程控制器，对污水处理系统中 SBR 反应进行控制的时间循环控制电路。

1. 控制对象要求

图 16-32 所示为某制糖厂污水处理系统 SBR 反应池运行示意，来自生产车间的污水经两个生物净化反应池（SBR1、SBR2）处理后，方可达到环境保护要求并向外排放。每个 SBR 池工作循环过程为：开启电磁阀进水 6h→启动曝气泵反应 4h→沉淀1h→打开滗水器排放清水 1h。上述循环周期为 6＋4＋1＋1＝12h，由于车间生产所产生的污水是连续的，故要求两个 SBR 反应池能交替进水，协调工作。

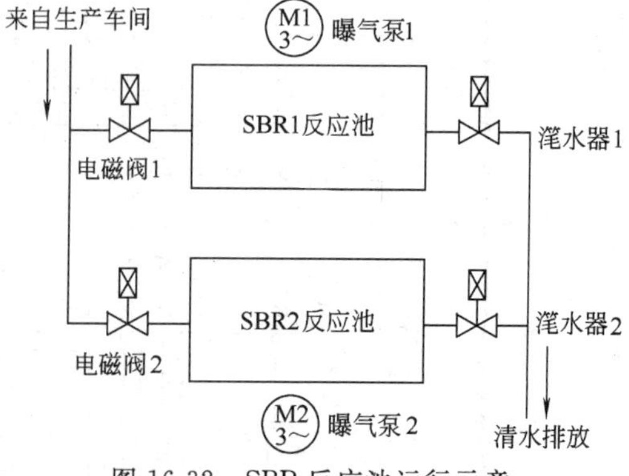

图 16-32 SBR 反应池运行示意

两个 SBR 池中的电磁阀等 6 个控制对象，其工作情形可分为六种状态，例如，SBR1 池进水、SBR2 池曝气为状态 1，只有 SBR1 池进水为状态 2 等。系统由状态 1 到状态 2 直至状态 5，而后又转入状态 1，如此按要求时间不停循环。两个 SBR 池协调运行的全过程见表 16-1，其中粗实线表示相应控制对象处工作状态。

表 16-1　两个 SBR 池协调运行的循环状态

对　　象	状　　态					
	状态 1(4h)	状态 2(1h)	状态 3(1h)	状态 4(4h)	状态 5(1h)	状态 6(1h)
电磁阀 1	━━━━	━━━━	━━━━			
曝气泵 1				━━━━		
滗水器 1						━━━━
电磁阀 2				━━━━	━━━━	━━━━
曝气泵 2	━━━━					
滗水器 2			━━━━			

2. 系统软、硬件设计

CPM1A-40CDR 型可编程控制器是欧姆龙公司新近推出的小型化产品，指令系统与 FX 系列 PLC 大体相似，但各类继电器编号不一样，其 PLC 输入、输出硬件接线如图 16-33 所示，各通道继电器编号及在本例中的使用情况大体如下。

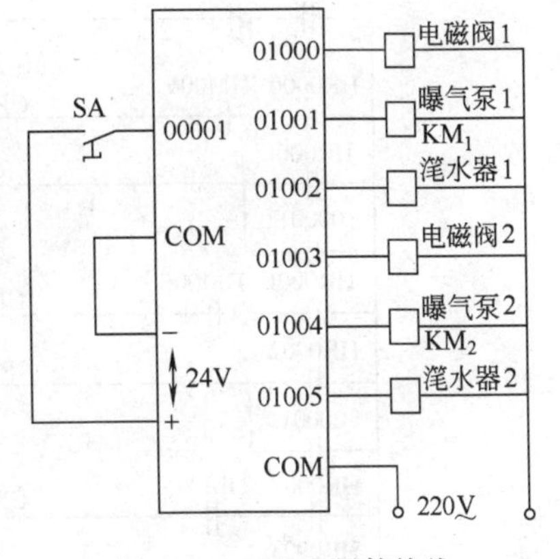

图 16-33　PLC 硬件接线

① 输入继电器。CPM1A-40CDR 型可编程控制器总计有 00000～00915 共 160 个输入继电器（含扩展单元），本例中只使用了 00001 号输入继电器，输入侧电源采用 PLC 自带 2V 直流电源。

② 输出继电器。01000～01915 共计 160 个输出继电器，电路中电磁阀 1、曝气泵 1、滗水器 1、电磁阀 2、曝气泵 2、滗水器 2 分别与输出继电器 01000、01001、01002、01003、01004、01005 对应，输出侧采用外接 220V 交流电源供电。电磁阀和滗水器由 PLC 直接驱动，曝气泵电机则分别由接触器 KM_1 及 KM_2 控制。如需要采用电机热保护措施，可在 KM_1 及 KM_2 线圈回路中串入相应热继电器常闭触点，此处从略。

③ HR0000～HR1915 是 PLC 中的 320 个保持继电器，本控制程序采用了移位（SFT）指令对 HR00 通道中的 16 个继电器按时间顺序进行移位操作，并保证 HR0000～HR0005 等 6 个继电器中只有一个是接通的，处于接通（ON）状态的继电器编号对应系统运行的 6 个状态。由于 PLC 内设锂电，保持继电器在系统掉电后可维持原有状态，该功能便于系统断电后处理各种意外情况。

④ 上述系统运行的 6 种状态，每种状态的持续时间，分别由 PLC 内部计数器 CNT000～CNT005 进行控制，而计数脉冲 CP，则是由定时器 PLC 内部 TIM 产生的。TIM006 计时常数设定为＃0600，故每分钟接通一次产生一个 CP 计数脉冲。

⑤ 程序中采用了微分指令，在控制开关 SA 由接通转入断开时，PLC 内部工作继电器 20010 将产生一个窄脉冲信号，启动系统运行。正常运行时 SA 处断开状态，可更好地保证系统可靠运行。

图 16-34 所示为 SBR 反应池控制程序梯形图。

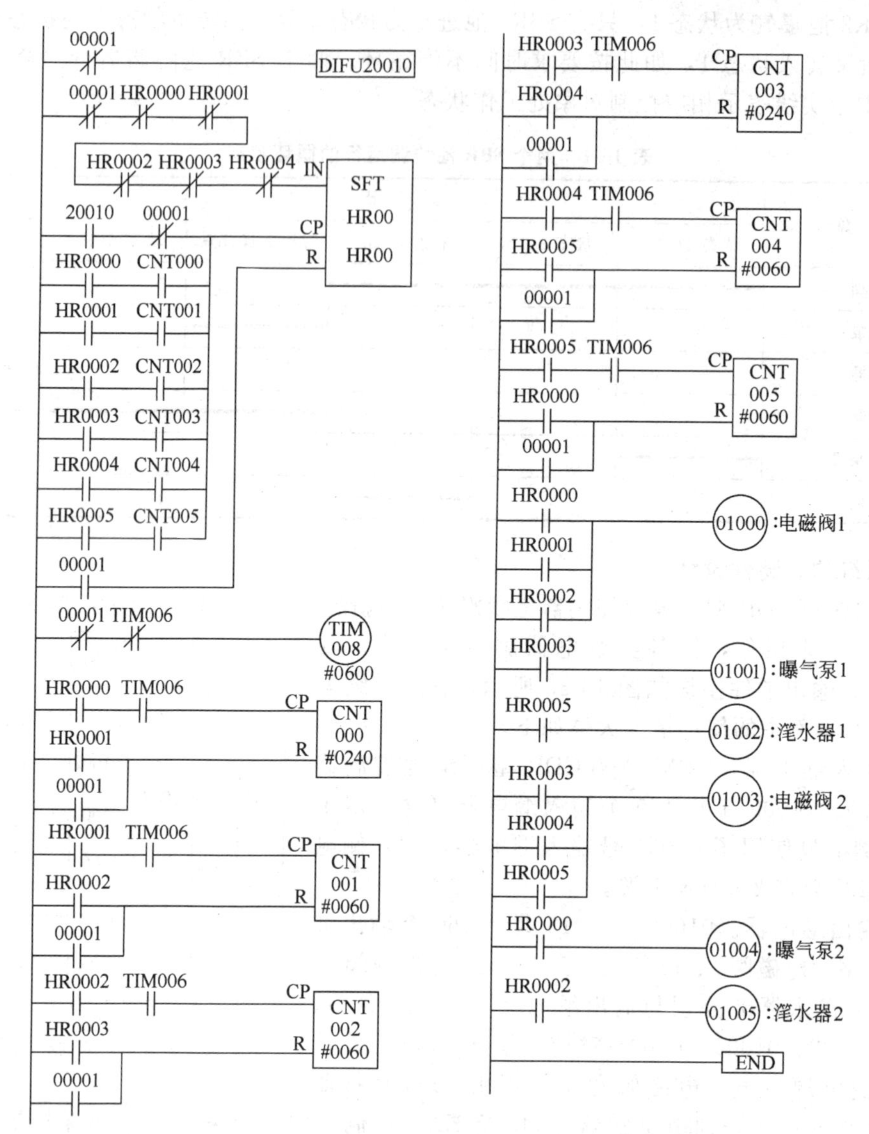

图 16-34　SBR反应池控制程序梯形图

第五节　典型机电液一体化控制系统

正确地分析与理解机电设备的电气控制原理，看懂电气原理图无论对于机电设备使用厂的技术人员或机电设备的操作者及机电维修人员都是重要的。如前所述，机电控制系统是机-电-液三位一体化的综合性技术较高的技术设备，合理地调节和使用不仅可以保证产品质量，提高生产效率，而且可以延长机器的使用寿命，使机器长期、稳定可靠地工作。

一、机电设备继电器线路分析

机电设备电气控制系统，从执行的功能来看，主要包括两部分：一部分是指令形成系统；另一部分是指令控制（执行）系统。注塑机的电气控制水平应与注塑制品质量（材料、形状、精度等)、模具质量（材料、精度、表面粗糙度、结构刚性等）等相适应。尽管目前微机及其弱电元件已在机电设备上得到应用，但是就当前国内具体情况而言，继电控制仍是不可忽视的，这是因为在各塑料厂使用的机型中绝大多数还是继电控制系统。继电控制系统维修比较简单方便，国内备件比较齐全，特别适合乡镇企业塑料制品厂使用。

一个比较完整的机电设备继电控制系统，有以下几个基本系统：动作程序控制系统，其中包括动作指令形成系统与动作指令执行系统；温度控制系统，其中包括温度指令形成系统与温度指令执行系统；液压泵电机控制系统，其中包括电机启动指令形成系统与指令执行系统；此外，还有控制系统的电源整流系统以及故障监测和显示系统。

为了便于理解，以一台中小型注塑机的典型继电控制系统为例进行分析。一般指令形成系统有三种指令。

① 动作程序的开关指令。

② 注射压力与保压压力的切换指令。

③ 故障报警（喇叭和指示灯）指令。

从自动控制与调节角度看，这些指令所形成的回路均属开环顺序控制，是由继电器的逻辑顺序控制电路、时间顺序控制电路以及条件顺序控制电路组成的。电气控制的任务之一就是为液压和机械动作提供一种实时的、合乎逻辑要求的驱动信号。电气控制来源于机械和液压，但又能实现机械和液压难以胜任的很多功能，相辅相成，使整个系统的运行更为完善有效。

基于这种原因，在介绍注塑机电控装置以前，有必要了解其液压系统。下面以 XS-ZY-500 型注塑机为例，简述其电液控制系统的特点与工作过程。并对下一节“注塑机的 PLC 控制”提供相应的参照。

二、液压系统

1. 特点

① 液压动力部分采用双联泵快、慢速回路。大小泵同时或单独向主油路供油，实现快、慢速闭模或启模。移模液压缸部分还采用进油路单向节流调节来调节启模速度，以免启模过快撕裂制品；合模速度不受单向节流阀限制。

② 系统中的工作压力由溢流阀①和②调定。小泵溢流阀①的最大调整压力为 6.37MPa；大泵溢流阀②的调整压力一般不大于 4.9MPa，具体数值大小视工艺要求而定。为了减少功率消耗及延长液压泵寿命，采用了遥控溢流阀卸荷回路，即在溢流阀的遥控口各安装一个二位四通电磁阀，控制其卸荷与否。图 16-35 所示位置为卸荷状态。

③ 采用远程调压回路来调节注射压力和保压压力。采用两只远程调压阀是为了实现二级注射压力。单向阀⑤和⑥的作用是：大泵和小泵卸荷时，防止遥控回路中的油液向溢流阀①或②的遥控口倒灌，而影响液压泵的卸荷。

④ 为了调节注射速度，采用了旁路节流调速回路，即利用电液阀㉒来控制调速阀㉓，这样在注射过程中可实现两种注射速度，即阀㉒的电磁铁 YA_{13}，断电为快速，通电为慢速。

⑤ 装拆螺杆时，要用点动使螺杆强制后退。为了控制强制后退时进油路的油压不致过大，装有溢流阀⑳。

⑥ 顶出液压缸部分采用进油节流回路来控制顶出速度。该机在全自动或半自动操作时，由于启模过程中油压不大，顶出力小，往往不能自动顶出制品，此时，可在启模停止时，改为手动顶出。

⑦ 通过液压离合器的油路上并联一只溢流阀⑯，用于将该回路的油压限制在 3.43～3.92MPa。

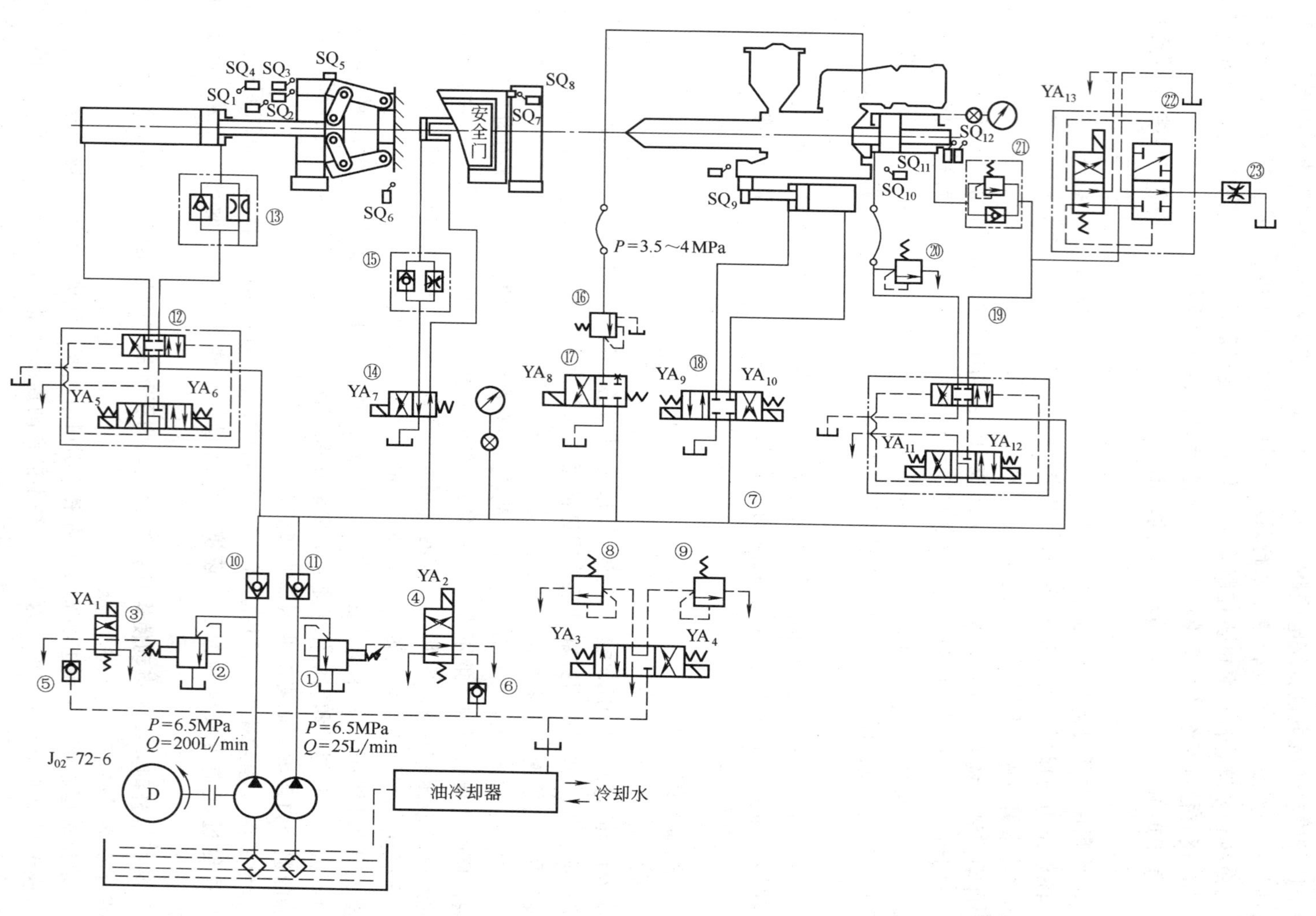

图 16-35 XS-ZY-500 塑料注射成型机的油路系统原理

2. 动作过程

XS-ZY-500 注塑机液压系统的动作过程见表 16-2。

XS-ZY-500 表示成型机（X）、塑料（S）、注塑机（Z）、螺杆式（Y）、注射容积 $500cm^3$，现称 SZ-500。

表 16-2　XS-ZY-500 注塑机液压系统的动作过程

动作		动作过程
闭模	慢速闭模	电磁铁 YA_2、YA_5 通电，大泵卸荷 小泵压力油经阀⑪→阀⑫→移模液压缸左端，推动活塞，实现慢速闭模；与此同时，闭模液压缸右端经阀⑫通往油冷却器至油箱
	快速闭模	电磁铁 YA_2、YA_5、YA_1 通电 大、小泵压力油经上列通道，实现快速闭模
整体向前		电磁铁 YA_2、YA_9 通电。大泵卸荷 小泵压力油经阀⑩→阀⑲→整体移动液压缸右端，推动活塞，实现整体移动
注射	一级注射	电磁铁 YA_1、YA_2、YA_3、YA_5、YA_9、YA_{12} 通电 大、小泵压力油经阀⑩→阀⑲→阀㉑→注射液压缸推动活塞，实现注射动作，注射压力可由阀⑨进行调节
	二级注射（快→慢）	快速：（限位开关 SQ_{11} 压下时） 电磁铁 YA_1、YA_2、YA_3、YA_5、YA_9、YA_{12} 通电 大小泵压力油经阀⑩→阀⑲→阀㉑→注射液压缸，推动活塞，实现快速注射
		慢速：（在注射过程中限位开关 SQ_{11} 升起后） 电磁铁 YA_1、YA_2、YA_4、YA_5、YA_9、YA_{12}、YA_{13} 通电后 小泵压力油经阀⑩、阀⑪→阀⑲ /阀㉒→阀③→回油 \阀㉑→注射液压缸 快速时注射压力由阀⑨调节 慢速时注射压力由阀⑧调节
	二级注射（慢→快）	在转动主令开关 SA_2 后，则动作与上列相反进行
保压		电磁铁 YA_2、YA_4、YA_5、YA_9、YA_{12} 通电 小泵压力油经阀⑪→阀⑲→阀③→注射液压缸，进行保压。保压压力由阀⑧调节
整体退回		电磁铁 YA_2、YA_{10} 通电 小泵压力油经阀⑪→阀⑱→移动液压缸左端，推动活塞使注射座后退
预塑		电磁铁 YA_2、YA_8 通电 小泵压力油经阀⑪→阀⑰→阀⑯→液压离合器小液压缸。推动三个活塞使离合器连接。从而齿轮箱转动使螺杆回转 预塑时注射液压缸中的油液经由阀㉑→阀⑲→油冷却器→油箱 预塑时背压力由阀㉑调节 通往液压离合器的油液压力由阀⑯调节
启模	快速启模	电磁铁 YA_1、YA_2、YA_6 通电 大、小泵压力油经阀⑩、阀⑪→阀⑫→液压缸右端，使快速启模
	慢速启模	在上述过程中限位开关 SQ_3 脱开之后电磁铁 YA_2、YA_6 通电。大泵卸荷，实现慢速启模
	快速启模	在慢速过程中限位开关 SQ_6 脱开之后电磁铁 YA_1、YA_2、YA_6 通电。大、小泵同时作用，实现快速启模

续表

<table>
<tr><td rowspan="2">启模</td><td>慢速启模</td><td>在启模过程中触及限位开关 SQ_4 时，电磁铁 YA_1 脱电，使大泵卸荷，实现慢速启模</td></tr>
<tr><td></td><td>在慢速启模过程中触及限位开关 SQ_1 时，小泵又卸荷，此时大、小泵压力油皆通回油，使启模停止
在所有的启模过程中，启模速度由阀⑬调节
启模时闭模液压缸左端的油液经阀⑬→阀⑫→油冷却器→油箱</td></tr>
<tr><td colspan="2">顶出制品</td><td>在启模过程中，当触及限位开关 SQ_2 时，电磁铁 YA_7 通电，压力油经阀⑭→阀⑮→顶出液压缸左端，使顶杆顶出</td></tr>
<tr><td colspan="2">顶出杆退回</td><td>在启模后，电磁铁 YA_7 断电。闭模时压力油经阀⑭→顶出油缸右端，使顶出杆自动退回</td></tr>
<tr><td colspan="2">螺杆退回</td><td>电磁铁 YA_2、YA_{11} 通电
小泵压力油经阀⑪→阀⑲→注射液压缸左端，推动活塞使螺杆退回
退回的压力通过阀⑳进行调节
此动作只有把转换开关转向“调整”位置时才有可能实现</td></tr>
</table>

三、电控系统

图 16-36～图 16-38 所示为 XS-ZY-500 型注塑机电气控制系统原理。图中上方功能栏，指明相应元件所完成的主要功能。下方图区号是为便于查寻电气元件及其触点在图中的位置而设置的。在中间继电器 KA、时间继电器 KT、交流接触器 KM 线圈符号下面，标注有该电气元件触点在图中的区位号。为了标注简便，各电路图的图区栏按统一编号排序，继电器常开常闭触点、接触器主触点、常开常闭辅助触点的标注方法见相关国标。

电控系统有“全自动、半自动、手动、调整”四种工作方式，由转换开关 SA_1 选择。现以控制电路图 16-36 为准，结合图 16-37 和图 16-38 简述其工作过程。

1. 主电动机控制

打开总开关 QS，电源指示灯亮

SB_1→KM_1 自锁→M1，液压泵电机长动

SB_2→KM_2→M2，预塑电机长动

2. 电加热自动控制电路

电加热自动控制电路分别由 4 台温控器 XCT1～XCT4 进行控制。装于料筒相应段位的四只热电偶进行温度检测，根据设定温度与热电偶检测的实际温度的差值，温控器中的继电器自动闭合或断开，控制图 16-36 中所示料筒加热接触器 KM_3～KM_6（对应 1R～4R）的通断，实现温度的自动控制。喷嘴则由 LTV 手动调节 5R 的工作电压进行手动温度调节。

3. 半自动控制

系统设有“全自动、半自动、手动、调整”四种工作方式。由 SA_1 选择，现以半自动为例介绍其工作过程。

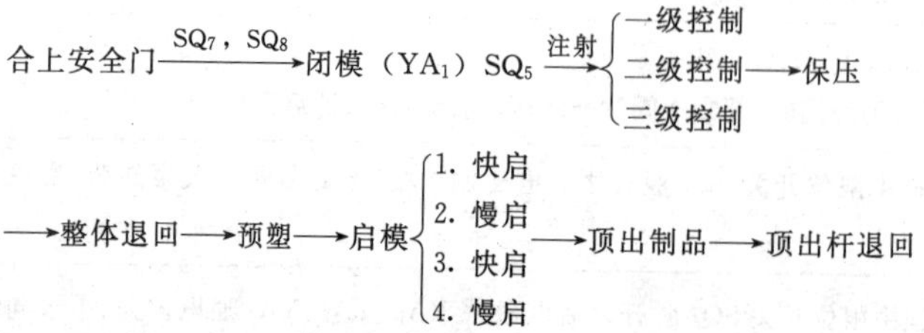

合上安全门 —(SQ_7，SQ_8)→ 闭模（YA_1）SQ_5 —注射→ {一级控制；二级控制→保压；三级控制}

→整体退回→预塑→启模 {1. 快启；2. 慢启；3. 快启；4. 慢启} →顶出制品→顶出杆退回

（1）闭模：合上安全门→SQ_8，SQ_7 压合→KM_8→KA_4 得电→YA_2、YA_5 得电→慢速

闭模→SQ_4 复位→YA_1 得电→快速闭模

（2）注射座向前进，闭模到位后，SQ_5 受压

SQ_5 受压
- →SQ_5(23 区）断→YA_1 失电（23)→停止快速闭模
- →SQ_5(12）通→YA_5（32)→YA_9(35)→整进

（3）一级快速注射

SA_2 设置于“快”位置（15 区），当注射座前进碰到 SQ_9 时

SQ_9（13）
- →经 KA_3，KT_2 →KM_9 得电
- →经 KT_3 →KA_6 得电
- →KT_2 得电

→ YA_1，YA_2，YA_3，YA_{12}得电→一级快速注射

KT_2、KT_3 控制注射时间和注射结束时的保压时间。

（4）二级注射 若按变速注射，将 SA_2 置于“慢-快”或“快-慢”处以先快后慢为例：将 SA_2 置于“快→慢”(16 区)

SQ_{11}被压→SQ_{11}(16）断开→KM_{10}失电→快速注射→SQ_{11}放开→SQ_{11}（16）

→闭合→KM_{10}带电
- KM_{10}（29）断开→YA_3 失电
- KM_{10}（16）闭合→YA_4，YA_{13}得电

→ 慢速注射

（5）保压

KT_2 延时到→KT_2（13）断开→KM_9 失电→
- YA_1、YA_2 失电→快速注射停
- YA_4 得电→小泵保压

（6）预塑

当 KT_3 延时到
- →KT_3(14）触点断开→KA_6 失电→YA_4，YA_{12}失电→保压结束
- →KT_3(16)→触点闭合→KT 得电→预塑开始

当 SA_3（18）置于“固定加料”位置

KT 得电
- →瞬动（12)→KA_5 失电→YA_9 失电→保压结束
- →延时（17)→KA_7 得电→YA_2，YA_8 得电→预塑开始

SA_3 置于“前加料”和“后加料”的预塑过程请读者自己分析。

（7）制品冷却 不管哪种情况，预塑螺杆退回将碰到 SQ_{12}。

SQ_{12}压动
- →SQ_{12}(17）断→KA_7 失电→预塑停止
- →SQ_{12}(18）通→KT_4 得电→冷却计时开始

（8）启模

当冷却计到时，KT_4(19）闭合→KA_{10}
- →KA_{10}(27)→YA_2 得电
- →KA_{10}(32)→YA_6 得电
- →KA_{10}(24)→YA_1 得电

→快速启模

SQ_3 放开→SQ_3(24）复位→YA_1 失电→大泵停，慢速启模

SQ_6 放开→SQ_6(24）复位→YA_1 得电→大泵启动，快速启模

SQ_4 压动→SQ_4(23）断开→YA_1 失电→慢速启模→SQ_1 压动→KA_{10}失电→完成启模

（9）制品顶出 有“手动顶出”及“自动顶出”两种方法，由 SA_4 选择开关控制。

① 手动

SA_4 置于“手动取出”位置（21)→打开安全门
- KT_1 失电→为下次闭模做准备
- 取出制品

② 自动顶出

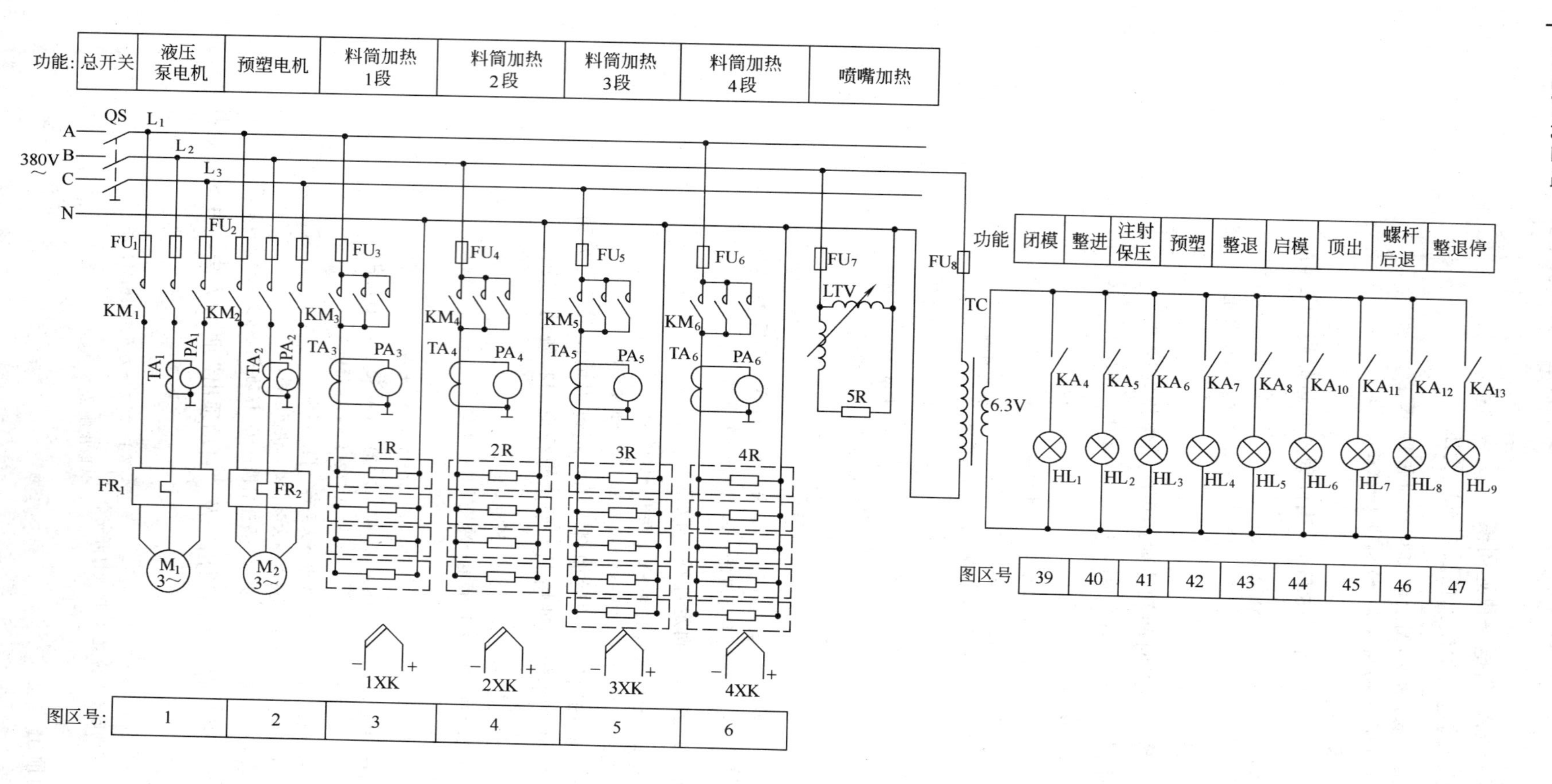

图 16-36 XS-ZY-500 型注塑机电气控制系统原理

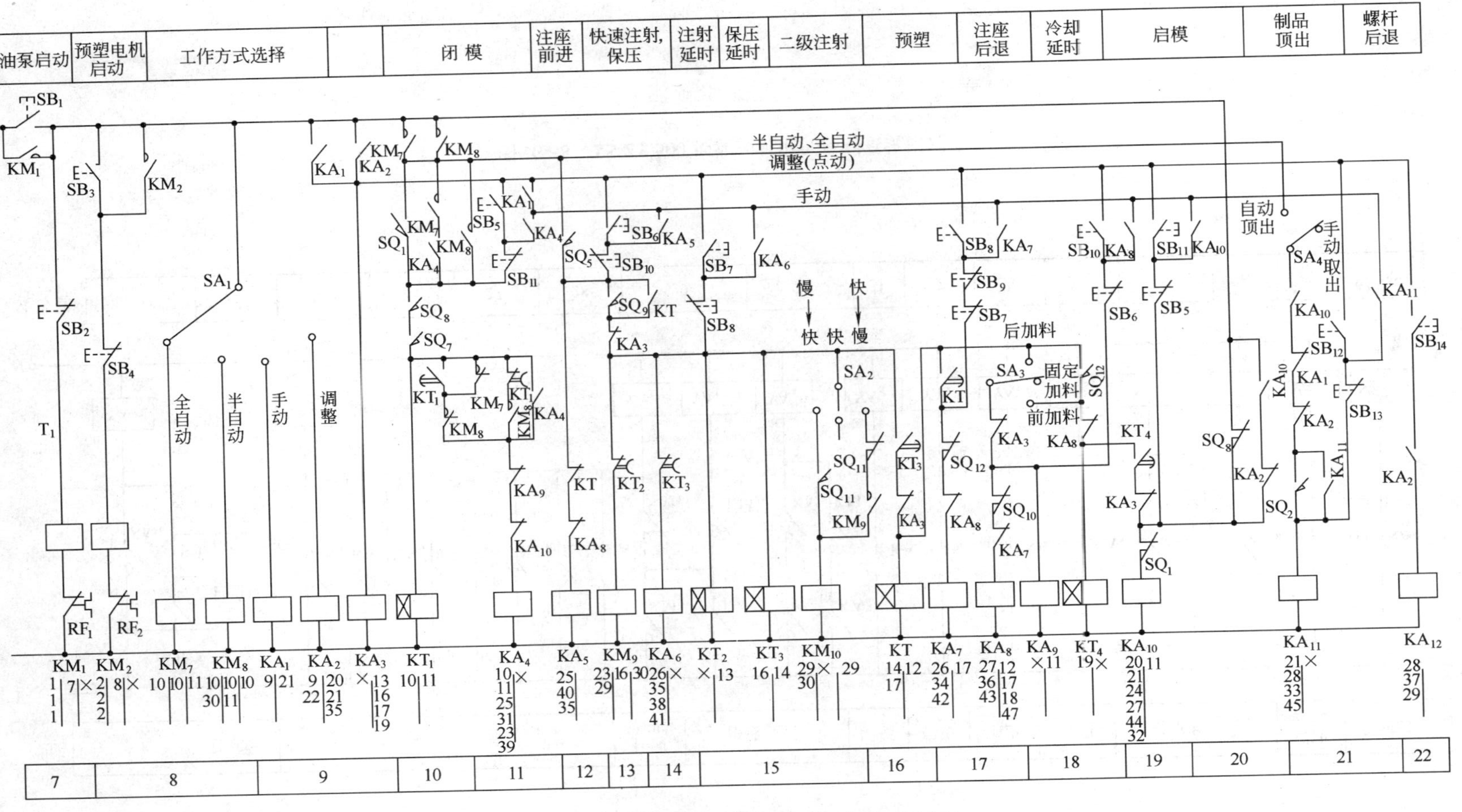

图 16-37 XS-ZY-500 型注塑机电气控制系统原理

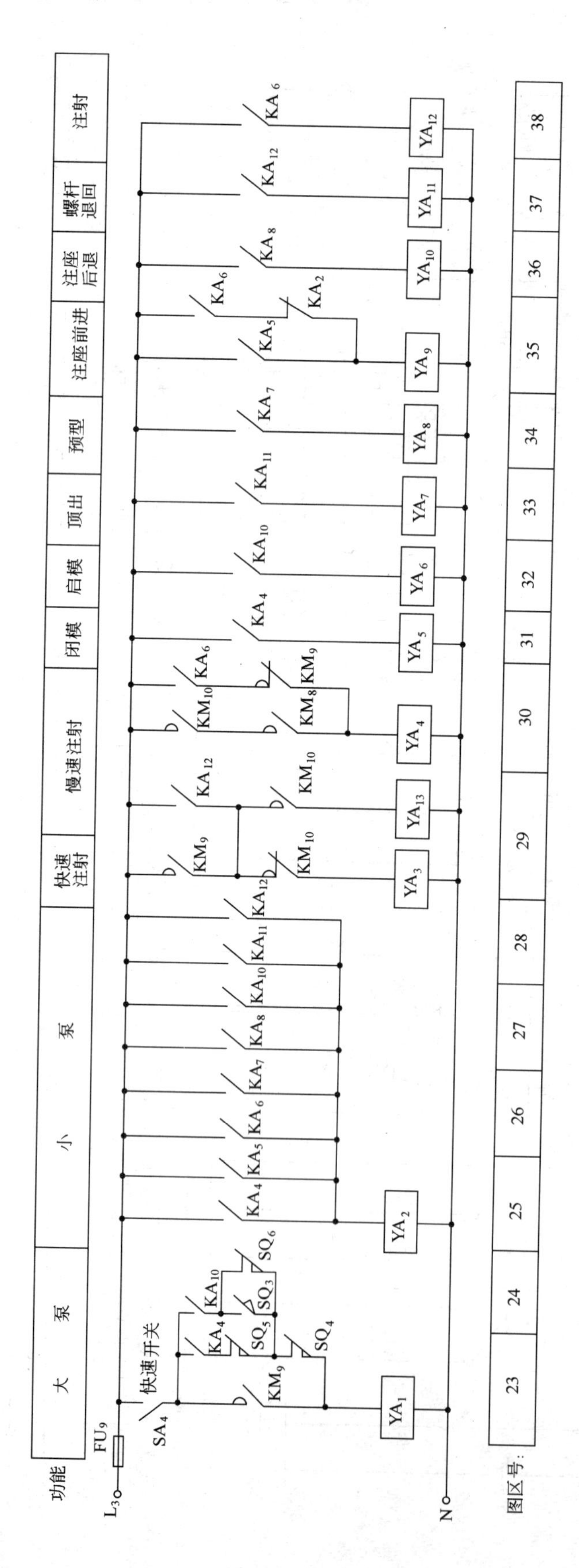

图 16-38 XS-ZY-500 型注塑机电气控制系统原理

SA_4 置于“自动顶出”→启模完成→SQ_2 压合→KA_{11}(33) 闭合→YA_7 得电→自动顶出

4. 全自动控制

SA_1 扳向“全自动”→KM_7通电 {
- KM_7 (10) 闭合
- KM_7 (11) 断开

因上次启模到位，当合上安全门

SQ_8、SQ_7(10)、SQ_1(10) 闭合→KT_1 得电→延时→KT_1(10) 闭合→KA_4 带电→YA_2，YA_5 通电→慢速闭模

其他动作均同“半自动”，但须注意的是 SA_4 事先应该置于“自动顶出”。

5. 调整

SA_1 置于“调整”位置

按下 SB_1 →KM_1 得电→KA_2 得电→KA_3 得电→ {
- KA_2(9) 接通“调整”控制线
- 可通过各按钮进行各工序的点动操作
- KA_2(20)，KA_2(21) 断开；KA_3 各常闭触点断开 } 切断了与时间继电器相关电路

“手动”与“调整”的控制过程基本相同，请读者自行分析。

第六节 可编程序控制器控制

用 PLC 对塑料机械的传统电控装置进行改造，可使生产面貌大为改观。

下面以国内普遍应用的日本三菱公司 FI 系列 PLC 为样机，以原 XS-ZY-500 型注塑机为对象，介绍利用 PLC 实现对塑料机械传统电控装置进行技术改造的基本方法和相应的参考程序。

一、注塑机可编程序控制器 PLC 控制的特点

需要特别说明是，这只是借用原 XS-ZY-500 型注塑机电气控制原理图介绍使用 PLC 的有关方法，并不涉及 XS-ZY-500 型注塑机的任何现状和技术指标。如改用 PLC 控制，至少可具有如下特点。

① 除保留原 XS-ZY-500 型注塑机的“全自动、半自动、手动、调整”四种工作方式外，还增加了“单步”操作功能，使控制更为灵活有效。“单步”和“手动”的区别在于：“手动”是每一工步的执行和结束必须要按该工步的启停按钮，是直接控制执行电器，抛开了该工步中其他电气元件的作用，是一种应急情况下的低精度操作方式。“单步”的特点是：每一工步的开始只需按公共启动按钮，动作的进程和结束则是按照“自动”方式下的相同控制逻辑进行的。既操作简便，又保留了其他元件的相应作用，是“全自动、半自动”方式下的分步操作，控制效果好。

② 用 PLC 程序软件取代了原注塑机电控系统中的 KT、KT_1～KT_4 五个时间继电器、KA_1～KA_{12}十二个中间继电器、KM_7～KM_{10}四个交流接触器以及这些电气元件在电路图中的全部触点和连接导线，使电控装置的体积大为缩小，可取消机外电控柜，机械结构紧凑美观，整个电控系统的故障也因此大为降低，注塑机连续有效工作时间增长，有利于提高生产率和经济效益。

③ 若用交流固态继电器取代原 4 台位式温控仪表中的输出继电器和 4 个加热回路中的交流接触器 KM_1～KM_4，使控制系统基本无噪声。

④ PLC 内部可编程“软”定时器的定时精度远高于常规时间继电器；PLC“软”触点

的逻辑运算远比继电接触器触点的组合逻辑控制可靠、精确，有利于进一步提高塑料制品的加工质量。

二、PLC 点数的确定和输出方式的选择

PLC 对注塑机工作过程的控制，是通过采集连接在它输入端上的主令器件（如方式选择开关、操作按钮、行程限位开关以及其他有关操作信号等）的开闭状态，利用程序软件产生相应的控制信号，施加于连接在输出端上的执行元件（如电磁阀、接触器等）而进行控制的。因此，首先要对 PLC 的开关量输入信号和开关量输出信号数进行准确的统计，并留有余量。

如前所述，PLC 的输出方式有晶体管输出型、可控硅输出型和继电器输出型三种，以满足不同负载的要求。继电器输出型是指 PLC 内部的输出口配有超小型高质量的专用继电器，输出触点经过特殊处理，并有通断电无火花保护措施，使用寿命极长，能长期安全通断一般容量注塑机的交流或直流电磁阀线圈。

根据对原注塑机各种主令及转换元件以及液压电磁阀和指示灯的数量统计，选用日本三菱的 FI-60MR 可编程序控制器，基本编程指令及编程方法见第十二章。继电器输出型，输入 36 点，输出 24 点，略有剩余。

三、PLC 的外部连线与电控装置操作面板

图 16-39 所示为 FI-60MR 可编程序控制器与电控系统主令信号、执行元件及指示灯的连接图。为了便于对照，本图的选择开关、行程开关、操作按钮以及电磁阀和指示灯的编号均与本章第五节电控系统图一致。PLC 接线端子的“X”代表输入，“Y”代表输出。编程时，连于输入输出端上的开关量输入信号和电磁阀、指示灯均由与它们相连的 X 或 Y 端子号表示。

图 16-40 所示为注塑机（PLC）电控装置操作面板。图的右下方部分为系统总的启停按钮。在“全自动、半自动、单步”方式下只操作此两按钮。左下部分的操作按钮，仅在“手动、调整”方式时才使用。

四、状态转移图

用“状态”代表具体的“工步”或“流程”。状态图中每一状态包含输出驱动和状态转移两部分。输出驱动表示满足一定逻辑条件后产生的对外或对内的控制作用，是对状态动作过程的描述。状态转移表明转移到下一状态的条件和目标，是对流程方向的描述。状态图是（PLC）步进控制形象化的书面语言。在编制应用程序前最好先根据工艺过程与主令转移及执行元件的关系画出状态转移图。

图 16-41 所示为注塑机（PLC）控制系统“自动”方式下的状态转移简图。包括初始状态、中间过程和返回原点三个部分，共 7 个状态。

工作过程如下。

当上一循环结束，启模到位开关 SQ_1 压合，且安全门合上，到位开关 SQ_7、SQ_8 闭合，对应的 X413、X401 接通，进入初始状态 S600。当按下启动按钮，M575 接通，便转移到 S601 状态，进行闭模操作。闭模结束，限位开关 SQ_5 压合，对应的 X404 接通，便转移到 S602 状态，使注座向前。到位后压合限位开关 SQ_9，X405 接通，转移到 S603，根据选择开关的位置而进行一级快注，或快→慢、慢→快二级注射。T451 为注射时间给定，当定时到便转移到保压。按此过程直到启模结束，取出制品，安全门处于关闭状态时便又转入到初始状态，即返回原点。在全自动时，M575 是接通的，便自动转移到闭模；在半自动时，只需按一下启动按钮，便可进入闭模，如此不断循环。

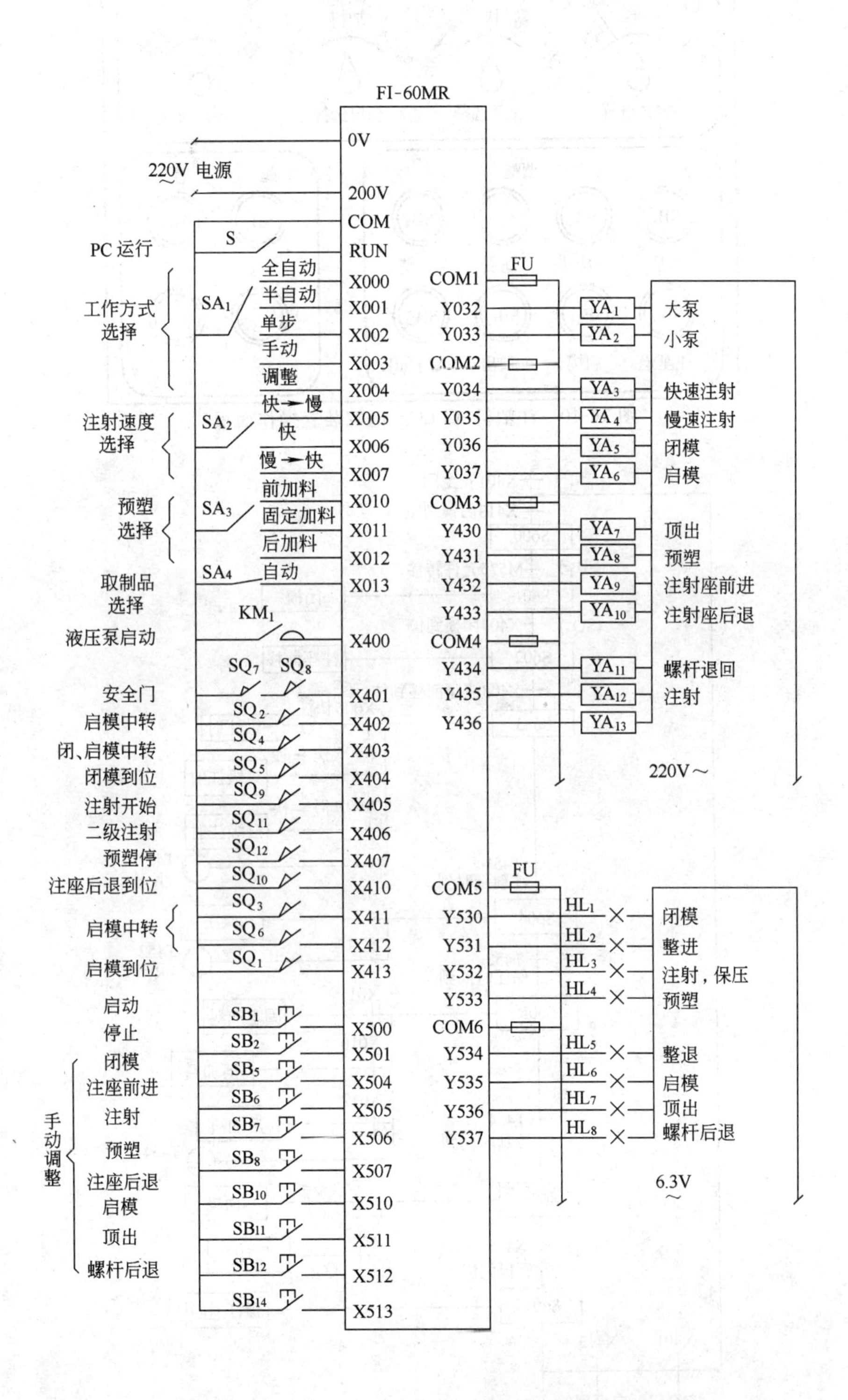

图 16-39　FI-60MR（PLC）可编程序控制器与电控系统主令信号、执行元件及指示灯的连接图

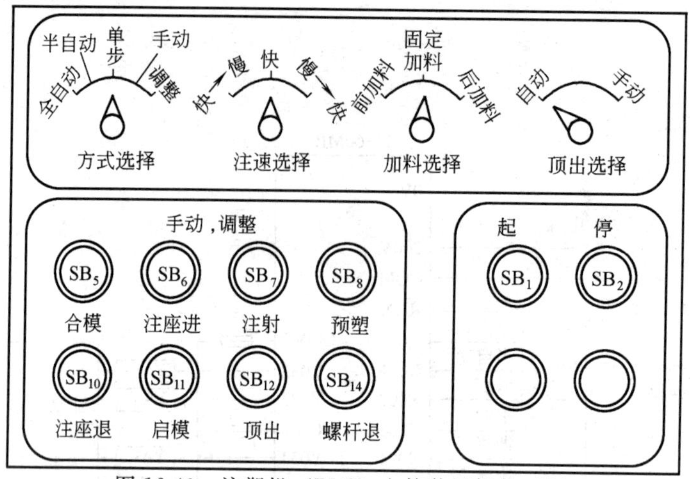

图 16-40 注塑机（PLC）电控装置操作面板

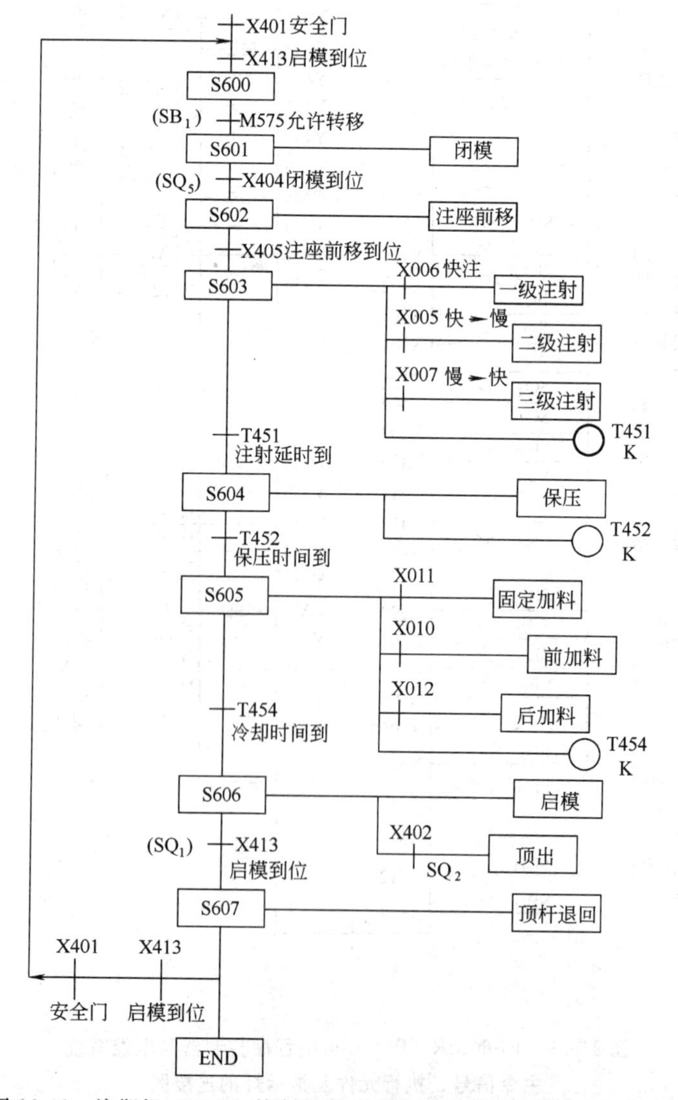

图 16-41 注塑机（PLC）控制系统“自动”方式下的状态转移简图

五、参考语句表程序

步序号	指	令	步序号	指	令	步序号	指	令
0	LD	X413①	68	AND	Y033	136	OUT	Y032
1	AND	X401	69	OR	X510	137	S	Y035
2	S	S600	70	ANI	X505	138	S	Y435
3	LD	X003	71	OUT	Y033	139	S	Y436
4	OR	X004	72	OUT	Y433	140	OUT	T451
5	R	S600	73	OUT	Y534	141	K	6
6	LD	X003	74	LDI	X004⑧	142	LD	T451
7	OR	X004	75	AND	Y032	143	S	S604
8	OR	M71	76	OR	X511	144	STL	S604⑬
9	OUT	F671	77	ANI	X504	145	R	T034
10	K	601	78	OUT	Y032	146	R	Y436
11	OUT	F672	79	OUT	Y033	147	OUT	Y035
12	K	607	80	OUT	Y037	148	OUT	T452
13	OUT	F670	81	OUT	Y535	149	K	10
14	K	103	82	LDI	X004⑨	150	LD	T452
15	LD	X000	83	AND	Y033	151	S	S605
16	AND	M575	84	OR	X512	152	STL	S605⑥
17	OR	X500	85	OUT	Y033	153	R	Y532
18	ANI	X501	86	OUT	Y430	154	LD	X011
19	ANI	X003	87	OUT	Y536	155	OR	X010
20	ANI	X004	88	MCR	M100⑩	156	OUT	T453
21	OUT	M575	89	LD	X513⑪	157	K	5
22	LD	X501	90	OUT	Y033	158	LD	X012
23	AND	X001	91	OUT	Y034	159	AND	X410
24	OR	X002	92	OUT	Y434	160	OR	T453
25	OR	X003	93	OUT	Y537	161	R	Y435
26	OR	X004	94	EJP	700⑫	162	R	Y432
27	OR	M574	95	STL	S600	163	OUT	Y431
28	OR	M71	96	LD	X413	164	OUT	Y533
29	ANI	X500	97	AND	M575	165	LD	X010
30	OUT	M574	98	S	S601	166	AND	X407
31	LDI	X003	99	STL	S601③	167	LD	X012
32	ANI	X004	100	OUT	Y530	168	ANI	X410
33	CJP	700②	101	LD	X000	169	ORB	
34	LDI	X501	102	OUT	T450	170	R	Y036
35	OUT	M100	103	K	5	171	R	Y431
36	MC	M100	104	LD	T450	172	S	Y433
37	LDI	X004③	105	OR	X001	173	LD	X407
38	AND	X032	106	S	Y033	174	OUT	T454
39	OR	X504	107	S	Y036	175	K	8
40	ANI	X511	108	LDI	X403	176	LD	T454
41	OUT	Y032	109	OUT	Y032	177	S	S606
42	OUT	Y033	110	LD	X404	178	STL	S606⑭
43	OUT	Y036	111	S	S602	179	R	Y036
44	OUT	Y530	112	STL	S602④	180	R	Y431
45	LDI	X004④	113	OUT	Y531	181	R	Y433
46	AND	Y033	114	S	Y432	182	OUT	Y535
47	OR	X505	115	LD	X405	183	S	Y037
48	ANI	X510	116	S	S603	184	LD	X411
49	OUT	Y033	117	STL	S603⑤	185	ORI	X412
50	OUT	Y432	118	S	Y532	186	ANI	X403
51	OUT	Y531	119	LD	X005	187	OUT	Y032
52	LDI	X004⑤	120	AND	X406	188	LD	X402
53	AND	Y032	121	LD	X007	189	AND	X013
54	OR	X506	122	ANI	X406	190	OUT	Y430
55	OUT	Y032	123	ORB		191	OUT	Y536
56	OUT	Y034	124	OR	X006	192	LD	X413
57	OUT	Y033	125	OUT	Y032	193	S	S607
58	OUT	Y432	126	S	Y034	194	STL	S607⑮
59	OUT	Y435	127	S	Y435	195	R	T033
60	OUT	Y532	128	R	Y035	196	R	Y037
61	LDI	X004⑥	129	R	Y436	197	LD	X413
62	AND	Y033	130	LD	X005	198	AND	X401
63	OR	X507	131	ANI	X406	199	S	S600
64	OUT	Y033	132	LD	X007	200	RET	
65	OUT	Y431	133	AND	X406	201	END	
66	OUT	Y533	134	ORB				
67	LDI	X004⑦	135	R	Y034			

注：①初始化和方式选择程序；②手动、调整程序；③闭模；④注座进；⑤注射；⑥预塑；⑦整退；⑧启模；⑨顶出；⑩返回原母线；⑪螺杆后退；⑫全自动、半自动、单步程序；⑬保压；⑭启模，顶出；⑮顶杆退回下一循环开始。

第七节　微机控制系统

一、微机控制系统的特点

自 20 世纪 80 年代以来，机电控制系统的变化主要体现在采用微机控制系统和先进的液压装置及系统，尤其是前者，现已成为用户选购机电控制系统最为重要的依据。下面以注塑机为例介绍微机控制系统。

利用计算机技术实施注射成型加工过程控制，通过在线检测和实施修正工艺过程参数，以获得高质量的注塑制品，是微机控制注塑机的特点。控制系统一般由注塑机程序控制、过程控制等部分组成。由于采用了计算机控制技术，已能够加工对温度敏感的原料和形状复杂的制品，产品质量明显提高，降低了废品率，并普遍提高注塑机技术经济特性；同时，还因为其技术附加值高，使得注塑机性能得以大大改进，档次也得到提高。对用户而言，明显感觉到机器可操作性强、维护方便、节能。同时，强有力的通信接口功能，除了提供外储备份外，还可以与上、下位机联机通信，实现多级管理或生产过程群控，用于编制报表、记录工作状况、测定成型条件等。

注塑机集机-电-液于一体，完成驱动、控制等动作。成型过程以顺序控制为主，完成基本动作，要求控制系统具有足够的驱动能力，准确、可靠的逻辑控制功能，执行元件（液压阀）等动作可靠，响应速度快，并能够进行准确控制；过程参数控制是提高制品质量和成型效率，降低废品率的重要手段，关键在于预塑计量控制、注射填充过程控制两个过程，前者决定制品的重量精度，后者包括注射及保压两部分，分别对于成型工艺周期、制品表面质量缺陷、内应力、分子排列及尺寸精度和成型效率等产生作用。

二、微机控制系统整体结构

1. 控制装置整机构成

国内外众多注塑机主机生产厂及电脑控制厂商一直在努力研制、开发注塑机微机电液控制装置，研制了各具特色的控制装置。相对而言，国外产品系统构成合理，技术具有一定的超前性，比较成熟，其特点为普遍采用 CRT 或 LCD 显示屏，信息容量大，同时，具有更强的可操作性和可连接性；广泛采用 16 位机（32 位机也有所见）以满足压力、流量实时闭环控制要求，引入了分散处理技术（多重处理），并将尽可能多的处理工作分配给外围装置完成，提高注塑机内的通信能力，并减轻主控部分负荷。例如，飞利浦 P8 系列，反应时间缩短到 0.2ms，在 CRT 上显示的任何数据均可以实时地供注塑机系统使用，基于 EUROMAP15 和 17 通信协议，实现多台注塑机与主控电脑的通信，以实施 SPC。目前，在国内推出的注塑机微机电液控制装置（带 CRT），整体设计上有以下两大类。

（1）单机系统　采用单板结构和大板式设计方案，将所有信息的采集、转换和处理融为一体，由 A/D、D/A、数字 I/O 以及比例放大器，或外加比例放大器构成。这类控制器包括 Z80 或其增强型 64180、MC-68000 系列、MCS-96 系列，IBM-PC 通用计算机外加 A/D、D/A、数字 I/O 等功能卡及比例放大器，以及 STD-BUS 总线结构。

（2）多机系统　采用多处理机结构和大板式设计方案，进行功能分配，并由 2～3 台同类型 CPU 完成相应功能。其中，一台 CPU 进行协调和传输有关指令，并经过并行口和串行口传输数据。

上述两大类控制装置体系结构各有其特点，基本能够满足不同层次的需求，直接由微机产生的脉宽调制（PWM）信号作为比例放大信号，采用软件方式调节信号上升及下降的斜率、颤振频率、幅度、起始电流和最大电流值。但是，在人机交互功能及可操作性方面存在明显不足。因为，这些控制器几乎全都采用字符方式进行操作和显示，显示汉字的速度较慢，需要外加汉卡以加速其显示速度；采用堆栈式菜单操作方式，不能够充分利用 CRT 或 LCD 提供的信息量。

2. 控制系统的硬件结构

某注塑机采用三通溢流调速阀比例调节压力和流量。图 16-42 所示为基于 STD-BUS 技术的工控机硬件系统，采用模块化设计，具有良好的开放性。因此，可以根据被测对象及过程的要求，任意扩展该系统，而涉及的问题仅仅是模块地址的变动。其中，工控机采用 80186CPU，具有 8MHz 主频，16 位数据线，直接寻址达 IMB 存储空间，1K I/O 开关量输入、输出信号全部采用光电隔离，以提高系统抗干扰能力，既可以避免干扰信号串入工控机系统，同时，又起电平转换的作用，将开关信号（0～24V）转换成 TTL 信号（0～5V）；温度控制由固态继电器作为执行元件，控制电阻加热圈导通与否，进行功率（弱-强）转换和光隔；模拟量、数字量转换分别采用 12 位 A/D 和 8 位 D/A，以满足测量精度要求。

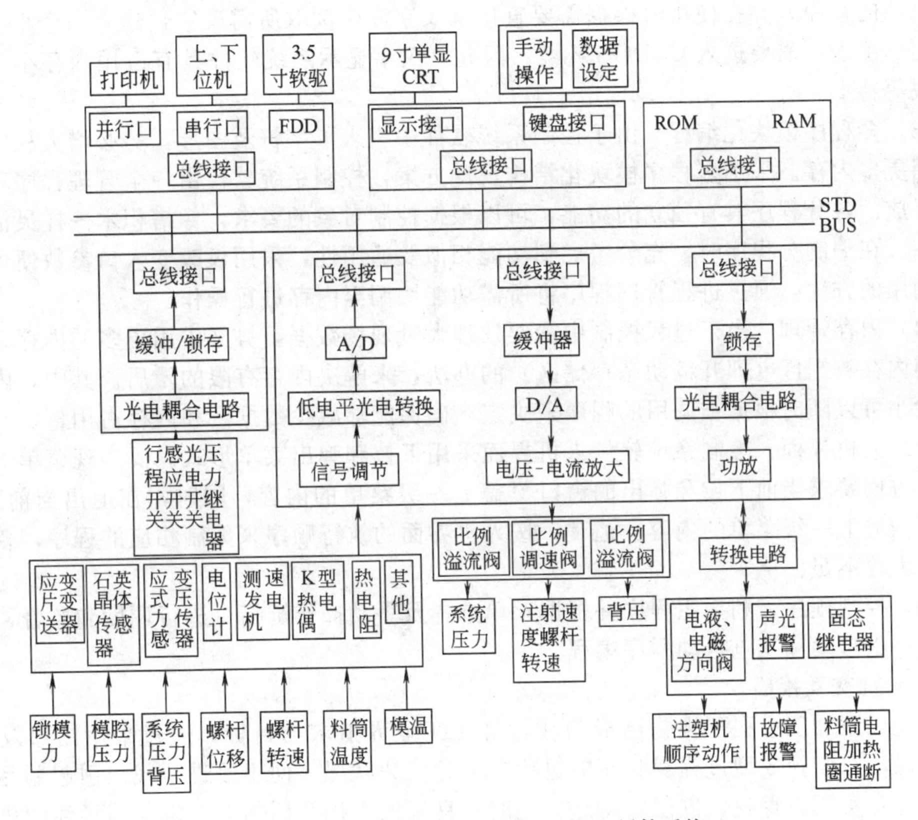

图 16-42　基于 STD-BUS 技术的工控机硬件系统

3. 控制系统的软件结构

由于受到硬件资源和应用环境的限制，对于控制系统的软件设计及性能相应提出了更高的要求，包括软件开发工具、系统软件的结构以及软件的实时性、可靠性等。图 16-43 所示为控制系统的软件结构。其中，主程序采用树结构，通过将每一功能模块看作一个结点，针对每一结点采用进程调用方式，整个系统的功能可以任意增加和减少。

(1) 软件开发工具　TurboC2.0 是一种适合 IBM PC 机的高效、优化的编译工具，支持六种存储模式，提供的开发环境完整，具有丰富的库函数和高质量的图形库，并能够很好地

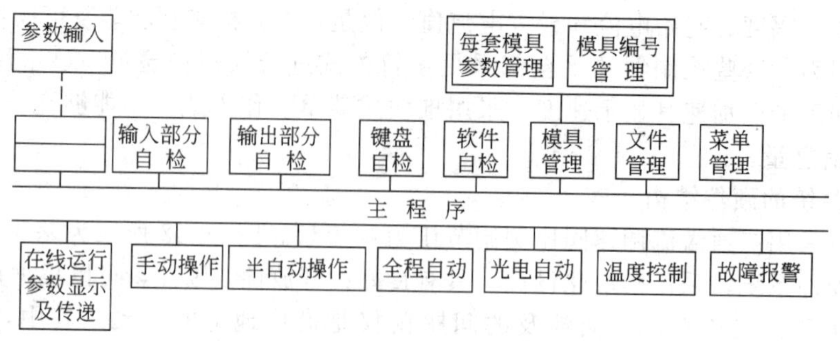

图 16-43 控制系统的软件结构

与汇编语言连接。由于其库函数是开放的，因此，用户可以任意增加函数入库，同时，利用TurboC极强的内存管理、进程调用和直接操作接口的功能，确保开发的系统软件具有汇编语言编程的灵活性和高级语言编程的可读性特点。

(2) 汉字显示方法　系统软件的汉化采用自建小汉字库方式，通过分别编写一段读取和显示汉字的程序，并在使用时根据需要直接从汉字库中读取所需汉字，建立一个小汉字库供显示用。由于不需要进入CCDOS环境，因此，汉字显示系统软件具有占用内存小、显示速度较快等特点。

(3) 多程序模块化编程　由于控制系统软件中引入了字符及图形，势必增大程序量，同时占用更多内存。采用多程序模块化结构设计方案，控制系统软件由一个管理程序和若干分程序组成。各分程序具有独立的功能，可以根据控制对象的要求，像搭积木一样灵活地拼集和组态。在编制分程序时，充分考虑到功能相似及通用性，采用仅改变入口参数便可以实现功能调用的方法，通过进程管理程序将所需功能块调至内存进行操作。

(4) 内存管理　由于过程控制中需要处理大量现场数据，势必占用更多的内存。采用重复使用内存数据区（即开辟动态存储区）的办法，来解决内存有限的矛盾。其中，内存数据区的大小可以随时根据被调用的程序来决定，确保能够减少数据区和内存占用量。

(5) 人机界面　控制系统软件人机界面采用下拉和弹出菜单形式。要实现菜单下拉和弹出，一方面要求当前下拉和弹出的窗口覆盖上一级菜单的内容，同时，在退出当前菜单时，还需要恢复上一级菜单的内容。通常，按人机界面的执行顺序来编制相应的程序，普遍存在程序量大等不足。

(6) 控制程序　利用主程序并根据菜单选择及手动操作键指令进行调度和监督，进行半自动、全程自动和光电自动程序编程。

4. 人机交互接口

注塑成型加工过程可视化已成为注塑加工工业界追求的目标。通过采用图形及动画方式，可以动态监视成型过程及其相应过程参数的变化状况，便于改进，找出引起制品缺陷的根源，具有实用、直观、方便等特点。同时，良好的人机会话功能，也增强了注塑机的可操作性，便于查阅、修改成型加工数据。故障自诊断和报警措施极大地提高了注塑机的性能和可维护性，故障率也明显降低。控制系统提供的人机交互接口包括以下两部分。

① 图 16-44 所示为防尘式键盘，分别用于手动操作、参数设定、功能选择等。

② 采用CRT显示数据、过程曲线和实现图形动画，具有参数设定及实时操作显示等多页画面。汉化下拉弹出窗口式菜单具有信息容量大、操作直观、方便等特点。

此外，通过并行打印接口和RS-232C串行通信口，分别将CRT显示的信息、处理信息等输出到打印机，与上一级计算机通信，便于实现多级管理和决策控制，或与作为DDC级的下位机联机，输出控制指令，接收、处理下位机采集到的现场数据等。

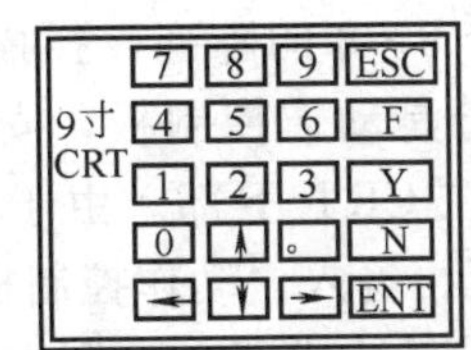

(a) 参数设定、菜单选择键盘布置

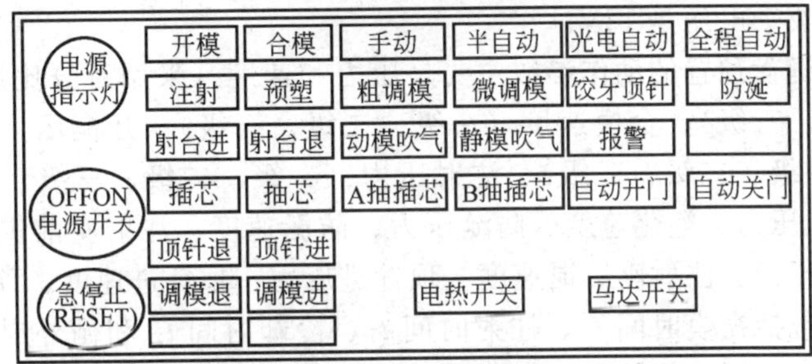

(b) 手动操作及工作方式键盘

图 16-44 防尘式键盘

三、电脑控制全自动精密注塑机电气控制系统示例

香港某公司生产的 E180-CJ 303 是电脑控制的全自动精密注塑螺杆式注塑机。注射量为 500g，锁模力为 1800kN。液压系统的流量及压力采用威格士（Vickers）P/Q-1 控制块控制。该控制块为插装式逻辑阀，具有体积小、效率高（管路损失小）的特点，控制块上的电磁流量比例阀 V14（CVU-40-EFP1-B29-90）带反馈装置，通过将流量插装阀的电信息与设定值进行比较，并据此自动调节流量。因此，系统流量的控制反应快，灵敏度高，准确且稳定性好。该系统由电脑控制箱、马达启动及电热控制箱、动作控制板、限位开关装置和报警装置等部分组成，采用开环控制和插板式结构，并由键盘输入数据，CRT 显示中文操作界面。

1. 控制系统的组成及基本功能

控制系统采用 8 位 CPU6803 运行控制程序，两片 2764EPROM 储存 16KB 程序，8KB 带电保护的静态 RAM 保持工艺及模具参数，提供 24 个输出及 8 个输入点，作为键盘及数字显示用。另外，还有 1 个 RS-232C 串行接口与其他电脑通信，进行数据交换。微电脑板占用约 32KB 容量，其中有 2KB 是通过 30 位的共用总线与其他控制板连接的。系统功能模板包括换向阀控制板、输入界面板、D/A 转换板、压力电磁比例阀控制板、速度电磁比例阀控制板、整流板、指示灯控制板、键盘输入板和 CRT 显示板。

（1）电磁比例阀控制板　采用两个电磁比例阀来分别控制系统的压力和速度。微电脑板将数字信号（0～127）输出至比例阀控制板相应的速度或压力锁存器中，此数字是 8 位的，其中 7 位代表数值，第 8 位用来控制信号的转换速度。7 位数字信号经过 D/A 转变为一个 0～3V 的电压信号，再经过电磁比例阀控制板转换为相应的 0～1A 电流，控制电磁压力比例阀线圈，或者控制电磁流量比例阀的开启位置。电磁流量比例阀带有位置反馈信号，有助于准确并快速地控制系统流量达到预置的位置。

（2）换向阀控制板　总共有 11 个换向阀，微电脑将相应开闭换向阀的信号输出至锁存器，经放大后再通过晶体管提供 0.6～1A 的电流，驱动换向阀电磁铁线圈，控制注塑成型加工过程等。

（3）输入板　主要用来采集限位开关（行程开关）的信号。系统所需限位开关（行程开关）总计 20 个。

(4) 键盘输入板　键盘输入为一个 8×8 的阵列，扫描信号读取键盘是否按下。为了操作方便，操作板由两部分组成：一部分是动作控制板，安装在机体上，观察注塑机动作情况；另一部分为参数输入键盘，布置在 CRT 下部。由于动作控制板距离控制箱较远，所以，输入键必须经过光电耦合器隔离后再输入。动作控制板的按键均有指示灯，显示注塑机的运行状态。例如，慢速键灯亮，表示低速进行。控制指示灯的线路板与换向阀驱动板相似，主要区别在于驱动电压是 12V。

通过参数输入键盘预置的动作参数主要是压力和速度（采用百分比形式），分别为合模压力（一级、二级、三级）、合模速度（一级、二级、三级）、开模压力（一级、二级、三级）、开模速度（一级、二级、三级）、注射压力（一级、二级、三级）、注射速度（一级、二级、三级）、塑化压力、塑化速度、防涎压力、防涎速度、注射座前进压力、注射座前进速度、注射座后退压力、注射座后退速度、顶针进压力、顶针进速度、顶针退压力、顶针退速度，以及时间（包括锁模时间 t_0、注射时间 t_1、冷却时间 t_2 和循外周期 t_3）、顶针次数、注塑加工件数、采用的模具编号和操作人员工号等。

(5) CRT 显示板　支持 320×200 点阵显示方式，显示板产生视频信号，显示内容存放在一块 8KB 的 RAM 中，由微电脑读取并写入相应的地址。显示板上的视频扫描集成块(6845) 不断扫描，在 RAM 中相应的位置 1 时，荧光屏上相应的一点亮；反之置 0 则不亮。采用 16×16 点阵显示一个中文字符，这些点阵信息存储在 EPROM 中。所以，显示图像是依靠微电脑板的软件驱动实现的，便于改变并显示其他文字（如英文、日文等）及图形。显示板通过一条 34 芯的扁平线与微电脑板上的信号总线连接。采用中文方式，CRT 显示以下四个方面的内容。

① 操作方式，包括手动、半自动和全自动。

② 动作，主要显示正在执行的动作。

③ 故障，在动作显示栏上，出现故障影响动作完成，则会有问号提示，指出哪个部分出了故障。

④ 动作参数的预置与显示，包括动作压力、速度、时间参数、顶针次数、注塑件数等。

(6) 整流板　整流板起整流和稳压作用，分别提供 5V 和 8V 电源给控制线路元件，+24V 及+40V电源向电磁阀、感应开关（行程开关）和继电器供电。为便于维修，电源供应板也插在卡座上，通过 30 条共用母线供应电源给其他控制板，并通过 4 条电缆与主机相连。

2. 控制系统软件结构及操作说明

系统程序设计采用多任务的形式，利用 6803 的时钟产生 1ms 的时间中断信号，用作任务的转换，同时，在进入中断服务子程序后立即进行计时。

工作状态包括手动、全自动、半自动和调模，以及合模、射台进、注射、塑化、防涎、射台退、冷却、开模、顶针进、顶针退 10 个动作，并依靠行程开关和定时器依次顺序切换。为了增加系统的安全性，程序执行过程将不断检查存储器中的数据及硬件。发现任务执行不正常则作紧急停车处理。例如出现安全门未关、注射无料故障、系统处于等待状态，需要依靠人工排除故障。

思考题与习题

1. 什么是检测？何谓传感器？
2. 塑料注射成型机一般有哪些控制参数？其中，温度的检测采用了何种传感器？
3. 简述图 16-11 所示电炉箱恒温控制系统工作原理。

4. 不同温度控制系统的要求差异很大，根据需要，常用温度控制系统的电路组成也有多种形式。就温度调节方式而言，主要有哪几种？图 16-15 所示数显式温度控制仪，采用的是何种调节方式？

5. 挤塑机螺杆转速控制所采用的无级变速传动装置，通常有哪几种形式？

6. 电磁调速异步电动机（滑差电机）调速系统的主要特点是什么？

7. 如图 16-26 所示 SJ-45B 型挤塑机直流调速系统中，如果 R_1 断路，会导致何种现象？为什么？

8. 根据图 16-28 所示晶体管时间断电器工作原理，分析时基信号的产生过程，画出有关的电路，并对其计时精度进行讨论。

9. 图 16-30 所示为一电脑时钟控制电路，请指出备用电源（5V 充电电池组）的作用，并分析其在电网正常供电及断电两种情况下的工作原理。

10. 本章第四节所述 PLC 时间顺序控制电路，如果生产现场需要对工作循环过程中的某个状态时间进行调整，应如何操作？

11. 某教学楼多媒体设备供电系统，要求用六个启动按钮和一个总停止按钮对各楼层的供电进行控制。某层楼启动后，延时 2h 自动断电。请选用适当的电路，绘出电原理图，并简要说明。

12. 分析图 16-35～图 16-38，回答下列问题：

(1) 指出快速合模时，合模液压缸的进油及回油通道。

(2) 指出阀 21 及阀 23 的作用。

(3) 阀 16、阀 17 等液压元器件的作用是什么？预塑电机的工作情况怎样？

(4) 请画出手动模式下，注射座前进和注射座后退的简化电器控制回路。

参考文献

[1] 刘蕴陶主编. 电工电子技术. 北京：高等教育出版社，2005.
[2] 程周主编. 电工与电子技术. 北京：高等教育出版社，2001.
[3] 张友汉主编. 电子技术. 北京：高等教育出版社，2001.
[4] 董传岱主编. 电工与电子基础. 北京：机械工业出版社，2001.
[5] 李忠文主编. 实用电机控制电路. 北京：化学工业出版社，2003.
[6] 张忠夫主编. 机电传动与控制. 北京：机械工业出版社，2007.
[7] 周四六主编. 机电控制基础. 北京：化学工业出版社，2004.
[8] 孔凡才主编. 自动控制系统. 北京：机械工业出版社，2003.
[9] 武友德主编. 机械控制基础. 北京：机械工业出版社，2001.
[10] 吕汀，石红梅主编. 变频技术原理与应用. 北京：机械工业出版社，2003.
[11] 谬兆荣主编. 机床电气自动控制. 北京：化学工业出版社，2001.
[12] 王志新主编. 现代注塑机控制. 北京：中国轻工业出版社，2001.
[13] 丁浩主编. 塑料工业实用手册. 北京：化学工业出版社，2000.
[14] 刘延华主编. 塑料成型机械使用维修手册. 北京：机械工业出版社，2001.
[15] 屈圭主编. 液压与气压传动. 北京：机械工业出版社，2002.
[16] 陆望龙主编. 常用塑料机械液压传动故障排除. 长沙：湖南科学技术出版社，2002.
[17] 李芝主编. 液压传动. 北京：机械工业出版社，2005.
[18] 廖常初主编. FX系列PLC编程及应用. 北京：机械工业出版社，2005.
[19] 史国生主编. 电气控制与可编程控制器技术. 北京：化学工业出版社，2003.